“十二五”普通高等教育本科国家级规划教材

高等院校信息与通信工程系列教材

江苏省精品教材

通信电子电路（第3版）

于洪珍　编著

清华大学出版社

北　京

内 容 简 介

本书阐述通信电子电路的基本原理和分析方法,共包括 10 章内容,即绪论、小信号调谐放大器、高频功率放大器、正弦波振荡器、振幅调制与解调、角度调制与解调、变频器、锁相环路及其他反馈控制电路、电噪声及其抑制、通信电子电路应用举例。书后附有习题参考答案及附录,附录 A 介绍了调幅和调频信号的 MATLAB 仿真,附录 B 介绍了调幅和调频信号的 MULTISIM 仿真。

本书既重视理论的系统性与严密性,又注重内容的先进性与实用性。与本书配套的有学习指导、电子教案、实验指导书等。本套教材可作为高等院校信息工程、电子科学与技术、通信与信息处理、无线电等专业本科生教材,也可供从事通信、电子技术及自动化等方面的工程技术人员参考使用。

图书在版编目(CIP)数据

通信电子电路/于洪珍编著.--3 版.--北京:清华大学出版社,2016(2022.1重印)
高等院校信息与通信工程系列教材
ISBN 978-7-302-42400-0

Ⅰ.①通… Ⅱ.①于… Ⅲ.①通信系统-电子电路-高等学校-教材 Ⅳ.①TN91

中国版本图书馆 CIP 数据核字(2015)第 296373 号

责任编辑:佟丽霞
封面设计:傅瑞学
责任校对:赵丽敏
责任印制:沈 露

出版发行:清华大学出版社
   网   址:http://www.tup.com.cn,http://www.wqbook.com
   地   址:北京清华大学学研大厦 A 座   邮 编:100084
   社 总 机:010-62770175   邮 购:010-62786544
   投稿与读者服务:010-62776969,c-service@tup.tsinghua.edu.cn
   质量反馈:010-62772015,zhiliang@tup.tsinghua.edu.cn
印 刷 者:北京富博印刷有限公司
装 订 者:北京市密云县京文制本装订厂
经 销:全国新华书店
开 本:185mm×260mm 印 张:23.5 字 数:541 千字
版 次:2005 年 8 月第 1 版 2016 年 7 月第 3 版 印 次:2022 年 1 月第 15 次印刷
定 价:59.80元

产品编号:066898-04

序

基于电子技术的通信是现代社会实现信息传递与信息共享的基本技术系统，是信息时代社会基础设施的基本组成部分。"通信电子电路"是各种通信系统的公共构件，是高校信息工程、电子科学与技术、通信与信息处理、无线电技术等专业学生必须掌握的基本知识，因此成为这些专业知识结构体系中的专业基础课程和核心课程。按照教学大纲的要求，编写出高水平的《通信电子电路》教材，教好和学好这门课程，对于这些专业培养和造就高素质人才具有重要的作用。

于洪珍教授编著的"通信电子电路"是普通高等教育"十二五"国家级规划教材。

于洪珍教授是我国首届高校"百名名师"称号获得者，具有很高的教学水平和非常丰富的教学经验。她所主编的这部《通信电子电路》教材具有许多值得推崇的特点。

首先，在教材总体安排上，本书贯彻了"战略上由全局到局部，战术上由特殊到一般"的辩证思维原则。全书第1章从全局高度对通信系统的概貌进行了高屋建瓴的鸟瞰，向读者说明各种电子电路(子系统)在整个通信系统中地位、作用、相互关系以及系统整体对这些子系统的基本要求；其后各章则分别深入介绍通信系统各种电子电路(子系统)的功能、原理和设计实现方法，以满足系统整体的要求。这样就很好地体现了认识论的规律，避免了以往教学中经常发生的"只见树木，不见森林"的现象。

其次，在教材内容组织方面，本书既保留了通信电子电路的基本内容和基本体系，又使各章具有相对独立性。这样，一些具有不同教学时数要求的相关专业就可以灵活选择，做到既可以保持共性，又可以发挥个性。

在教材内容的具体处理上，本书重视基本典型电路理论和设计计算，注重新理论和新器件的应用，注重理论联系实际。书中很多内容和实例都是作者和同事们亲自实验的结果，例如：锁相环调频及鉴频电路、检波参数的测定、频率合成、用模拟集成乘法器进行调幅变频等；本书最后一章的应用实例(脉宽调制全集成化载波多路遥讯装置以及基于FPGA的PLL频率合成器系统)是作者主持完成的科研项目以及教学研究成果的直接提炼。这也体现了高等学校教师"把高水平科研成果转化为优秀教学资源"的教学创新精神。

在教学方法上,本书深入浅出,重视理论分析,注意阐明物理概念,分析和计算也比较详实,便于自学;同时教材配有较多的动画、复杂图形的 PowerPoint 电子教案,还增加了调幅和调频信号的 MATLAB 仿真以及调幅和调频信号的 MULTISIM 仿真。书后附有习题参考答案等。内容丰富,生动新颖,有助于读者更深入地理解概念。

总之,本书是一本国内鲜见、很有特色的高水平教材。同时值得指出的是,虽然本书是一部为本科生设计的教材,但是,对于从事通信、电子技术及自动化等方面的工程技术人员及有关科研教学人员来说,这也是一本不可多得的优秀参考用书。本书自 2005 年 8 月出版以来,受到了我国广大读者的厚爱,已被 100 多所高校使用。这次再版进一步强化了启发和创新的思想,同时也加强了实践性。

在本书新版即将付梓之际,我祝贺并期待着本书对于我国高校《通信电子电路》的本科教学将要做出的积极贡献,祝贺并期待着它在向社会各界传播《通信电子电路》知识方面将要产生的积极的影响。

钟义信

北京邮电大学教授

中国人工智能学会理事长

2015 年 12 月 20 日于北京

第3版 前 言

本书是"十二五"普通高等教育本科国家级规划教材。

《通信电子电路》自 2005 年 8 月由清华大学出版社出版以来,已印刷了 11 次。2012 年 6 月再版,又印刷了 6 次。该书深受广大读者的厚爱,被 100 多所高校选用,从使用该教材的高校看,既有理工科大学,又有综合性大学,还有师范类大学等。本教材满足各类高等学校多样化人才培养需求。

本书是作者在前两版的基础上编写的。

《通信电子电路》立体化系列教材,包括主教材、学习指导书(其中含习题详细解答)以及供课堂教学使用的电子教案等,体现了教材的系统性和完整性。内容丰富、重点突出、条理清楚,特色鲜明,第 3 版进一步融合了"启发和创新"的思想,加强了实践性。

这次再版在整体的安排上保留了前两版的基本内容、基本体系,同时使各章有相对的独立性,以便于其他不同专业、不同学时选用。第 3 版我们主要对第 2~9 章部分内容进行了修改、调整和扩充,并给出了每章小结,还对第 1~9 章增加了部分思考题与习题。第 3 版修改、调整和扩充的内容如下:

(1) 第 2 章增加了声表面波滤波器的典型应用。

(2) 第 3 章更名为高频功率放大器,增加了宽带高频功率放大器的内容。

(3) 第 5 章对抑制载波调幅波的产生电路作了简明的分析与推导。

(4) 第 6 章突出了角度调制信号分析内容。

(5) 第 7 章增加了二次混频的应用。在变频干扰中突出了组合频率干扰及副波道干扰是如何形成的,还增加了典型例题分析。

(6) 第 8 章对环路的同步带和捕捉带进行了扩充,删去了静噪电路。

(7) 第 9 章增加了静噪电路。

(8) 第 10 章专门介绍了通信电子电路的应用实例,其中脉宽调制集成化载波多路遥讯装置以及 YDK—IP 型遥控机是结合科研成果编写的。基于 FPGA 的 PLL 频率合成器是结合教学实践研究成果编写的。

本书共包括 10 章内容。书后还附有习题参考答案及附录,附录 A 介绍了调幅和调频信号的 MATLAB 仿真,附录 B 介绍了调幅和调频信号的

MULTISIM 仿真。

本书由于洪珍教授编著,于洪珍教授编写了第 1、3～10 章,王艳芬教授编写了第 2 章及附录 A,王刚副教授编写了附录 B,全书由于洪珍教授统稿。

承蒙中国人工智能学会理事长,北京邮电大学钟义信教授在百忙中为本书写序。在此表示衷心的感谢。同时感谢清华大学出版社的大力支持和帮助,特别感谢佟丽霞编辑提出的宝贵意见。

由于编者水平有限,加上时间紧张,书中难免存在疏漏,诚挚希望广大读者批评指正。

编者
2015 年 6 月

第1版前言

　　为了适应我国高等教育改革的形势和教学第一线的实际需求,我们编写了《通信电子电路》立体化系列教材,包括主教材、教学参考书、实验指导书、供课堂教学使用的电子教案、网络课件和供老师组卷用的试题库。

　　《通信电子电路》作为一门工科大学信息类专业的重要技术基础课,涉及许多通信理论知识、通信电路中常用的基本功能部件以及实际电路。我们通过多年的教学实践,深深体会到要教好这门课程,一定要针对该课程的特点,遵循从特殊到一般的认知规律,密切联系实际,内容不断更新。为此,我们在书中通过对典型问题的深入分析,阐明通信系统中带有普遍性的思想方法和重要结论。本书内容取材既重视通信电子电路的基本典型电路理论、设计计算,又注重新理论、新型器件的应用。在编写中重视理论分析,注重讲清物理概念,分析计算详尽,且具有启发性,便于自学;同时也重视实践性,书中很多实例都源于实验的结果,例如,锁相环调频、鉴频电路、频率合成及检波参数等。

　　本书在整体的安排上保留了通信电子电路的基本内容、基本体系,同时使各章有相对的独立性,以便其他不同专业、不同学时选用。

　　本书共包括 10 章内容。书后还附有习题参考答案及附录,附录介绍了调幅和调频信号的 MATLAB 仿真。

　　第 1 章绪论主要介绍了通信系统特别是调制的通信系统的基本概念,还介绍了无线电波的传播特性及频段划分,并引出了本书的主要内容。

　　第 2 和第 3 章分别讲述了应用于通信系统接收机和发射机的小信号调谐放大器和高频调谐功率放大器。第 2 章在介绍了小信号调谐放大器的基本组成、作用和指标后,一方面讨论了组成调谐放大器的重要部分——LC 调谐回路的基本性能,另一方面对单调谐放大器特别是工作在高频情况下的单调谐放大器及其级联电路的放大能力和选频性能进行了重点讨论,阐述了分析高频调谐放大器常用的晶体管模型如晶体管混合 Ⅱ 型等效电路和晶体管 Y 参数等效电路,此外还讨论了调谐放大器的稳定性问题。最后讨论了集中选频小信号调谐放大器。第 3 章在比较了小信号调谐放大器与高频调谐功率放大器的区别的基础上,详细地讨论了丙类高频调谐功率放大器的工作原理和功率、效率问题,特别重点讨论了高频调谐功率放大器的三种工作状态、负载特性等,另外还讨论了调谐功率放大器的实用电路。最后还引出并分析了丙类倍频器的基本概念和工作原理。

正弦波振荡器是第 4 章的主要内容,该章首先阐述了反馈型正弦波自激振荡器的基本原理,然后讨论了三点式 LC 振荡器的电路特点和相位平衡条件的判断准则,重点讨论了改进型电容三点式电路(包括串联改进型和并联改进型振荡器电路),最后还讨论了石英晶体振荡器和陶瓷振子振荡器电路。

第 5 章和第 6 章分别讨论了振幅调制解调和角度调制解调的基本概念和典型电路原理。第 5 章首先对调幅信号(包括普通调幅波、抑制载波双边带调幅和抑制载波单边带调幅)从时域和频域两个方面进行了较为详细的分析,然后讨论了调幅波的产生电路和解调电路的基本原理,重点讨论了大信号集电极和基极调幅电路的工作原理、波形分析和设计要点。第 6 章对调角波(包括调频和调相信号)进行了数学分析并给出了它们的性质,然后讨论了调频电路(包括变容二极管调频、电抗管调频电路和晶体振荡器调频电路)的基本原理,并讨论了调频波的解调电路(包括斜率鉴频器、相位鉴频器和比例鉴频器)的电路组成和工作原理。最后还给出了常用的集成调频、解调电路,如 MC2833 调频电路和MC3361B、MC3367 解调电路。

第 7 章为变频器,在介绍了变频器的基本原理和主要技术指标的基础上,主要讨论了晶体三极管变频电路和用模拟乘法器构成的混频电路,并结合超外差接收机的统调与跟踪问题分析了实际变频器的电路特点和工作原理,最后还较为详细地讨论了变频干扰问题。

第 8 章讨论了锁相环路(PLL)和其他反馈控制电路,主要阐述了锁相环路的构成、基本原理、数学模型及其环路的锁定、捕捉、跟踪、同步带和捕捉带等概念,介绍了常用的集成锁相环芯片如 CC4046,NE564 等,还介绍了锁相环在调制解调技术、空间技术及其在稳频技术上的应用。最后讨论了自动增益控制电路和自动频率控制电路等。

电噪声及其抑制是第 9 章的内容,该章主要讨论了在实际的电子电路中遇到的电噪声的分类及其电噪声的度量(如噪声系数、噪声温度等)的基本概念,给出了抑制电噪声常用的方法。

第 10 章专门介绍了通信电子电路的应用实例,包括单片调幅/调频收音机、移动通信收/发信机、脉宽调制集成化载波多路遥讯装置、YDK-IP 型遥控机和蓝牙收发芯片RF2968 的原理及应用,其中脉宽调制集成化载波多路遥讯装置是结合科研成果编写的。

本书是在笔者编著的《通信电子电路》(电子工业出版社,2002)的基础上修改而成。此次编写,我们对部分内容进行了修改、调整和扩充,在每一章都充实了集成电路或通信专用器件,并在书后增加了习题参考答案和调幅调频信号的 MATLAB 仿真等内容。

本书由于洪珍教授编写了第 1,3~10 章,王艳芬副教授编写了第 2 章及附录。

承蒙中国人工智能学会理事长、北京邮电大学钟义信教授在百忙中抽空为本书写序。

本书在编写过程中得到了中国矿业大学领导和信息工程系有关同志的大力支持,王刚老师校对了全书,在此表示衷心的感谢。同时感谢清华大学出版社的大力支持和帮助。

由于编者水平有限,加上时间紧张,书中难免存在疏漏,诚挚希望广大读者批评指正。

编者
2005 年 7 月

本书常用符号

1. 基本符号

符号	符号名称	单位符号	单位名称
I,i	电流	A	安[培]
U,u	电压	V	伏[特]
P	功率	W	瓦[特]
G,g	电导	S	西[门子]
X,x	电抗	Ω	欧[姆]
B,b	电纳	S	西[门子]
Z,z	阻抗	Ω	欧[姆]
C	电容	F	法[拉第]
L	电感	H	亨[利]
f,F	频率	Hz	赫[兹]
ω,Ω	角频率	rad/s	弧度每秒
M	互感	H	亨[利]
k	耦合系数		
η	耦合因数		
K	放大倍数		
A_P	功率增益		

2. 电压、电流的符号

小写 u(或 i)和小写下标	交流电压(或电流)瞬时值(例如:u_o表示输出交流电压瞬时值)
大写 U(或 I)和小写下标	正弦电压(或电流)有效值(例如:U_o表示输出正弦电压有效值)
大写 U(或 I)和小写下标且加小写 m	交流电压(或电流)幅值(例如:U_{cm}表示集电极输出电压幅值)
脚标 i	输入量(例如:u_i为输入电压)
脚标 o	输出量(例如:u_o为输出电压)

3. 半导体器件性能的符号

V	三极管,场效应管,二极管
E_c	集电极电源电压
BV_{ceo}	基极开路时的集电极发射极间的反向击穿电压
BV_{ebo}	集电极开路时的发射极基极间的反向击穿电压
I_{CM}	集电极最大容许电流
P_{CM}	集电极最大容许功耗
U_j	三极管起始导通电压
g,g_{cr}	伏安特性或转移特性曲线斜率,临界线斜率
g_m	跨导
g_D	鉴频跨导
α	共基极短路电流放大系数
β	共射极短路电流放大系数
f_α	共基极短路电流放大系数的截止频率
f_β	共射极短路电流放大系数的截止频率
f_T	特征频率

4．功率的符号

P_S	直流电源供给功率,信号功率
P_C , P_c	集电极损耗功率,载波功率
P_o	三极管集电极输出的交流功率
P_L	负载 R_L 获得的交流功率
P_T	槽路(谐振回路)损耗功率
P_{av}	已调波平均功率或调制一周期的平均功率
P_n	噪声平均功率

5．效率的符号

η_c	集电极效率
η_T	槽路效率
η_d	检波效率(检波电压传输系数)

6．频率的符号

f_0	回路谐振频率,中心频率
f_c	载波频率(载频)
f_I	中频频率(中频)
f_L	本振频率

7．其余符号

Q	品质因数,静态工作点
n	接入系数
N_1 , N_2	变压器原边、副边线圈(一次、二次线圈)匝数
θ	电流导通角
α	电流分解系数
m_a	调幅系数
m_f	调频系数
m_p	调相系数
B 或 $2\Delta f_{0.7}$	通频带
F	反馈系数
N_F	噪声系数
SNR 或 S/N	信噪比

目 录

XV

第1章　绪　论

1.1　通信系统的概念

通信的任务就是传递各种信息（包括语音、文本、音乐、图像和数据等），传输信息的系统称为通信系统。

任何一个通信系统，都是从一个称为信息源的时空点向另一个称为信宿的目的点（用户）传送信息。通信系统是指实现这一通信过程的全部技术设备和信道的总和。通信系统种类很多，它们的具体设备和业务功能可能各不相同，然而经过抽象和概括，均可用图 1-1 所示的基本组成框图表示。所以一个完整的通信系统应包括信息源、发送设备、信道、接收设备和收信装置五部分，如图 1-1 所示。

图 1-1　通信系统组成框图

信息源是指要传送的原始信息，如文字、数据、语音、音乐、图像等，一般是非电量。对于非电量信号，经输入变送器变换为电信号（例如被传输的声音信息就需先经声-电换能器—话筒，变换为相应信号的电信号）。如果输入信息本身就是电信号（如计算机输出的二进制信号）时，可以直接送到发送设备。

发送设备是将电信号变换为适应于信道传输特性的信号的一种装置。

接收设备的功能和发送设备相反，它是将经信道传输后接收到的信号恢复成与发送设备输入信号相一致的一种装置。

收信装置是将电信号还原成原来的信息。例如，通过扬声器（喇叭）或耳机还原成原来的声音信号（语音或音乐）。

信道即传输信息的通道，或传输信号的通道。概括起来有两种，即有线信道和无线信道。有线信道包括架空明线、电缆、光缆等，无线信道可以是传输无线电波的自由空间，如地球表面的大气层、水、地层及宇宙空间等。

噪声源是指信道中的噪声及分散在通信系统中其他各处噪声的集中表示。

对于被传输的其他信息如语音、文本、音乐、图像、数据等，也是先设法转换为相应的电信号，然后根据上述原理组成相应的通信系统，就可实现各种不同信息的传输。

根据信息传输方式的不同，通信可以分为两大类：无线通信和有线通信。如果电信号是依靠电磁波传送的，称为无线通信；如果电信号是依靠导线（架空明线、电缆、光缆等）传送的，称为有线通信。

1.2 无线电波的传播特性

传播特性指的是无线电信号的传播方式、传播距离、传播特点等。不同频段的无线电信号，其传播特性不同。同一信道对不同频率的信号传播特性是不同的。例如，在自由空间媒介里，电磁能量是以电磁波的形式传播的，而不同频率的电磁波却有着不同的传播方式。

传播方式主要有绕射（地波）传播、折射和反射（天波）传播及散射传播、直射传播等。决定传播方式和传播特点的关键因素是无线电信号的频率。

1. 绕射

具体地说，绕射是电波沿着地球的弯曲表面传播。由于地球不是理想的导体，当电波沿其表面传播时，有一部分能量被损耗掉，并且频率越高，损耗越严重，传播的距离就越短，因此频率较高的电磁波不宜采用绕射方式传播。通常只有中、长波范围的信号才采用绕射方式传播。例如，1.5MHz 以下的电磁波可以绕着地球的弯曲表面传播，称为地波，如图 1-2(a)所示。另外还应指出，由于地面的电性能在较短时间内的变化不会很大，因此这种电波沿地面的传播比较稳定。

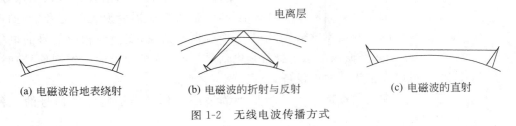

(a) 电磁波沿地表绕射　　　　(b) 电磁波的折射与反射　　　　(c) 电磁波的直射

图 1-2　无线电波传播方式

2. 电离层的折射和反射

在地球表面存在着具有一定厚度的大气层，由于受到太阳的照射，大气层上部的气体将发生电离而产生自由电子和离子，被电离了的这一部分大气层叫做电离层。由于太阳辐射强度、大气密度及大气成分在空间分布是不均匀的，整个电离层形成层状结构。

电离层能反射电波，对电波也有吸收作用，但对频率很高的电波吸收得很少。短波无线电波是利用电离层反射的最佳波段。

　　例如,对于 1.5～30MHz 的电磁波,由于频率较高,地面吸收较强,用表面波传播时衰减很快,它主要靠天空中电离层的折射和反射传播,称为天波,如图 1-2(b)所示。电磁波到达电离层后,一部分能量被吸收,一部分能量被反射和折射到地面。频率越高,被吸收的能量越小,电磁波穿入电离层也越深,当频率超过一定值后,电磁波就会穿透电离层传播到宇宙空间,而不再返回地面。因此频率更高的电磁波不宜用天波传播。

3. 直射

　　电波从发射天线发出,沿直线传播到接收天线。例如,对于 30MHz 以上的电磁波,由于频率很高,表面波的衰减很大,电磁波穿入电离层也很深,它就会穿透电离层传播到宇宙空间而不能反射回来,因此不用表面波和天波传播方式,而主要由发射天线直接辐射至接收天线,沿空间直线传播,称为空间波,如图 1-2(c)所示。

　　由于地球表面是一个曲面,因此发射和接收天线的高度将影响这种直射传播的距离。也就是说,空间波传播的距离受限于视距范围。发射和接收天线愈高,所能进行通信的距离也愈远。理论计算和实践经验表明:当发射和接收天线的高度各为 50m 时,利用这种方式传播的通信距离约为 50km。所以架高发射天线、利用通信卫星可以增大其传输距离。

　　从以上简述的电波的三种主要传播方式及其特点中可以看出,为了有效地传输信号,不同波段的信号所采用的主要传播方式是不同的。

　　综上所述,长波信号以地波绕射为主。中波和短波信号可以以地波和天波两种方式传播,不过,前者以地波传播为主,后者以天波(反射和折射)传播为主。超短波以上频段的信号大多以直射方式传播,也可以采用对流层散射的方式传播。

　　还需强调说明的是,无线电传播一般都要采用高频(射频)才适于天线辐射和无线传播。理论和实践都证明:只有当天线的尺寸大到可以与信号波长相比拟时,天线才具有较高的辐射效率。这也是为什么要把低频的调制(基带)信号调制到较高的载频上的原因之一。

1.3　无线电波的频段划分

　　在各种无线电系统中,信息是依靠高频无线电波来传递的,那么应该如何选择高频载波的频率呢?我们知道,频率从几十千赫至几万兆赫的电磁波都属于无线电波,所以它的频率范围是很宽的。为了便于分析和应用,习惯上将无线电的频率范围划分为若干个区域,即对频率或波长进行分段,称为频段或波段。

　　无线电波在空间传播的速度是 $3\times10^8\,\text{m/s}$。电波在一个振荡周期 T 内的传播距离称为波长,用符号 λ 表示。波长 λ、频率 f 和电磁波传播速度 c 的关系可用下式表示:

$$\lambda = cT = \frac{c}{f} \tag{1-1}$$

这是电磁波的一个基本关系式。知道了高频振荡的频率 f,利用式(1-1)就可以计算出波长 λ。如果 c 的单位是 m/s,f 的单位是 Hz,则波长的单位是 m。

表 1-1 列出了无线电波的波(频)段划分表。无线电波按波长的不同划分为超长波、长波、中波、短波、超短波(米波)、分米波、厘米波、毫米波等。其中米波和分米波有时合称为超短波。如果按频率的不同,可划分为甚低频、低频、中频、高频、甚高频、特高频、超高频和极高频等频段。

表 1-1　无线电波的波(频)段划分及其用途表

波段名称	波长范围	频率范围	频段名称	主要用途或场合
超长波	$10^8 \sim 10^4$ m	3Hz~30kHz	VLF(甚低频)	音频、电话、数据终端
长波	$10^4 \sim 10^3$ m	30~300kHz	LF(低频)	导航、信标、电力线通信
中波	$10^3 \sim 10^2$ m	300kHz~3MHz	MF(中频)	AM(调幅)广播、业余无线电
短波	$10^2 \sim 10$ m	3~30MHz	HF(高频)	移动电话、短波广播、业余无线电
米波(超短波)	10~1m	30~300MHz	VHF(甚高频)	FM(调频)广播、TV(电视)、导航移动通信
分米波	100~10cm	300MHz~3GHz	UHF(超高频)	TV、遥控遥测、雷达、移动通信
厘米波	10~1cm	3~30GHz	SHF(特高频)	微波通信、卫星通信、雷达
毫米波	10~1mm	30~300GHz	EHF(极高频)	微波通信、雷达、射电天文学

目前无线电广播、电视常用的无线电波的波段是:国内一般中波广播的波段大致为 535~1605kHz,短波广播的波段为 2~24MHz,调频广播的波段为 88~108MHz。

电视广播使用的频率,包括甚高频段和特高频段两个频率区间。甚高频段有 12 个频道,其频率范围是:1~5 频道为 48.5~92MHz,6~12 频道为 167~223MHz。特高频段有 56 个频道,其频率范围是 470~958MHz。

因为不同频段信号的产生、放大和接收的方法不同,传播的方式也不同,因而它们的应用范围也不同。

应该指出,各波段的划分是相对的,因为各波段之间并没有显著的分界线,但各个不同波段的特点仍然有明显的差别。例如,从使用的元器件以及电路结构与工作原理等方面来说,中波、短波和米波段基本相同,但它们和微波波段则有明显的区别。前者采用的元件大都是通常的电阻器、电容器和电感线圈等,在器件方面主要采用一般的半导体二极管、三极管(晶体管)、场效应管和线性组件等;而后者采用的元件则是同轴线、光纤和波导等,在器件方面除采用晶体管、场效应管和线性组件外,还需要特殊器件如速调管、行波管、磁控管及其他固体器件。

从表 1-1 中可以看出,频段划分中有一个高频段,其频率范围为 3~30MHz,这是高频的狭义定义。本书涉及的频段是从中频(MF)到超高频(UHF)的频率范围。

1.4　调制的通信系统

在实际工作中需要传送的信号是多种多样的,例如代表话音的信号就是由许多不同频率的低频信号组成,又如风压、风速、水位、瓦斯含量等测量数据的信号,根据要传送的信号是否要采用调制,可将通信系统分为基带传输和调制传输两大类。

基带传输是将基带信号直接传送,由于从消息变换而来的基带信号通常具有较低的频率(有些资料称基带信号为低频信号而称载频为高频信号),大多不适于直接在信道中传输,而必须先经过调制。

所谓调制就是在传送信号的一方(发送端),用所要传送的对象(例如话音信号)去控制载波的幅度(频率或相位),使载波的幅度(频率或相位)随要传送的对象信号而变,这里对象信号本身称为调制信号,调制后形成的信号称为已调信号。调制使幅度变化的称调幅,使频率变化的称调频,使相位变化的称调相。如图 1-3(a)所示为调幅,图 1-3(b)所示为调频。实际上,在调制的通信系统中,载波只起一个装载和运送信号的作用,相当于运载工具,而调制信号才是真正需要传送的对象。

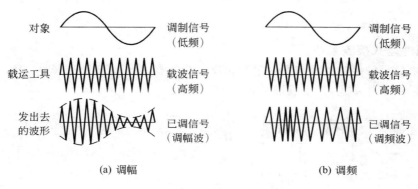

图 1-3　调制的波形

所谓解调,就是在接收信号的一方(接收端),从收到的已调信号中把调制信号恢复出来。调幅波的解调叫检波,调频波的解调叫鉴频,解调是统称。

调制的通信系统应用广泛,下面以无线电广播发送和接收系统为例说明它的组成和基本原理。

1. 无线电广播发射系统

图 1-4 所示为无线电广播发射调幅系统的组成框图,各框图之间所示波形可以使各方框的功能一目了然。它由高频、低频和电源三大部分组成。

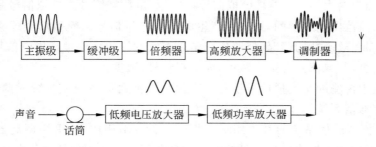

图 1-4　无线电广播发射调幅系统框图

高频部分有:

主振级——由石英晶体振荡器产生频率稳定度高的载波;

缓冲级——实质上是一种吸收功率小、工作稳定的放大级,其作用是减弱后级对主振级的影响;

倍频器——将载波频率提高到需要的频率值;

高频放大器——高频放大以提高输出功率;

调制器——其功能是使高频载波信号幅度按低频信号大小变化的幅度调制,然后经发射天线以电磁波形式向远方辐射。

低频部分有传声器(习称麦克风、话筒)(或录音设备等)、低频电压放大器、低频功率放大器。这样将使低频电信号通过逐级放大获得所需的功率电平,然后对高频(载波)进行调幅。

2. 超外差式接收系统

无线电信号的接收过程与发射过程相反。为了提高灵敏度和选择性,无线电接收设备目前都采用超外差式,其组成框图如图 1-5 所示。

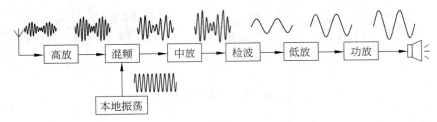

图 1-5 超外差式接收机组成框图

其接收过程如下:从接收天线收到微弱高频调幅信号,经输入回路选频后,通过高频放大器放大,送到混频器与本机振荡器所产生的等幅高频信号进行混频,在其输出端得到的波形包络形状与输入高频信号的波形相同,但频率由原来高频变化为中频的调幅信号,经中频放大后送到检波器,检出原调制的低频信号,然后再经过低频放大,最后从扬声器还原成原来的声音信息(语音或音乐)。

应当指出,尽管要传输的信息多种多样,如声音、图像和数据等,但把它们转换为电信号后,可以归纳为两大类:一类是模拟信号,另一类是数字信号。模拟信号是指电信号的某一参量的取值范围是连续的,如话筒产生的话音电压信号。模拟信号通常是时间连续函数,也有时间离散函数的情况,但取值一定是连续的。数字信号是指电信号的某一参量携带着离散信息,其取值是有限个数值,如电报信号、数据信号等。

按照信道中传输的是模拟信号还是数字信号可把通信系统相应分成两类,即模拟通信系统和数字通信系统。

图 1-6 是模拟通信系统的基本组成框图。与图 1-1 相比,这里用调制器代替了发送设备,用解调器代替了接收设备。虽然发送设备和接收设备还包括其他电路,但调制器和解调器对信号的变换起着决定性的作用,对通信质量起关键作用。

图 1-6　模拟通信系统的基本组成框图

在数字通信系统中,传输的是数字信号。当用数字信号进行调制时,通常称为键控。三种基本的键控方式是振幅键控(ASK)、频率键控(FSK)和相位键控(PSK),这些内容在通信原理课程中有详细介绍。图 1-7 是数字通信系统的基本组成框图。除包含调制器、解调器外,它还包括信源编码、信道编码、信道译码、信源译码和同步系统等。

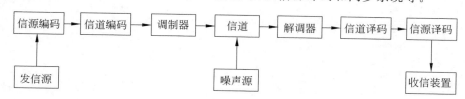

图 1-7　数字通信系统的基本组成框图

同步系统用于建立通信系统收、发两端相对一致的时间关系。只有这样,收端才能确定每一位码的起止时刻,并确定接收码组与发送码组的正确对应关系。否则,接收端无法恢复发端的信息。因此,同步是数字通信系统正常工作的前提,通信系统能否有效、可靠地工作,很大程度上依赖于同步系统的好坏。图 1-7 中未表示出同步环节,因为它的位置是不固定的。

应当说明,对于模拟通信中的时分多路脉冲调制系统、图像(电视)传输系统及采用相干解调的连续波调制系统,也同样有同步问题。

1.5　本课程的主要内容

本课程主要内容有:谐振回路、小信号调谐放大器、高频功率放大器、倍频器、正弦波振荡器、变频器、振幅调制与解调电路、角度调制与解调电路、锁相环及其他反馈控制电路、电噪声及其抑制以及通信电子电路的应用实例。着重讨论发送设备和接收设备各单元的工作原理和组成,以及构成发送、接收设备的各种单元电路的工作原理、典型电路和分析方法。

思考题与习题

1-1　画出无线电广播发射调幅系统的组成框图以及各框图对应的波形。

1-2　画出无线电接收设备的组成框图以及各框图对应的波形。

1-3　无线通信为什么要进行调制?

1-4　FM 广播、TV 以及导航移动通信均属于哪一波段通信?

1-5　画出用矩形波进行调幅时已调波波形。

1-6　在接收设备中，检波器的作用是什么? 并绘出检波前后的波形。

1-7　在接收设备中，混频器的作用是什么，混频器是怎么组成的，并绘出混频前后的波形。

1-8　中波广播波段的波长范围为 187～560m，为避免相邻电台互相干扰，两个相邻电台的载频至少要相差 10kHz，问在此波段中最多能容纳多少电台同时广播?

第 2 章　小信号调谐放大器

2.1　概述

在无线电技术中,经常会遇到这样的问题——所接收到的信号很弱,而这样的信号又往往与干扰信号同时进入接收机。我们希望将有用的信号放大,把其他无用的干扰信号抑制掉。借助于选频放大器,便可达到此目的。小信号调谐放大器便是这样一种最常用的选频放大器,即有选择地对某一频率的信号进行放大的放大器。

小信号调谐放大器是构成无线电通信设备的主要电路,其作用是放大信道中的高频小信号。所谓小信号,通常指输入信号电压一般在微伏至毫伏数量级附近,放大这种信号的放大器工作在线性范围内。所谓调谐,主要是指放大器的集电极负载为调谐回路(如 LC 谐振回路)。这种放大器对谐振频率 f_0 的信号具有最强的放大作用,而对其他远离 f_0 的频率信号,放大作用很差。调谐放大器的频率特性如图 2-1 所示。

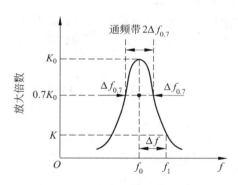

图 2-1　调谐放大器的频率特性

调谐放大器主要由放大器和调谐回路两部分组成。因此,调谐放大器不仅有放大作用,而且还有选频作用。本章讨论的小信号调谐放大器,一般工作在甲类状态,多用在接收机中做高频和中频放大,对它的主要指标要求是:有足够的增益,满足通频带和选择性要求,工作稳定等。

研究一个小信号调谐放大器,应从放大能力和选择性能两方面分析。放大能力可用谐振时的放大倍数 K_0 表示,选频性能通常用通频带和选择性两个指标衡量。

小信号调谐放大器的主要性能在很大程度上取决于谐振回路(选频网络)。一般选频网络是 LC 谐振回路,还有石英晶体滤波器、陶瓷滤波器和声表面波滤波器等。本章先讨论 LC 谐振回路和以 LC 谐振回路作为选频网络的小信号调谐放大器,然后再讨论其他类型的集中选频小信号调谐放大器。下面先介绍 LC 谐振回路的主要特性。

2.2 LC 谐振回路

谐振回路的主要特点是具有选频作用,当输入信号含有多种频率成分时,经过谐振回路只选出某些频率成分,对其他频率成分有不同程度的抑制作用。LC 谐振回路由电感和电容组成,按电感、电容与外接信号源连接方式的不同,可分为串联和并联调谐回路两种类型。因为在调谐放大器中,谐振回路多以并联的方式出现在电路中,所以下面主要讨论并联谐振回路,而对串联谐振回路只作简单介绍。

2.2.1 串、并联谐振回路的基本特性

1. 并联谐振回路

并联谐振回路由电感 L、电容 C 与外接信号源并联而成,如图 2-2 所示。回路的电容损耗忽略不计,电感线圈的损耗以并联电阻 R_0 的形式出现。

(1) 并联谐振回路的阻抗特性

分析并联谐振回路采用导纳法比较方便。设外接信号源的角频率为 ω,由电路理论,得回路的等效导纳为

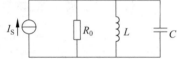

图 2-2　并联谐振回路

$$Y = G_0 + \mathrm{j}\left(\omega C - \frac{1}{\omega L}\right) \tag{2-1}$$

式中,电导

$$G_0 = \frac{1}{R_0}$$

写成指数形式为

$$Y = |Y|\,\mathrm{e}^{\mathrm{j}\varphi} \tag{2-2}$$

式中,等效导纳的模为

$$|Y| = \sqrt{G_0^2 + \left(\omega C - \frac{1}{\omega L}\right)^2}　(单位为 S) \tag{2-3}$$

导纳角为

$$\varphi = \arctan\frac{\omega C - \dfrac{1}{\omega L}}{G_0}　(单位为 rad) \tag{2-4}$$

在实际应用中,有时用阻抗形式比较方便,故

$$|Z| = \frac{1}{|Y|} = \frac{1}{\sqrt{G_0{}^2 + \left(\omega C - \dfrac{1}{\omega L}\right)^2}} \tag{2-5}$$

并联谐振回路的阻抗特性曲线如图 2-3 所示。由图可知,当 $\omega L = \dfrac{1}{\omega C}$ 时,得

$$\omega = \omega_0 = \frac{1}{\sqrt{LC}} \tag{2-6}$$

回路处于谐振状态。此时,回路导纳最小,阻抗最大,回路呈现为纯电阻。回路谐振时的 R_0 也称为谐振电阻,ω_0 称为谐振角频率。

由上所述,当回路谐振时,

$$\omega_0 L = \frac{1}{\omega_0 C} = \frac{\sqrt{LC}}{C} = \sqrt{\frac{L}{C}} \tag{2-7}$$

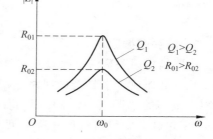

图 2-3　并联谐振回路的阻抗特性

$\sqrt{\dfrac{L}{C}}$ 称为谐振回路的特性阻抗。

在谐振回路中,常常引入回路的品质因数这一参数,可以非常方便地反映出谐振特性的情况。并联谐振回路的品质因数是由回路谐振电阻与特性阻抗的比值定义的,即

$$Q = \frac{R_0}{\sqrt{\dfrac{L}{C}}} = \frac{R_0}{\omega_0 L} = R_0 \omega_0 C \tag{2-8}$$

由式(2-5)经推导可得

$$|Z| = \frac{1}{|Y|} = \frac{R_0}{\sqrt{1 + Q^2 \left(\dfrac{f}{f_0} - \dfrac{f_0}{f}\right)^2}} \tag{2-9}$$

由式(2-8)可知,并联谐振回路中 Q 值包含了回路三个元件的参数(R_0,L,C),反映了三个参数对回路特性的影响,是描述回路特性的综合参数。回路的 R_0 越大,Q 值越大,阻抗特性曲线越尖锐;反之,R_0 越小,Q 值越小,阻抗特性曲线越平坦,如图 2-3 所示。

（2）并联谐振回路的选频特性

下面分析并联谐振回路的选频特性。并联谐振回路如图 2-2 所示。设信号源为恒流源 $\dot{I}_s$,响应为回路电压$\dot{U}$,则

$$\dot{U} = \dot{I}_s Z \tag{2-10}$$

模

$$U = I_s |Z| = \frac{U_m}{\sqrt{1 + Q^2 \left(\dfrac{f}{f_0} - \dfrac{f_0}{f}\right)^2}} \tag{2-11}$$

相位角

$$\beta_u = -\varphi = -\arctan Q\left(\frac{f}{f_0} - \frac{f_0}{f}\right) \tag{2-12}$$

式中,$U_m = I_S R_0$ 为谐振时的电压幅值。

根据式(2-11)、式(2-12)可得到并联回路响应电压的幅频特性和相频特性曲线,如图2-4所示。可见,在谐振点$\omega = \omega_0$处,电压幅值最大。当$\omega < \omega_0$时,回路呈现感性,电压超前电流一个相角,电压幅值减小。当$\omega > \omega_0$时,回路呈现容性,电压滞后电流一个相角,电压幅值也减小。

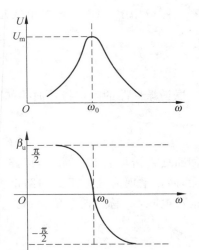

图2-4 回路电压特性曲线

2. 串联谐振回路

串联谐振回路是由电感线圈L、电容器C、外接信号源相互串联而成。串联谐振回路适用于信号源内阻等于零或很小的情况(恒压源),因为如果信号源内阻很大,采用串联谐振回路将严重降低回路的品质因数,使串联谐振回路的通频带过宽,选择性显著变坏。所以在调谐放大器中,谐振回路作为放大器的负载常采用并联方式。在此就不详细讨论串联谐振回路了,但考虑到内容的完整性,将串联谐振回路和并联谐振回路的基本特性列在表2-1中,以便读者对比学习这两种方式的谐振回路,并注意到串联谐振回路和并联谐振回路互为对偶电路。

3. 谐振回路的谐振曲线分析

下面以并联谐振回路为例,对谐振曲线作具体分析。并联谐振回路的幅频特性曲线表达式为

$$U = \frac{U_m}{\sqrt{1 + Q^2 \left(\dfrac{f}{f_0} - \dfrac{f_0}{f} \right)^2}} \qquad (2\text{-}13)$$

在谐振点附近,因为$\dfrac{f}{f_0} - \dfrac{f_0}{f} = \dfrac{(f+f_0)(f-f_0)}{f_0 f} \approx 2\dfrac{\Delta f}{f_0}$,所以式(2-13)可简化为

$$\frac{U}{U_m} = \frac{1}{\sqrt{1 + \left(Q\dfrac{2\Delta f}{f_0} \right)^2}} \qquad (2\text{-}14)$$

式中,Δf为信号频率偏离谐振点的数量($\Delta f = f - f_0$)。U/U_m称为谐振曲线的相对抑制比,它反映了回路对偏离谐振频率的抑制能力。

由式(2-14)可以看出Q对谐振曲线的影响,对于同样频偏Δf,Q越大,U/U_m值越小,谐振曲线越尖锐,如图2-5(a)所示。

由于谐振回路具有选频性能,在通信系统中,常用作带通滤波器,用来传输或选择已调的高频信号。那么谐振回路应该具备什么样的形状才算合适?这要看需要选取的信号。首先要建立通频带的概念。一个无线电信号占有一定的频带宽度,无线电信号通过谐振

表 2-1　串、并联谐振回路的基本特性

电气参数	并联谐振回路	串联谐振回路
电路		
导纳或阻抗	$Y = G_0 + \mathrm{j}\left(\omega C - \dfrac{1}{\omega L}\right)$	$Z = r_0 + \mathrm{j}\left(\omega L - \dfrac{1}{\omega C}\right)$
阻抗特性曲线		
谐振频率	$\omega_0 = \dfrac{1}{\sqrt{LC}}$ 或 $f_0 = \dfrac{1}{2\pi\sqrt{LC}}$	$\omega_0 = \dfrac{1}{\sqrt{LC}}$ 或 $f_0 = \dfrac{1}{2\pi\sqrt{LC}}$
品质因数	$Q = \dfrac{R_0}{\omega_0 L} = R_0 \omega_0 C$	$Q = \dfrac{\omega_0 L}{r_0} = \dfrac{1}{\omega_0 C r_0}$
谐振电阻	$R_0 = Q\sqrt{\dfrac{L}{C}}$	$r_0 = \dfrac{1}{Q}\sqrt{\dfrac{L}{C}}$
回路响应频率特性	$U = I_s\lvert Z\rvert$ $= \dfrac{U_m}{\sqrt{1 + Q^2\left(\dfrac{f}{f_0} - \dfrac{f_0}{f}\right)^2}}$ $\beta_u = -\arctan Q\left(\dfrac{f}{f_0} - \dfrac{f_0}{f}\right)$	$I = \dfrac{U_s}{\lvert Z\rvert} = \dfrac{I_m}{\sqrt{1 + Q^2\left(\dfrac{f}{f_0} - \dfrac{f_0}{f}\right)^2}}$ $\beta_i = -\arctan Q\left(\dfrac{f}{f_0} - \dfrac{f_0}{f}\right)$
频率特性曲线		
谐振点	电压最大,谐振电阻最大	电流最大,谐振电阻最小
失谐时阻抗特性	$f > f_0$,容性 $f < f_0$,感性	$f > f_0$,感性 $f < f_0$,容性

回路不失真的条件是：谐振回路的幅频特性是一常数,相频特性正比于角频率。因此,研究谐振回路的幅频特性曲线在什么频率范围内能基本上满足上述要求是十分重要的。在无线电技术中,常把 U/U_m 从 1 下降到 $1/\sqrt{2}$（以 dB 表示,从 0 下降到 -3dB）处的两个频

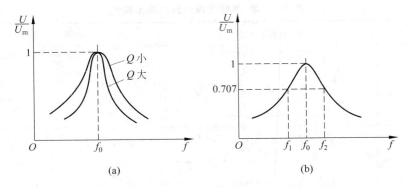

图 2-5 Q 对谐振曲线的影响及谐振回路通频带

率 f_1 和 f_2 的范围称为通频带,以符号 B 或 $2\Delta f_{0.7}$ 表示。即回路的通频带为

$$B = f_2 - f_1 \tag{2-15}$$

如图 2-5(b)所示。只要选择回路的通频带 B 大于或等于无线电信号的通频带,无线电信号通过谐振回路后的失真就是允许的。

根据通频带定义,当

$$\frac{U}{U_m} = \frac{1}{\sqrt{1 + \left(Q\, \dfrac{2\Delta f}{f_0} \right)^2}} = \frac{1}{\sqrt{2}}$$

时,解得

$$Q\, \frac{2\Delta f}{f_0} = \pm 1$$

将 f_1 和 f_2 分别代入上式,有

$$\begin{cases} Q\, \dfrac{2(f_2 - f_0)}{f_0} = 1 \\[2mm] Q\, \dfrac{2(f_1 - f_0)}{f_0} = -1 \end{cases}$$

两式相减得

$$Q\, \frac{2(f_2 - f_1)}{f_0} = 2$$

由 $B = f_2 - f_1$,得到

$$B = \frac{f_0}{Q} \tag{2-16}$$

通频带满足了允许通过的信号频率范围的要求,为了滤除其他频率信号的干扰,在通频带外,值 U/U_m 越小越好。

通常对某一频率偏差 Δf 下的 U/U_m 值记为 α,称为回路对这一指定频偏下的选择性。即

$$\alpha = \frac{U}{U_m} = \frac{1}{\sqrt{1 + \left(Q\, \dfrac{2\Delta f}{f_0} \right)^2}} \tag{2-17}$$

显然，α 值越小选择性越高，如图 2-6 所示。实际中，常常用分贝（dB）来表示：

$$\alpha = 20 \lg \alpha$$

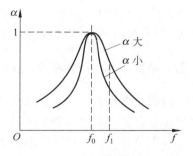

图 2-6　α 值对谐振曲线的影响

选择性是谐振回路的另一个重要指标，它表示回路对通频带以外干扰信号的抑制能力。在多路通信中，应根据对相邻频道信号抑制程度的要求来决定。

由以上讨论可看到，对同一回路提高通频带和改善选择性是矛盾的。Q 越高选择性越好，但通频带越窄。为了保证较宽的通频带就得降低选择性的要求，反之亦然。一个理想的谐振回路，其幅频特性应是一个矩形，在通频带内信号可以无衰减地通过，通频带以外衰减为无限大。实际谐振回路选频性能的好坏，应以其幅频特性接近矩形的程度来衡量。为了便于定量比较，引用矩形系数这一指标。

矩形系数的定义为：谐振回路的 α 值下降到 0.1 时与 α 值下降到 0.7 时，频带宽度 $B_{0.1}$ 与频带宽度 $B_{0.7}$ 之比，用符号 $K_{0.1}$ 表示。即

$$K_{0.1} = \frac{B_{0.1}}{B_{0.7}} \tag{2-18}$$

图 2-7 是实际回路和理想回路的幅频特性。由图可知，理想回路的矩形系数 $K_{0.1} = 1$，而与实际回路的矩形系数显然相差甚远。

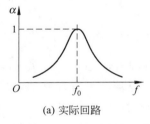　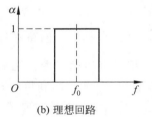

(a) 实际回路　　　　　　　　　(b) 理想回路

图 2-7　幅频特性比较

由定义：

$$\alpha = 0.1 = \frac{1}{\sqrt{1 + \left(Q \dfrac{2\Delta f}{f_0} \right)^2}}$$

即

$$Q \frac{2\Delta f}{f_0} \approx 10$$

得

$$B_{0.1} = 2\Delta f = 10 \frac{f_0}{Q}$$

又因为

$$B_{0.7} = \frac{f_0}{Q}$$

得

$$K_{0.1} = \frac{B_{0.1}}{B_{0.7}} = \frac{10 \dfrac{f_0}{Q}}{\dfrac{f_0}{Q}} = 10$$

由前面讨论可知,$K_{0.1}=1$ 为理想值,故矩形系数越接近 1 越好,而单谐振回路不论 Q,f_0 为多大,其矩形系数为定值(10),显然它的选频性能不很理想。

2.2.2 负载和信号源内阻对谐振回路的影响

前面对谐振回路的讨论都没有考虑信号源和负载,下面以并联谐振回路为例,分析有信号源和负载后对谐振回路的影响。

考虑负载 R_L 和信号源内阻 R_S 时,并联谐振回路如图 2-8 所示。由图可知,当 R_S,R_L 接入回路时,不影响回路的谐振频率,仍为 $\omega_0=\dfrac{1}{\sqrt{LC}}$。而回路的品质因数为

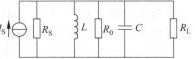

图 2-8 带信号源内阻和负载的并联谐振回路

$$Q_L=\frac{R_\Sigma}{\omega_0 L}=\frac{1}{G_\Sigma \omega_0 L}=\frac{1}{\omega_0 L(G_0+G_S+G_L)} \qquad (2\text{-}19)$$

式中

$$R_\Sigma=R_0 /\!/ R_S /\!/ R_L$$

$$G_0=\frac{1}{R_0}, \quad G_S=\frac{1}{R_S}, \quad G_L=\frac{1}{R_L}$$

回路的总电导为

$$G_\Sigma=G_0+G_S+G_L$$

由于 $G_\Sigma > G_0$,可见 Q_L 相对于回路本身的品质因数 $Q_0=\dfrac{1}{\omega_0 L G_0}$ 减小了。为了区分这两种情况下的 Q 值,把没有接信号源内阻和负载时回路本身的 Q 值叫做无载或空载 Q 值,以 Q_0 表示。把计入信号源内阻和负载时的 Q 值称为有载 Q 值,以 Q_L 表示。很显然,$Q_L<Q_0$,有载时,电路通频带比无载时要宽,选择性要差。

在实际问题中,常遇到已知 Q_0 求 Q_L,或给定 Q_L 计算 Q_0 的情况。为此需要求得 Q_0 与 Q_L 的关系式,即

$$\frac{Q_L}{Q_0}=\frac{G_0}{G_0+G_S+G_L}=\frac{1}{1+\dfrac{G_S}{G_0}+\dfrac{G_L}{G_0}}=\frac{1}{1+\dfrac{R_0}{R_S}+\dfrac{R_0}{R_L}}$$

$$Q_L=\frac{Q_0}{1+\dfrac{R_0}{R_S}+\dfrac{R_0}{R_L}} \qquad (2\text{-}20)$$

这表明,回路并联接入的 R_S,R_L 越小,Q_L 较 Q_0 下降越多。Q_L 下降,通频带加宽,选择性变差。

另外,实际信号源内阻和负载并不一定都是纯电阻,也有可能有电抗成分(一般是容性)。在低频时,电抗成分一般可忽略,但高频时就要考虑它对谐振回路的影响。考虑信号源输出电容和负载电容时的并联谐振回路如图 2-9 所示。

图 2-9 中 C_S 是信号源输出电容,C_L 是负载电容。很明显,此时回路总电容为

$$C_\Sigma=C_S+C+C_L \qquad (2\text{-}21)$$

在谐振回路计算中,只要以 C_Σ 代入,前面公式可照用。计入 C_S 和 C_L 后,并联谐振回路

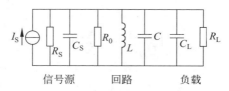

图 2-9　考虑信号源输出电容和负载电容的并联谐振回路

谐振频率降低,并且 C_S,C_L 的不稳定将使回路的频率特性不稳定。

在实际应用的谐振回路中,C_S,C_L 常常是晶体管的输出电容和输入电容,当更换晶体管或温度变化时,C_S,C_L 也会变化,这将引起 f_0 的不稳定。显然 C 值越大,C_S,C_L 变化影响就越小。在设计高频谐振回路时应考虑这个问题。

2.2.3　谐振回路的接入方式

上述谐振回路中,信号源和负载都是直接并在 L,C 元件上,因此存在以下三个问题:第一,谐振回路 Q 值大大下降,一般不能满足实际要求;第二,信号源和负载电阻常常是不相等的,即阻抗不匹配,当相差较多时,负载上得到的功率可能很小;第三,信号源输出电容和负载电容影响回路的谐振频率,在实际问题中,R_S,R_L,C_S,C_L 给定后,不能任意改动。解决这些问题的途径是采用阻抗变换的方法,使信号源或负载不直接并入回路的两端,而是经过一些简单的变换电路,把它们折算到回路两端。通过改变电路的参数,达到要求的回路特性。下面以负载的连接为例,介绍几种阻抗变换电路。

1. 互感变压器接入方式

互感变压器接入电路如图 2-10 所示。变压器的原边线圈也称一次线圈就是回路的电感线圈,副边线圈也称二次线圈接负载 R_L。设原边线圈匝数为 N_1,副边线圈匝数为 N_2,且原、副边耦合(也称一次侧、二次侧耦合)很紧,损耗很小。根据等效前后负载上得到功率相等的原则,可得到等效后的负载阻抗 R_L'。

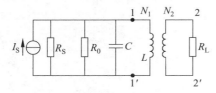

图 2-10　互感变压器接入电路示意图

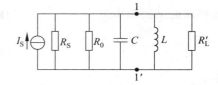

图 2-11　互感变压器接入电路的等效电路

设图 2-10 中 1—1′ 处电压为 U_1,2—2′ 处电压为 U_2,等效前负载 R_L 上得到功率为 P_1,等效后负载 R_L' 上得到的功率为 P_2。由 $P_1 = P_2$,即

$$\frac{U_2^2}{R_L} = \frac{U_1^2}{R_L'}$$

得

$$\frac{R_L'}{R_L} = \left(\frac{U_1}{U_2}\right)^2$$

又因为

$$\left(\frac{U_1}{U_2}\right)^2 = \left(\frac{N_1}{N_2}\right)^2$$

得

$$R_L' = \left(\frac{N_1}{N_2}\right)^2 R_L \tag{2-22}$$

变换后的等效回路如图 2-11 所示。此时回路的品质因数为

$$Q_L = \frac{R_\Sigma}{\omega_0 L} \tag{2-23}$$

式中，

$$R_\Sigma = \frac{R_S R_0 R_L'}{R_L'(R_S + R_0) + R_0 R_S}$$

若选 $N_1/N_2 > 1$，则 $R_L' > R_L$，可见通过互感变压器接入方法可提高回路的 Q_L 值。

另外，电路等效后，谐振频率不变，仍为 $\omega_0 = \dfrac{1}{\sqrt{LC}}$。

2. 自耦变压器接入

自耦变压器接入电路如图 2-12 所示。回路总电感为 L，电感抽头接负载 R_L。设电感线圈 1—3 端的匝数为 N_1，抽头 2—3 端的匝数为 N_2。对于自耦变压器来说，等效折算到 1—3 端的 R_L' 所得功率应与原回路 R_L 得到的功率相等。推导方法与上述互感变压器接入方法一样，可得到等效后的负载阻抗 R_L' 如下：

$$R_L' = \left(\frac{N_1}{N_2}\right)^2 R_L \tag{2-24}$$

由于 $\dfrac{N_1}{N_2} > 1$，所以 $R_L' > R_L$。例如 $R_L = 1\text{k}\Omega$，$\left(\dfrac{N_1}{N_2}\right)^2 = 4$，则 $R_L' = 4\text{k}\Omega$。此结果表明，如果将 1kΩ 电阻直接接到 1—3 端对回路影响较大，若接到 2—3 端再折算到 1—3 端就相当于接入一个 4kΩ 的电阻，它对回路的影响减弱了。折算后的等效电路如图 2-13 所示。由图可知回路的谐振频率为 $\omega_0 = \dfrac{1}{\sqrt{LC}}$。回路的品质因数为

$$Q_L = \frac{R_\Sigma}{\omega_0 L} \tag{2-25}$$

式中，

$$R_\Sigma = \frac{R_S R_0 R_L'}{R_L'(R_S + R_0) + R_0 R_S}$$

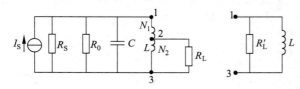

图 2-12　自耦变压器接入电路

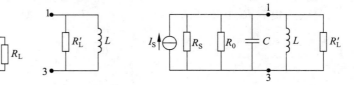

图 2-13　自耦变压器接入等效电路

由以上讨论可知,自耦变压器接入,也起到了阻抗变换作用。这种方法的优点是绕制简单,缺点是回路与负载有直流回路。需要隔直流时,这种回路不能用。

3. 电容器抽头接入

电容器抽头接入回路如图 2-14 所示。并联谐振回路电感为 L,电容由 C_1,C_2 串联组成,负载接在电容器抽头 2—3 端。为了计算这种回路,需要将负载 R_L 等效折算到 1—3 端,变换为标准的并联谐振回路。为此,首先简单介绍一下电容器的串、并联变换,如图 2-15 所示。

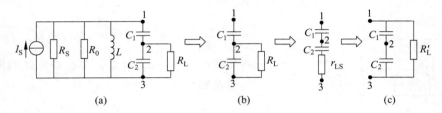

$$(a) \qquad\qquad (b) \qquad\qquad (c)$$

图 2-14　电容器抽头接入电路

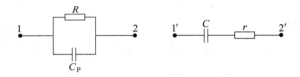

图 2-15　电容器的串、并联等效变换

根据电路等效原理,图 2-15 中 1—2 端的等效导纳应与 $1'$—$2'$ 的导纳相等,可以推出,电容器的串、并联等效变换关系为

$$\begin{cases} R = r(1+Q_C^2) \\ C_P = \dfrac{C}{1+\dfrac{1}{Q_C^2}} \end{cases} \tag{2-26}$$

式中,Q_C 为电容器的品质因数。

对于串联等效回路形式:

$$Q_C = \frac{\dfrac{1}{\omega C}}{r} = \frac{1}{r\omega C}$$

对于并联等效回路形式:

$$Q_C = \frac{R}{\dfrac{1}{\omega C_P}} = \omega C_P R$$

实际中,当 $Q_C \gg 1$ 时,它的近似式为

$$\begin{cases} R \approx rQ_C^2 \\ C_P \approx C \end{cases} \tag{2-27}$$

现在可以利用式(2-27)将 R_{L} 与 C_2 的并联变换为串联,如图 2-14(b)所示,

$$r_{\mathrm{LS}} = \frac{R_{\mathrm{L}}}{Q_C^2} = \frac{1}{\omega^2 C_2^2 R_{\mathrm{L}}} \tag{2-28}$$

再利用公式将 r_{LS} 与 C_1,C_2 串联形式变换为并联形式,如图 2-14(c)所示,

$$R_{\mathrm{L}}' \approx \frac{1}{\omega^2 C^2 r_{\mathrm{LS}}} \tag{2-29}$$

式中 $C = \dfrac{C_1 C_2}{C_1 + C_2}$,将式(2-28)代入式(2-29)得

$$R_{\mathrm{L}}' = \left(\frac{C_2}{C}\right)^2 R_{\mathrm{L}} = \left(\frac{C_1 + C_2}{C_1}\right)^2 R_{\mathrm{L}} \tag{2-30}$$

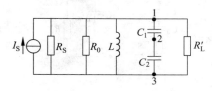

图 2-16　变换后的并联回路

由于 $\dfrac{C_1 + C_2}{C_1} > 1$,所以 $R_{\mathrm{L}}' > R_{\mathrm{L}}$,变换后的并联回路如图 2-16 所示。这是一个标准并联谐振回路,其谐振频率为

$$\omega_0 = \frac{1}{\sqrt{LC}} \tag{2-31}$$

式中,$C = \dfrac{C_1 C_2}{C_1 + C_2}$。

回路的品质因数为

$$Q_{\mathrm{L}} = \frac{R_{\Sigma}}{\omega_0 L} = R_{\Sigma} \omega_0 C \tag{2-32}$$

式中,$R_{\Sigma} = \dfrac{R_{\mathrm{S}} R_0 R_{\mathrm{L}}'}{R_{\mathrm{L}}'(R_{\mathrm{S}} + R_0) + R_0 R_{\mathrm{S}}}$。

由以上分析可以得到以下结论:

① 电容器抽头接入,经变换后等效回路的谐振频率近似为 $\omega_0 \approx \dfrac{1}{\sqrt{LC}}$,这个近似是在串、并联折算中产生的。由于电容 Q 值比较大,误差很小,一般可以不考虑。

② 由于 $R_{\mathrm{L}}' = \left(\dfrac{C_1 + C_2}{C_1}\right)^2 R_{\mathrm{L}}$,而 $\dfrac{C_1 + C_2}{C_1} > 1$,故 $R_{\mathrm{L}}' > R_{\mathrm{L}}$,回路有载品质因数较直接接入增大了。可根据实际情况,选取适当的 C_1 和 C_2 值以得到要求的 Q_{L} 值。

4. 接入系数的概念

上述三种回路接入方式不同,但有一个共同特点,即负载不直接接入回路两端,只是与回路一部分相接,因此称为部分接入形式。为了更好地说明这个特点,引入接入系数的概念。接入系数表示接入部分所占的比例。对于自耦变压器接入方式来说(见图 2-17),接入系数

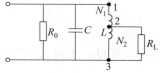

$$n = \frac{N_2}{N_1} \tag{2-33}$$

图 2-17　部分接入的概念

表示全部线圈 N_1 中,N_2 所占的比例。$0 < n < 1$,调节 n 可改变折算电阻 R_{L}' 的数值。n 越小,R_{L} 与回路接入部分越

少,对回路影响越小,R'_L越大。引入接入系数 n 以后,折算后的阻抗可以写为

$$R'_L = \frac{1}{n^2}R_L \tag{2-34}$$

电容器抽头接入及变压器接入方式与自耦变压器接入方式的接入系数基本概念相同。读者可自己分析。

当外接负载不是纯电阻,包含有电抗成分时,上述等效变换关系仍适用。设回路如图 2-18 所示。这时不仅要将 R_L 从副边折算到原边,而且 C_L 也要折算到原边。计算式为

$$R'_L = \frac{1}{n^2}R_L \tag{2-35}$$

$$C'_L = n^2 C_L \tag{2-36}$$

因为 $0 < n < 1$,所以电阻经折算后变大,电容变小,一致的规律是经折算后阻抗变大,对回路的影响减轻。

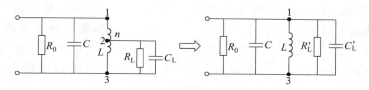

图 2-18　负载电容等效折算

前面主要介绍的是负载的接入方式问题,对谐振回路的信号源同样可采用部分接入的方法,折算方法相同。例如,在图 2-19 所示电路中,信号源内阻 R_S 从 2—3 端折算到 1—3 端,电流源也要折算到 1—3 端,计算式为

$$R'_S = \frac{1}{n^2}R_S \tag{2-37}$$

$$I'_S = nI_S \tag{2-38}$$

式(2-38)可以这样理解:从 2—3 端折算到 1—3 端电压变比为 $1/n$ 倍,在保持功率不变的条件下,电流变比应为 n 倍。

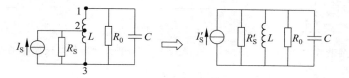

图 2-19　信号源部分接入回路

通过以上讨论得知,采用任何接入方式,都可使回路的有载 Q_L 值提高,而谐振频率 ω_0 不变。同时,只要负载和信号源采用合适的接入系数,即可达到阻抗匹配,输出较大的功率。

2.3 单调谐放大器

小信号调谐放大器的种类很多,按谐振回路区分,有单调谐放大器、双调谐放大器和参差调谐放大器。按晶体管连接方法区分,有共基极、共集电极、共发射极单调谐放大器,等等。本节讨论共发射极单调谐放大器。

2.3.1 单调谐放大器的电路组成

单调谐放大器电路如图 2-20 所示。图中 R_1,R_2,R_3 是工作点偏置环节,C_1 为耦合电容,C_2 为旁路电容。如果需要,也可加射极负反馈电阻。LC 谐振电路作为放大器的集电极负载起选频作用,它采用抽头接入法,以减轻晶体管输出电阻对谐振电路 Q 值的影响。R_L 是放大器的负载,它可能是下一级输入端的等效输入电阻。原边线圈(AC 端)匝数为 N_1,抽头(AB 端)匝数为 N_0,副边匝数为 N_2。输入电压 U_i 形成晶体管输入电流 I_b,通过晶体管放大,集电极电流为 βI_b。它相当于一个恒流源,供给集电极回路的负载——并联谐振电路,如图 2-21(a)所示。图中 r_{ce} 代表晶体管 ce 极间的电阻,称为晶体管的输出电阻。考虑 r_{ce} 和 R_L 的影响后,LC 电路相当于一个等效的 RLC 并联电路,如图 2-21(b)所示,其并联阻抗为 Z_{AC}。实际的集电极负载则为变换到 AB 部分的阻抗 Z_{AB}。Z_{AC} 与 Z_{AB} 的关系为

$$Z_{AB} = Z_{AC} \left(\frac{N_0}{N_1} \right)^2 \tag{2-39}$$

对调谐放大器的工作原理分析主要从放大能力和选频性能两方面进行,下面分别讨论。

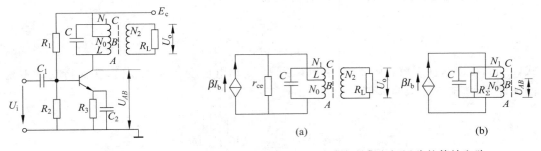

图 2-20　单调谐放大器　　　　图 2-21　调谐放大器集电极回路的等效电路

2.3.2 单调谐放大器的放大能力

调谐放大器的放大能力可用谐振时的电压放大倍数 K_0 表示。先求放大倍数 K 的一般表达式。如图 2-20 所示,设负载 R_L 上的电压为 U_o,输入电压为 U_i,晶体管集电极电压为 U_{AB},则单调谐放大器的电压放大倍数 K 可以按如下方法计算:

$$K = \frac{U_o}{U_i} = \frac{U_o}{U_{AB}} \frac{U_{AB}}{U_i} = \frac{N_2}{N_0} \frac{\beta I_b Z_{AB}}{I_b r_i} = \beta \frac{Z_{AB}}{r_i} \frac{N_2}{N_0} \tag{2-40}$$

式中,r_i 代表晶体管 be 极间的电阻,称为晶体管的输入电阻。

将式(2-39)代入式(2-40)得

$$K = \beta \frac{Z_{AC}}{r_i} \left(\frac{N_0}{N_1}\right)^2 \frac{N_2}{N_0} \tag{2-41}$$

整理得单调谐放大器的电压放大倍数为

$$K = \frac{\beta}{r_i} \left(\frac{N_0}{N_1}\right) \left(\frac{N_2}{N_1}\right) Z_{AC} \tag{2-42}$$

由式(2-42)知,K 与 Z_{AC} 成正比。对于不同频率的信号,Z_{AC} 是不同的,对于 f_0 的信号,Z_{AC} 最高,故 K 也最高。可见 K 的频率特性和并联谐振回路的特性相同。

谐振时,

$$Z_{AC} = R_\Sigma = r_{ce} \left(\frac{N_1}{N_0}\right)^2 /\!/ Q_0 \omega_0 L /\!/ R_L \left(\frac{N_1}{N_2}\right)^2 = Q_L \omega_0 L$$

代入式(2-42),得谐振电压放大倍数 K_0:

$$K_0 = \frac{\beta}{r_i} Q_L \omega_0 L \left(\frac{N_0}{N_1}\right) \left(\frac{N_2}{N_1}\right) \tag{2-43}$$

2.3.3　单调谐放大器的选频性能

因为放大器的频率特性取决于谐振电路的频率特性,谐振电路的 Q_L 值对放大器的选频性能有很大影响。当 $\omega_0 L$ 一定而 Q_L 值不同时,Q_L 大,K_0 大,则频率曲线尖锐,Q_L 小,K_0 小,则频率曲线平坦,如图 2-22(a)所示。

为了更好地描绘选频性能的特点,用比值 K/K_0 作纵坐标,可得图 2-22(b)所示的曲线。这里 $K/K_0 = 1$(用分贝表示为 0dB)代表谐振点,$K/K_0 = 0.707$(用分贝表示为 -3dB)相当通频带的上下边界。从图中可以看出,Q_L 小,通频带($2\Delta f_{0.7}$)宽,而 Q_L 大,通频带则窄。如果以某一频偏 Δf 为参考标准,则 Q_L 大,衰减量大,即选择性好,而 Q_L 小选择性差。

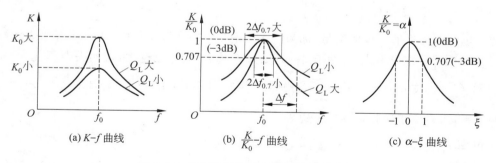

图 2-22　放大器频率特性的几种表示形式

在实际工作中,常常希望通频带足够宽而选择性又要好,可见两者是矛盾的。有时选择适当的 Q_L 值,可以兼顾两者,但有时不能兼顾,就需要另外采取措施。

若要定量确定通频带选择性和 Q_L 值间的关系,则必须把频率特性曲线的表达式写出来。由式(2-9)可知,对于并联谐振电路,将

$$Z_{AC} = \frac{Q_L \omega_0 L}{\sqrt{1 + Q_L^2 \left(\frac{f}{f_0} - \frac{f_0}{f}\right)^2}}$$

代入式(2-42),可得

$$K = \frac{\beta}{r_i}\left(\frac{N_0}{N_1}\right)\left(\frac{N_2}{N_1}\right)\frac{Q_L \omega_0 L}{\sqrt{1 + Q_L^2 \left(\frac{f}{f_0} - \frac{f_0}{f}\right)^2}}$$

$$= \frac{K_0}{\sqrt{1 + Q_L^2 \left(\frac{f}{f_0} - \frac{f_0}{f}\right)^2}}$$

令 $\frac{K}{K_0} = \alpha$,则

$$\frac{K}{K_0} = \alpha = \frac{1}{\sqrt{1 + Q_L^2 \left(\frac{f}{f_0} - \frac{f_0}{f}\right)^2}} \tag{2-44}$$

因此,在 α,Q_L 和 f/f_0 三者中,只要知道两项,便可计算出第三项。

若令

$$\xi = Q_L\left(\frac{f}{f_0} - \frac{f_0}{f}\right) \tag{2-45}$$

则

$$\alpha = \frac{1}{\sqrt{1 + \xi^2}} \tag{2-46}$$

这样 α 便变成仅随 ξ 而变的函数,不管 Q_L 值有多大差异,都可用同一条曲线表示,如图 2-22(c)所示,这条曲线称为通用谐振曲线。

在谐振电路中,f 偏离 f_0 称为失谐。失谐程度通常用频偏($\Delta f = f - f_0$)对 f_0 的比值即 $\Delta f/f_0$ 表示。在谐振点附近,ξ 与 $\Delta f/f_0$ 近似成正比,即

$$\xi = Q_L\left(\frac{f}{f_0} - \frac{f_0}{f}\right) = Q_L \frac{(f+f_0)(f-f_0)}{f_0 f} \approx Q_L \frac{2\Delta f}{f_0} \tag{2-47}$$

所以 ξ 也可作为失谐程度的衡量,称为广义失谐量。在实际工作中,用上述近似式计算一般已足够准确。在谐振点,$\Delta f = 0$,$\xi = 0$;$\Delta f/f_0$ 越大,则 ξ 也越大,表明失谐程度大。$\xi > 0$,表示 $f > f_0$;$\xi < 0$,表示 $f < f_0$。特别是,当 $\xi = \pm 1$ 时,由式(2-46)知 $\alpha = \frac{1}{\sqrt{1+1}} = \frac{1}{\sqrt{2}}$,可见 $\xi = \pm 1$ 对应于通频带的上下边界。

以 $\xi = 1$ 代入式(2-47),可得 $1 = Q_L \frac{2\Delta f_{0.7}}{f_0}$,即

$$2\Delta f_{0.7} = \frac{f_0}{Q_L} \tag{2-48}$$

例如,当 $Q_L = 40$ 时,$2\Delta f_{0.7} = \frac{f_0}{40} = 2.5\% f_0$。

式(2-48)常作为从 f_0 和 Q_L 估算通频带的关系式。也可以通过实际测得的 f_0 和 $2\Delta f_{0.7}$,算出实际的 Q_L 值。

24

2.3.4　最大增益及阻抗匹配条件

前面已经得到调谐放大器的谐振电压放大倍数为

$$K_0 = \frac{\beta}{r_i} Q_L \omega_0 L \left(\frac{N_0}{N_1} \right) \left(\frac{N_2}{N_1} \right)$$

K_0 受多种因素影响: β 和 r_i 由所用管子的性能及工作点决定, L 由实际可用的 LC 元件决定(以能获得较高的空载 Q_0 为度), Q_L 由通频带和选择性的具体要求决定。因此,当上述各个参数决定以后,一般是通过调整匝比的方法获得高的增益。但是,并不是 N_0/N_1、N_2/N_1 越大越好,当提高 N_0/N_1 或 N_2/N_1 时,虽有使 K_0 增大的一面,但同时又有使 Q_L 降低的一面,而 Q_L 的降低可使 K_0 下降且选择性变坏。因此既要保证一定的 Q_L 值,又要达到尽可能高的增益,才有一个最佳的匝比。

可以证明(推导证明过程略,可参考文献[16]): 当变换到谐振电路的负载 R'_L 等于变换到谐振电路的内阻 r'_{ce},即 $R'_L = r'_{ce}$ 时,可得到最大的增益。其最佳匝比为

$$\frac{N_0}{N_1} = \sqrt{\frac{\eta\, r_{ce}}{2Q_L \omega_0 L}} \qquad (2\text{-}49)$$

$$\frac{N_2}{N_1} = \sqrt{\frac{\eta\, R_L}{2Q_L \omega_0 L}} \qquad (2\text{-}50)$$

式中

$$\eta = \frac{Q_0 - Q_L}{Q_0} \qquad (2\text{-}51)$$

η 称为谐振电路的效率。若用分贝(dB)来表示,可得

$$\eta = 20\lg\eta = 20\lg\frac{Q_0 - Q_L}{Q_0} \qquad (2\text{-}52)$$

称为谐振电路的插入损耗。满足以上条件,可达到一定 Q_L 值下的最大增益,此时称为阻抗匹配。

将以上条件代入式(2-43),可得到阻抗匹配条件下的电压放大倍数:

$$K_{0\max} = \frac{\beta\eta}{2r_i}\sqrt{r_{ce}R_L} \qquad (2\text{-}53)$$

由式(2-53)可知,为了在一定的负载 R_L 上达到最大的电压增益,应当选高 β 和高 r_{ce} 的管子。η 也应高,这就要求在选 LC 参数时,应考虑 Q_0 的高低,Q_0 至少应比 Q_L 大一倍以上。例如按通频带和选择性要求,Q_L 应为 25,则至少应选 $Q_0 \geqslant 50$ 的 LC 元件组成谐振电路。

2.4　晶体管高频等效电路及频率参数

按照晶体管(半导体三极管)实际使用时工作频率的高低分为高频管和低频管。晶体管在低频工作时,常将晶体管的电流放大系数(α,β)看成与频率无关的常数。但晶体管在高频工作时,电流放大系数与频率则有明显的关系,频率越高,电流放大系数越小。这直接导致管子的放大能力下降,限制了晶体管在高频范围的应用。而限制晶体管在高频范围应用的主要因素为: 管子的发射结电容 $C_{b'e}$,集电结电容 $C_{b'c}$,基极体电阻 $r_{bb'}$。高频晶

体管的分析常用到两种等效电路:混合 Π 型等效电路与 Y 参数等效电路。下面分别讨论。

2.4.1 晶体管混合 Π 型等效电路

图 2-23 给出了一个完整的晶体管共发射极混合 Π 型等效电路。图中 b,c,e 三点代表晶体管基极、集电极和发射极三个电极的外部端子,b′代表设想的基极内部端子。

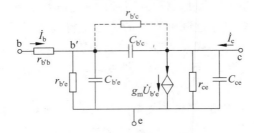

图 2-23　晶体管的高频混合 Π 型等效电路

所谓混合 Π 型,是因为晶体管的 b′,c,e 三个电极用一个 Π 型电路等效,而由 b 至 b′又串联一个基极体电阻 $r_{bb'}$,因而称为混合 Π 型电路。

这个等效电路共有 8 个元件,比较复杂。下面分别介绍各元件参数:

(1) $r_{b'e}$ 是发射结的结电阻。晶体管作为放大器使用时,发射结总是处于正向偏置的状态,所以 $r_{b'e}$ 的数值比较小,一般是几百欧。它的大小随工作点电流而变,可近似表示为

$$r_{b'e} = (1+\beta_0)\frac{26}{I_e}\ (\Omega) \tag{2-54}$$

式中,β_0 是晶体管的低频电流放大系数;电压为 26mV;I_e 为晶体管发射极电流,单位为 mA。

(2) $r_{b'c}$ 是集电结电阻。由于集电结总是处于反向偏置状态,所以 $r_{b'c}$ 较大,为 10kΩ~10MΩ,一般可忽略不计。

(3) $C_{b'e}$ 是发射结电容。它随工作点电流增大而增大,它的数值范围为 20pF~0.01μF。

(4) $C_{b'c}$ 是集电结电容。它随 c,b 间反向电压的增大而减小,它的数值在 10pF 左右。

(5) $r_{bb'}$ 是基极体电阻。它是从基极引线端 b 到有效基区 b′的电阻。不同类型的晶体管 $r_{bb'}$ 的数值也不一样,低频小功率管可达几百欧[姆],高频晶体管一般为 15~50Ω。

(6) 电流源 $g_m \dot{U}_{b'e}$ 代表晶体管的电流放大作用,它与加到发射结上的实际电压 $\dot{U}_{b'e}$ 成正比,比例系数 g_m 称为晶体管的跨导。g_m 是混合 Π 型等效电路中最重要的参数,它的大小说明了发射结电压对集电结电流的控制能力,g_m 越大,控制能力越强。g_m 可以表示为

$$g_m = \frac{\beta_0}{r_{b'e}} = \frac{\beta_0}{(1+\beta_0)\frac{26}{I_e}} = \frac{\beta_0}{1+\beta_0}\frac{I_e}{26} \approx \frac{I_e}{26} \tag{2-55}$$

可见,跨导与工作点电流 I_e 成正比,而与管子的 β_0 值无关。

(7) r_{ce} 是集—射极电阻。它表示集电极电压 $\dot{U}_{ce}$ 对电流 I_c 的影响。r_{ce} 的数值一般在几十千欧以上,典型值为 30~50kΩ。

（8）C_{ce} 是集—射极电容。这个电容通常很小，一般为 $2\sim10\mathrm{pF}$。

晶体管的混合 Ⅱ 型等效电路分析法物理概念比较清楚，对晶体管放大作用的描述较全面，各个参量基本上与频率无关。因此，这种电路可以适用于相当宽的频率范围。但这个等效电路比较复杂，在实际应用中，可以根据具体情况，把某些次要因素忽略。例如，高频时，$C_{b'c}$ 的容抗较小，和它并联的集电结电阻 $r_{b'c}$ 就可忽略；此外，集—射极电容 C_{ce} 可以合并到集电极回路之中。考虑这些情况，则混合 Ⅱ 型等效电路可简化成如图 2-24 的形式。这种简化的等效电路，基本上能满足工程计算的要求。

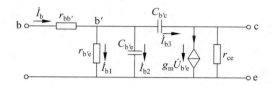

图 2-24　简化的混合 Ⅱ 型等效电路

$r_{bb'}$，$C_{b'c}$ 和 β_0 的数值可以用仪器测量，电导 $g_{b'e}=1/r_{b'e}$ 可以计算。图 2-24 所示的电路比图 2-23 的简单些，但计算起来仍嫌繁琐，各元件的数值不易测量。高频放大器较常用的是下面要介绍的 Y 参数等效电路。

2.4.2　晶体管 Y 参数等效电路

Y 参数等效电路是撇开晶体管内部的电路结构，只从外部来研究它的作用，把晶体管看作一个有源线性四端网络，用一组网络参数来构成其等效电路。具体来说，只要能够确定晶体管的输入端和输出端的电流-电压关系，问题基本上就解决了。

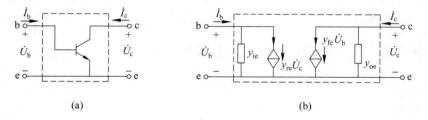

(a)　　　　　　　　　　　　　(b)

图 2-25　晶体管 Y 参数电路模型

晶体管的 Y 参数等效电路如图 2-25 所示。图 2-25(a)将共射极接法的晶体管等效为有源线性四端网络。图中 $\dot{U}_b$，$\dot{U}_c$ 分别表示晶体管输入和输出电压，$\dot{I}_b$ 和 $\dot{I}_c$ 为其对应电流。输入端和输出端的电流-电压关系可用网络方程表示为

$$\begin{cases}\dot{I}_b = y_{ie}\dot{U}_b + y_{re}\dot{U}_c \\[2mm] \dot{I}_c = y_{fe}\dot{U}_b + y_{oe}\dot{U}_c\end{cases}\qquad(2-56)$$

式中：y_{ie}，y_{re}，y_{fe} 和 y_{oe} 是描述这些电流-电压关系的参数，这四个参数具有导纳的量纲，故称为四端网络的导纳参数，即 Y 参数。

在式(2-56)中,若 $\dot{U}_c = 0$,即将网络输出端交流短路,可得

$$y_{ie} = \frac{\dot{I}_b}{\dot{U}_b}\bigg|_{\dot{U}_c=0} \qquad (2\text{-}57)$$

y_{ie} 是输出交流短路时的输入电流与输入电压之比,称为共射极晶体管的输入导纳。它说明了输入电压对输入电流的控制作用。而

$$y_{fe} = \frac{\dot{I}_c}{\dot{U}_b}\bigg|_{\dot{U}_c=0} \qquad (2\text{-}58)$$

y_{fe} 是输出端交流短路时的输出电流与输入电压之比,称为正向传输导纳,它表示输入电压对输出电流的控制作用,决定晶体管的放大能力。$|y_{fe}|$ 值越大,晶体管的放大作用也越强。

同理,令输入端交流短路,即 $\dot{U}_b = 0$,可得

$$y_{re} = \frac{\dot{I}_b}{\dot{U}_c}\bigg|_{\dot{U}_b=0} \qquad (2\text{-}59)$$

y_{re} 是输入端交流短路时输入电流和输出电压之比,称为共射极晶体管的反向传输导纳(下标 r 表示反向),它代表晶体管输出电压对输入端的反作用。而

$$y_{oe} = \frac{\dot{I}_c}{\dot{U}_c}\bigg|_{\dot{U}_b=0} \qquad (2\text{-}60)$$

y_{oe} 是输入交流短路时的输出电流与输出电压之比,称为晶体管的输出导纳,它说明输出电压对输出电流的控制作用。

根据式(2-56)可以得到如图 2-25(b)所示的 Y 参数等效电路。图中 $y_{fe}\dot{U}_b$ 和 $y_{re}\dot{U}_c$ 是受控电流源,正向传输导纳 y_{fe} 越大,晶体管的放大能力越强;反向传输导纳 y_{re} 越大,晶体管的内部反馈越强,减小 y_{re},有利于放大器的稳定工作。

2.4.3 混合 Π 型等效电路参数与 Y 参数的关系

利用混合 Π 型电路参数,可以推导出相应的 Y 参数。图 2-26(a)是求 y_{ie} 和 y_{fe} 的电路,图 2-26(b)是求 y_{re} 和 y_{oe} 的电路。

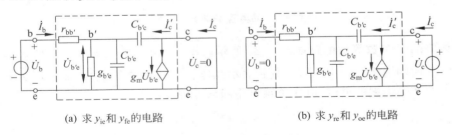

(a) 求 y_{ie} 和 y_{fe} 的电路   (b) 求 y_{re} 和 y_{oe} 的电路

图 2-26   求 Y 参数的电路

令 $\dot{U}_c = 0$,即把端点 c,e 短接,从输入端 b,e 向右看的电路就是 $g_{b'e}$,$C_{b'e}$,$C_{b'c}$ 三者并联后,再和 $r_{bb'}$ 串联。很容易写出

$$y_{ie} = \frac{g_{b'e} + j\omega(C_{b'e} + C_{b'c})}{1 + r_{bb'}[g_{b'e} + j\omega(C_{b'e} + C_{b'c})]} \tag{2-61}$$

再求从 c,e 向左看的晶体管的输出等效电流源。根据戴维南定理,此电流源等于 c,e 短接时,$\dot{U}_b$ 在集电极电路中产生的电流 $\dot{I}_c\big|_{\dot{U}_c = 0}$。由图 2-26(a)可得

$$\dot{I}_c\big|_{\dot{U}_c = 0} = g_m \dot{U}_{b'e} + \dot{I}' = g_m \dot{U}_{b'e} - j\omega C_{b'c} \dot{U}_{b'e}$$

$$= (g_m - j\omega C_{b'c}) \dot{U}_{b'e} \tag{2-62}$$

式中,$\dot{U}_{b'e}$ 是电压 $\dot{U}_b$ 通过 $r_{bb'}$ 与 $g_{b'e}$,$C_{b'e}$,$C_{b'c}$ 的分压而产生的,则

$$\dot{U}_{b'e} = \frac{\dfrac{1}{r_{bb'}}}{\dfrac{1}{r_{bb'}} + g_{b'e} + j\omega(C_{b'e} + C_{b'c})} \dot{U}_b$$

$$= \frac{1}{1 + r_{bb'}[g_{b'e} + j\omega(C_{b'e} + C_{b'c})]} \dot{U}_b$$

代入式(2-62),得

$$\dot{I}_c\big|_{\dot{U}_c = 0} = \frac{g_m - j\omega C_{b'c}}{1 + r_{bb'}[g_{b'e} + j\omega(C_{b'e} + C_{b'c})]} \dot{U}_b$$

则

$$y_{fe} = \frac{\dot{I}_c}{\dot{U}_b}\bigg|_{\dot{U}_c = 0} = \frac{g_m - j\omega C_{b'c}}{1 + r_{bb'}[g_{b'e} + j\omega(C_{b'e} + C_{b'c})]} \tag{2-63}$$

下面再求等效电流源 $\dot{I}_b\big|_{\dot{U}_b = 0}$。根据戴维南定理,此电流源等于 b,e 短接时电压 $\dot{U}_c$ 在基极电路中所产生的电流。图 2-26(b)画出求 $\dot{I}_b\big|_{\dot{U}_b = 0}$ 的电路,这里令端点 b,e 短接,则

$$\dot{I}_b\big|_{\dot{U}_b = 0} = \frac{-\dot{U}_{b'e}}{r_{bb'}} \tag{2-64}$$

式中,$\dot{U}_{b'e}$ 是由电压 $\dot{U}_c$ 经电容 $C_{b'c}$ 与 $\dfrac{1}{r_{bb'}}$,$g_{b'e}$,$C_{b'e}$ 分压而产生的,则有

$$\dot{U}_{b'e} = \frac{j\omega C_{b'c}}{\dfrac{1}{r_{bb'}} + g_{b'e} + j\omega(C_{b'e} + C_{b'c})} \dot{U}_c \tag{2-65}$$

将 $\dot{U}_{b'e}$ 代入式(2-64),得

$$\dot{I}_b\big|_{\dot{U}_b = 0} = \frac{-j\omega C_{b'c}}{1 + r_{bb'}[g_{b'e} + j\omega(C_{b'e} + C_{b'c})]} \dot{U}_c$$

则

$$y_{re} = \frac{\dot{I}_b}{\dot{U}_c}\bigg|_{\dot{U}_b = 0} = \frac{-j\omega C_{b'c}}{1 + r_{bb'}[g_{b'e} + j\omega(C_{b'e} + C_{b'c})]} \tag{2-66}$$

最后,我们来确定 y_{oe}。根据戴维南定理,y_{oe} 应等于当电源 $\dot{U}_b$ 短接时,从 c,e 向左看的总导纳。值得注意的是,在 $\dot{U}_b = 0$ 时,从 c,e 向左看的等效输出导纳 y_{oe},不只包含 $g_{b'e}$,$C_{b'e}$,$C_{b'c}$ 和 $r_{bb'}$ 的串并联导纳,还应考虑 $g_m \dot{U}_{b'e}$ 的作用。由图 2-26(b)得

$$\dot{I}_c\big|_{\dot{U}_b=0} = \dot{I}'_c + g_m\,\dot{U}_{b'e}$$

$$= \left(\frac{1}{r_{bb'}} + g_{b'e} + j\omega C_{b'e}\right)\dot{U}_{b'e} + g_m\,\dot{U}_{b'e}$$

$$= \left(\frac{1}{r_{bb'}} + g_{b'e} + j\omega C_{b'e} + g_m\right)\dot{U}_{b'e}$$

将式(2-65)的$\dot{U}_{b'e}$代入上式,得

$$\dot{I}_c\big|_{\dot{U}_b=0} = \frac{j\omega C_{b'c}\left(\dfrac{1}{r_{bb'}} + g_{b'e} + j\omega C_{b'e} + g_m\right)}{\dfrac{1}{r_{bb'}} + g_{b'e} + j\omega(C_{b'e} + C_{b'c})}\dot{U}_c$$

$$= \frac{j\omega C_{b'c}\left[1 + r_{bb'}(g_{b'e} + j\omega C_{b'e} + g_m)\right]}{1 + r_{bb'}\left[g_{b'e} + j\omega(C_{b'e} + C_{b'c})\right]}\dot{U}_c$$

则

$$y_{oe} = \frac{\dot{I}_c}{\dot{U}_c}\bigg|_{\dot{U}_b=0} = \frac{j\omega C_{b'c}\left[1 + r_{bb'}(g_{b'e} + j\omega C_{b'e} + g_m)\right]}{1 + r_{bb'}\left[g_{b'e} + j\omega(C_{b'e} + C_{b'c})\right]} \tag{2-67}$$

各 Y 参数与混合 Ⅱ 型等效电路参数的关系,分别表示于式(2-61)、式(2-63)、式(2-66)和式(2-67)。由于晶体管制造工艺和结构的进步,电容 $C_{b'c}$ 可以做得很小,通常 $C_{b'c} \ll C_{b'e}$,故四个导纳的表达式可以简化成如下形式:

$$y_{ie} = \frac{g_{b'e} + j\omega C_{b'e}}{1 + r_{bb'}(g_{b'e} + j\omega C_{b'e})} \tag{2-68}$$

$$y_{fe} = \frac{g_m}{1 + r_{bb'}(g_{b'e} + j\omega C_{b'e})} \tag{2-69}$$

$$y_{re} = \frac{-j\omega C_{b'c}}{1 + r_{bb'}(g_{b'e} + j\omega C_{b'e})} \tag{2-70}$$

$$y_{oe} = \frac{j\omega C_{b'c} r_{bb'} g_m}{1 + r_{bb'}(g_{b'e} + j\omega C_{b'e})} + j\omega C_{b'c} \tag{2-71}$$

Y 参数等效电路是从外部来研究晶体管的作用,而且在实际中,高频放大器的谐振回路、负载阻抗和晶体管大都是并联关系,因此,在分析放大器时,用 Y 参数等效电路比较适合。因为这时各并联支路的导纳可以直接相加,运算方便。此外,晶体管的 Y 参数可以用仪器直接测量。

总之,混合 Ⅱ 型等效电路和 Y 参数等效电路是对同一对象(晶体管)两种不同的等效分析方法,各有特点,在实际中可根据具体情况选择采用哪一种方法。

2.4.4　晶体管的高频放大能力及其频率参数

晶体管在高频情况下的放大能力随频率的增高而下降。这可以从其等效电路(图 2-27)得到说明。

共发射极短路电流放大系数 β 是指,简化的混合 Ⅱ 型等效电路输出交流短路时(c,e 短路),集电极电流 $\dot{I}_c$ 对基极电流 $\dot{I}_b$ 的比值,即

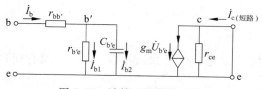

图 2-27 计算 β 的等效电路

$$\beta = \frac{\dot{I}_c}{\dot{I}_b}\bigg|_{\dot{U}_{ce}=0} \tag{2-72}$$

从简化的混合 Ⅱ 型等效电路(图 2-24)可以看出,输入电流 $\dot{I}_b$ 分成三部分,即 $\dot{I}_{b1}$,$\dot{I}_{b2}$,$\dot{I}_{b3}$。当 c,e 短路时,$C_{b'c}$ 与 $C_{b'e}$ 并联,因 $C_{b'c} \ll C_{b'e}$,故 $\dot{I}_{b3} \ll \dot{I}_{b2} \ll \dot{I}_{b1}$。在此情况下 $C_{b'c}$ 可忽略不计,成为图 2-27 所示的形式,此时有

$$\dot{I}_c = g_m \dot{U}_{b'e} = \beta_0 \frac{\dot{U}_{b'e}}{r_{b'e}} = \beta_0 \dot{I}_{b1}$$

则

$$\beta = \frac{\dot{I}_c}{\dot{I}_b}\bigg|_{\dot{U}_{ce}=0} = \beta_0 \frac{\dot{I}_{b1}}{\dot{I}_b} \tag{2-73}$$

可见,在基极电流 $\dot{I}_b$ 中,只有流入结电阻 $r_{b'e}$ 的电流 $\dot{I}_{b1}$ 起放大作用。在低频情况下,$\dot{I}_{b2}$ 可忽略,$\dot{I}_{b1} = \dot{I}_b$,则 $\beta = \beta_0$。随着频率的升高,$C_{b'e}$ 的分流作用逐渐明显,当 $\dot{I}_{b2}$ 不可忽略时,$\dot{I}_{b1} < \dot{I}_b$,故 $\beta < \beta_0$,即高频的 β 值低于低频值 β_0。

图 2-28 是 β 和晶体管共基极短路电流放大系数 α 随频率变化的示意图,图中 α_0 和 β_0 是在低频情况下的电流放大系数。

晶体管的高频放大能力,可以用以下几种频率参数表示:

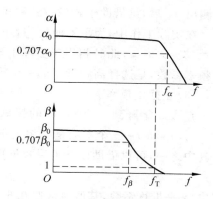

图 2-28 α 和 β 随 f 变化的示意图

(1) β 截止频率 f_β

f_β 是 β 下降到 $0.707\beta_0$ 时的频率。由图 2-24,并根据并联支路的电流分配规则,有

$$\dot{I}_{b1} = \frac{\dot{I}_b}{1 + j\omega C_{b'e} r_{b'e}}$$

代入式(2-73)得

$$\beta = \frac{\beta_0}{1 + j\omega C_{b'e} r_{b'e}} = \frac{\beta_0}{1 + j\dfrac{f}{f_\beta}} \tag{2-74}$$

式中

$$f_\beta = \frac{1}{2\pi C_{b'e} r_{b'e}} \tag{2-75}$$

f_β 为 β 的截止频率。

(2) 特征频率 f_T

f_T 是 β 下降到 1 时的频率。

式(2-74)表明,高频时,β 是一个复数,表明 $\dot{I}_c$ 与 $\dot{I}_b$ 之间有相移。其模为

$$|\beta| = \frac{\beta_0}{\sqrt{1 + \left(\dfrac{f}{f_\beta}\right)^2}} \tag{2-76}$$

$|\beta|$ 随 f 变化的特点如下:

① 当 $f \ll f_\beta$ 时 $\left(\text{实际上 } f < \dfrac{f_\beta}{3} \text{ 即可}\right)$,此时 $|\beta| = \beta_0$,这时 $|\beta|$ 不随 f 变化,即相当于低频的情况。

② 在 $f \approx f_\beta$ 的附近,$|\beta|$ 开始随 f 增加而下降,当 $f = f_\beta$ 时,降到 β_0 的 70.7%。

③ 当 $f \gg f_\beta$ 时(实际上 $f > 3f_\beta$ 即可):

$$|\beta| \approx \frac{\beta_0}{\dfrac{f}{f_\beta}} = \frac{\beta_0 f_\beta}{f} = \frac{f_T}{f} \quad \text{或} \quad f_T \approx f|\beta| \tag{2-77}$$

式中,$f_T = \beta_0 f_\beta$。此时 $|\beta|$ 与 f 成反比,其比例系数为 $\beta_0 f_\beta$,用 f_T 表示,称为晶体管的特征频率。当 $f = f_T$ 时,$|\beta| = 1$。f_T 与 f_β 均是由晶体管的结构及工作点决定的。反之,当实测出 f_T 后,可借助于式(2-75)和式(2-77)估算出 $C_{b'e}$。

在实际工作中,为了不使 $|\beta|$ 过小,应选择管子的 f_T 远大于工作频率 $f_{工作}$,至少满足 $f_T = (3 \sim 5) f_{工作}$,此时相当于实际工作情况的 $|\beta| = 3 \sim 5$。因此,f_β 和 f_T 是晶体管的重要频率参数,是选择高频管子的一个重要依据。

(3) α 截止频率 f_α

f_α 是 α 下降到 $0.707\alpha_0$ 时的频率。

f_α,f_β 和 f_T 三个参数是互相关联的,故在技术说明书上,通常根据测试的方便,只给出其中之一,可以借助以下关系式推算其余两个:

$$f_T = \beta_0 f_\beta = \gamma \alpha_0 f_\alpha \tag{2-78}$$

式中,γ 是折算系数,其值通常在 $0.6 \sim 0.9$ 之间,随晶体管类型而异。例如,若给出 $f_T = 100\text{MHz}$,$\beta_0 = 100$,$\alpha_0 = 0.99$,则可推算出

$$f_\beta = \frac{f_T}{\beta_0} = \frac{100}{100} = 1 \text{ (MHz)}$$

$$f_\alpha = \frac{f_T}{\gamma \alpha_0} = \frac{100}{0.8 \times 0.99} = 126 \text{ (MHz)}, \quad \text{设 } \gamma = 0.8$$

可见,f_α,f_β 和 f_T 三个频率的大小关系是

$$f_\beta < f_T < f_\alpha \tag{2-79}$$

f_α 最高,说明在高频情况下共基接法的频率响应优于共射接法。

在实际工作中,f_T 用得最多,因为 f_T 不仅表明 $|\beta| = 1$ 时的频率,而且还可由 f_T 推出 $f \gg f_\beta$(实际上只要 $f > 3f_\beta$ 即可)情况下任何频率下的 β 值。

例如,对于上例($f_T = 100\text{MHz}$,$\beta_0 = 100$,$f_\beta = 1\text{MHz}$)的晶体管,可以推算出 $f = 5\text{MHz}$ 时的 β 值为

$$|\beta| = \frac{f_{\mathrm{T}}}{f} = \frac{100}{5} = 20$$

（4）最高振荡频率 $f_{\max}$

$f_{\max}$ 是晶体管的共射极接法功率放大倍数 A_P（在阻抗匹配的条件下）下降到 1 时的频率。应当指出，当 $|\beta| = 1$ 时，就电流而言，已无放大作用，当 f 进一步提高到 $A_P = 1$ 时，晶体管已完全失去放大作用，此时如果作为振荡器，已不可能起振，故 $f_{\max}$ 称为最高振荡频率，它表示一个晶体管所能适用的最高极限频率。

$f_{\max}$ 与 $r_{\mathrm{bb'}}$，$r_{\mathrm{b'e}}$，$C_{\mathrm{b'e}}$，$C_{\mathrm{b'c}}$ 都有关系，可表示为

$$f_{\max} = \frac{1}{4\pi}\sqrt{\frac{\beta_0}{r_{\mathrm{bb'}}\, r_{\mathrm{b'e}} C_{\mathrm{b'e}} C_{\mathrm{b'c}}}} \tag{2-80}$$

2.5　高频调谐放大器

高频小信号调谐放大器目前广泛用于无线电广播、电视、通信、雷达等接收设备中，其作用是放大微弱的有用信号并滤除无用的干扰和噪声信号。高频小信号调谐放大器的主要指标是电压放大倍数、通频带、选择性和矩形系数。前面介绍的单调谐放大器的工作频率主要在几百千赫到几兆赫的范围，本节主要介绍工作在更高频率（十几兆赫以上）的单级高频单调谐放大器。因为工作频率较高，所以放大性能分析采用 Y 参数高频等效电路。

2.5.1　电路组成

图 2-29 所示为某雷达接收机中频放大器的部分电路（共发射极接法）。它由六级单调谐放大器组成（只画出三级），中心频率 30MHz。下面先讨论单级单调谐放大器的电路和指标，下一节讨论放大器的级联问题。

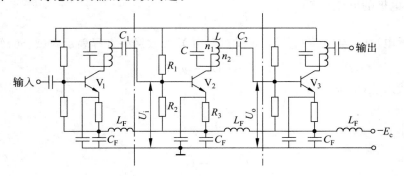

图 2-29　三级高频单调谐回路放大器

以晶体管 V_2 这一级为例，并采用 Y 参数高频等效电路进行分析，从它的基极起（包括偏置电阻 R_1，R_2）至耦合电容 C_2 止（如图中两虚线之间的线路）。前一级放大器是本级的信号源，其作用由电流源 $\dot{I}_{\mathrm{s}}$ 和放大器输出导纳 Y_{s} 表示。后一级放大器的输入导纳是本级的负载阻抗。电源 E_{c} 是通过扼流圈 L_{F} 加到晶体管的。L_{F} 和电容 C_{F} 构成滤波电路，

其作用是消除各级放大器相互之间的有害影响,在画放大器的高频等效电路时可以撇开。

为了分析高频单调谐放大器的电压放大能力,图 2-30 画出了其高频等效电路。晶体管部分采用了 Y 参数等效电路,忽略了反向传输导纳 y_{re} 的影响。另外,假定偏置电阻 R_1,R_2 的并联结果(导纳)远小于本级管子的输入导纳 y_{ie},则可忽略偏置电阻的影响(否则就必须考虑其作用,见以下例题);同理,本级放大器的负载导纳也仅考虑下一级晶体管的输入导纳 y_{ie}。

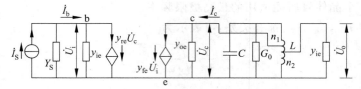

图 2-30　单级单调谐回路放大器的高频等效电路

2.5.2　电路性能指标

1. 放大器的电压放大倍数 K_V

假设放大器的输入电压为 $\dot{U}_{\mathrm{i}}$,输出电压为 $\dot{U}_{\mathrm{o}}$,则高频单调谐放大器的电压放大倍数为

$$K_V = \frac{\dot{U}_{\mathrm{o}}}{\dot{U}_{\mathrm{i}}} \tag{2-81}$$

为了求出 $\dot{U}_{\mathrm{o}}$,可先求晶体管的集电极电压 $\dot{U}_{\mathrm{c}}$,设由集电极和发射极两端向右看的回路导纳为 Y'_{L},则

$$Y'_{\mathrm{L}} = \frac{1}{n_1^2}\left(G_0 + \mathrm{j}\omega C + \frac{1}{\mathrm{j}\omega L} + n_2^2 y_{\mathrm{ie}}\right)$$

于是,通过集电极的电流 $\dot{I}_{\mathrm{c}}$ 为

$$\dot{I}_{\mathrm{c}} = -\dot{U}_{\mathrm{c}} Y'_{\mathrm{L}} \tag{2-82}$$

式中负号表示电压 $\dot{U}_{\mathrm{c}}$ 与电流 $\dot{I}_{\mathrm{c}}$ 相位相反。又由 Y 参数网络方程表示式(2-56)知

$$\dot{I}_{\mathrm{c}} = y_{\mathrm{fe}}\dot{U}_{\mathrm{i}} + y_{\mathrm{oe}}\dot{U}_{\mathrm{c}} \tag{2-83}$$

将式(2-82)代入式(2-83),得

$$\dot{U}_{\mathrm{c}} = \frac{-y_{\mathrm{fe}}\dot{U}_{\mathrm{i}}}{y_{\mathrm{oe}} + Y'_{\mathrm{L}}} \tag{2-84}$$

而

$$\dot{U}_{\mathrm{c}} = \frac{n_1}{n_2}\dot{U}_{\mathrm{o}} \tag{2-85}$$

其中,n_1 是集电极 c 的接入系数,n_2 是负载导纳的接入系数。由式(2-84)和式(2-85)得

$$K_V = \frac{\dot{U}_{\mathrm{o}}}{\dot{U}_{\mathrm{i}}} = \frac{-n_2 y_{\mathrm{fe}}}{n_1(y_{\mathrm{oe}} + Y'_{\mathrm{L}})}$$

或

$$K_V = \frac{-n_1 n_2 y_{\mathrm{fe}}}{n_1^2 y_{\mathrm{oe}} + Y_{\mathrm{L}}} \tag{2-86}$$

这就是高频单调谐放大器电压放大倍数的一般表示式。式中 $Y_L = n_1^2 Y_L'$，是负载回路两端的导纳，它包括回路本身的元件 L, C, G_0 和下一级的输入导纳 $y_{ie} = g_{ie} + j\omega C_{ie}$，即

$$Y_L = G_0 + j\omega C + \frac{1}{j\omega L} + n_2^2 (g_{ie} + j\omega C_{ie}) \qquad (2\text{-}87)$$

为了更清楚地表明放大器电路各元件和放大倍数的关系，我们进一步把 Y_L 和 y_{oe} 代入式(2-86)，整理后得

$$K_V = \frac{-n_1 n_2 y_{fe}}{(n_1^2 g_{oe} + n_2^2 g_{ie} + G_0) + j\omega(C + n_1^2 C_{oe} + n_2^2 C_{ie}) + \dfrac{1}{j\omega L}} \qquad (2\text{-}88)$$

式中，g_{oe} 和 C_{oe} 分别是放大器的输出电导和输出电容，即

$$y_{oe} = g_{oe} + j\omega C_{oe}$$

令回路总电导

$$g_\Sigma = n_1^2 g_{oe} + n_2^2 g_{ie} + G_0$$

回路总电容

$$C_\Sigma = n_1^2 C_{oe} + n_2^2 C_{ie} + C$$

则式(2-88)变为

$$K_V = \frac{-n_1 n_2 y_{fe}}{g_\Sigma + j\omega C_\Sigma + \dfrac{1}{j\omega L}} \approx \frac{-n_1 n_2 y_{fe}}{g_\Sigma \left[1 + j\dfrac{2Q_L \Delta f}{f_0}\right]} \qquad (2\text{-}89)$$

式中：f_0 为放大器调谐回路的谐振频率，$f_0 = \dfrac{1}{2\pi\sqrt{LC_\Sigma}}$；$\Delta f$ 为工作频率 f 对谐振频率 f_0 的频偏，$\Delta f = f - f_0$；Q_L 为回路的有载品质因数，$Q_L = \dfrac{\omega_0 C_\Sigma}{g_\Sigma}$。

谐振时，其谐振电压放大倍数 K_{V0} 为

$$K_{V0} = \frac{-n_1 n_2 y_{fe}}{g_\Sigma} = \frac{-n_1 n_2 y_{fe}}{G_0 + n_1^2 g_{oe} + n_2^2 g_{ie}} \qquad (2\text{-}90)$$

谐振电压放大倍数的模为

$$|K_{V0}| = \frac{n_1 n_2 |y_{fe}|}{g_\Sigma} = \frac{n_1 n_2 |y_{fe}|}{G_0 + n_1^2 g_{oe} + n_2^2 g_{ie}} \qquad (2\text{-}91)$$

可见，高频单调谐放大器的谐振电压放大倍数的模 $|K_{V0}|$ 与晶体管参数、负载电导、回路谐振电导和接入系数都有关系。特别值得注意的是，$|K_{V0}|$ 与接入系数有关，但不是单调递增或单调递减的关系。因为 n_1 和 n_2 还会影响回路有载品质因数 Q_L，而 Q_L 又将影响通频带，所以 n_1 和 n_2 的选择应全面考虑，选取一个最佳值。在实际中，应保证在满足通频带和选择性的基础上，尽可能提高电压放大倍数。

2. 放大器的通频带

由式(2-89)和式(2-90)可得

$$\left|\frac{K_V}{K_{V0}}\right| = \frac{1}{\sqrt{1 + \left(\dfrac{2Q_L \Delta f}{f_0}\right)^2}} = \frac{1}{\sqrt{1 + \xi^2}} \qquad (2\text{-}92)$$

式中，$\xi = \dfrac{2Q_L \Delta f}{f_0}$，称为广义失谐。

根据通频带定义,当 $\xi=1$ 时,

$$\left|\frac{K_V}{K_{V0}}\right| = \frac{1}{\sqrt{1+\xi^2}} = \frac{1}{\sqrt{2}}$$

得通频带为

$$B = 2\Delta f_{0.7} = \frac{f_0}{Q_L} \tag{2-93}$$

显然,通频带与工作频率成正比,与回路的有载品质因数成反比。

3. 放大器的选择性

由选择性的定义可知,式(2-92)就是在某一频偏 Δf 下的选择性 α。在实际中,为定量说明,常用矩形系数这个指标来表示。

采用与求通频带类似的方法,可以求得

$$\left|\frac{K_V}{K_{V0}}\right| = \frac{1}{\sqrt{1+\xi^2}} = 0.1 = \frac{1}{\sqrt{10^2}}$$

于是

$$\xi = 2Q_L\Delta f_{0.1}/f_0 \approx 10$$

即得

$$2\Delta f_{0.1} \approx 10 f_0/Q_L$$

所以高频单调谐放大器的矩形系数为

$$K_{0.1} = 2\Delta f_{0.1}/2\Delta f_{0.7} = 10 \tag{2-94}$$

由上面讨论可知,高频单调谐放大器的选频性能取决于单个 LC 并联谐振回路,其矩形系数与单个 LC 并联谐振回路相同,通频带则由于受晶体管输出阻抗和负载的影响,比单个 LC 并联谐振回路宽,因为 $Q_L < Q_0$。

例 2-1 如图 2-31 所示,设工作频率 $f_0 = 10.7\text{MHz}$,回路电容 $C_2 = 56\text{pF}$,$L = 4\mu\text{H}$,$Q_0 = 60$,匝数 $N = 20$,接入系数 $n_1 = n_2 = 0.25$。测得的晶体管的 Y 参数如下:$y_{ie} = (0.96 + \text{j}1.5)\text{mS}$,$y_{fe} = (37 - \text{j}4.1)\text{mS}$,$y_{oe} = (0.058 + \text{j}0.72)\text{mS}$,$y_{re} = (0.032 - \text{j}0.00058)\text{mS}$。

求:(1) 单级放大倍数 K_{V0};

(2) 单级通频带 B_1。

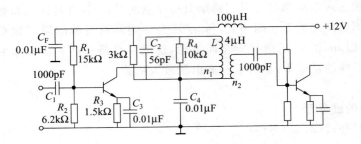

图 2-31 10.7MHz 调谐放大器电路

解 因为

$$y_{ie} = g_{ie} + \text{j}\omega C_{ie}$$

则

$$g_{ie} = \frac{1}{R_{ie}} = 0.96\text{mS}$$

$$R_{ie} = 1\text{k}\Omega$$

$$C_{ie} = \frac{1.5}{\omega} = 23\text{pF}$$

晶体管 b—e 极间等效输入阻抗近似为 $1\text{k}\Omega$ 的电阻和 23pF 电容并联。若考虑到偏置电阻 R_1, R_2 的影响,晶体管总输入电阻 $= 15 \mathbin{/\mkern-5mu/} 6.2 \mathbin{/\mkern-5mu/} 1 \approx 0.8\text{k}\Omega$,则有

$$g'_{ie} = \frac{1}{800} = 1.25 \ (\text{mS})$$

因为

$$y_{oe} = g_{oe} + j\omega C_{oe} = 0.058 + j0.72 \ (\text{mS})$$

所以

$$g_{oe} = 0.058\text{mS}, \quad R_{oe} \approx 17\text{k}\Omega, \quad C_{oe} \approx 10\text{pF}$$

从 c—e 两端向左看,晶体管输出阻抗近似等效为 $17\text{k}\Omega$ 的电阻和 10pF 电容并联。另外,有

$$|y_{fe}| = \sqrt{37^2 + 4.1^2} \approx 37 \ (\text{mS})$$

$$|y_{re}| = \sqrt{0.032^2 + 0.00058^2} \approx 0.032 \ (\text{mS})$$

（1）单级电压放大倍数

谐振时,有 $K_{V0} = \dfrac{-n_1 n_2 y_{fe}}{g_\Sigma}$。其中 g_Σ 为回路总电导,它应包含回路损耗电导 G_0、回路外加并联电导 g 及本级晶体管输出电导 g_{oe} 和下级输入电导 g'_{ie} 折合到回路两端的电导 $n_1^2 g_{oe}, n_2^2 g'_{ie}$。因为

$$G_0 = \frac{1}{Q_0 \omega_0 L} = \frac{1}{60 \times 2\pi \times 10.7 \times 10^6 \times 4 \times 10^{-6}} \approx 0.06 \ (\text{mS})$$

$$g = \frac{1}{R_4} = \frac{1}{10 \times 10^3} = 0.1 \ (\text{mS})$$

所以

$$\begin{aligned}
g_\Sigma &= G_0 + g + n_1^2 g_{oe} + n_2^2 g'_{ie} \\
&= 0.06 + 0.1 + (0.25)^2 \times 0.058 + (0.25)^2 \times 1.25 \\
&\approx 0.24 \ (\text{mS})
\end{aligned}$$

$$|K_{V0}| = \frac{n_1 n_2 |y_{fe}|}{g_\Sigma} = \frac{0.25 \times 0.25 \times 37 \times 10^{-3}}{0.24 \times 10^{-3}} \approx 9.6$$

$$|K_{V0}|_{dB} = 20\lg 9.6 = 20 \times 0.98 = 19.6 \ (\text{dB})$$

（2）单级通频带 B_1

$$\begin{aligned}
C_\Sigma &= C_2 + n_1^2 C_{oe} + n_2^2 C_{ie} \\
&= 56 + (0.25)^2 \times 10 + (0.25)^2 \times 23 \approx 58 \ (\text{pF})
\end{aligned}$$

$$Q_L = \frac{\omega C_\Sigma}{g_\Sigma} = \frac{2\pi \times 10.7 \times 10^6 \times 58 \times 10^{-12}}{0.24 \times 10^{-3}} \approx 16.2$$

$$B_1 = \frac{f_0}{Q_L} = \frac{10.7 \times 10^6}{16.2} \approx 0.66 \ (\text{MHz})$$

2.6 调谐放大器的级联

在接收设备中,往往需要把接收到的微弱信号放大到几百毫伏,再送入检波器进行解调,这样就要求放大器有很大的放大量。当单调谐放大器的选频性能和增益不能满足要求时,可采用多级调谐放大器级联的方法,如图 2-29 和图 2-32 所示。

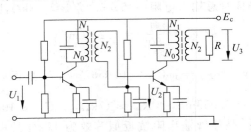

图 2-32 两级调谐放大器

图 2-32 所示电路是两级调谐放大器,这两个调谐电路可调谐于同一频率或调谐于不同频率,后者称为参差调谐(两个调谐电路的谐振频率一高一低,相互错开)。另外图中的单调谐回路也可以是双调谐回路。下面分别讨论这几种电路的特性。

2.6.1 多级单调谐放大器

若多级调谐放大器中的每一级都调谐在同一频率上,则称为多级单调谐放大器。多级单调谐放大器级联后,总放大倍数、总通频带与频率特性和单级单调谐放大器级联的关系如何?下面就对这些问题进行分析。

设各级调谐放大器的电压放大倍数是 $K_1, K_2, \cdots$,谐振电压放大倍数为 $K_{01}, K_{02}, \cdots$,则多级调谐放大器总的谐振放大倍数 $K_{总}$ 等于各级谐振放大器放大倍数之积(或分贝数之和),即有

$$K_{总} = K_1 K_2 \cdots \tag{2-95}$$

或

$$K_{总}(\mathrm{dB}) = K_1(\mathrm{dB}) + K_2(\mathrm{dB}) + \cdots \tag{2-96}$$

包括:

(1) $K_{0总} = K_{01} K_{02} \cdots$

$K_{0总}(\mathrm{dB}) = K_{01}(\mathrm{dB}) + K_{02}(\mathrm{dB}) + \cdots$

(2) $\dfrac{K_{总}}{K_{0总}} = \dfrac{K_1}{K_{01}} \dfrac{K_2}{K_{02}} \cdots$

$\dfrac{K_{总}}{K_{0总}}(\mathrm{dB}) = \dfrac{K_1}{K_{01}}(\mathrm{dB}) + \dfrac{K_2}{K_{02}}(\mathrm{dB}) + \cdots$

因此,调谐放大器级联后,选择性提高,但总的通频带变窄。这可用下面的简单例子进一步说明。设有两级调谐回路,它们的 Q_L 值相等,每一级的谐振曲线如图 2-33 所示。对应于每一个频率,两级的选择性(分贝数)应为单级的 2 倍。例如单级的 $-1.5dB$(点 a)和 $-3dB$ 点(点 b)分别对应于两级的 $-3dB$(点 a')和 $-6dB$(点 b'),从两条曲线可以看出,两级的选择性提高而通频带变窄。

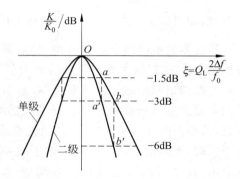

图 2-33　单级和两级调谐回路的频率特性

经推算可得,假如有 n 级 Q_L 相同的调谐回路,则总的通频带为

$$2\Delta f_{0.7(总)} = \frac{f_0}{Q_L} \sqrt{\sqrt[n]{2}-1} = 2\Delta f_{0.7(单)} \sqrt{\sqrt[n]{2}-1} \qquad (2\text{-}97)$$

注意:n 是大于 1 的正整数,故 $\sqrt{\sqrt[n]{2}-1}$ 必小于 1,因此多级调谐放大器级联后,总的通频带比单级放大器通频带缩小了。故 $\sqrt{\sqrt[n]{2}-1}$ 又称缩小系数。

例 2-2　题同例 2-1。

求:(1)四级总电压放大倍数;(2)四级总通频带 B_4。

解　(1)四级总电压放大倍数为

$$K_4 = (K_{V0})^4 = (9.6)^4 \approx 8500（倍）$$

$$K_4(dB) = 4 \times 19.6 = 78.4（dB）$$

(2)由式(2-97)知,当 $n=4$ 时,

$$B_4 = \frac{f_0}{Q_L} \sqrt{2^{1/4}-1} = 0.66 \times 0.43 = 0.28（MHz）$$

2.6.2　参差调谐放大器

参差调谐放大电路在形式上和多级单调谐放大电路没有什么不同,但在调谐回路的调谐频率上有区别。多级单调谐放大电路的调谐回路是调谐于同一频率,而在参差调谐放大电路中各级回路的谐振频率是参差错开的。

1. 双参差调谐放大器

所谓双参差调谐,是将两级单调谐回路放大器的谐振频率,分别调整到略高于和略低于信号的中心频率。

由两级单调谐放大器组成的双参差调谐放大器如图 2-32 所示。设信号的中心频率是 f_0,则将第一级调谐于 $f_0+\Delta f_d$,第二级调谐于 $f_0-\Delta f_d$(Δf_d 是单个谐振回路的谐振频率与信号中心频率之差)。两级回路的谐振频率参差错开,一高一低,因此称为双参差调谐放大器。对于单个谐振电路而言,它工作于失谐状态,失谐量分别是 $\pm\dfrac{\Delta f_d}{f_0}$,为参差

失谐量,而对应的 $\pm\xi_0=\pm Q_L\dfrac{2\Delta f_d}{f_0}$ 称为广义参差失谐量。

当参差失谐的两个回路的 Q_L 值相同时,可将两个相同的频率特性曲线向左右方向各移动 $\pm\xi_0$,根据放大器级联后的放大倍数公式(2-95),利用 MATLAB 等软件,可得到一对参差调谐回路的综合频率特性,如图 2-34 所示(粗线)。图中 K_1,K_2 分别是两个单级调谐放大器的增益曲线,$K_{总}$ 是两级的综合频率特性。由于在 f_0 处两个回路处于失谐状态,谐振点附近的 $K_{总}$ 减小,这就使合成的频率曲线较为平坦,使总的通频带展宽。为便于比较,也画出了两个回路调谐于同一频率 f_0 的情况(图 2-34 中 $\xi_0=0$ 的一条)。可以看出,在 f_0 附近,它要比参差调谐($\xi_0=1$)曲线尖锐得多。但在远离 f_0 处,两者差不多。

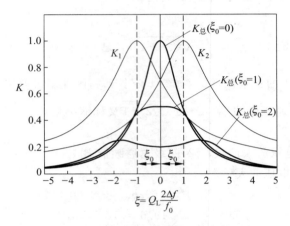

图 2-34　参差调谐放大器的频率特性

参差调谐的综合频率特性与广义参差失谐量 ξ_0 有关。ξ_0 越小则越尖,越大则越平。当 ξ_0 大到一定程度时,由于 f_0 处的失谐太严重,可以出现马鞍形双峰的形状(图中 $\xi_0=2$ 的一条)。

理论推导表明,当 $\xi_0<1$ 时为单峰;$\xi_0>1$ 时为双峰;$\xi_0=1$ 为两者的分界线,相当于单峰中最平坦的情况。ξ_0 越大,则双峰的距离越远,且中间下凹越严重。

由于参差调谐在 f_0 处失谐,故其在 f_0 点的放大倍数 $K_{0总}$ 要比调谐于同一频率的两级放大倍数小。理论推导证明,它们有如下关系:

$$\frac{K_{0总(参差失谐\xi_0)}}{K_{0总(调谐于同一f_0)}}=\frac{1}{1+\xi_0^2} \tag{2-98}$$

例如,设 $\xi_0=1$,则上式等于 $1/2$,即参差调谐放大的谐振放大倍数等于调谐于同一频率的两级放大倍数的一半,如图 2-34 所示。

2. 三参差调谐放大器

在实际工作中,为了加宽通频带,又不造成谐振点输出显著下凹,通常工作于 $\xi_0=1$ 的情况,但也可以工作于 ξ_0 略大于 1 的情况。例如,对于三参差调谐回路,可使其中的两级工作于参差调谐的双峰状态,第三级调谐于 f_0。它们合成的谐振曲线就比较平坦,如

图 2-35 中的虚线所示。由合成谐振曲线可见：利用三参差调谐电路，并适当地选择每个回路的有载品质因数 Q_L 和 ξ_0，就可以获得双参差调谐所不能得到的通频带。

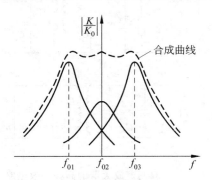

图 2-35　三参差调谐放大器的谐振曲线

2.6.3　双调谐回路放大器

双调谐回路放大器具有频带宽、选择性好的优点。图 2-36 是一种常用的双调谐回路放大器，集电极电路采用了互感耦合的双调谐回路，两个回路的参数相同，两回路之间靠互感 M 耦合，调谐于同一频率 f_0，其频率特性不同于两个单独的单调谐回路。下面先讨论单级双调谐放大器，然后给出多级双调谐放大器级联后的特性。

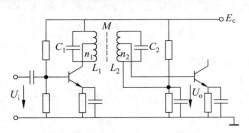

图 2-36　双调谐回路放大器

图 2-37(a)是双调谐放大器的高频等效电路，为讨论方便，把图 2-37(a)的电流源 $y_{fe}\dot{U}_i$ 及输出导纳以及负载导纳（即下一级的输入导纳 g_{ie}，C_{ie}）都折合到回路 LC 两端。变换后的元件参量都标在图 2-37(b)中。

在实际应用中，初、次级回路都调谐到同一中心频率 f_0。为了分析方便，假设两个回路元件参量都相同，即

电感：$L_1 = L_2 = L$

初、次级回路总电容：$C_1 + n_1^2 C_{oe} = C_2 + n_2^2 C_{ie} = C$

折合到初级回路的电导：$n_1^2 g_{oe} = n_2^2 g_{ie} = g$

回路谐振频率：$\omega_0 = \omega_{01} = \omega_{02} = 1/\sqrt{LC}$

初、次级回路有载品质因数：$Q_{L1} = Q_{L2} = Q_L = 1/g\omega_0 L$

根据耦合回路的特性和电压放大倍数的定义，可以推得[8,16]：

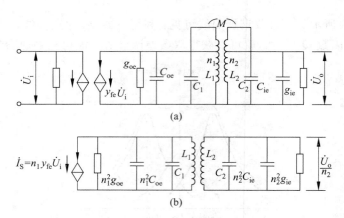

图 2-37　双调谐放大器的高频等效电路

$$|K_V| = \left|\frac{U_o}{U_i}\right| = \frac{\eta}{\sqrt{(1+\eta^2)^2 + 2(1-\eta^2)\xi^2 + \xi^4}} \frac{n_1\, n_2\, |y_{fe}|}{g} \tag{2-99}$$

式中，$\xi = Q_L \dfrac{2\Delta f}{f_0}$，为广义失谐；$\eta = kQ_L$，为耦合因数或称广义耦合系数。

当初、次级回路都调到谐振时，$\xi=0$。这时，放大倍数为

$$|K_{V0}| = \frac{\eta}{1+\eta^2} \frac{n_1\, n_2\, |y_{fe}|}{g} \tag{2-100}$$

在临界耦合时，$\eta=1$，放大器达到匹配状态。放大倍数为最大，即

$$|K_{V0}|_{\max} = \frac{n_1\, n_2\, |y_{fe}|}{2g} \tag{2-101}$$

由此可得双调谐放大器的谐振曲线表达式为

$$\frac{|K_V|}{|K_{V0}|_{\max}} = \frac{2\eta}{\sqrt{(1+\eta^2)^2 + 2(1-\eta^2)\xi^2 + \xi^4}}$$

$$= \frac{2\eta}{\sqrt{(1+\eta^2-\xi^2)^2 + 4\xi^2}} \tag{2-102}$$

由式(2-102)可以得到，当 $\eta<1$，即 $k<\dfrac{1}{Q_L}$ 时，称弱耦合，这时谐振曲线是单峰；当 $\eta>1$，即 $k>\dfrac{1}{Q_L}$ 时，称强耦合，这时谐振曲线出现双峰；当 $\eta=1$，即 $k=\dfrac{1}{Q_L}$ 时，为临界耦合，这时谐振曲线仍为单峰，且最大值在 $f=f_0$ 处。图 2-38 给出了不同耦合程度时双调谐放大器的谐振曲线。

在双调谐放大器中，常用的是临界状态，这时谐振曲线的顶部较平坦，下降部分也较陡，具有较好的选择性。在临界耦合时，$\eta=1$，式(2-102)变为

$$\frac{|K_V|}{|K_{V0}|_{\max}} = \frac{2}{\sqrt{4+\xi^4}} \tag{2-103}$$

由此式可求出这时的通频带为

$$B = 2\Delta f_{0.7} = \sqrt{2}\,\frac{f_0}{Q_L} \tag{2-104}$$

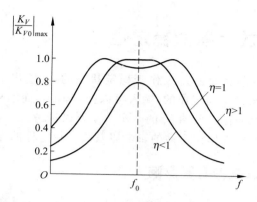

图 2-38　双调谐放大器不同耦合程度时的谐振曲线

可见,在回路有载品质因数相同的情况下,临界双调谐放大器的通频带是单调谐放大器的 $\sqrt{2}$ 倍。

同理,按照矩形系数的定义,可以求得

$$K_{0.1} = \frac{2\Delta f_{0.1}}{B} = \sqrt[4]{100 - 1} = 3.16 \tag{2-105}$$

在单调谐放大器中,$K_{0.1} \approx 10$。可见双调谐放大器在临界状态时,其矩形系数较小,谐振曲线更接近于矩形,这是双调谐放大器的主要优点。

若有 n 级相同的双调谐放大器依次级联,设每一级都是临界耦合,则总谐振特性可用下式表示:

$$\left[\frac{|K_V|}{|K_{V0}|_{\max}} \right]^n = \left[\frac{2}{\sqrt{4 + \xi^4}} \right]^n \tag{2-106}$$

根据通频带的定义,由式(2-106)可推得多级双调谐放大器的通频带为

$$B_n = 2\Delta f_{0.7(总)} = \frac{\sqrt{2} f_0}{Q_L} \sqrt[4]{\sqrt[n]{2} - 1} = 2\Delta f_{0.7(单)} \sqrt[4]{\sqrt[n]{2} - 1} \tag{2-107}$$

因为系数 $\sqrt[4]{\sqrt[n]{2} - 1}$ 永远小于 1,所以双调谐放大器级联后,n 级双调谐放大器的总频带 B_n 小于单级时的频带 B_1。但因为双调谐放大器的缩小系数 $\sqrt[4]{\sqrt[n]{2} - 1}$ 大于单调谐放大器级联时的缩小系数 $\sqrt{\sqrt[n]{2} - 1}$,所以双调谐放大器级联后的频带缩小没有单调谐放大器级联时严重。

同理可求得 n 级双调谐放大器级联后的矩形系数为

$$K_{0.1} = \frac{(2\Delta f_{0.1})_n}{B_n} = \sqrt[4]{\frac{\sqrt[n]{100} - 1}{\sqrt[n]{2} - 1}} \tag{2-108}$$

综上所述,双调谐放大器在 n 级级联后,频带宽度大于相同级数的单调谐放大器的频带宽度。在总通频带不变时,总增益也下降较少。另外,双调谐放大器的矩形系数也比单调谐放大器更接近 1,所以选择性也较好。缺点是双调谐回路的结构较复杂,调整较困难。在短波、超短波通信接收机中,可使用双调谐放大器来提高选择性。但由于它调整困难,有时采用比较简单的单调谐放大器和具有集中选择性滤波器的放大器。

2.7　高频调谐放大器的稳定性

上面所讨论的放大器,都是假定工作于稳定状态的,即输出电路对输入端没有影响($y_{re}=0$),或者说,晶体管是单向工作的,输入可以控制输出,而输出则不影响输入。但实际上,晶体管是存在着反向输入导纳 y_{re} 的。本节主要讨论考虑 y_{re} 后,放大器输入导纳和输出导纳的数值,对放大器工作稳定性的影响以及改善稳定性的方法。

2.7.1　晶体管内部反馈的有害影响

1. 放大器调试困难

由于 y_{re} 的存在,放大器的输入和输出导纳,分别与负载及信号源有关。这种关系给放大器的调试带来很多麻烦。

（1）放大器的输入导纳 Y_i

在 $y_{re}=0$ 条件下,放大器的输入导纳 Y_i 等于晶体管的输入导纳 y_{ie},但由于晶体管内部反馈总是存在的,所以 $Y_i\neq y_{ie}$,那么放大器的 Y_i 如何确定呢? 图 2-39 示出了 Y 参数等效电路。

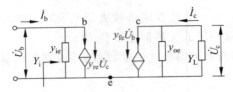

图 2-39　计算放大器输入导纳的等效电路

图 2-39 中 Y_L 是负载导纳。从图中可以看出:

$$\dot{I}_b = y_{ie}\dot{U}_b + y_{re}\dot{U}_c \tag{2-109}$$

$$\dot{I}_c = y_{fe}\dot{U}_b + y_{oe}\dot{U}_c \tag{2-110}$$

集电极电流 $\dot{I}_c$ 和电压 $\dot{U}_c$ 的关系为

$$\dot{I}_c = -Y_L\dot{U}_c$$

代入式(2-110)得

$$\dot{U}_c = \frac{-y_{fe}}{y_{oe}+Y_L}\dot{U}_b$$

再把此关系式代入式(2-109),得放大器的输入导纳为

$$Y_i = \frac{\dot{I}_b}{\dot{U}_b} = y_{ie} - \frac{y_{fe}y_{re}}{y_{oe}+Y_L} \tag{2-111}$$

式(2-111)表明,放大器的输入导纳 Y_i 包括两部分:①晶体管的输入导纳 y_{ie};②输出电路通过反馈导纳 y_{re} 的作用,在输入电路产生的等效导纳 Y_i',参看图 2-40,即 $Y_i=y_{ie}+Y_i'$,其中

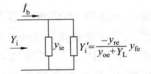

图 2-40　放大器的输入等效电路

$$Y'_i = \frac{-y_{fe}y_{re}}{y_{oe} + Y_L}$$

（2）放大器的输出导纳 Y_o

由于 y_{re} 的影响,输入电路的信源导纳 Y_S 对放大器的输出导纳 Y_o 也有影响。图 2-41 画出了计算 Y_o 的等效电路。

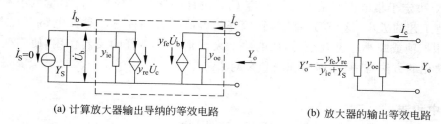

(a) 计算放大器输出导纳的等效电路　　　　　(b) 放大器的输出等效电路

图 2-41　放大器的输出电路

根据戴维南定理,求 Y_o 时,应令信号源电流 $\dot{I}_S = 0$,这时基极电流 $\dot{I}_b$ 与电压 $\dot{U}_b$ 的关系为

$$\dot{I}_b = -Y_S \dot{U}_b$$

把上式代入式(2-109)和式(2-110)中,整理后得

$$Y_o = y_{oe} - \frac{y_{fe}y_{re}}{y_{ie} + Y_S} \tag{2-112}$$

式(2-112)表明:放大器的输出导纳 Y_o 不等于晶体管的输出导纳 y_{oe},它和信号源内导纳 Y_S 也有关系。

由于内反馈的作用,放大器的输入和输出导纳,分别与负载及信号源导纳有关。则在调整输出回路时(即改变 Y_L),放大器的输入端就受到影响;同样,调整输入回路时,Y_S 改变了,放大器的输出导纳也随之改变,这对输出电路的调谐和匹配又发生了影响。因此调整工作需要反复进行多次。

2. 放大器工作不稳定

晶体管内部反馈的另一有害影响是使放大器的工作不稳定。因为放大后的输出电压 $\dot{U}_o$ 通过反向传输导纳 y_{re},把一部分信号反馈到输入端。尽管 y_{re} 可能很小,但由于放大后的信号 $\dot{U}_o$ 比输入信号 $\dot{U}_i$ 大得多,所以反馈电压 $\dot{U}_f$ 并不是总可以忽略不计的,它回到输入端以后,又由晶体管再加以放大,再通过 y_{re} 反馈到输入端,如此循环不止。在条件合适时,放大器甚至不需要外加信号,也能够产生正弦或其他波形的振荡,这时正常的放大作用就被破坏。即使不发生自激振荡,但由于内部反馈随频率而不同,它对于某些频率可能是正反馈,对另一些频率则是负反馈,反馈的强弱也不完全相等。这样,某一频率的信号将得到加强,输出增大,而某些频率的信号分量可能受到削弱,输出减小。其结果是使放大器的频率特性受到影响,通频带和选择性有所改变,如图 2-42 所示,

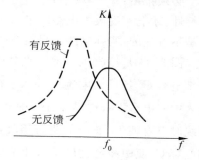

图 2-42　晶体管内部负反馈对频率特性的影响

这是我们都不希望的。

2.7.2 解决办法

欲解决上述问题,有两个途径。一是从晶体管本身想办法,使反向传输导纳减小。因为 y_{re} 主要决定于集电极和基极间的电容 $C_{b'c}$,设计晶体管时应使 $C_{b'c}$ 尽量减小。由于晶体管制造工艺的进步,这个问题已得到较好的解决。另一种方法是在电路上想办法,把 y_{re} 的作用抵消或减小。也就是说,从电路上设法消除晶体管的反向作用,使它变为单向化。单向化的方法有两种,即中和法和失配法。

1. 中和法

这种方法是在放大器的线路中插入一个外加的反馈电路来抵消 $C_{b'c}$ 内部反馈的影响,称为中和。这相当于减小了晶体管的 y_{re},放大器可以稳定地工作。

中和的原理如图 2-43 所示。外加导纳 y_n 接在输出和输入之间,作为中和元件。完全中和时,等效反向传输导纳 y_{ren} 等于零。y_{ren} 可由下式求出:

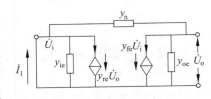

图 2-43 中和原理

$$y_{ren} = \left. \frac{\dot{I}_1}{\dot{U}_o} \right|_{\dot{U}_i=0} \tag{2-113}$$

输入端短路时,y_{ie} 中无电流,所以

$$\dot{I}_1 = y_{re} \dot{U}_o - y_n \dot{U}_o$$

将 $\dot{I}_1$ 代入式(2-113)中,得

$$y_{ren} = \left. \frac{\dot{I}_1}{\dot{U}_o} \right|_{\dot{U}_i=0} = y_{re} - y_n$$

完全中和时,$y_{ren}=0$,内部反馈全部抵消,这时有

$$y_n = y_{re} \tag{2-114}$$

上面的条件满足时,有中和电路的晶体管输入导纳将与输出电路无关,晶体管处于稳定状态。

必须指出:y_{re} 与频率有关,为了在所有频率下使 $y_{ren}=0$,必须使 y_n 有同 y_{re} 一样的频率特性,才能实现放大电路的单向化,使输出完全不受输入的影响。但是,要使 y_n 同 y_{re} 一样是不可能的,实际电路中只能在一个频率点起到中和作用。

图 2-44 是接收机中常用的中和电路。它的工作原理是集电极电压 $\dot{U}_c$ 通过晶体管集电结电容 C_{bc} 把反馈电流 $\dot{I}_f$ 注入基极,为了抵消这个电流,在回路次级线圈 L_2 至基极之间插入中和电容 C_N,这样又有一中和电流 $\dot{I}_N$ 从输出端反馈回到放大器的基极。连接线圈接线时有意使 L_1 和 L_2 的绕向相反,电压 $\dot{U}_c$ 和 $\dot{U}_o$ 的极性恰好相差 $180°$;同时适当调节中和电容 C_N 使中和电流 $\dot{I}_N$ 的大小恰好和内部反馈电流相等。这样流入基极的这两个电流相互抵消,放大器的输出对输入的影响就消除了。

由于中和法不能在一个频段满足实际需要;此外,由于晶体管集电极至基极的内部反馈电路并不是一个纯电容,而是具有一定的电阻分量,所以中和电路也应是电阻和电容

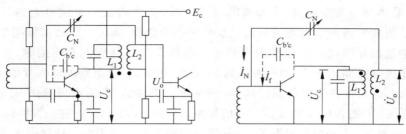

图 2-44　放大器的中和

构成的网络,这使设计和调整都比较麻烦。目前,仅在收音机中采用这种办法,而一些要求较高的通信设备大多不再用中和电路。

2. 失配法

失配是指信号源内阻不与晶体管输入阻抗匹配,晶体管输出端的负载阻抗不与本级晶体管的输出阻抗匹配。

(1) 失配法单向化的道理

从数学关系分析,由式(2-111)可知,如果负载导纳 Y_L 很大,则放大器输入导纳为

$$Y_i = y_{ie} - \frac{y_{fe}y_{re}}{y_{oe} + Y_L} \approx y_{ie}$$

这样,即使 Y_L 有一点变化,它对 Y_i 的影响将变得很小,实际上就可以认为输出电路对输入电路没有反作用了。

同理,如果信号源内导纳 $Y_S \ll y_{ie}$,由式(2-112)知,放大器的输出导纳 Y_o 则为

$$Y_o \approx y_{oe} - \frac{y_{fe}y_{re}}{y_{ie}}$$

它也和 Y_S 无关,只决定于晶体管本身的参量。

采用上述两项措施后,输出与输入端可以互不影响,从而达到使晶体管单向化的目的。

从物理概念上讲,当负载导纳 Y_L 很大时,输出电路严重失配,输出电压相应减小,反馈到输入端的信号就大大减弱,对输入电路的影响也随之减小。失真越严重,输出电路对输入电路的反作用就越小,放大器基本上可以看作单向化。

(2) 用失配法实现晶体管单向化常用的办法

用失配法实现晶体管单向化常用的办法是采用共射-共基级联电路组成的调谐放大器,其稳定性较高,得到了广泛的应用。它的原理图如图 2-45 所示。

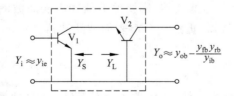

图 2-45　共发射极-共基极级联的组合电路

用两只晶体管按共发射极-共基极的方式级联,使之构成一个组合电路。在级联放大器中,后一级放大器的输入导纳是前一级放大器的负载,而前一级放大器则是后一级的信号源,它的输出导纳就是信号源的内导纳。晶体管按共基极方式连接时,输入导纳较大,这就等于第一级晶体管 V_1 的负载导纳 Y_L 很大,因此,组合电路的输入导纳 $Y_i \approx y_{ie}$,这使共发射极的 V_1 工作在失配状态。同理,按共发射连接的 V_1 的输出导纳 y_{oe} 较小,对于晶体管 V_2 来说,V_1 的输出导纳就是它的信号源内导纳 Y_S,Y_S 小,V_2 这一级的输出导纳 Y_o 就只和共基极的 V_2 本身的参量有关,而不受它的输入电路的影响。这样就大大减小了输入、输出回路间的牵扯作用,实际应用时,就可以把它看作是单向器件了。

由以上分析可知,共射-共基级联放大器,主要是使用两个晶体管来代替一个晶体管,既保证了高度的稳定性,又获得了比较大的增益(和一个晶体管比较)。

另外,共射-共基电路能保证小的噪声系数,因此,通常这种级联电路又称低噪声电路。

2.8 集中选频小信号调谐放大器

前面所介绍的多级单调谐和双调谐放大器应用比较广泛,但因多级调谐放大器回路多,调谐麻烦,故不能满足一些特殊要求。如在集成电路放大器中,要求采用的回路尽量少,尽量不要人工调谐,且体积小。所以随着电子技术的发展,窄带信号的放大越来越多地采用集中滤波与集中放大相结合的调谐放大器。在集中选频放大器中,放大作用是由宽带高增益放大器来完成,多采用高频线性集成放大电路,而选频作用则由专门的选频滤波器来完成。其主要优点是:①电路简单,调整方便;②性能稳定;③易于大规模生产,成本低。

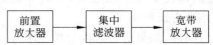

图 2-46 集中选频放大器的组成框图

图 2-46 是目前采用较多的集中选频放大器的组成框图。图中,集中滤波器放在宽带集成放大器的前面,且增加一个前置放大器。这种方案的特点是:当所需放大信号的频带以外有强的干扰信号时,不会直接进入集中放大器,避免此干扰信号因放大器的非线性而产生新的干扰。前置放大器是一种低噪声放大器,可以补偿后面的集中滤波器的衰减,提高整个放大器的噪声性能。

集中宽带放大器一般由多级差动集成放大器构成,在原理上没有什么新的内容,故这里主要介绍几种常用的集中滤波器。

集中滤波器的任务是选频,要求在满足通频带指标的同时,矩形系数要好。其主要类型有集中 LC 滤波器、石英晶体滤波器、陶瓷滤波器和声表面波滤波器等。下面简单介绍石英晶体滤波器和陶瓷滤波器,重点介绍声表面波滤波器。

2.8.1 石英晶体滤波器

石英晶体是矿物质硅石的一种,其化学成分是 SiO_2,在自然界中是以六角锥体形式出现,它有三个对称轴:x 轴(电轴)、y 轴(机械轴)和 z 轴(光轴)。按照与各个轴成不同角度切割就制成了各种晶片,晶片经制作金属电极、安放于支架并封装即成为晶体谐振器元件。

　　石英晶体有一个很重要的特性——压电效应,即当石英晶体沿某一方向受到交变电场作用时,晶片将随交变信号的变化而产生机械振动,产生机械能;反之,当机械力作用于晶片时,晶片相对两侧将产生异号的电荷,产生电场能。所以,石英晶体实际上是一种可逆换能器件,它可以将机械能转换为电场能,又能将电场能转换为机械能;而且,其能量转换具有谐振特性,在谐振频率处,换能效率最高。石英晶体的稳定性非常高,其谐振频率的高低取决于晶片的形状、尺寸和切型。

　　利用石英晶体的上述换能特性和谐振特性,可以构成滤波器,用作集中选频放大器的选频网络,也可以构成振荡器,详见第 4 章。另外,石英晶体的振动具有多谐性,即除了基频振动外,还有奇次谐波泛音振动。利用石英晶体的这一特性,实际中可构成基频晶体谐振器,也可构成泛音晶体谐振器。晶体谐振器的等效电路如图 2-47 所示。

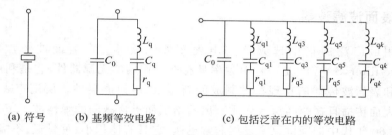

(a) 符号　　　(b) 基频等效电路　　　　　(c) 包括泛音在内的等效电路

图 2-47　晶体谐振器的符号及等效电路

　　图 2-47 中,C_0 称为石英谐振器的安装电容或静电容,为几至几十皮法;L_q 为石英谐振器的动态电感或等效电感,为 $10^{-3} \sim 10^2$ H,它相当于晶体的质量(惯性);C_q 为石英谐振器的动态电容或等效电容,为 $10^{-4} \sim 10^{-1}$ pF,它相当于晶体的振动弹性;r_q 为动态电阻或等效电阻,为几十至几百欧,它相当于晶体在机械振动中的摩擦损耗。

2.8.2　陶瓷滤波器

　　利用某些陶瓷材料的压电效应可以构成陶瓷滤波器。常用的压电陶瓷材料为锆钛酸铅,其分子式为 $Pb(ZrTi)O_3$。在陶瓷片的两面涂以银层,形成两个电极,它具有和石英晶体相似的压电效应,可以代替石英晶体作滤波器用。陶瓷容易焙烧,可制成各种形状,特别适合滤波器的小型化;而且陶瓷滤波器还具有耐热性及耐湿性能好、不易受外界条件影响等特点。陶瓷滤波器的等效电路也和石英晶体谐振器相同,如图 2-47(b)所示。但它的等效品质因数值要小得多(约为几百),大小处于 LC 滤波器和石英晶体滤波器之间,所以,陶瓷滤波器的通频带没有石英晶体滤波器窄,选择性也比石英晶体滤波器差。

　　简单的陶瓷滤波器是由单片压电陶瓷上形成双电极或三电极,相当于单振荡回路或耦合回路,性能较好的陶瓷滤波器通常是将多个陶瓷谐振器接成梯形网络而形成,它可以看作一种多极点的带通(或带阻)滤波器。陶瓷滤波器有两端、三端和更多端子的形式。如将陶瓷滤波器连成图 2-48 所示的形式,即为四端陶瓷滤波器。图 2-48(a)和(b)分别为由两个和五个谐振子连接成的四端陶瓷滤波器。谐振子数目越多,滤波器的性能越好。图 2-48(c)是四端陶瓷滤波器的电路符号。

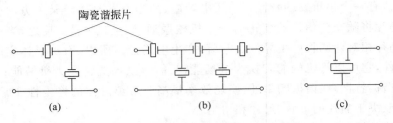

陶瓷谐振片

图 2-48　四端陶瓷滤波器及电路符号

陶瓷滤波器因其体积小、价格低、寿命长、易调谐且性能可靠等优点,目前应用在通信接收机和其他仪器中。

2.8.3　声表面波滤波器

目前应用最广泛的集中选频器是声表面波滤波器。声表面波滤波器(surface acoustic wave filter,SAWF)是一种对频率具有选择作用的无源器件,它是利用某些晶体的压电效应和表面波传播的物理特性制成的新型电-声换能器件。所谓声表面波,就是沿固体介质表面传播且振幅随深入介质距离的增加而迅速减弱的弹性波。声表面波滤波器自 20 世纪 60 年代中期问世以来发展非常迅速,它具有体积小、重量轻、不需要调整、中心频率可做得很高、相对带宽较宽和矩形系数较理想等特点。

1. 声表面波滤波器的结构及工作原理

SAWF 是以压电材料(如铌酸锂和石英)作基片(衬底),由输入叉指换能器、输出叉指换能器、传输介质和吸声材料四个部分组成。图 2-49(a)为 SAWF 的基本结构示意图。在经过表面抛光的压电材料衬底上,蒸发一层金属(如铝)导电膜,然后利用一般的光刻工艺就可以制作两个叉指换能器,其中一个用作发射,另一个用作接收。叉指换能器电极具有换能作用,输入(发射)换能器将电信号转换成声波,而输出(接收)换能器是将声波转换成电信号。换能器边缘的吸声材料,主要是为了吸收反射信号。

高频电信号加至输入叉指换能器电极,压电基板材料表面就会产生振动并同时激发出声表面波。声表面波沿基片表面即垂直于换能器电极轴向的两个方向传播,向左传播的声表面波被涂于基片左端的吸收材料所吸收,向右传播的声表面波被接收叉指换能器检测,通过压电效应的作用转换成电信号,并传给负载。当加入输入叉指换能器的电信号与其对应的声表面波的频率相同或相近时,由输入叉指换能器激起较大幅度的声表面波,同样,当传播到输出叉指换能器声表面波的频率与输出叉指的固有频率相同或相近时,则在输出叉指上激起幅度较大的电振荡,由此可以实现选频的作用。

在谐振时,叉指换能器的等效电路可用电容 C 和电阻 R 并联组成的等效电路来表示,如图 2-49(b)所示。电阻 R 为辐射电阻,其中的功率消耗相当于转换为声能的功率。图 2-49(c)为声表面波滤波器的电路符号。

声表面波滤波器的频率特性,如中心频率、频带宽度、频响特性等一般由叉指换能器的几何形状和尺寸决定。这些几何尺寸包括叉指对数、指条宽度 a、指条间隔 b、指条有效

长度 L（两叉指重叠部分的长度，简称指长）和周期长度 d 等。假如声表面波的传播速度为 v，可得 $f_0=v/d$，即叉指换能器的频率为 f_0 时，声表面波的波长是 λ_0，它等于叉指换能器周期段长 d，$d=2(a+b)$。

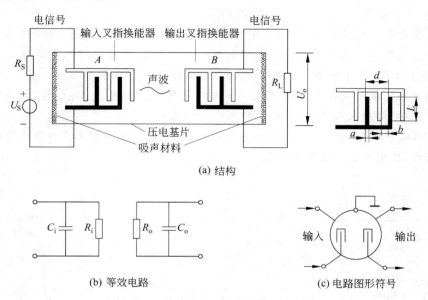

(a) 结构

(b) 等效电路　　　　　　　　　(c) 电路图形符号

图 2-49　声表面波滤波器的结构示意图、等效电路及电路图形符号

换能器可以分为 n 节，$(n+1)$ 个电极或 $N(N=n/2)$ 个周期段。当输入信号的频率 f 等于换能器的频率 f_0 时，各节所激发的表面波同相叠加，振幅最大，此时 f_0 称为谐振频率。当输入信号的频率 f 偏离换能器的频率 f_0 时（如 $\Delta f=f-f_0$），换能器各节电极所激发的表面波振幅基本不变，但相位变化。可以证明，这时换能器的振幅-频率特性曲线为 $\sin x/x$ 函数形式（$x=N\pi\Delta\omega/\omega_0$），如图 2-50 所示。

概括起来，叉指换能器有以下主要特性：

① 频率特性遵循 $\sin x/x$ 规律变化，主峰宽度为 $2/N$，3dB 相对带宽 $\Delta f/f$ 约为 $1/N$。如用两个相同形式的换能器组成滤波器，则滤波器的频率特性曲线由函数 $(\sin x/x)^2$ 描绘，它是单个换能器的频率特性曲线 $\sin x/x$ 的自乘，这时，滤波器的相对带宽约为 $0.65/N$。

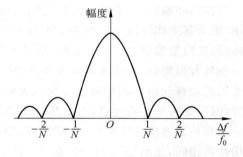

图 2-50　叉指换能器的频率特性

② 叉指换能器激励强度与叉指（周期段）数目（N）的二次方成正比。

③ 叉指换能器的指条宽度决定工作频率。指条越窄，频率越高。

④ 叉指换能器的特性与叉指条的结构及尺寸密切相关。因此，设计自由度大，灵活性与适应性强。

⑤ 叉指换能器在小信号下是线性器件，其发射与接收特性是相同的，满足互易定理。

2. 声表面波滤波器的典型应用

基于声表面波滤波器体积小、滤波器性能好、适合大批量生产等特点,它在电视、移动通信、卫星和宇航等领域得到非常广泛的应用。

电视接收机的图像中频滤波器,便应用了声表面波滤波器。图 2-51(a)给出了用于电视机中放电路的声表面波滤波器实用电路,图 2-51(b)是该电路的中频放大器的幅频特性,它是由 SAWF 来实现的。图 2-51(a)中,晶体管 V 是中频前置放大器,以补偿声表面波中频滤波器的插入损耗。经过 SAWF 中频滤波以后的图像中频(PIF)信号输入到集成中放电路中,经过三级具有 AGC 特性的中频放大器放大后,送到视频同步检波器。从图 2-51(b)可看到,采用声表面波滤波器后,中放电路能够获得比 LC 中频滤波器更优良的幅频特性,矩形系数接近理想情况。

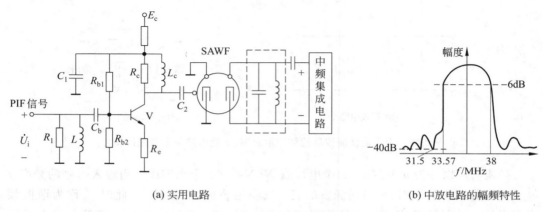

(a) 实用电路　　　　　　　　　　　　　　(b) 中放电路的幅频特性

图 2-51　用于电视机中放电路的声表面波滤波器实用电路及幅频特性

在移动通信中,系统的发射端(T_x)和接收端(R_x)必须经过滤波器滤波后才能发挥作用,由于其工作频段一般在 800MHz～2GHz、带宽为 17～30MHz,故要求滤波器具有低插损、高阻带抑制和高镜像衰减、承受大功率、低成本、小型化等特点。传统的介质滤波器一般具有损耗低、大带宽以及较高的功率承受能力等特点。但其致命的弱点是体积太大,难以适应移动电话向微型化方向发展的趋势。而 SAWF 具有体积小,适合于微型化、一致性好、无须调整的优点,因此 SAWF 在移动通信系统的应用得心应手。

在移动通信系统中,无论是数字式还是模拟式,其发射和接收信号的功能模块电路结构基本相同,如图 2-52 所示。在 T_x 端,在载波上对信号进行调制,通过放大电路将功率放大,然后经过 SAWF 滤波后由天线将信号发出,本通道要求滤波器损耗低,可承受大功率;在 R_x 端通道,天线接收到的微弱信号经 SAWF 过滤后,进行放大解调,最终获得所要的信息,要求滤波器损耗低,阻带抑制高。

例如,系统中移动电话所采用的一种梯型结构 SAWF(技术要求为:T_x 端中心频率 f_0 为 902.5MHz,带宽为 25MHz;R_x 端 f_0 为 947.5MHz,带宽为 25MHz),其电路结构和幅频特性分别如图 2-53 和图 2-54 所示。为提高滤波器阻带抑制特性,电路结构采用了多节串联的方法,并对各单端谐振器进行了优化设计,设计得到的 SAWF 特性达到了比

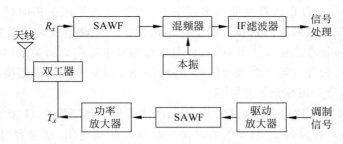

图 2-52　GSM 系统的发射和接收模块

一般滤波器更好的效果：其中心频率 947.5MHz,3dB 带宽大于 30MHz,插入损耗≤4.0dB,带外抑制大于 30dB,匹配阻抗为 50Ω。

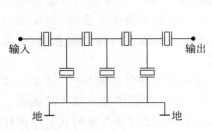

图 2-53　梯型结构 SAWF 电路结构

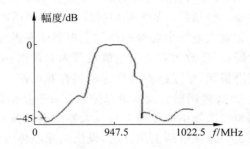

图 2-54　梯型结构 SAWF 幅频特性

本 章 小 结

1. 小信号调谐放大器是构成无线电通信设备的主要电路,其作用是放大信道中的高频小信号。调谐放大器主要由放大器和调谐回路两部分组成,不仅有放大作用,而且还有选频作用。小信号调谐放大器的主要性能在很大程度上取决于谐振回路(选频网络)。一般选频网络是 LC 谐振回路,还有石英晶体滤波器、陶瓷滤波器和声表面波滤波器等。

2. 谐振回路的主要特点是具有选频作用。LC 谐振回路由电感和电容组成,可分为串联和并联调谐回路两种类型。并联谐振回路的选频特性是指回路电压与频率的关系特性即谐振特性。品质因数是表示谐振回路损耗大小的参数,可以衡量谐振现象的尖锐程度。通频带是谐振回路的一个重要指标,它满足了允许通过的信号频率范围的要求。选择性是谐振回路的另一个重要指标,它表示回路对通频带以外干扰信号的抑制能力。矩形系数是衡量谐振回路或调谐放大器选频性能的一个参数,其值越接近 1,选择性越好。谐振电路的接入方式：信号源或负载不直接并入回路的两端,而是跨接在谐振回路的一部分上,称为部分接入。常用的部分接入方式有互感变压器接入、自耦变压器接入以及电容抽头接入等方式。

3. 放大器的集电极负载为一个谐振回路称为单调谐放大器。研究一个小信号调谐放大器,应从放大能力和选择性能两方面分析,放大能力可用谐振时的放大倍数 K_0 表示,选频性能通常用通频带和选择性两个指标衡量。高频调谐放大器是指高频工作下的调谐放大器,晶体管在高频工作时,电流放大系数与频率有明显的关系,频率越高,电流放大系数越小,这直接导致管子的放大能力下降,限制了晶体管在高频范围的应用。高频调谐放大器分析模型采用高频等效电路。

4. 晶体管高频等效电路即高频工作下的晶体管模型包括混合 Π 型等效电路和 Y 参数等效电路。晶体管混合 Π 型等效电路是用晶体管的结电阻、结电容、体电阻等 8 个参数来描述晶体管的一种模型,物理概念比较清楚。晶体管 Y 参数等效电路是把晶体管看成一个线性有源四端网络,用四个具有导纳量纲的参数来描述该模型,称为四端网络的导纳参数,即 Y 参数,它是从外部来研究晶体管的作用。

5. 高频调谐放大器的级联:多个调谐放大器级联后使用,可改善放大器的增益和选频性能。包括:①多级单调谐放大电路的调谐回路调谐于同一频率称为多级单调谐放大器。②放大电路中各级回路的谐振频率参差错开称为参差调谐放大器(例如双参差调谐放大器)。③放大器的集电极负载为双调谐回路,这两个单调谐回路之间有耦合,两个线圈离得很远,靠互感耦合称为松耦合双调谐放大器。

6. 高频调谐放大器的稳定性:由于晶体管内部存在着反向传输导纳,则放大器输入导纳和输出导纳的数值会对放大器的调试及对放大器的工作稳定性有很大的影响。解决途径之一是在电路上想办法,设法消除晶体管的反向作用,使它变为单向化。单向化的方法有两种,即失配法和中和法。

7. 集中选频小信号调谐放大器是一种集中滤波与集中放大相结合的高频放大器。其中放大作用是由宽带高增益放大器来完成,多采用高频线性集成放大电路,而选频作用则由专门的选频滤波器来完成,例如采用声表面波滤波器。声表面波滤波器是一种对频率具有选择作用的无源器件,它是利用某些晶体的压电效应和表面波传播的物理特性制成的新型电-声换能器件。声表面波滤波器具有体积小、滤波器性能好、适合大批量生产等特点,它在电视、移动通信、卫星和宇航等领域得到非常广泛的应用。

思考题与习题

2-1 给定串联谐振回路的 $f_0 = 1.5\text{MHz}$,$C = 100\text{pF}$,谐振电阻 $R = 5\Omega$,试求 Q_0 和 L。又若信号源的电压幅值为 $U_S = 1\text{mV}$,求谐振回路中的电流 I_0 以及回路元件上的电压 U_{L0} 和 U_{C0}。

2-2 串联回路如图题 2-2 所示,信号源频率 $f_0 = 1\text{MHz}$,电压幅值 $U_S = 0.1\text{V}$,将 1—1′端短接,电容调到 100pF 时谐振。此时,电容两端的电压为 10V,如 1—1′开路再接一个阻抗 Z_x(电阻和电容串联),则回路失谐,C 调到 200pF 时重新谐振,电容

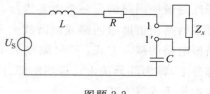

图题 2-2

两端电压变成 2.5V。试求线圈的电感量 L、回路品质因数 Q_0 值以及未知阻抗 Z_x。

2-3　给定串联谐振回路的 $f_0 = 640\text{kHz}$，已知在偏离谐振频率 $\Delta f = \pm 10\text{kHz}$ 时衰减 $\alpha = 16\text{dB}$。求：(1) Q_0, B；(2) 当 $f = 465\text{kHz}$ 时的抑制比 α？

2-4　给定并联谐振回路的谐振频率 $f_0 = 5\text{MHz}$，$C = 50\text{pF}$，通频带 $2\Delta f_{0.7} = 150\text{kHz}$。试求电感 L、品质因数 Q_0 以及对信号源频率为 5.5MHz 时的衰减 $\alpha(\text{dB})$；又若把 $2\Delta f_{0.7}$ 加宽至 300kHz，应在回路两端并一个多大的电阻？

2-5　并联谐振回路如图题 2-5 所示。已知通频带 $2\Delta f_{0.7}$，电容 C，若回路总电导为 G_Σ（$G_\Sigma = G_\text{S} + G_0 + G_\text{L}$）。试证明：$G_\Sigma = 4\pi\Delta f_{0.7}C$。若给定 $C = 20\text{pF}$，$2\Delta f_{0.7} = 6\text{MHz}$，$R_0 = 13\text{k}\Omega$，$R_\text{S} = 10\text{k}\Omega$，求 R_L 为多少？

2-6　回路如图题 2-6 所示。已知 $L = 0.8\mu\text{H}$，$Q_0 = 100$，$C_1 = C_2 = 20\text{pF}$，$C_\text{S} = 5\text{pF}$，$R_\text{S} = 10\text{k}\Omega$，$C_\text{L} = 20\text{pF}$，$R_\text{L} = 5\text{k}\Omega$。试计算回路谐振频率、谐振电阻（不计 R_L 与 R_S 时）、有载品质因数 Q_L 和通频带。

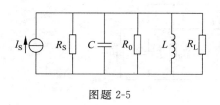

图题 2-5

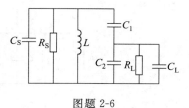

图题 2-6

2-7　电路如图题 2-7 所示，已知电路输入电阻 $R_1 = 75\Omega$，负载电阻 $R_\text{L} = 300\Omega$，$C_1 = C_2 = 7\text{pF}$。问欲实现阻抗匹配，N_1/N_2 应为多少？

2-8　在图题 2-8 所示的电路中，已知回路谐振频率为 $f_0 = 465\text{kHz}$，$Q_0 = 100$，信号源内阻 $R_\text{S} = 27\text{k}\Omega$，负载 $R_\text{L} = 2\text{k}\Omega$，$C = 200\text{pF}$，$n_1 = 0.31$，$n_2 = 0.22$。试求电感 L 及通频带 B。

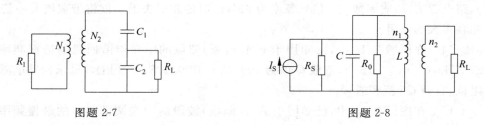

图题 2-7　　　　　　　　　　　　　　　　　图题 2-8

2-9　回路如图题 2-9 所示，给定参数如下：$f_0 = 30\text{MHz}$，$C = 20\text{pF}$，线圈 $Q_0 = 60$，外接阻尼电阻 $R_1 = 10\text{k}\Omega$，$R_\text{S} = 2.5\text{k}\Omega$，$R_\text{L} = 830\Omega$，$C_\text{S} = 9\text{pF}$，$C_\text{L} = 12\text{pF}$，$n_1 = 0.4$，$n_2 = 0.23$。(1) 求 L，B。(2) 若把 R_1 去掉，但仍保持上边求得的 B，问匝比 n_1，n_2 应加大还是减小？电容 C 怎样修改？这样改与接入 R_1 怎样做更合适？

2-10　如图题 2-10 所示的并联谐振回路，信号源与负载都是部分接入的。已知 R_S，R_L，并知回路参数 L，C_1，C_2 和空载品质因数 Q_0，试求：

(1) f_0 与 B；

(2) R_L 不变，要求总负载与信号源匹配，如何调整回路参数？

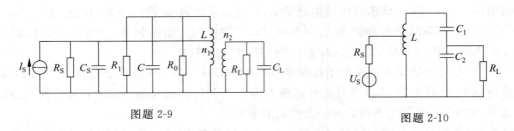

图题 2-9 图题 2-10

2-11 收音机双谐振回路如图题 2-11 所示。已知 $f_0 = 465\text{kHz}$，$B = 10\text{kHz}$，耦合因数 $\eta = 1$，$C = 200\text{pF}$，$R_S = 20\text{k}\Omega$，$R_L = 1\text{k}\Omega$，线圈 $Q_0 = 120$，试确定：

(1) 回路电感量 L；

(2) 线圈抽头 n_1, n_2 的位置；

(3) 互感 M。

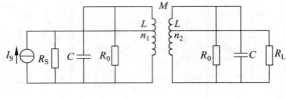

图题 2-11

2-12 对于收音机的中频放大器，其中心频率为 $f_0 = 465\text{kHz}$，$B = 8\text{kHz}$，回路电容 $C = 200\text{pF}$，试计算回路电感和 Q_L 值。若电感线圈的 $Q_0 = 100$，问在回路上应并联多大的电阻才能满足要求？

2-13 已知电视伴音中频并联谐振回路的 $B = 150\text{kHz}$，$f_0 = 6.5\text{MHz}$，$C = 47\text{pF}$，试求回路电感 L，品质因数 Q_0，信号频率为 6MHz 时的相对失谐。欲将带宽增大一倍，回路需并联多大的电阻？

2-14 在图题 2-14 中，已知用于 FM(调频)波段的中频调谐回路的谐振频率 $f_0 = 10.7\text{MHz}$，$C_1 = C_2 = 15\text{pF}$，空载 Q 值为 100，$R_L = 100\text{k}\Omega$，$R_S = 30\text{k}\Omega$。试求回路电感 L、谐振阻抗、有载 Q_L 值和通频带。

2-15 在图题 2-15 中，已知用于 AM(调幅)波段的中频调谐回路的谐振频率 $f_0 = 455\text{kHz}$，空载 Q 值为 100，线圈一次圈数为 160 匝，二次圈数为 10 匝，一次侧中心抽头至下端圈数为 40 匝，$C = 200\text{pF}$，$R_L = 1\text{k}\Omega$，$R_S = 16\text{k}\Omega$。试求回路电感 L、有载 Q_L 值和通频带。

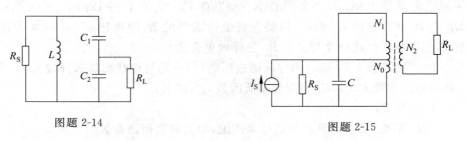

图题 2-14 图题 2-15

2-16　高频小信号放大电路的主要技术指标有哪些？如何理解选择性与通频带的关系？

2-17　晶体管低频放大器与高频小信号放大器的分析方法有什么不同？

2-18　一个调谐放大器，当提高 N_0/N_1 或 N_2/N_1 时，有时可以使 K_0 增加，有时却反而使 K_0 下降，是什么原因？

2-19　晶体管 3DG6C 的特征频率 $f_T=250\text{MHz}$，$\beta_0=50$。试求该晶体管在 $f=1\text{MHz}$、20MHz、50MHz 时的 $|\beta|$ 值。

2-20　说明 f_α，f_β，f_T 和最高振荡频率 $f_{\max}$ 的物理意义，它们相互间有什么关系？同一晶体管的 f_T 比 $f_{\max}$ 高，还是比 $f_{\max}$ 低？为什么？

2-21　如何理解 Y 参数的物理意义？

2-22　设有一级共发单调谐放大器，谐振时 $|K_{V0}|=20$，$B=6\text{kHz}$，若再加一级相同的放大器，那么两级放大器总的谐振电压放大倍数和通频带各为多少？又若总通频带保持为 6kHz，问每级放大器应如何变动？改动后总放大倍数为多少？

2-23　图题 2-23 所示为一高频小信号放大电路的交流等效电路，已知工作频率为 10.7MHz，一次线圈的电感量为 $4\mu\text{H}$，$Q_0=100$，接入系数 $n_1=n_2=0.25$，负载电导 $g_L=1\text{mS}$，放大器的参数为 $|y_{fe}|=50\text{mS}$，$g_{oe}=200\mu\text{S}$。试求放大器的电压放大倍数与通频带。

2-24　调谐在同一频率的三级单调谐放大器，中心频率为 465kHz，每个回路的 $Q_L=40$，问总的通频带是多少？如要求总通频带为 10kHz，则允许 Q_L 最大为多少？

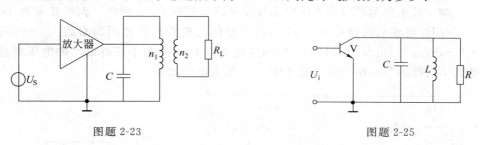

图题 2-23　　　　　　　　　　　　　　　图题 2-25

2-25　某单级小信号调谐放大器的交流等效电路如图题 2-25 所示，要求谐振频率 $f_0=10\text{MHz}$，通频带 $B=500\text{kHz}$，谐振电压增益 $K_{V0}=100$，在工作点和工作频率上测得晶体管 Y 参数为

$$y_{ie}=(2+\text{j}0.5)\text{mS}, \quad y_{re}\approx 0$$
$$y_{fe}=(20-\text{j}5)\text{mS}, \quad y_{oe}=(20+\text{j}40)\mu\text{S}$$

若线圈 $Q_0=60$，试计算：谐振回路参数 L，C 及外接电阻 R 的值。

2-26　某单调谐放大器如图题 2-26 所示，已知 $f_0=465\text{kHz}$，回路电感 $L=560\mu\text{H}$，$Q_0=100$，$N_{12}=46$ 圈，$N_{13}=162$ 圈，$N_{45}=13$ 圈，晶体管 3AG31 的 Y 参数如下：$g_{ie}=1.0\text{mS}$，$g_{oe}=110\mu\text{S}$，$C_{ie}=400\text{pF}$，$C_{oe}=62\text{pF}$，$y_{fe}=28\angle340°\text{mS}$，$y_{re}=2.5\angle290°\mu\text{S}$。试计算：

(1) 谐振电压放大倍数 $|K_{V0}|$；

(2) 通频带；

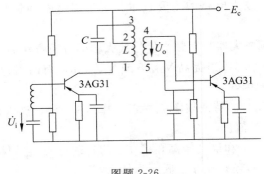

图题 2-26

(3) 回路电容 C；

(4) 回路插入损耗。

2-27　某调谐放大器电路如图题 2-27 所示，已知工作频率 $f_0 = 465\text{kHz}$，$L = 560\mu\text{H}$，$Q_0 = 100$，两个晶体三极管的参数相同：$y_{ie} = 1.7\text{mS}$，$y_{oe} = 290\mu\text{S}$，$y_{fe} = 32\text{mS}$，通频带 $B = 35\text{kHz}$。试求：

(1) 阻抗匹配时的接入系数 n_1，n_2；

(2) 回路的插入损耗 (dB)；

(3) 谐振电压放大倍数 $|K_{V0}|$。

2-28　某中频调谐放大器的交流等效电路如图题 2-28 所示。调谐频率为 465kHz，$L_1 = 350\mu\text{H}$（电感线圈损耗 $r = 15\Omega$），两个晶体三极管具有相同的参数：$y_{ie} = 266.7\mu\text{S}$，$y_{fe} = 90\text{mS}$，$y_{oe} = 15\mu\text{S}$。试计算：(1) 回路电容值 C；(2) 为了获得最大的电压增益，求变压器的二次线圈与一次线圈匝数之比；(3) 最大电压增益。

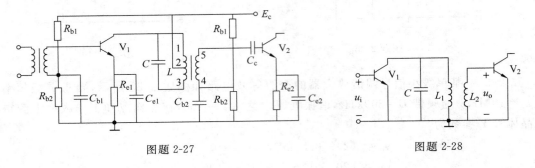

图题 2-27　　　　　　　　　　　图题 2-28

2-29　参差调谐放大电路与多级单调谐放大电路的区别是什么？

2-30　若有三级临界耦合双调谐放大器，中心频率 $f_0 = 465\text{kHz}$，当要求总的 3dB 带宽为 10kHz 时，每级放大器的 3dB 带宽为多大？当偏离中心频率 12kHz 时，电压放大倍数与在中心频率时相比，下降了多少 dB？

2-31　为什么晶体管在高频工作时要考虑单向化和中和问题，而在低频工作时，则可以不必考虑？

2-32　影响谐振放大器稳定性的因素是什么？反馈导纳的物理意义是什么？

第 3 章　高频功率放大器

3.1　概述

高频功率放大器是一种能量转换器件,它是将电源供给的直流能量转换为高频交流输出。通信中应用的高频功率放大器,按其工作频带的宽窄划分为窄带和宽带两种。窄带高频功率放大器通常以谐振电路作为输出回路,故又称为调谐功率放大器;宽带高频功率放大器的输出电路则是传输线变压器或其他宽带匹配电路,因此又称为非调谐功率放大器。本章主要讨论调谐功率放大器,而对宽带高频功率放大器作一简要介绍。

高频调谐功率放大器是通信系统中发送装置的重要组件,它也是一种以谐振电路作负载的放大器。它和小信号调谐放大器的主要区别在于:小信号调谐放大器的输入信号很小,在微伏到毫伏数量级,晶体管工作于线性区域;它的功率很小,但通过阻抗匹配,可以获得很大的功率增益(30～40dB);小信号放大器一般工作在甲类状态,效率较低。而调谐功率放大器的输入信号要大得多,为几百毫伏到几伏,晶体管工作延伸到非线性区域——截止和饱和区。这种放大器的输出功率大,以满足天线发射或其他负载的要求,效率较高,一般工作在丙类状态。它的主要技术指标是输出功率、效率和谐波抑制度(输出中的谐波分量应尽量小)等。

通信中应用的高频调谐功率放大器,按其工作频率、输出功率、用途等的不同要求,可以采用晶体管或电子管作为功率调谐放大器的电子器件。晶体管有耗电少、体积小、重量轻、寿命长等优点,在许多场合都有应用。但是对于千瓦级以上的发射机大多数还是采用电子管调谐功率放大器。本章主要讨论晶体管调谐功率放大器。

高频功率放大器因工作于非线性区域,用解析法分析较困难,故工程上普遍采用近似的分析方法——折线法来分析其工作原理和工作状态。

3.2 高频调谐功率放大器的工作原理

3.2.1 基本原理电路

调谐功率放大器的基本原理电路如图 3-1 所示。输入信号经变压器 T_1 耦合到晶体管基-射极,这个信号也叫激励信号。E_c 是直流电源电压,E_b 是基极偏置电源电压。这里 E_b 和小信号调谐放大器的偏置不同,是采用反向偏置,目的是使放大器工作在丙类。L,C 组成并联谐振回路,作为集电极负载,这个回路也称槽路。放大后的信号通过变压器 T_2 耦合到负载 R_L 上。

在实际工作中,为了节省电源,可以不加偏置,或采用自给偏压环节代替 E_b。

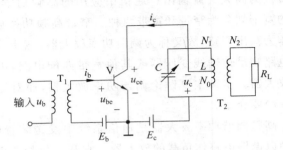

图 3-1 调谐功率放大器原理电路

3.2.2 晶体管特性的折线化

所谓折线近似分析法,是将电子器件的特性理想化,每条特性曲线用一组折线来代替。这样就忽略了特性曲线弯曲部分的影响,简化了电流的计算,虽然计算精度较低,但仍可满足工程的需要。

图 3-2(a),(b)用实线画出了折线后晶体管的转移特性(以集电极电压 u_{ce} 为常量的集电极电流和基极电压的关系)和输出特性。图中虚线是晶体管静态特性。由图可见,转移特性可用两段直线 OA 和 AB 近似。输出特性则要用三段直线 EO,OC,CD 近似。斜线 OC 穿过每一条静态输出特性曲线的拐点——临界点,称为临界线。当放大器在激励电压 u_{be} 和集电极电压 u_c 为最大值的瞬间工作在临界点时,称为工作在临界状态;若工作在临界线右边时,称为工作在放大状态;若工作在临界线左边即坐标原点与临界线之间任意一点时,称为工作在饱和状态或过压状态。临界线是一条斜率为 g_{cr} 的通过原点的直线,因此有 $i_c = g_{cr}u_{ce}$,g_{cr} 具有电导的量纲,此称为临界线方程。

在转移特性的放大区,折线化后的 AB 线斜率为 g(几十至几百毫安/伏)。此时,理想静态特性可用下式表示:

$$i_c = \begin{cases} g(u_{be} - U_j), & u_{be} > U_j \\ 0, & u_{be} < U_j \end{cases} \tag{3-1}$$

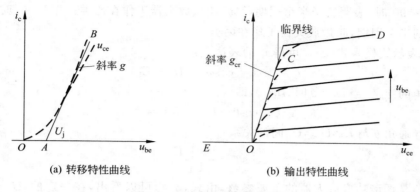

(a) 转移特性曲线　　　　　　　(b) 输出特性曲线

图 3-2　晶体管特性及其折线化

　　折线近似分析法可以使计算简化,在一定程度上能反映出特性曲线的基本特点,对于分析大幅度电压或电流作用下的非线性电路有一定的准确度,常用来分析调谐功率放大器、大信号调幅和检波。

3.2.3　晶体管导通的特点、导通角

　　由于调谐功率放大器采用的是反向偏置,在静态时,管子处于截止状态。

　　设输入信号为

$$u_b = U_{bm} \cos\omega t \tag{3-2}$$

则加到晶体管基-射极的电压为

$$u_{be} = U_{bm} \cos\omega t - E_b$$

式中,E_b 是基极反偏压,这里采用绝对值。

　　当激励信号 u_b 足够大,超过反偏压 E_b 及晶体管起始导通电压 U_j 之和时,管子才导通。这样,管子只有在一周期的一小部分时间内导通。所以集电极电流是周期性的余弦脉冲,波形如图 3-3 所示。通常把集电极电流导通时间相对应角度的一半称为集电极电流的导通角,用符号 θ 表示。当 $\theta = 180°$ 时,表明管子整个周期全导通,叫做放大器工作在

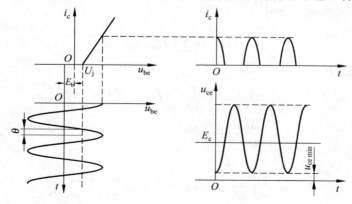

图 3-3　折线法分析非线性电路电流电压波形

甲类；当 $\theta = 90°$ 时，表明管子半个周期导通，叫做放大器工作在乙类；当 $\theta < 90°$ 时，表明管子导通不到半个周期，叫做放大器工作在丙类。

将 u_{be} 表示式代入式(3-1)可得 i_c 的表达式：

$$i_c = g(U_{bm}\cos\omega t - U_j - E_b) \qquad (3-3)$$

根据导通角的定义，当 $\omega t = \theta$ 时，$i_c = 0$，即

$$g(U_{bm}\cos\theta - U_j - E_b) = 0$$

由此可得导通角 θ 与 E_b，U_{bm}，U_j 间的关系：

$$\cos\theta = \frac{U_j + E_b}{U_{bm}} \qquad (3-4)$$

导通角是调谐功率放大器的重要参数，由式(3-4)可以看出，在一定的 $(U_j + E_b)$ 下，激励越强(即 U_{bm} 越大)，则 θ 越大；而在一定的激励下，$(U_j + E_b)$ 越大，θ 越小。在放大器的调整中，通过调整 E_b 就可控制 θ 到所需值。由于晶体管起始导通电压的影响，即使 E_b 等于零，导通角也小于 $90°$。硅管 U_j 较大，θ 较小，为 $40° \sim 60°$；锗管 U_j 较小，θ 较大，为 $60° \sim 80°$，在高频情况下 θ 要更大些。

3.2.4 集电极余弦脉冲电流分析

由方程(3-3)可知，$|\omega t| \geqslant \theta$ 时，$U_{bm}\cos\omega t - E_b \leqslant U_j$，管子截止，$i_c$ 为零；当 $|\omega t| < \theta$ 时，$U_{bm}\cos\omega t - E_b > U_j$，管子才导通，$i_c$ 不为零。在一个输入信号周期内，仅在 $-\theta < \omega t < \theta$ 范围内有电流 i_c，其余时间 i_c 为零。i_c 波形是被切除了下部的余弦脉冲。

周期性余弦脉冲电流可用傅里叶级数展开。为此，需要求得余弦脉冲电流的幅度 $I_{c\,max}$，将式(3-4)代入式(3-3)得到

$$i_c = gU_{bm}(\cos\omega t - \cos\theta)$$

当 $\omega t = 0$ 时，电流 i_c 为最大值，以 $I_{c\,max}$ 表示：

$$I_{c\,max} = gU_{bm}(1 - \cos\theta) \qquad (3-5)$$

这样电流 i_c 又可写成

$$i_c = \frac{I_{c\,max}}{1 - \cos\theta}(\cos\omega t - \cos\theta) \qquad (3-6)$$

电流 i_c 的傅里叶级数展开式为

$$i_c = I_{c0} + \sum_{n=1}^{\infty} I_{cnm}\cos n\omega t \qquad (3-7)$$

其中，直流分量 I_{c0} 为

$$I_{c0} = \frac{1}{2\pi}\int_{-\pi}^{\pi} i_c \,\mathrm{d}\omega t = \frac{1}{2\pi}\int_{-\pi}^{\pi} I_{c\,max}\frac{\cos\omega t - \cos\theta}{1 - \cos\theta}\mathrm{d}\omega t$$

$$= I_{c\,max}\frac{\sin\theta - \theta\cos\theta}{\pi(1 - \cos\theta)} \qquad (3-8)$$

基波分量幅值为

$$I_{c1m} = \frac{1}{\pi}\int_{-\pi}^{\pi} i_c\cos\omega t \,\mathrm{d}\omega t = I_{c\,max}\frac{\theta - \sin\theta\cos\theta}{\pi(1 - \cos\theta)} \qquad (3-9)$$

对于 n 次谐波的幅值为

$$I_{cnm} = \frac{1}{\pi} \int_{-\pi}^{\pi} i_c \cos n\omega t \, \mathrm{d}\omega t$$

$$= I_{c\max} \frac{2(\sin n\theta \cos\theta - n\cos n\theta \sin\theta)}{\pi n(n^2 - 1)(1 - \cos\theta)}, \quad n = 2, 3, \cdots \tag{3-10}$$

上述各式都包含两部分，一部分是最大电流 $I_{c\max}$，另一部分是以 θ 为变量的函数。对应于直流分量，基波分量，n 次谐波分量的 θ 函数，分别用 α_0，α_1，α_n 表示，即

$$\alpha_0 = \frac{\sin\theta - \theta\cos\theta}{\pi(1 - \cos\theta)} \tag{3-11}$$

$$\alpha_1 = \frac{\theta - \sin\theta\cos\theta}{\pi(1 - \cos\theta)} \tag{3-12}$$

$$\alpha_n = \frac{2(\sin n\theta \cos\theta - n\cos n\theta \sin\theta)}{\pi n(n^2 - 1)(1 - \cos\theta)} \tag{3-13}$$

其中，α_0 称作直流分量分解系数，直流分量电流 I_{c0} 为

$$I_{c0} = \alpha_0 \, I_{c\max} \tag{3-14}$$

α_1 称作基波分量分解系数，基波分量电流 I_{c1m} 为

$$I_{c1m} = \alpha_1 \, I_{c\max} \tag{3-15}$$

α_n 称作 n 次谐波分量分解系数，n 次谐波分量电流 I_{cnm} 为

$$I_{cnm} = \alpha_n \, I_{c\max} \tag{3-16}$$

为了使用方便，将几个常用分解系数与 θ 的关系绘制在图 3-4 中。

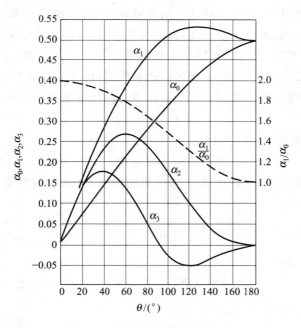

图 3-4　余弦脉冲分解系数曲线

根据以上讨论，可得出如下结论：调谐功率放大器的激励信号大，它的转移特性曲线可用折线近似。在余弦信号激励时，只要知道电流的导通角 θ，就可求得各次谐波的分解

系数 α。若电流的峰值也已知,电流各次谐波分量就完全确定。利用这种方法分析非线性回路,计算十分方便。

例 3-1 已知某晶体管的转移特性,其转移导纳 $g = 10\text{mA/V}, U_{j} = 0.6\text{V}, E_{b} = -1\text{V}$,激励信号电压幅值 $U_{bm} = 3.2\text{V}$,求电流 i_c 的 I_{c0}, I_{c1m}, I_{c2m} 分量的值。

解 先求导通角 θ,根据式(3-4)得

$$\cos\theta = \frac{U_{j} + E_{b}}{U_{bm}} = \frac{1}{2}, \quad \theta = 60°$$

求 $I_{c\,max}$,根据式(3-5)有

$$I_{c\,max} = gU_{bm}(1 - \cos\theta) = 10 \times 3.2 \times (1 - \cos 60°) = 16 \text{ (mA)}$$

查图 3-4 曲线得:$\alpha_0(60°) = 0.21, \alpha_1(60°) = 0.39, \alpha_2(60°) = 0.28$,则

$$I_{c0} = \alpha_0 I_{c\,max} = 3.36 \text{ (mA)}$$
$$I_{c1m} = \alpha_1 I_{c\,max} = 6.24 \text{ (mA)}$$
$$I_{c2m} = \alpha_2 I_{c\,max} = 4.48 \text{ (mA)}$$

基波电流 i_{c1} 为

$$i_{c1} = I_{c1m}\cos\omega t = 6.24\cos\omega t$$

3.2.5 槽路电压

在调谐功率放大器中,槽路是调谐在信号基波频率的,槽路对基波具有最大的阻抗,并且表现为纯电阻性,而对于其他谐波,其阻抗要小得多,甚至可以忽略不计(当槽路的品质因数足够高时)。所以可以认为,槽路电压基本上是一个正弦波——即基波。这样,虽然集电极电流是余弦脉冲,但借助于槽路的选频作用,仍可获得基本正弦的电压输出。

集电极电压 u_{ce} 的波形如图 3-3($u_{ce} \sim t$)所示。晶体管集电极电压为

$$u_{ce} = E_c - U_{cm}\cos\omega t \tag{3-17}$$

式中 U_{cm} 是槽路(抽头部分)电压幅值:

$$U_{cm} = I_{c1m}R_c \tag{3-18}$$

R_c 是集电极等效负载电阻,也即槽路调谐在基波频率时,并联谐振电阻折算到抽头部分的数值,即

$$R_c = \left(\frac{N_0}{N_1}\right)^2 R = \left(\frac{N_0}{N_1}\right)^2 Q_L\omega L \tag{3-19}$$

式中,R 为谐振电阻,即

$$R = R_0 /\!/ R'_L \quad 且 \quad R = Q_L\omega L$$

因为 $R_0 = Q_0\omega L, R'_L = \left(\frac{N_1}{N_2}\right)^2 R_L$,所以

$$Q_L\omega L = Q_0\omega L /\!/ \left(\frac{N_1}{N_2}\right)^2 R_L \tag{3-20}$$

应该注意的是,上述计算中没有考虑晶体管的输出阻抗,这是因为晶体管输出阻抗一般远大于调谐功率放大器的负载,在计算中可以忽略它的影响。

3.3　功率和效率

从能量转换方面看,放大器是通过晶体管把直流功率转换成交流功率,通过槽路把脉冲功率转换为正弦功率,然后传输给负载。在能量的转换和传输过程中,不可避免地产生损耗,所以放大器的效率不能达到 100%。功率放大器功率大,相应地电源供给、管子发热等问题也大。为了尽量减小损耗,合理地利用晶体管和电源,必须分析功率放大器的功率和效率问题。

调谐功率放大器有如下五种功率需要考虑:

① 电源供给的直流功率 P_S;

② 通过晶体管转换的交流功率,即晶体管集电极输出的交流功率 P_o;

③ 通过槽路送给负载的交流功率,即 R_L 上得到的功率 P_L;

④ 晶体管在能量转换过程中的损耗功率,即晶体管损耗功率 P_C;

⑤ 槽路损耗功率 P_T。

以上五项功率的相互关系可用图 3-5 表示。电源供给的功率 P_S,一部分(P_C)损耗在管子,使管子发热;另一部分(P_o)转换为交流功率,输出给槽路。通过槽路时一部分(P_T)损耗在槽路线圈和电容中,另一部分(P_L)输出给负载 R_L。

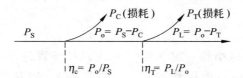

图 3-5　调谐功率放大器中的功率关系

晶体管转换能量的效率叫集电极效率,以 η_c 表示,其计算式为

$$\eta_c = \frac{P_o}{P_S} \tag{3-21}$$

槽路将交流功率 P_o 传送给负载的效率,叫槽路效率,以 η_T 表示,其计算式为

$$\eta_T = \frac{P_L}{P_o} \tag{3-22}$$

需要注意的是,这里的槽路效率也就是小信号调谐放大器的谐振回路效率,只是两种习惯叫法不同而已。

下面分析 η_c,η_T 与哪些因素有关。

1. 集电极效率 η_c

电源供给功率 P_S 和交流输出功率 P_o 可分别表示为

$$P_S = E_c I_{c0} \tag{3-23}$$

$$P_o = \frac{1}{2} U_{cm} I_{c1m} \tag{3-24}$$

集电极效率为

$$\eta_c = \frac{P_o}{P_S} = \frac{U_{cm} I_{c1m}}{2E_c I_{c0}} = \frac{1}{2} \frac{U_{cm}}{E_c} \frac{\alpha_1}{\alpha_0} \frac{I_{c\,max}}{I_{c\,max}} = \frac{1}{2} \frac{\alpha_1}{\alpha_0} \frac{U_{cm}}{E_c} \qquad (3\text{-}25)$$

式(3-25)说明 η_c 与比值 $\frac{\alpha_1}{\alpha_0}$, $\frac{U_{cm}}{E_c}$ 成正比。

α_1/α_0 是余弦脉冲基波分量和直流分量分解系数之比,代表着集电极电流基波幅值与直流电流之比,称为集电极电流利用系数。因为 α_0 , α_1 都是 θ 的函数,所以 α_1/α_0 也是 θ 的函数,表示在图 3-4 中。图示曲线表明, θ 越小, α_1/α_0 越大。在极限情况下, $\theta=0$, $\alpha_1/\alpha_0=2$,即基波电流为直流电流的两倍。在实际工作中 θ 也不宜太小,因为 θ 小,虽然 α_1/α_0 大,但 α_1 太小,则 I_{c1m} 也小,就会造成输出功率过小。

为了兼顾输出功率和效率两个方面,通常取 $\theta=40°\sim70°$ 为宜。这时 $\alpha_1/\alpha_0 = 1.7\sim1.9$,与极限值 2 相比,下降不多。

U_{cm}/E_c 是集电极基波电压幅值与直流电源电压之比,称为集电极电压利用系数,可用 ξ 表示。基波电压幅值为

$$U_{cm} = \alpha_1 I_{c\,max} R_c \qquad (3\text{-}26)$$

它与负载、激励大小及导通角有关。不论由于上述什么原因使 U_{cm} 增大时,则 U_{cm}/E_c 也增大,从而使 η_c 提高。

不过 U_{cm}/E_c 也不能任意提高,因为在管子导通的某一瞬间,集电极电压 u_{ce} 下降的最小值(见图 3-3)为

$$u_{ce\,min} = E_c - U_{cm} \qquad (3\text{-}27)$$

U_{cm} 增大则 $u_{ce\,min}$ 减小,当减小到一定程度(1~2V),晶体管进入饱和区。此后,虽然 U_{cm} 仍可增大, $u_{ce\,min}$ 进一步减小,电压利用系数也有所提高,但其变化缓慢, U_{cm}/E_c 极限近似为 1。一般管子饱和电压可按 1V 计算,高频时可适当增大,例如,某放大器电源电压 $E_c=12V$,管子饱和压降为 1V, $U_{cm}=12-1=11V$,电压利用系数为 $U_{cm}/E_c=11/12=0.917$ 。

根据以上分析可知,在设计调整较好的调谐放大器中, η_c 约为

$$\eta_c = \frac{1}{2} \frac{\alpha_1}{\alpha_0} \frac{U_{cm}}{E_c} = \frac{1}{2}(1.7\sim1.9)\times0.917 = 0.78\sim0.87$$

作为对比,甲类放大器 θ 为 180°,查曲线可知 $\frac{\alpha_1}{\alpha_0}=1$, $\eta_c = \frac{1}{2}\times1\times0.917 = 0.459$ 。乙类放大器 θ 为 90°,查曲线可知 $\frac{\alpha_1}{\alpha_0}=1.58$, $\eta_c = \frac{1}{2}\times1.58\times0.917 = 0.724$ 。由此可见丙类放大器的 η_c 比甲类、乙类放大器的 η_c 都高。

2. 槽路效率 η_T

$$\eta_T = \frac{P_L}{P_o} = \frac{P_o - P_T}{P_o} \qquad (3\text{-}28)$$

图 3-6 是负载折算到槽路的等效回路, U_m 为回路两端的电压幅值。由图可以看出,负载功率 P_L 是 R_L' 所吸收的功率,槽路损耗功率 P_T 是槽路空载电阻 R_0 所吸收的功率;而

集电极输出的基波功率 P_o 相当于总电阻 R 所吸收的功率。这些功率都可用槽路电压和各有关电阻表示。即

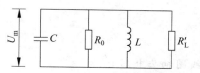

$$P_\mathrm{o} = \frac{U_\mathrm{m}^2}{2R} = \frac{U_\mathrm{m}^2}{2Q_\mathrm{L}\,\omega L}$$

$$P_\mathrm{T} = \frac{U_\mathrm{m}^2}{2R_0} = \frac{U_\mathrm{m}^2}{2Q_0\,\omega L}$$

图 3-6　负载折算到槽路的等效回路及其功率关系

将以上两式代入式(3-28)可得

$$\eta_\mathrm{T} = \frac{P_\mathrm{o} - P_\mathrm{T}}{P_\mathrm{o}} = \frac{\dfrac{U_\mathrm{m}^2}{2Q_\mathrm{L}\,\omega L} - \dfrac{U_\mathrm{m}^2}{2Q_0\,\omega L}}{\dfrac{U_\mathrm{m}^2}{2Q_\mathrm{L}\,\omega L}} = \frac{Q_0 - Q_\mathrm{L}}{Q_0} \tag{3-29}$$

式(3-29)表明,η_T 决定于槽路的空载与有载品质因数。Q_0 越大,Q_L 越小,则 η_T 越高。实际上,由于受到槽路元件质量的限制,Q_0 不可能很大,一般只有几十到几百。Q_L 也不能太小,否则槽路滤波效果太差,输出波形不好,一般至少要 $Q_\mathrm{L} = 5 \sim 10$。若 $Q_0 = 50$,$Q_\mathrm{L} = 10$,则

$$\eta_\mathrm{T} = \frac{50 - 10}{50} = 0.8$$

如果选用较好的 L,C 元件,Q_0 可再大些,η_T 也可再高些,故在电路设计中 η_T 可按 $0.8 \sim 0.9$ 估计。

知道了 η_c 和 η_T,就可以根据负载要求的输出功率 P_L 计算晶体管损耗,即

$$P_\mathrm{C} = P_\mathrm{S} - P_\mathrm{o} = \frac{P_\mathrm{o}}{\eta_\mathrm{c}} - P_\mathrm{o} = \frac{P_\mathrm{L}}{\eta_\mathrm{T}}\left(\frac{1}{\eta_\mathrm{c}} - 1\right) \tag{3-30}$$

P_C 是选用晶体管容量的依据。例如 $\eta_\mathrm{c} = 0.8$,$\eta_\mathrm{T} = 0.8$,则

$$P_\mathrm{C} = \frac{P_\mathrm{L}}{\eta_\mathrm{T}}\left(\frac{1}{\eta_\mathrm{c}} - 1\right) = \frac{P_\mathrm{L}}{0.8}\left(\frac{1}{0.8} - 1\right) = 0.31 P_\mathrm{L}$$

若 $P_\mathrm{L} = 1\mathrm{W}$,则晶体管损耗 $P_\mathrm{C} = 0.31\mathrm{W}$,所选用晶体管功率容量必须大于此值。为留有余地,可选用集电极最大允许损耗功率(即功率容量)$P_\mathrm{CM} = 0.5\mathrm{W}$ 的管子。在甲类放大器中,同样容量的管子,理论上最高输出功率也只有 $0.25\mathrm{W}$,同丙类放大器相比要差 4 倍之多。

综上所述,为了尽可能利用小功率容量的管子和电源,输出较大的功率,应力求 η_c 和 η_T 高,η_c 高要适当选取 θ,电压利用系数尽可能大;η_T 高,要求槽路空载品质因数 Q_0 大,即应选用低损耗的电感和电容元件。

注:应该注意的是放大器工作在丙类,效率固然提高了,但是由于集电极电流波形是余弦脉冲,失真比较严重。尽管并联谐振回路有选频、滤波性能,但它不具有理想的滤波特性,各次谐波输出对基波的干扰不可避免。下面分析这种干扰的情况。

当并联谐振回路调谐在基波频率时,回路对基波呈现为纯电阻,则在线圈抽头上的基波电压为

$$u_\mathrm{c} = I_\mathrm{c1m}\,R_\mathrm{c}\cos\omega t \tag{注 3-1}$$

式中,I_c1m 为集电极基波电流分量幅值。

对 n 次谐波的阻抗 $Z_{n\omega}$ 为

$$Z_{n\omega} = \frac{R_c}{\sqrt{1 + Q_L^2 \left(\frac{n\omega}{\omega} - \frac{\omega}{n\omega} \right)^2}} \qquad (\text{注 } 3\text{-}2)$$

线圈抽头电压 u_{cn} 为

$$u_{cn} = \frac{I_{cnm} R_c}{\sqrt{1 + Q_L^2 \left(\frac{n\omega}{\omega} - \frac{\omega}{n\omega} \right)^2}} \cos n\omega t \qquad (\text{注 } 3\text{-}3)$$

式中，I_{cnm} 为集电极 n 次谐波电流幅值。

由式(注 3-3)可知，当并联谐振回路 Q_L 无穷大时，干扰项 u_{cn} 等于零。集电极输出电压为不失真的余弦波。实际上，Q_L 不可能无穷大。在 $Q_L = 50$ 条件下，二次谐波阻抗与基波阻抗之比为

$$\frac{Z_{2\omega}}{Z_\omega} = \frac{1}{\sqrt{1 + Q_L^2 \left(\frac{2\omega}{\omega} - \frac{\omega}{2\omega} \right)^2}} \approx 1.3\% \qquad (\text{注 } 3\text{-}4)$$

三次谐波阻抗与基波阻抗

$$\frac{Z_{3\omega}}{Z_\omega} = \frac{1}{\sqrt{1 + 50^2 \times \left(3 - \frac{1}{3} \right)^2}} \approx 0.75\% \qquad (\text{注 } 3\text{-}5)$$

由以上两式可知，二次谐波阻抗是基波阻抗的 1.3%，三次谐波阻抗是基波阻抗的 0.75%。非常明显，谐波次数越高，阻抗越小；同时各次谐波电流幅值也随谐波次数增加而减小。由于两者的相对减小，并联谐振回路输出的各次谐波电压也以更高的速率减小。通过以上分析可以证明并联谐振回路输出的是失真不大的余弦信号。

例 3-2 有一个高频功率管 3DA1 做成的谐振功率放大器，已知 $E_c = 24\text{V}$，$P_o = 2\text{W}$，工作频率 $f_0 = 10\text{MHz}$，导通角 $\theta = 70°$。试验证该管是否满足要求。3DA1 的有关参数为 $f_T \geqslant 70\text{MHz}$，功率增益 $A_P \geqslant 13\text{dB}$，集电极饱和压降 $U_{ces} \geqslant 1.5\text{V}$，$P_{CM} = 1\text{W}$，$I_{CM} = 750\text{mA}$，$BV_{ceo} \geqslant 50\text{V}$。

分析 一个高频功率管用作谐振功率放大器时，需要满足下列条件：

$$I_{CM} \geqslant I_{c\,max}$$
$$BV_{ceo} \geqslant 2E_c$$
$$P_{CM} \approx P_c$$
$$f_T = (3 \sim 5) f_0$$

解 (1)求集电极电流各成分

$$R_c = \frac{(E_c - U_{ces})^2}{2P_o} = \frac{(24 - 1.5)^2}{2 \times 2} = 126 \ (\Omega)$$

$$P_o = \frac{1}{2} I_{c1m}^2 R_c, \quad I_{c1m} = \sqrt{2P_o / R_c} = 174 \ (\text{mA})$$

$$I_{c\,max} = \frac{I_{c1m}}{\alpha_1(70°)} = \frac{174}{0.43} = 405 \ (\text{mA}) [①]$$

$$I_{c0} = \alpha_0 I_{c\,max} = 0.25 \times 405 = 101 \ (\text{mA})$$

$$P_S = E_c I_{c0} = 24 \times 101 = 2424 \ (\text{mW}) \approx 2.42 \ (\text{W})$$

---

① $\alpha_1(70°)$ 表示导通角 $\theta = 70°$，α_1 的值。

（2）求 P_c，η_c

$$P_C = P_S - P_o = 2.42 - 2 = 0.42（W）$$

$$\eta_c = \frac{P_o}{P_S} = \frac{2}{2.42} = 83\%$$

（3）验证 3DA1 管是否满足要求

由于 $I_{c\,max} = 405\text{mA} < I_{CM} = 750\text{mA}$，$P_C = 0.42\text{W} < P_{CM} = 1\text{W}$；$BV_{ceo} \geqslant 50\text{V}$，满足 $BV_{ceo} \geqslant 2E_c = 48\text{V}$；$f_T = (3 \sim 5)f_0$，取 $5f_0 = 50\text{MHz}$，$f_T = 70\text{MHz} > 50\text{MHz}$；所以 3DA1 管能满足要求。

例 3-3　某调谐功率放大器，已知 $E_c = 24\text{V}$，反偏压 $E_b = 1.4\text{V}$，集电极电压利用系数 ξ 为 0.9，$\theta = 70°$，转移特性的斜率为 $g = 0.5\text{A/V}$，该放大器采用晶体管的参数为：$f_T \geqslant 150\text{MHz}$，功率增益 $A_P \geqslant 13\text{dB}$，最大集电极损耗功率 $P_{CM} = 5\text{W}$，管子允许通过的最大电流 $I_{CM} = 3\text{A}$，管子起始导通电压 $U_j = 0.6\text{V}$，计算放大器的 U_{bm}、$I_{c\,max}$、I_{c1m}、I_{c0}、U_{cm}、P_o、η_c 及激励功率 P_b。

分析　本题技巧在于先算出 U_{bm}，再求 $I_{c\,max}$，然后再求其他参数。

解　（1）根据 $\cos\theta = \dfrac{U_j + E_b}{U_{bm}}$，求得 $U_{bm} = \dfrac{U_j + E_b}{\cos\theta} = \dfrac{1.4 + 0.6}{0.342} = 5.8\text{V}$

（2）根据 $I_{c\,max} = gU_{bm}(1 - \cos\theta)$，求得 $I_{c\,max}$

$$I_{c\,max} = 0.5 \times 5.8(1 - 0.342) = 1.91\text{A} < I_{CM}$$

$$I_{c0} = \alpha_0 I_{c\,max} = 0.253 \times 1.91 = 0.483\text{A}$$

$$I_{c1} = \alpha_1 I_{c\,max} = 0.436 \times 1.91 = 0.833\text{A}$$

（3）根据集电极电压利用系数 ξ，求得 $U_{cm} = \xi E_c = 0.9 \times 24 = 21.6\text{V}$

（4）$P_o = \dfrac{1}{2}U_{cm}I_{c1m} = \dfrac{1}{2} \times 21.6 \times 0.833 = 9\text{W}$

$$P_S = E_c I_{c0} = 24 \times 0.483 = 11.6\text{W}$$

$$P_C = P_S - P_o = 2.6\text{W} < P_{CM}$$

（5）$\eta_c = \dfrac{P_o}{P_S} = \dfrac{9}{11.6} = 0.776 = 77.6\%$

（6）根据功率增益 $A_P = 10\lg\dfrac{P_o}{P_i}（\text{dB}）$，求得激励功率 P_b。

$$P_b = P_i = \frac{P_o}{10^{A_p/10}} = \frac{9}{10^{1.3}} = 0.45\text{W}$$

3.4　高频调谐功率放大器的工作状态分析

为了讨论调谐功率放大器不同工作状态对电压、电流、功率和效率的影响，需要对调谐功率放大器的动态特性进行分析。

3.4.1　调谐功率放大器的动态特性

调谐功率放大器的动态特性是晶体管内部特性和外部特性结合起来的特性（即实际放大器的工作特性）。晶体管内部特性是在无载情况下，晶体管的输出特性和转移特性

（见图 3-2）。晶体管外部特性是在有载情况下，晶体管输入、输出电压（u_{be}，u_{ce}）同时变化时，$i_c \sim u_{be}$，$i_c \sim u_{ce}$ 特性。

放大区动态特性由下列三个方程求得。

内部特性方程

$$i_c = g(u_{be} - U_j) \tag{3-31}$$

外部特性方程

$$\begin{cases} u_{be} = -E_b + U_{bm}\cos\omega t \\ u_{ce} = E_c - U_{cm}\cos\omega t \end{cases} \tag{3-32}$$

将 u_{be} 代入式(3-31)，得

$$i_c = g(-E_b + U_{bm}\cos\omega t - U_j) \tag{3-33}$$

由于 $u_{ce} = E_c - U_{cm}\cos\omega t$，则有

$$\cos\omega t = \frac{E_c - u_{ce}}{U_{cm}}$$

代入式(3-33)得

$$i_c = g\left(-E_b - U_j + U_{bm}\frac{E_c - u_{ce}}{U_{cm}}\right) \tag{3-34}$$

在回路参数、偏置、激励、电源电压确定后，$i_c = f(u_{ce})$。它表明放大器的动态特性是一条直线，只需找出两个特殊点，就可把动态线绘出。例如，静态工作点 Q 和起始导通点 B。

对于静态工作点 Q，其特征是 $u_{ce} = E_c$，代入式(3-34)得

$$i_c = g(-E_b - U_j) = -g(U_j + E_b)$$

由于调谐功率放大器 E_b 和 U_j 的值恒为正，所以 i_c 为负值。Q 点的坐标（见图 3-7）为 $(E_c, -g(U_j + E_b))$。Q 点位于横坐标的下方，即对应于静态工作点的电流为负，这实际上是不可能的，它说明 Q 点是个假想点，反映了丙类放大器处于截止状态，集电极无电流。

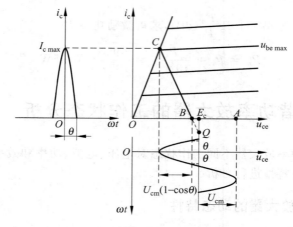

图 3-7 调谐功率放大器的动态特性

对于起始导通点 B,其特征是 $i_c = 0$,代入式(3-34)得

$$0 = g\left(-E_b - U_j + U_{bm}\frac{E_c - u_{ce}}{U_{cm}}\right)$$

解方程得

$$u_{ce} = E_c - U_{cm}\frac{U_j + E_b}{U_{bm}} = E_c - U_{cm}\cos\theta$$

此时,$\omega t = \theta, i_c = 0$,晶体管刚好处于截止到导通的转折点,$B$ 点的坐标为 $[E_c - U_{cm}\cos\theta, 0]$。

连接 Q 点和 B 点的直线并向上延长与 $u_{be\,max}$($u_{be\,max} = U_{bm} - E_b$)相交于 C 点,则直线 BC 段就是晶体管处于放大区的动态线。图中直线 AB 段是晶体管处于截止状态的动态线,此时,$i_c = 0$。当放大器工作在临界状态时,C 点刚好在饱和线与动态线的交点;当放大器工作在过压状态时,C 点沿着饱和线 CO 下滑,此时,i_c 只受 u_{ce} 控制,而不再随 u_{be} 变化,所以进入过压区的动态线是与输出特性曲线临界饱和线重合的一段线。

由图 3-7 可知,放大区的动态线是一条负斜率线段 BC,类似于低频放大器的负载线,但是与它有着严格的区别。丙类放大器的动态线不仅是负载的函数,而且还是导通角的函数。动态线斜率的倒数即为调谐功率放大器的动态电阻 R'_c。R'_c 可由图 3-7 直接求出,它是晶体管导通时集电极电压脉冲波形的高度 $U_{cm}(1 - \cos\theta)$ 与集电极余弦脉冲电流的高度 $I_{c\,max}$ 之比,表示为

$$R'_c = \frac{U_{cm}(1 - \cos\theta)}{I_{c\,max}} = \frac{I_{c1m}R_c(1 - \cos\theta)}{I_{c\,max}} = \alpha_1(\theta)(1 - \cos\theta)R_c \qquad (3-35)$$

从式(3-35)可以看出,调谐功率放大器的动态电阻不仅与导通角 θ 有关,而且与等效负载电阻 R_c 有关。

3.4.2　调谐功率放大器的三种工作状态及其判别方法

1. 调谐功率放大器的三种工作状态

根据调谐功率放大器在工作时是否进入饱和区,可将放大器分为欠压、临界和过压三种工作状态。

(1) 欠压——若在整个周期内,晶体管工作不进入饱和区,也即在任何时刻都工作在放大状态,称放大器工作在欠压状态;

(2) 临界——若刚刚进入饱和区的边缘,称放大器工作在临界状态;

(3) 过压——若晶体管工作时有部分时间进入饱和区,则称放大器工作在过压状态。

2. 工作状态的判别方法

由图 3-3 可知,管子集电极电压 u_{ce} 在 $E_c \pm U_{cm}$ 之间变化,其最低点为 $u_{ce\,min} = E_c - U_{cm}$,当 u_{ce} 很低时,管子工作就进入饱和区。所以根据 $u_{ce\,min}$ 的大小,就可判断放大器处于什么工作状态。

当 $u_{ce\,min} > U_{ces}$,欠压工作状态;

当 $u_{ce\,min} = U_{ces}$,临界工作状态;

当 $u_{ce\,min} < U_{ces}$,过压工作状态。

3.4.3 R_c, E_c, E_b 和 U_{bm} 变化对放大器工作状态的影响

因为 $u_{ce\ min} = E_c - U_{cm} = E_c - \alpha_1 I_{c\ max} R_c$，所以放大器的这三种工作状态取决于电源电压 E_c、偏置电压 E_b、激励电压幅值 U_{bm} 以及集电极等效负载电阻 R_c。

1. R_c 变化对放大器工作状态的影响——调谐功放的负载特性

当调谐功率放大器的电源电压 E_c、偏置电压 E_b 和激励电压幅值 U_{bm} 一定，改变集电极等效负载电阻 R_c 后，放大器的集电极电流、槽路电压 U_{cm}、输出功率 P_o、效率 η 随晶体管等效负载电阻 R_c 的变化特性称为调谐功率放大器的负载特性。

图 3-8 表示在三种不同负载电阻 R_c 时，做出的三条不同动态特性曲线 QA_1，QA_2，QA_3A_3'。其中 QA_1 对应于欠压状态，QA_2 对应于临界状态，QA_3A_3' 对应于过压状态。QA_1 相对应的负载电阻 R_c 较小，U_{cm} 也较小，集电极电流波形是余弦脉冲。随着 R_c 增加，动态负载线的斜率逐渐减小，U_{cm} 逐渐增大，放大器工作状态由欠压到临界，此时电流波形仍为余弦脉冲，只是幅值比欠压时略小。当 R_c 继续增大，U_{cm} 进一步增大，放大器进入过压状态工作，此时动态负载线 QA_3 与饱和线相交，此后电流 i_c 随 U_{cm} 沿饱和线下降到 A_3' 点。电流波形顶端下凹，呈马鞍形。

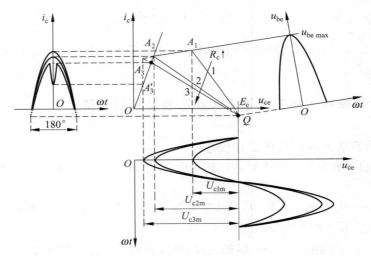

图 3-8 不同负载电阻时的动态特性

通过以上分析知道，负载 R_c 变化引起 i_c 电流波形和 I_{c0}，I_{c1m} 的变化，从而引起 U_{cm}，P_o，η_c，P_S 的变化。图 3-9 是放大器的负载特性曲线。

1）不同工作状态下电流、电压与 R_c 的关系

由前述已知，在欠压状态，R_c 增大，$I_{c\ max}$，θ 略有减小，相应地 I_{c0}，I_{c1m} 也随 R_c 增大而略有减小；电压 $U_{cm} = R_c I_{c1m}$，因 I_{c1m} 略有减小，接近常量，U_{cm} 几乎随 R_c 成正比增加；在临界点后，R_c 再增大，i_c 波形下凹，$I_{c\ max}$ 下降较快，相应地 I_{c0}，I_{c1m} 也很快下降，且 R_c 增大越多，下降越迅速，所以在过压状态，I_{c0}，I_{c1m} 随 R_c 增大而减小，U_{cm} 随 R_c 增大略有增加。图 3-9(a) 表示出了不同工作状态下电流、电压与 R_c 的关系曲线。

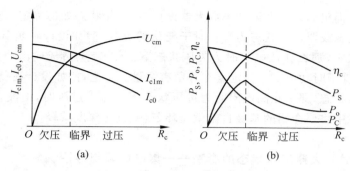

图 3-9　放大器的负载特性曲线

2）不同工作状态下功率、效率与 R_c 的关系

（1）功率与 R_c 的关系

在欠压状态，$P_o = \dfrac{1}{2} I_{c1m}^2 R_c$，$I_{c1m}$ 随 R_c 增大略有减小（基本不变），所以 P_o 随 R_c 增大而增加；在过压状态，因为 $P_o = \dfrac{U_{cm}^2}{2R_c}$，$U_{cm}$ 随 R_c 增大而增加缓慢（基本不变），所以 P_o 随 R_c 增大而减小；在临界状态，输出功率 P_o 最大。

因为 $P_S = E_c I_{c0}$，由于电源电压不变，P_S 和 I_{c0} 的变化规律一样；$P_C = P_S - P_o$，随负载 R_c 的变化如图 3-9(b) 所示。

（2）效率与 R_c 的关系

在欠压状态，因为 $\eta_c = P_o/P_S$，P_S 随 R_c 增大而减小，而 P_o 随 R_c 增大而增加，所以 η_c 随 R_c 增大而提高。在过压状态，$\eta_c = \dfrac{P_o}{P_S}$，$P_S$ 和 P_o 均随着 R_c 继续增大而下降，但刚过临界点时，P_o 的下降没有 P_S 下降快，所以继续有所增加，随着 R_c 继续增大，P_o 的下降比 P_S 快，所以 η_c 也相应地有所下降。因此，在靠近临界点的弱过压区 η_c 的值最大，如图 3-9(b) 所示。

值得注意的是，在临界状态，输出功率 P_o 最大，集电极效率 η_c 也较高。这时候的放大器工作在最佳状态。因此，放大器工作在临界状态的等效电阻，就是放大器阻抗匹配所需的最佳负载电阻。

通过以上讨论可得以下结论：

欠压状态时，电流 I_{c1m} 基本不随 R_c 变化，放大器可视为恒流源。输出功率 P_o 随 R_c 增大而增加，耗损功率 P_C 随 R_c 减小而增加。当 $R_c = 0$，即负载短路时，集电极耗损功率 P_C 达到最大值，这时有可能烧毁晶体管。因此在实际调整时，千万不可将放大器的负载短路。一般在基极调幅电路中采用欠压工作状态。

临界状态时，放大器输出功率最大，效率也较高，这时候的放大器工作在最佳状态。一般发射机的末级功放多采用临界工作状态。

过压状态时，当在弱过压状态，输出电压基本不随 R_c 变化，放大器可视为恒压源，集电极效率 η_c 最高。一般在功率放大器的激励级和集电极调幅电路中采用该弱过压状态。但深度过压时，i_c 波形下凹严重，谐波增多，一般应用较少。

在实际调整中，调谐功放可能会经历上述三种状态，利用负载特性就可以正确判断各种状态，以进行正确的调整。

这里还需要提出的是在调谐功率放大器设计时,工作状态如何确定。对于固定负载,以工作在临界状态或弱过压状态为宜。对于变化的负载,假如设计在负载电阻高的情况下工作在临界状态,那么在低电阻时为欠压状态下工作,就会造成输出功率 P_o 减小而管耗增大,所以选管子时功率 P_{CM} 一定要充分留有余量。反之,假如设计在负载电阻低的情况下工作在临界状态,那么在高电阻时为过压状态下工作。过压时,谐波含量增大,这时可采用 3.5.2 节中将要介绍的基极自给偏压环节,使过压深度减轻。

2. E_c 变化对放大器工作状态的影响——集电极调制特性

在 E_b,U_{bm},R_c 保持恒定时,集电极电源电压 E_c 变化对放大器工作状态的影响如图 3-10 所示。因为 R_c 不变,动态负载特性曲线的斜率不变,又因为 E_b,U_{bm} 不变,$u_{be\,max} = U_{bm} - E_b$ 不变,因而,对应于 $u_{ce\,min}$ 的动态点必定在 $u_{be} = u_{be\,max}$ 的那条输出特性曲线上移动。E_c 变化,$u_{ce\,min}$ 也随之变化,使得 $u_{ce\,min}$ 和 U_{ces} 的相对大小发生变化。当 E_c 较大时,$u_{ce\,min}$ 具有较大数值,且远大于 U_{ces},放大器工作在欠压状态。随着 E_c 减小,$u_{ce\,min}$ 也减小,当 $u_{ce\,min}$ 接近 U_{ces} 时,放大器工作在临界状态。E_c 再减小,$u_{ce\,min}$ 小于 U_{ces} 时,放大器工作在过压状态。

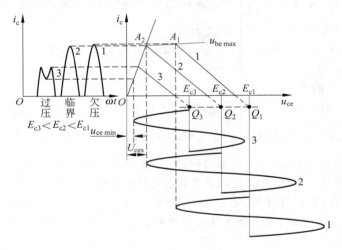

图 3-10　E_c 改变时对工作状态的影响

在图 3-10 中,$E_c > E_{c2}$ 时,放大器工作在欠压状态;$E_c = E_{c2}$ 时,放大器工作在临界状态;$E_c < E_{c2}$ 时,放大器工作在过压状态。即当 E_c 由大变小时,放大器的工作状态由欠压进入过压,i_c 波形也由余弦脉冲波形变为中间出现凹陷的脉冲波。由于 E_c 控制 i_c 波形的变化,I_{c0},I_{c1m} 以及 $U_{cm} = I_{c1m} R_c$ 也同样随 E_c 变化而变化。图 3-11 绘出了 E_c 对 I_{c1m},U_{cm} 的控制曲线,即集电极调制特性。集电极调制特性是指当 E_b,U_{bm},R_c 保持恒定,放大器的性能随集电极电源电压 E_c 变化的特性。当 E_c 改变时,这个特性是晶体管集电极调幅的理论依据。由图可见,只有在过压状态 E_c 对 U_{cm} 才能有较大的控制作用,所以集电极调幅应工作在过压状态。

3. E_b 变化对放大器工作状态的影响——基极调制特性

当 E_c,U_{bm},R_c 保持恒定时,基极偏置电压 E_b 变化对放大器工作状态的影响如图 3-12

所示。因为 $u_{\mathrm{be\,max}}=U_{\mathrm{bm}}-E_{\mathrm{b}}$，$U_{\mathrm{bm}}$ 一定时，$u_{\mathrm{be\,max}}$ 随 E_{b} 改变，从而导致 $i_{\mathrm{c\,max}}$ 和 θ 的变化。在欠压状态下，由于 $u_{\mathrm{be\,max}}$ 较小，所以 $i_{\mathrm{c\,max}}$ 和 θ 也较小，从而 I_{c0}，I_{c1m} 都较小。当 E_{b} 值的改变使 $u_{\mathrm{be\,max}}$ 增大时，$i_{\mathrm{c\,max}}$ 和 θ 也增大，从而 I_{c0}，I_{c1m} 也随之增大，当 $u_{\mathrm{be\,max}}$ 增大到一定程度，放大器的工作状态由欠压进入过压，电流波形出现凹陷。但此时，$i_{\mathrm{c\,max}}$ 和 θ 还会增大。所以 I_{c0}，I_{c1m} 随着 E_{b} 增大略有增加。又由于 R_{c} 不变，所以 U_{cm} 的变化规律与 I_{c1m} 一样。图 3-12 给出了 I_{c0}，I_{c1m}，U_{cm} 随 E_{b} 变化的特性曲线。当 E_{c}，U_{bm}，R_{c} 保持恒定，放大器的性能随基极偏置电压 E_{b} 变化的特性，称为基极调制特性。由图可以看出，在欠压区，高频振幅 U_{cm} 基本随 E_{b} 成线性变化，E_{b} 对 U_{cm} 有较强的控制作用，这就是基极调幅的工作原理。

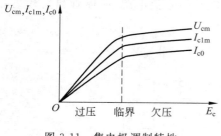

图 3-11　集电极调制特性

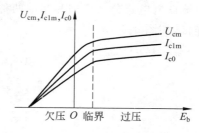

图 3-12　基极调制特性

4. U_{bm} 变化对放大器工作状态的影响——振幅特性

当 E_{c}，E_{b}，R_{c} 保持恒定时，激励振幅 U_{bm} 变化对放大器工作状态的影响如图 3-13 所示。因为 $u_{\mathrm{be\,max}}=U_{\mathrm{bm}}-E_{\mathrm{b}}$，$E_{\mathrm{b}}$ 和 U_{bm} 决定了放大器的 $u_{\mathrm{be\,max}}$，因此改变 U_{bm} 的情况和改变 E_{b} 的情况类似。由图可以看出，在欠压区，高频振幅 U_{cm} 基本随 U_{bm} 成线性变化，所以为使输出振幅 U_{cm} 反映输入信号 U_{bm} 的变化，放大器必须在 U_{bm} 变化范围内工作在欠压状态。而当调谐功放用作限幅器，将振幅 U_{bm} 在较大范围内变化的输入信号变换为振幅恒定的输出信号时，由图 3-13 可以看出，此时放大器必须在 U_{bm} 变化范围内工作在过压状态。当 E_{c}，E_{b}，R_{c} 保持恒定，放大器的性能随激励振幅 U_{bm} 变化的特性，称为调谐功放的振幅特性。

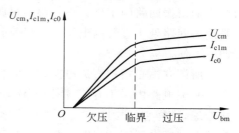

图 3-13　调谐功放的振幅特性

3.5　高频调谐功率放大器的实用电路

调谐功率放大器电路包括直流馈电电路、偏置电路、输出和输入匹配电路(或网络)。

3.5.1　直流馈电电路

1. 馈电原则

欲使谐振功率放大器正常工作，各电极必须接有相应的馈电电源。直流馈电必须遵循以下原则。

对于谐振功放的集电极馈电电路,应保证集电极电流 i_c 中的直流分量 I_{c0} 只流过集电极直流电源 E_c (即:对直流而言, E_c 应直接加至晶体管 c,e 两端),以便直流电源提供的直流功率全部给晶体管;还应保证谐振回路两端仅有基波分量压降(即:对基波而言,回路应直接接到晶体 c,e 两端),以便把变换后的交流功率传送给回路负载;另外也应保证外电路对高次谐波分量 i_{cn} 呈现短路,以免产生附加损耗。

2. 串联馈电和并联馈电

直流馈电电路分为串馈和并馈两种。所谓串馈是指直流电源、晶体管和负载三者是串联连接,如图 3-14(a)所示。

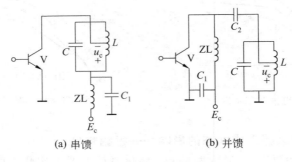

(a) 串馈   (b) 并馈

图 3-14   直流馈电电路

串馈电路中,由于谐振回路通过旁路电容 C_1 直接接地,所以馈电支路的分布参数不会影响谐振回路的工作频率。串馈电路适于工作在频率较高的情况。但串馈电路的缺点是谐振回路处于直流高电位上,谐振回路元件不能直接接地,调谐时外部参数影响较大,调整不便。

所谓并馈是指把直流电源、晶体管和负载三者并联在一起,如图 3-14(b)所示。

并馈电路中由于有 C_2 隔断直流,谐振回路处于直流地电位上,因而滤波元件可以直接接地,这样它们在电路板上的安装比串馈电路方便。但高频扼流圈 ZL、隔直电容 C_2 又都处在高频电压下,对调谐回路又有不利影响。特别是馈电支路与谐振回路并联,馈电支路的分布电容,将使放大器 c-e 端总电容增大,限制了放大器在更高频段工作。

虽然串馈和并馈电路形式不同,但输出电压都是直流电压和交流电压的叠加,关系式均为 $u_{ce}=E_c-U_{cm}\cos\omega t$ 。而且都满足馈电原则。

由于调谐功率放大器电流脉冲中含有各次谐波分量,当它们通过具有一定内阻的电源时,就会在电源两端叠加上高频电压,对其他线路造成影响。所以,串、并馈电路中都有高频扼流圈和旁路电容。高频扼流圈对高频有"扼制"作用,而旁路电容对高频有短路作用。扼流圈和旁路电容的选取原则是,扼流圈阻抗应比相应支路的阻抗大一个数量级(即大 10 倍),而旁路电容应比相应支路的阻抗小一个数量级。这样,就算有扼制和短路作用了。

例如,串馈电路集电极电路旁路电容 C_1 的电抗可按下式计算:

$$x_{C_1} = \left(\frac{1}{5\sim20}\right)R_c \qquad\qquad (3\text{-}36)$$

式中，R_c 是输出回路的有载等效阻抗。

扼流圈 ZL 的电抗应比 R_c 大，即

$$x_{L_1} = (5\sim20)R_c \qquad\qquad (3\text{-}37)$$

对于并馈电路，隔直电容 C_2 的容抗对工作频率应近似短路，即

$$x_{C_2} = \left(\frac{1}{5\sim20}\right)R_c \qquad\qquad (3\text{-}38)$$

而扼流圈，则应为

$$x_{L_2} = (5\sim20)R_c \qquad\qquad (3\text{-}39)$$

以上各经验公式的系数主要是为不同使用条件而设的。高扼圈的电感量，原则上是大一些好，但太大时线圈圈数过多，分布电容增大，影响扼流作用。因此当工作频率较高时，系数应取下限，即 $5\sim10$ 为宜，当工作频率较低时系数取上限或更大一些，如 $20\sim100$。

3.5.2　自给偏压环节

调谐功率放大器基极电路的电源 E_b，很少使用独立电源，而一般多利用射极电流或基极电流的直流成分，通过一定的电阻而造成的电压作为放大器的自给偏压。这种方法叫自给偏压法。

1. 射极电流自给偏压环节

射极电流自给偏压环节如图 3-15 所示。射极电流的直流成分 I_{e0} 通过电阻 R_e 形成的电压 $I_{e0}R_e$，其极性对晶体管是一个反偏压，偏压的大小可通过调节 R_e 来达到。如所需的偏压为 E_b，则 R_e 由下式确定：

$$R_e = \frac{E_b}{I_{e0}} \qquad\qquad (3\text{-}40)$$

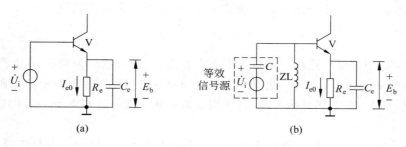

(a)   (b)

图 3-15　射极电流自给偏压环节

C_e 对交流旁路，为了保证偏压不随交流波动，其放电时间常数应足够大，要求

$$R_e C_e \geqslant \frac{5}{f} \qquad\qquad (3\text{-}41)$$

式中，f 是放大器的工作频率。

当信号源有直流通路时，射极电流自给偏压环节可用图 3-15(a)所示电路。如果信

号源无直流通路,例如 $\dot{U}_i$ 串有耦合电容时(图示虚线方框),则应加一个高频扼流圈 ZL,如图 3-15(b)所示,ZL 的作用是将射极偏压引向基极,同时也为基极直流提供通路。为了避免将输入信号短路,ZL 的电抗应相当大,其值等于晶体管输入阻抗的 10～30 倍,但 ZL 的电抗也不宜过大,过大易引起低频寄生振荡。

射流偏压环节对放大器 I_{e0} 的变化起负反馈作用,因此在欠压状态下对管子放大倍数的变化(如管子老化、更换管子或温度变化)适应性较强,温度稳定性好。但要消耗一定的 E_c,使管子的有效供电电压降低,这在 E_c 较小情况下是不利的。因此当调谐功率放大器设计在欠压状态下工作时,采用射流偏压环节较好。

2. 基极电流自给偏压环节

基极电流自给偏压环节电路如图 3-16 所示。基极直流成分 I_{b0} 通过电阻 R_b 造成的电压 $I_{b0}R_b$,对基极是个反偏压。调整 R_b 可以改变偏压的大小,故 R_b 应根据所需的偏压来选取,即

$$R_b = \frac{E_b}{I_{b0}} \tag{3-42}$$

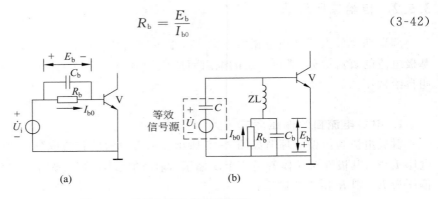

(a)   (b)

图 3-16　基极电流自给偏压环节

同理,为了减小 E_b 电压随交流电流波动,C_bR_b 的时间常数应满足

$$C_bR_b \geqslant \frac{5}{f} \tag{3-43}$$

图 3-16(a)中的电路适用于信号源不含有直流成分的情况,否则在 R_b 上产生的压降将加到晶体管基-射极,影响管子正常工作。图 3-16(b)电路可用于图示信号源没有直流通路的情况,其中 ZL 是高频扼流圈,其作用是防止输入信号被 C_b 短路,ZL 的选择与前面相同。

基极偏压环节对 I_{b0} 有调节作用。当放大器由欠压转入过压时,基极电流上升,反偏压增大,相当于有效激励电压变小,从而自动地减轻其过压程度。这就使放大器输入阻抗的变化不致太激烈,对信号源有利。特别是当激励信号由振荡器直接供给时,对改善振荡器的稳定性有利。

因此当调谐功率放大器设计在过压状态下工作时,采用基流偏压环节较好。

3.5.3　输入、输出匹配网络

为了使功率放大器具有最大的输出功率,除了正确设计晶体管的工作状态外,还必须具有良好的输入、输出匹配电路。输入匹配电路的作用是实现信号源输出阻抗与放大器输入阻抗之间的匹配,以期获得最大的激励功率。输出匹配电路的作用是将负载 R_L 变换为放大器所需的最佳负载电阻,以保证放大器输出功率最大。可以完成这两种作用的匹配电路形式有多种,但归纳起来有两种类型,即具有并联谐振回路形式的匹配电路和具有滤波器形式的匹配电路。前者多用于前级、中间级放大器以及某些需要可调电路的输出级;后者多用于大功率、低阻抗宽带输出级,如无线电发射机多用此种电路。

1. 并联谐振回路匹配电路

图 3-17 是一个具有单谐振的变压器耦合匹配电路,其中图 3-17(a)为电路原理图,图 3-17(b)是晶体管输出端的等效回路图。

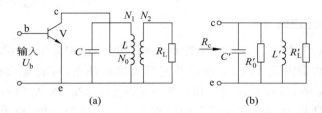

图 3-17　单谐振变压器耦合匹配电路

由于调谐功率放大器的晶体管工作在非线性状态,匹配的概念与线性电路不完全相同。由调谐功率放大器的负载特性知道,放大器工作在临界状态输出功率最大,效率也较高。因此,放大器工作在临界状态的等效电阻,就是放大器阻抗匹配所需的最佳负载电阻,以 R_{cp} 表示。

最佳负载电阻 R_{cp},可以用下述方法计算。

(1)先估算管子的饱和压降(以 U_{ces} 表示),然后得知临界状态槽路抽头部分的电压幅值为

$$U_{cm} = E_c - U_{ces} \tag{3-44}$$

U_{ces} 可按 1V 估算,更精确的数值可根据管子特性曲线确定。

(2)确定最佳负载电阻 R_{cp}

将式(3-44)代入下式:

$$P_o = \frac{U_{cm}^2}{2R_{cp}}$$

得

$$R_c = R_{cp} = \frac{U_{cm}^2}{2P_o} = \frac{(E_c - U_{ces})^2}{2P_o} \tag{3-45}$$

在实际电路中,如何达到集电极等效负载 $R_c = R_{cp}$ 呢? 由式(3-19)知道,调整 N_0/N_1 便可改变 R_c,令 $R_c = R_{cp}$,可求阻抗匹配时所需的匝比,即

$$R_c = \left(\frac{N_0}{N_1}\right)^2 Q_L \omega L = R_{cp}$$

解得

$$\frac{N_0}{N_1} = \sqrt{\frac{R_{cp}}{Q_L \omega L}} \qquad (3\text{-}46)$$

式中 Q_L 应按通频带和选择性要求选取。

由于改变原、副边匝比 N_2/N_1，则改变了槽路谐振电阻 R 以及 R_c 和 Q_L。为保证所需的 Q_L 值不变，原、副边匝比应按 Q_L 值来选取。根据式(3-20)可知

$$Q_L\omega L = \frac{(Q_0\omega L)\left[\left(\dfrac{N_1}{N_2}\right)^2 R_L\right]}{Q_0\omega L + \left(\dfrac{N_1}{N_2}\right)^2 R_L}$$

解得

$$\frac{N_2}{N_1} = \sqrt{\frac{Q_0 - Q_L}{Q_0 Q_L} \frac{R_L}{\omega L}} = \sqrt{\frac{\eta_T R_L}{Q_L \omega L}} \qquad (3\text{-}47)$$

式中，$\eta_T = \dfrac{Q_0 - Q_L}{Q_0}$ 是槽路效率。

式(3-46)、式(3-47)是计算线圈匝数的主要依据。在实际工作中，有时需要参考已有电路参数，改换电源电压等级、更换负载或增大输出功率，这就要求相应地调整匝比。例如若只改变负载 R_L，则按式(3-47)相应地改变 N_2/N_1，N_0/N_1 可以不变。但若改变 E_c 或输出功率，则在计算 R_{cp} 后，按式(3-46)计算 N_0/N_1。应当指出，以上两式是按理想情况推得的。

2. 滤波器型匹配网络

前述并联谐振回路匹配电路，仅是较典型的一种。在甚高频或大功率输出级，广泛利用 L，C 变换网络来实现调谐和阻抗匹配。这种电路形式很多，就其结构来看，可概括为 L 型、T 型、Ⅱ 型三种类型。典型电路如图 3-18 所示。图中 R_L 是负载电阻，R_S 是信号源输出电阻。当电路用作级间匹配网络时，R_L 是下一级放大器的输入电阻，R_S 是前一级放大器的输出电阻。当电路用在输入级或输出级时，R_S，R_L 的具体含义视工作情况确定。

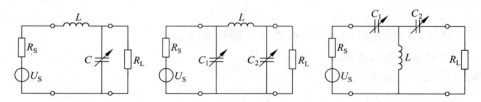

图 3-18 L 型、Ⅱ 型、T 型网络的基本形式

电路中有三个可调元件(L，C_1，C_2)，调整它们可改变以下三项内容，即谐振频率、有载 Q 值、匹配阻抗。滤波器型匹配网络已得到普遍应用，许多资料都对它有过深入的研究，并给出了一整套计算公式。为了加深对匹配原理的了解及计算公式的运用，下面以典

型的 T 型匹配网络为例推导它的匹配条件,引出对应的设计公式。

为分析方便,将 T 型匹配网络重画如图 3-19 所示。将 L,C 参数写成电抗形式,即

$$x_{C_1} = \frac{1}{\omega C_1} \tag{3-48}$$

$$x_{C_2} = \frac{1}{\omega C_2} \tag{3-49}$$

$$x_L = \omega L \tag{3-50}$$

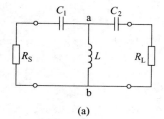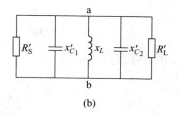

(a)　　　　　　　　　　　(b)

图 3-19　T 型电路及其变换

利用电路元件等效变换原理,将 R_S 与 x_{C_1} , x_{C_2} 及 R_L 变换为并联形式,则

$$x'_{C_1} = \left(1 + \frac{1}{Q_{C_1}^2}\right) x_{C_1} \tag{3-51}$$

$$x'_{C_2} = \left(1 + \frac{1}{Q_{C_2}^2}\right) x_{C_2} \tag{3-52}$$

$$R'_S = (1 + Q_{C_1}^2) R_S \tag{3-53}$$

$$R'_L = (1 + Q_{C_2}^2) R_L \tag{3-54}$$

式中 Q_{C_1} , Q_{C_2} 分别是输入端和输出端元件的 Q 值,分别为

$$Q_{C_1} = \frac{x_{C_1}}{R_S} \tag{3-55}$$

$$Q_{C_2} = \frac{x_{C_2}}{R_L} \tag{3-56}$$

现在根据网络谐振条件和匹配条件计算图 3-19(b)中所示三个元件的电抗值。根据匹配条件可得

$$R'_S = R'_L \tag{3-57}$$

由于原电路为串联型,在已知负载 R_L 和品质因数 Q_{C_2} 时,

$$x_{C_2} = Q_{C_2} R_L \tag{3-58}$$

$$R'_S = R'_L = (1 + Q_{C_1}^2) R_S = (1 + Q_{C_2}^2) R_L$$

解得

$$Q_{C_1} = \sqrt{(1 + Q_{C_2}^2) \frac{R_L}{R_S} - 1} \tag{3-59}$$

又因 $Q_{C_1} = \frac{x_{C_1}}{R_S}$,则

$$x_{C_1} = R_S \sqrt{(1 + Q_{C_2}^2) \frac{R_L}{R_S} - 1} \tag{3-60}$$

根据谐振条件 $x'_C = x_L$,因为

$$x'_C = \frac{x'_{C_1} x'_{C_2}}{x'_{C_1} + x'_{C_2}} \tag{3-61}$$

$$x_L = \frac{x'_{C_1} x'_{C_2}}{x'_{C_1} + x'_{C_2}} = \frac{x_{C_1} x_{C_2} \left(1 + \frac{1}{Q_{C_1}^2}\right)\left(1 + \frac{1}{Q_{C_2}^2}\right)}{x_{C_1}\left(1 + \frac{1}{Q_{C_1}^2}\right) + x_{C_2}\left(1 + \frac{1}{Q_{C_2}^2}\right)} = \frac{1 + Q_{C_2}^2}{\frac{Q_{C_2}^2}{x_{C_2}} + \frac{Q_{C_1}^2}{x_{C_1}} \frac{1 + Q_{C_2}^2}{1 + Q_{C_1}^2}} \tag{3-62}$$

由式(3-59)知

$$1 + Q_{C_2}^2 = \frac{R_S}{R_L}(1 + Q_{C_1}^2)$$

代入式(3-62),并结合式(3-58)得

$$x_L = \frac{1 + Q_{C_2}^2}{\frac{Q_{C_2}^2}{R_L} + \frac{Q_{C_1}^2}{R_L} \frac{R_S}{x_{C_1}}} \tag{3-63}$$

式中,$Q_{C_1} = \dfrac{x_{C_1}}{R_S}$,代入式(3-63)并整理得

$$x_L = \frac{(1 + Q_{C_2}^2)R_L}{Q_{C_2} + \frac{x_{C_1}}{R_S}} \tag{3-64}$$

通过以上推导得到了以 R_S, R_L, Q_{C_2} 表示的 T 型网络元件参数为

$$\begin{cases} x_{C_1} = R_S \sqrt{\dfrac{R_L}{R_S}(1 + Q_{C_2}^2) - 1} \\[3mm] x_{C_2} = Q_{C_2} R_L \\[3mm] x_L = \dfrac{(1 + Q_{C_2}^2)R_L}{Q_{C_2} + \dfrac{x_{C_1}}{R_S}} \end{cases}$$

从 x_{C_1} 的计算式中知道,当 $\dfrac{R_L}{R_S}(1 + Q_{C_2}^2) < 1$ 时,x_{C_1} 的解是一虚数,即无法选择合理的电容,使负载和信号源阻抗匹配。因此,T 型网络的工作条件为

$$\frac{R_L}{R_S}(1 + Q_{C_2}^2) > 1 \tag{3-65}$$

由此可知,只要满足上式要求,即可实现网络匹配的条件。

3.5.4 高频调谐功率放大器实用电路举例

实际中,采用不同馈电电路和输入输出匹配网络可以构成各种实用的谐振功率放大器。

实例 1:图 3-20 所示为工作频率为 160MHz 的高频谐振功率放大器,它向 50Ω 外接负载提供 13W 功率,功率增益达到 9dB。图中集电极通过高频扼流圈 ZL_2 接到 +28V 的直流电源上,构成并馈电路。放大器的输入端采用 T 型滤波匹配网络,调节电容 C_1 和

C_2,使得功放管的输入阻抗在工作频率上变换为前级放大器所要求的 50Ω 匹配电阻。放大器的输出端采用 L 型滤波匹配网络,调节电容 C_3 和 C_4,这样使 50Ω 外接负载在工作频率上与放大器所要求的负载阻抗 R_L 相匹配。

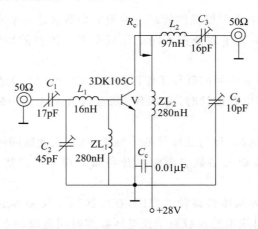

图 3-20　高频谐振功率放大器实例(一)

实例 2：图 3-21 所示是我们自主开发的工作频率为 30～36MHz、输出功率为 5W 的高频功率放大器,图中,由于输入信号较小,为此,在功放前加几级预放,以得到足够的激励信号电平。V_1 构成的第一级小信号调谐放大器,对输入的 36MHz 的高频信号进行电压放大,使激励级 V_2 有足够的输入信号工作在丙类状态。V_3 是输出级,工作在丙类状态,L_5,C_9 为 36MHz 的并联谐振电路,L_6,C_{10} 为 36MHz 的串联谐振电路,选出 36MHz 的高频信号,输出端采用 Π 型(C_{11},C_{12} 和 L_7)和 L 型(C_{13} 和 L_8)构成的混合阻抗匹配网络送到发射天线。放大器的激励采用 C1970 作放大管,其输出回路与末级功放管输入回路之间采用 T 型(C_6,C_7 和 L_4)匹配网络。

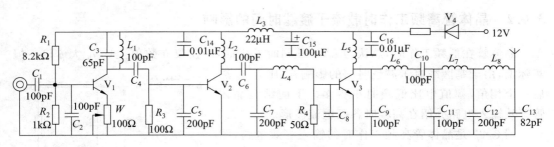

图 3-21　高频谐振功率放大器实例(二)

3.6　功率晶体管的高频效应

前面的讨论没有考虑工作频率对放大器性能的影响。实际上,晶体管工作在高频时,性能变得非常复杂。为了有利于功率放大器的设计和调整,仅对晶体管的高频效应定性介绍如下。

3.6.1 高频功率晶体管的电流放大倍数

在低频情况下认为共发射极晶体管的电流放大倍数 β 是一个常数。当工作频率升高时，β 将随 f 升高而减小，为了表征在不同工作频率下晶体管的特性，通常把晶体管分为三个工作区。

$f<0.5f_\beta$ 区间称为晶体管的低频工作区，在此区间可以认为晶体管电流放大倍数 β 是常数(以 β_0 表示)。在电路设计时，可以不考虑晶体管电抗元件对外电路的影响。f_β 是晶体管的 β 截止频率。

$0.5f_\beta<f<0.2f_T$ 区间，称为晶体管的中频工作区，在此区间应该考虑各结电容对外电路的影响。此时，电流放大倍数 β 随频率升高而呈现下降趋势。f_T 是晶体管的特征频率。

$f>0.2f_T$ 区间称为晶体管高频工作区，在此区间不仅要考虑结电容对外电路的影响，而且还要考虑各极引线电感及载流子在基区渡越时间造成的不良影响。

当工作频率高于 f_β 时，电流放大倍数 β 随 f 的增加而直线下降，并保持 $f \cdot \beta = f_T$ 的关系。所以通常用 f 和 f_T 的比值来表示电流增益。这一频段的特点是工作频率 f 每增加 1 倍，β 就减小 6dB，故又称为 6dB/倍频程段。

当工作频率高于 f_T 后，晶体管就失去放大电流的能力，但由于输入、输出阻抗的差异，放大器仍有电压放大能力，即仍有功率放大能力。当工作频率高达 $f_{\max}$ 时，晶体管就失去功率放大能力。$f_{\max}$ 称为晶体管的极限频率或最高频率。

晶体管的 $f_{\max}$ 与管子参数 $r_{bb'}$，$C_{b'c}$ 有关，通常用下式表示它与 f_T 的关系：

$$f_{\max} = \sqrt{\frac{f_T}{8\pi r_{bb'} C_{b'c}}} \tag{3-66}$$

3.6.2 晶体管高频工作时载流子渡越时间的影响

晶体管在低频工作时，总认为 i_b，i_c 是同时发生的，i_c 仅仅在数值上比 i_b 大 β 倍。但实际上，由于基区载流子渡越时间的影响，i_c 比 i_b，i_e 滞后一个相角，幅值也比低频时小得多。下面结合晶体管等效输入电路介绍在高频时各极电流波形。

图 3-22 是晶体管高频工作时的输入等效电路，图中 u_{be} 是加在 be 上的电压，而 $u_{b'e}$ 是加在 b'e 上的电压。由图可得

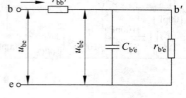

图 3-22　高频输入等效电路

$$u_{b'e} = u_{be} - i_b r_{bb'} \tag{3-67}$$

u_{be}，$u_{b'e}$ 的波形如图 3-23(a)所示。在 u_{be} 激励下各极电流波形分别如图 3-23(b)，(c)，(d)所示。

图 3-23(a)表明 $u_{b'e}$ 较 u_{be} 电压幅值减小，滞后一个相位 φ_b。

图 3-23(b)表示发射极电流 i_e 的波形。由图可见，在 $t_1<t<t_2$ 一段时间里，$u_{b'e}>U_j$

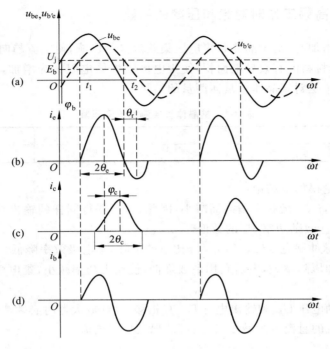

图 3-23　高频工作时晶体管电压、电流波形

有发射极正向电流流通,其相位与 $u_{b'e}$ 相同。当 $t > t_2$ 后,发射极处于截止状态,正向电流为零。由于载流子由发射极通过基极到集电极需要一定时间,当发射极截止时,尚有一部分载流子滞留在基区,它们在发射极的反向电压作用下,由基极重新返回发射极,形成反向发射极电流,如图中负向电流波形所示。由图可知,发射极电流改变方向的时间,就是发射极开始截止的瞬间。实验证明,发射极的正向导通角 θ_e 与频率无关,反向电流最大值较正向时小,其相角 θ_r 则是工作频率的函数:

$$\theta_r = \omega \tau_b \tag{3-68}$$

式中,τ_b 是基区存储电荷建立时间。

当工作频率较低时,载流子渡越时间和工作周期比较很小,反向电流可忽略不计,随着工作频率升高,滞留在基区的载流子相对增加,反向电流的影响则不容忽略。

图 3-23(c) 是集电极电流 i_c 的波形。由于载流子渡越时间的影响,i_c 的相位较 i_e 滞后,其值为 φ_c,i_c 的峰值也小得多。此外,i_c 脉冲展宽即 $\theta_c > \theta_e$,对 i_c 最大值而言波形左右不对称,工作频率越高,这些特点越显著。

图 3-23(d) 是基极电流 i_b 的波形,与低频电路一样也存在 $\dot{I}_b = \dot{I}_e - \dot{I}_c$ 的关系。图中 i_b 波形就是利用作图法使 i_e 与 i_c 相减得到的。由图可见,i_b 波形与余弦脉冲相差很远,并且还有很大的反向电流脉冲出现。工作频率越高,反向电流脉冲峰值和宽度都有增加。

3.6.3　晶体管高频工作时对饱和压降的影响

当工作频率增加时,由于晶体管集电区集肤效应的影响,使电流趋向半导体材料的表面,减小了半导体材料的有效导电面积,使集电区欧姆体电阻大为增加,从而使饱和压降显著增加。表 3-1 是对某晶体管具体测量的结果。

表 3-1　某晶体管实测的饱和压降

f/MHz	30	100	200
U_{ces}/V	1.5	2.5	3.5

综合以上讨论得如下结论:

(1) 由于 $u_{b'e}$,i_e,i_c 随频率增高而减小,因此,为了获得同样的输出功率,就需要加大高频激励电压 U_{bm}、激励功率 P_b 的数值。

(2) 由于 i_c 脉冲展宽,导致了 I_{c1m}/I_{c0} 比值的下降,集电极效率降低。

(3) 由于饱和压降增大,电压利用系数降低,使输出功率减小,集电极效率降低,管子损耗增大。

(4) 由于激励电压 U_{bm} 和输出电压 U_{cm} 有相移,设计放大器时必须考虑它的影响。

(5) 基极电流的直流分量减小,甚至可能出现反向电流。

3.7　倍频器

倍频器是一种将输入信号频率成整数倍(2 倍,3 倍,…,n 倍)增加的电路。它主要用于甚高频无线电发射机或其他电子设备的中间级。采用倍频器的主要原因有:

(1) 降低设备的主振频率。由于振荡器频率越高,稳定性越差,一般采用频率较低而稳定度较高的晶体振荡器,以后加若干级倍频器达到所需频率。基音晶体频率一般不高于 20MHz,具有高稳定性的晶体振荡频率通常不超过 5MHz。所以对于要求工作频率高、要求稳定性又严格的通信设备和电子仪器就需要倍频。

(2) 对于调相或调频发射机,利用倍频器可增加调制度,就可以加大相移或频移。

(3) 许多通信机在主振级工作波段不扩展的条件下,利用倍频器扩展发射机输出级的工作波段。例如主振器工作在 2～4MHz,在其后采用 2 倍频或 4 倍频器,该级在波段开关控制下输出级就可获得 2～4MHz,4～8MHz 和 8～16MHz 三个波段。

倍频器按工作原理可分为两大类:一种是利用 PN 结电容的非线性变化,得到输入信号的谐波,这种倍频器称为参变量倍频器;另一种是丙类倍频器。

本节主要介绍用调谐功率放大器(丙类放大器)构成的倍频器,即所谓丙类倍频器。

3.7.1　丙类倍频器的原理电路及波形

图 3-24 为丙类倍频器的原理电路,从电路形式看,它与丙类放大器基本相同。不同之处在于丙类倍频器的集电极谐振回路是对输入频率 f_i 的 n 倍频谐振,而对基波和其他

谐波失谐，i_c 中的 n 次谐波通过谐振回路，而基波和其他谐波被滤除，从而在谐振回路两端产生频率为 nf_i 的输出电压。

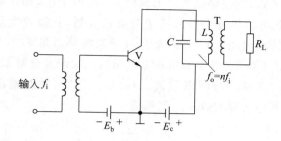

图 3-24　丙类倍频器的原理电路

　　如果集电极调谐回路谐振在二次或三次谐波频率上，滤除基波和其他谐波信号，放大器就主要有二次或三次谐波电压输出。这样丙类放大器就成了二倍频器或三倍频器。

　　二倍频器的主要波形如图 3-25 所示。

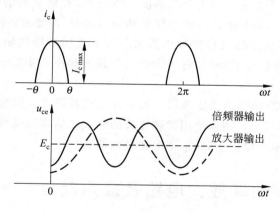

图 3-25　二倍频器的主要波形

3.7.2　丙类倍频器的工作原理

　　下面借助丙类高频放大器的基本分析方法，分析丙类倍频器的工作原理。设倍频器的输入电压为

$$u_{be} = U_{bm}\cos\omega t - E_b$$

输出电压为

$$u_{ce} = E_c - U_{cnm}\cos n\omega t$$

式中，U_{cnm} 是谐振回路两端 n 次谐波电压幅值。

　　利用前面分析的结果可知，n 次倍频器输出的功率和效率为

$$P_{on} = \frac{1}{2}I_{cnm}U_{cnm} = \frac{1}{2}U_{cnm}\alpha_n(\theta)I_{cmax} \tag{3-69}$$

$$\eta_{cn} = \frac{1}{2} \frac{I_{cnm}}{I_{c0}} \frac{U_{cnm}}{E_c} = \frac{1}{2} \frac{\alpha_n(\theta)}{\alpha_0(\theta)} \frac{U_{cnm}}{E_c} \tag{3-70}$$

由余弦脉冲分解系数可知,无论导通角 θ 为何值, α_n 均小于 α_1,即在其他情况相同的条件下,丙类倍频器的输出功率和效率将远低于丙类放大器,且随着次数 n 的增大而迅速降低。为了提高倍频器的输出功率和效率,要选择适当的导通角 θ。

例如:由前面图 3-4 可得,当导通角 θ 为 60°时,二次谐波分解系数最大($\alpha_2 = 0.278$),当导通角 θ 为 40°时,三次谐波分解系数最大($\alpha_3 = 0.185$),此时输出的功率和效率也最大。可见最佳导通角 θ 与倍频次数 n 的关系为

$$\theta_n = \frac{120°}{n} \tag{3-71}$$

当倍频次数 n 增加时,要保持最大输出功率和最佳效率,首先必须加大倍频器的输入电压 U_{bm} 和基级偏压 E_b,以保证输出电流的幅值。

其次要增加谐振回路的等效阻抗 R_e。因为随倍频次数的增大,即使加大 U_{bm} 使 $I_{c\,max}$ 不变, n 次谐波电流幅值也比基频电流幅值减小约 $1/n$ 倍。要保持输出电压不变,就必须增大谐振回路的 R_e,即要求增大回路的 Q_L,而 Q_L 增大又受到负载和传输效率 η_T 的限制。

还需注意的是,由于高次谐波电流的幅度比基波小,在倍频器的输出中,不仅需要滤去更高次谐波成分,而且还要滤去占相当比重的基波成分,而滤去后者要困难得多。因此在同样 Q 值下,倍频器输出的波形失真比较大。为了进一步提高输出滤波能力,有时需要加一个专门滤除基波的环节,例如将一个调谐于基波频率的串联谐振电路并联于输出回路两端。

通过以上讨论知道,单级丙类倍频器一般只作二倍频器或三倍频器使用,若要提高倍频次数,可采用多级倍频器。例如使用串联连接的两级二倍频器就可以实现四次倍频,而在单级二倍频器后再加一级三倍频器,则可获得六倍频。

3.8 集成高频功率放大电路及应用简介

在 VHF 和 UHF 频段,已经出现了一些集成高频功率放大器件。这些功放器件体积小,可靠性高,外接元件少,输出功率一般在几瓦至十几瓦之间。日本三菱公司的 M57704 系列、美国 Motorola 公司的 MHW 系列便是其中的代表产品。

三菱公司的 M57704 系列高频功放是一种厚膜混合集成电路,它包括多个型号,频率为 335~512MHz(其中 M57704H 为 450~470MHz),可用于频率调制移动通信系统。它的电特性参数为:当 $E_c = 12.5\mathrm{V}$, $P_i = 0.2\mathrm{W}$, $Z_L = 50\Omega$ 时,输出功率 $P_o = 13\mathrm{W}$,功率增益 $A_P = 18.1\mathrm{dB}$,效率 35%~40%。

图 3-26 是 M57704 系列功放的等效电路图。由图可见,它包括三级放大电路,匹配网络由微带线和 LC 元件混合组成。

图 3-27 是 TW-42 超短波电台中发信机高频功率放大部分电路图。此电路采用了日本三菱公司的高频集成功放电路 M57704H。

TW-42 电台采用频率调制,工作频率为 457.7~458MHz,发射功率为 5W。由图可

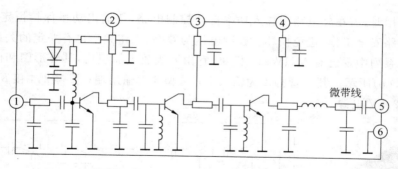

图 3-26 M57704 系列功放的等效电路图

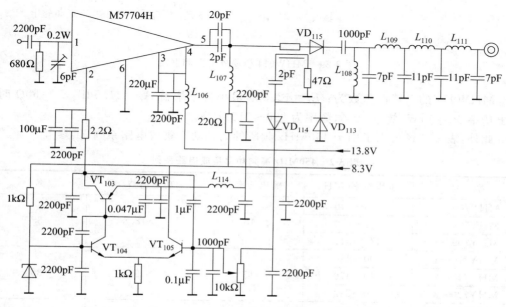

图 3-27 TW-42 超短波电台发信机高频功率放大部分电路图

见,输入等幅调频信号经 M57704H 功率放大后,一路经微带线匹配滤波后,再经过 VD_{115} 送至多节 LC 的 Ⅱ 型网络,然后由天线发射出去;另一路经 VD_{113},VD_{114} 检波,VT_{104},VT_{105} 直流放大后,送给 VT_{103} 调整管,然后作为控制电压从 M57704H 的第②脚输入,调节第一级功放的集电极电源,可以稳定整个集成功放的输出功率。第二、三级功放的集电极电源是固定的 13.8V。

图 3-28 给出美国 Motorola 公司型号为 MHW105 的功放器件外形图。其模块由三级放大器组成。

MHW105 的电特性参数为:$E_c=7.5V$,最小功率增益 $G_P=$ 37dB,$Z_L=50\Omega$ 时,输出功率 $P_o=13W$,效率 40%,频率为 68~ 88MHz。

图 3-28 MHW105 外形

MHW 系列中有些型号是专为便携式射频应用而设计的,可用于移动通信系统中的功率放大,也可用于工商业便携式射频仪器。使用前需调整控制电压,使输出功率达到规定值。在使用时,需在外电路中加入功率自动控制电路,使输出功率保持恒定,同时也可保证集成电路安全工作,避免损坏。控制电压与效率、工作频率也有一定的关系。

MHW 系列中现已有 MHW914 模块,它由五级放大器组成,其外形图和框图分别如图 3-29(a)、(b)所示。其中管脚 1 为输入端;管脚 6 为输出端;管脚 2,4 接 8V 电源;管脚 3,5 接 12.5V 电源。

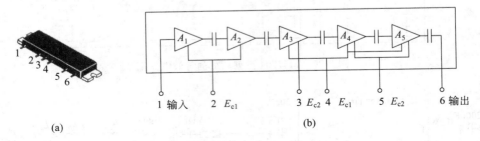

(a)   (b)

图 3-29 MHW914 模块外形图和框图

MHW914 的电特性参数为:$E_c = 12.5$V,最小功率增益 $A_P = 41.5$dB,$Z_L = 50\Omega$ 时,输出功率 $P_o = 14$W,效率 40%,频率为 $890 \sim 915$MHz。

此外,表 3-2 还列出了用于 450MHz 频段的高频功率集成电路系列,供参考。

表 3-2 450MHz 高频功率集成电路系列

型　号	工作频率/MHz	输出功率/W	功率增益/dB	效率/%
MHY709—1	400~440			
MHY709—2	440~470	10	>18.8	35
MHY709—3	470~512			
MHY710—1	400~440			
MHY710—2	440~470	15	>19.4	35
MHY710—3	470~512			
MHY720—1	400~440	25	>21	
MHY720—2	440~470			

3.9　宽带高频功率放大器

以 LC 谐振回路为输出电路的功率放大器,由于其相对通频带 B/f_0 只有百分之几,甚至千分之几,所以又称窄带高频功率放大器。这种放大器比较适用于固定频率或频率变化范围较小的高频设备,如专用通信机、微波激励源。对于要求频率相对变化范围较大的短波、超短波电台,由于调谐系统复杂,窄带功率放大器的运用就受到了严重的限制。

随着现代通信工作频率的提高,尤其是对已调信号的放大,要求放大器有足够宽的工作频带。例如,对于 900MHz 的通信机,要求有 1GHz 以上的带宽。

为了展宽功率放大器的频带,需要采用具有宽频带特性的输出、输入电路,而传输线变压器能够满足这种要求,它是一种常用的非调谐匹配网络。

3.9.1　传输线变压器

普通的高频变压器不能作为宽带高频功率放大器的匹配网络,因为它的工作频带较窄,而传输线变压器的工作频带比普通的变压器要宽得多,因而得到广泛的应用。

1. 传输线变压器的结构

传输线变压器是将传输线和变压器有机结合在一起的耦合元件。它由环状磁芯和传输线构成,磁芯是用高导磁率、低损耗的铁氧体材料制成的,即将传输线(如双绞线、同轴电缆等)绕在封闭的铁氧体的磁环上,就构成了传输线变压器,它有四个端子,可分别接信号源和负载。我们将介绍 1∶1 传输线变压器及 1∶4 和 4∶1 传输线变压器。

2. 1∶1 传输线变压器的工作原理

图 3-30 所示为 1∶1 传输线变压器结构示意图及工作方式等效电路图。

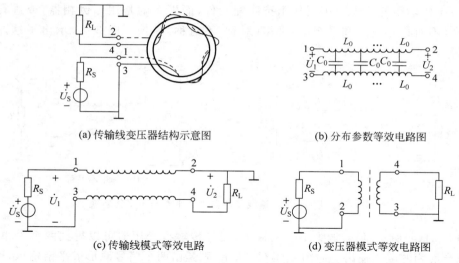

(a) 传输线变压器结构示意图　　　　(b) 分布参数等效电路图

(c) 传输线模式等效电路　　　　(d) 变压器模式等效电路图

图 3-30　传输线变压器结构示意图及工作方式等效电路图

图 3-30(a)所示为传输线变压器结构示意图。传输线变压器既有传输线的特性,又有变压器的特性。前者称为传输线模式,如图 3-30(c)所示;后者称为变压器模式,如图 3-30(d)所示。

当以传输线模式工作时,信号从 1,3 端输入,从 2,4 端输出。导线的分布电感和分布电容构成分布参数等效电路如图 3-30(b)所示。当所传输信号的波长可以跟导线的波长相比拟时,两根导线分布参数的影响不容忽视,由于传输线是由两根等长的导线,绞扭后缠绕在高导磁率磁环上做成的,在理想的情况下,当传输线无损耗时,可以认为传输线输入电压和输出电压相等,$\dot{U}_1 = \dot{U}_2$。流过的电流 $\dot{I}_1 = \dot{I}_2$。则可得传输线输出端(2,4 端)等效阻抗为

$$Z_{24} = \frac{\dot{U}_2}{\dot{I}_2}$$

输入端(1,3 端)等效阻抗为

$$Z_{13} = \frac{\dot{U}_1}{\dot{I}_1}$$

为了实现变压器与负载的匹配,要求 $Z_{24} = R_{\text{L}}$,为了实现信号源与传输线变压器的匹配,要求 $Z_{13} = R_{\text{S}}$。

当传输线工作于匹配状态时,线上任意位置的阻抗均是相等的,这个阻抗称为传输线的特性阻抗,用 Z_{C} 表示。因此 1∶1 传输线变压器的最佳匹配状态应满足

$$Z_{\text{C}} = R_{\text{L}} = R_{\text{S}}$$

负载上获得的功率为

$$P_{\text{L}} = I^2 R_{\text{L}}$$

实际上,在各种放大电路中,负载电阻 R_{L} 正好等于信号源内阻的情况是很少的,因此 1∶1 传输线变压器很少用作阻抗匹配元件,而更多的是用作倒相器,或进行不平衡-平衡(不对称-对称)和平衡-不平衡(对称-不对称)转换。图 3-31 示出了这两种转换电路。

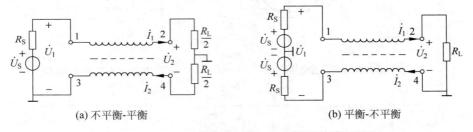

(a) 不平衡-平衡   (b) 平衡-不平衡

图 3-31　用 1∶1 传输线变压器进行平衡与不平衡转换

图 3-31(a)所示,信号源为不平衡输入,通过传输线变压器可以得到两个大小相等、对地完全反相的电压输出。而图 3-31(b)所示,则是由两个信号源形成平衡输入,通过传输线变压器得到一个对地不平衡的电压输出。

3. 1∶4 和 4∶1 传输线变压器

由于传输线变压器结构的限制,它不能像普通变压器可以利用改变匝比来实现任何阻抗匹配的变换,而只能完成某些特定阻抗比的变换,例如 1∶4、1∶9、1∶16,或者 4∶1、9∶1、16∶1。作为匹配元件,最常用的是 1∶4 和 4∶1 阻抗变换传输线变压器。图 3-32 所示为 1∶4 传输线变压器的阻抗变换及等效电路图。1∶4 传输线变压器适于作为 $R_{\text{L}} > R_{\text{S}}$ 时信源与负载间的匹配网络。而 4∶1 传输线变压器则适于作为 $R_{\text{L}} < R_{\text{S}}$ 时信源与负载间的匹配网络。它们仅在信源与负载的位置有所不同。

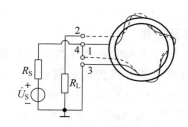

(a) 接线示意图

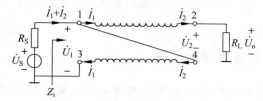

(b) 等效电路图

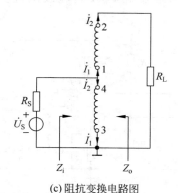

(c) 阻抗变换电路图

图 3-32　1∶4 传输线变压器的阻抗变换及等效电路图

(a)、(b)、(c)，当 $R_L > R_S$ 时适用

下面研究常用的 1∶4 阻抗变换传输线变压器的最佳匹配条件。从传输线的宽带特性可知：当无损耗且传输线长度很短时，传输线输入电压和输出电压相等，$\dot{U}_1 = \dot{U}_2$。流过的电流 $\dot{I}_1 = \dot{I}_2$。则可得阻抗变换比为

$$Z_i = \frac{\dot{U}_1}{\dot{I}_1 + \dot{I}_2} = \frac{\dot{U}_1}{2\dot{I}_1} = \frac{1}{2} Z_C$$

$$Z_o = \frac{\dot{U}_1 + \dot{U}_2}{\dot{I}_2} = \frac{2\dot{U}_1}{\dot{I}_1} = 2Z_C$$

$$R_S = Z_i = \frac{1}{2} Z_C, \quad R_L = Z_o = 2Z_C,$$

因此 $R_S : R_L = 1 : 4$。

4. 传输线变压器的特点及应用

传输线变压器是传输线工作原理和变压器工作原理相结合的产物,信号能量根据激励信号频率的不同以传输线或变压器方式传输。因此,传输线变压器具有良好的宽频带传输特性。传输线变压器与普通变压器相比,其主要特点是工作频带极宽,上限频率高达上千 MHz。而普通高频变压器的上限频率只能达到几十 MHz。由于传输线变压器有良好的高频和低频特性,且具有体积小、易制作、承受功率大、损耗小的特点,它常用于高频及更高频(如几百兆赫)电路中,可实现宽带阻抗匹配;实现平衡、不平衡转换;还可实现功率合成/功率分配。

3.9.2 单级宽频带高频功率放大器

图 3-33 所示是以传输线作为阻抗变换器的单级宽频带高频功率放大器。高频功放管工作在甲类状态,输出匹配网络采用 4∶1 传输线阻抗变换器,能够与负载阻抗实现匹配。

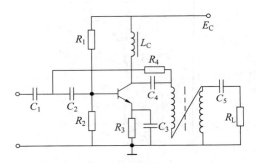

图 3-33　单级宽频带高频功率放大器

由于放大器工作在甲类状态,非线性失真较小,不需要调谐,但是集电极效率较低,要求高频管能承受的管耗较大,随着生产工艺的改善,高频功率管所能承受的管耗也增大,所以这种宽频带高频功率放大器的应用也较广。

目前,由于技术上的限制,单个晶体管的输出功率一般为 $10\sim1000\mathrm{W}$,当要求更大的输出功率时,除了采用电子管外,还可以采用功率合成器。

3.9.3 功率合成器

1. 功率合成器概述

所谓功率合成器,就是通过功率合成网络将多个高频功率放大器的输出功率在一个公共负载上相加。这样得到的总输出功率可以远远大于单个功放电路的输出功率。

例如当输入功率为 5W 时,要得到输出功率为 40W,可以按照以下方案进行。

图 3-34 所示是一个输入功率为 5W、输出功率为 40W 的功率合成器组成方框图。图上除了信号源和负载外,还采用了两种基本器件:一种是用三角形代表的晶体管功率放

大器(有源器件);另一种是用菱形代表的功率合成或分配网络(无源器件)。在所举的例子中,采用 7 个功率增益为 2、最大输出功率为 10 的高频功率放大器,采用 3 个一分为二的功率分配器和 3 个二合一的功率合成器。

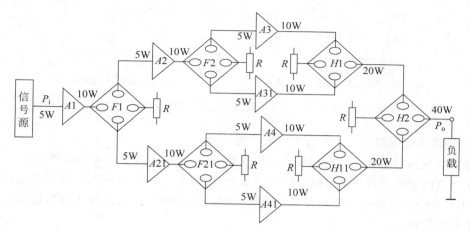

图 3-34　功率合成器组成的框图

　　首先 $A1$ 将 5W 输入功率放大到 10W,然后在分配网中分离为相等的两部分,继续在两组放大器中放大,然后在第 2 个分配网中进行分配,经放大后,再在合成网中进行相加,最后在输出端获得 40W 的输出功率。

　　一个良好的功率合成器应该满足两个条件:

　　(1) 满足功率相加的原则。功率相加就是指功率合成电路或网络的匹配额定输出功率是每个单一器件匹配额定输出功率之和。

　　(2) 满足彼此隔离原则。是指合成网络的各单元放大器电路彼此隔离,任何一个放大器单元发生故障时,不影响其他放大器单元的工作(并联和推挽电路都不能满足这一条件)。

　　前面介绍的传输线变压器与适当的放大电路结合,就可以构成同相功率合成器与反相功率合成器。在功率合成和分配网络中,广泛使用 1∶4 和 4∶1 传输线变压器。

2. 功率合成(分配)的原理

1) 传输线变压器组成的混合网络

　　图 3-35 所示是一个使用 4∶1 传输线变压器和相应的 AO、BO、CO、DD 四条臂组成的混合网络,图(a)是传输线变压器形式的功率合成网络,图(b)是变压器形式的等效电路。

　　其中 DD 臂两端都不接地。为了满足功率合成(或分配)网络的条件,通常设传输线变压器的特性阻抗 Z_C 和每条臂上的阻值(负载电阻或信号源内阻)有以下关系:

$$R_A = R_B = R = Z_C$$

$$R_C = 1/2Z_C = 1/2R$$

$$R_D = 2Z_C = 2R = 4R_C$$

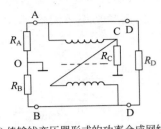

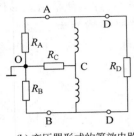

(a) 传输线变压器形式的功率合成网络　　　　(b) 变压器形式的等效电路

图 3-35　传输线变压器组成的混合网络

2）传输线变压器组成的混合网络的功能

传输线变压器组成的混合网络既可作功率合成网络，又可作功率分配网络。

在分析时要注意两点：根据传输线原理，它的两个线圈中对应点所通过的电流大小相等、方向相反；在满足匹配条件时，不考虑传输线的损耗，变压器输入端与输出端的电压幅度是相等的。

（1）功率合成

① A,B 两端输入等值同相功率，C 端负载 R_C 上获得两输入功率合成，而 D 端负载 R_D 上无功率输出；

② A,B 两端输入等值反相功率，D 端负载 R_D 上获得两输入功率合成，而 C 端负载 R_C 上无功率输出。

现以 A,B 两端输入等值同相功率进行分析。

当 AO、BO 接有幅度大小相同、相位也相同的信号源 $\dot{U}_A = \dot{U}_B = \dot{U}_S$，且内阻为 $R_A = R_B = R$ 时，如图 3-36(a)、(b)所示。鉴于 AO,BO 接有同相源，故称为同相功率合成。这是一个同相功率合成网络的原理图。由于电路对称，在匹配情况下，同相网络具有如下特性：$\dot{I}_a = \dot{I}_b = \dot{I}$，则 $\dot{I}_c = 2\dot{I}_a = 2\dot{I}_b = 2\dot{I}$，$\dot{I}_d = 0$。

当传输线无损耗时，可以认为传输线输入电压和输出电压相等，传输线变压器的 $\dot{U}_t = 0$，可将电路等效为图 3-36(c)。

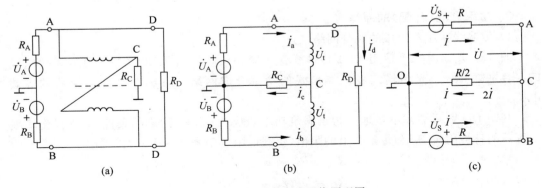

(a)　　　　　　　　　　(b)　　　　　　　　　　(c)

图 3-36　同相功率合成网络原理图

设两个放大器从 A 端和 B 端注入的功率为 P_A 和 P_B，则 C 端获得的功率为

$$P_A = I_a^2 R = I^2 R$$

$$P_B = I_b^2 R = I^2 R$$

$$P_C = I_c^2 R/2 = (2I)^2 R/2 = 2I^2 R = 2I_b^2 R$$

$$P_C = 2P_A = 2P_B \qquad\qquad (3\text{-}72)$$

所以 C 端输出功率为 A 端或 B 端注入功率的 2 倍——即为 A 端 B 端注入功率之和，而 D 端不消耗功率，$P_D=0$。

（2）彼此隔离

任何一个功率放大器发生故障时，不影响其他放大器单元的工作（并联和推挽电路都不能满足这一条件）。

如果当 A 无注入，合成网络平衡被破坏，使初次级流过的电流不再相等，于是可求得

$$\dot I_d = -\dot i$$

$$\dot i = -\frac{\dot U_t}{R}$$

$$\dot I_b = \dot i - \dot I_d = 2\dot i$$

CBOC 环路的回路方程为

$$\dot U_B = \dot I_b R - \dot U_t + 2\dot i\frac{R}{2} = \dot I_b R + \dot i R + \dot i R = 2\dot I_b R$$

$$\dot I_b = \frac{\dot U_B}{2R}$$

最后求 C 端、D 端输出功率状况。

$$P_c = (2I)^2 \cdot \frac{R}{2} = \left(2\frac{I_b}{2}\right)^2 \cdot \frac{R}{2} = \frac{1}{2}I_b^2 R = \frac{1}{2}P_B$$

$$P_d = (2I_d)^2 \cdot \frac{R}{2} = \left(2\frac{I_b}{2}\right)^2 \cdot \frac{R}{2} = \frac{1}{2}I_b^2 R = \frac{1}{2}P_B$$

与式（3-72）比较，可知当信源 A 失效后 C 端输出功率由 $P_C=2P_A=2P_B$ 下降至 $P_C = 1/2 I_b^2 R = 1/2 P_B$，而 D 端输出功率由 $P_d=0$ 上升至 $P_C = 1/2 I_b^2 R = 1/2 P_B$。

由以上分析可知，当其中某一放大器损坏时，虽然整个输出功率有所下降，但仍能进行工作。而采用并联或推挽电路，虽然可增加输出功率，但它与功率合成不同，即当其中一个器件损坏时，整个发射机将不能工作。

（3）功率分配

① 当 $R_A = R_B$ 时，将功率放大器加在 D 端，功率放大器的输出功率均等地分配给 R_A 和 R_B，且它们之间是反相的，而 C 端负载 R_C 上无功率输出；

② 当 $R_A = R_B$ 时，将功率放大器加在 C 端，功率放大器的输出功率均等地分配给 R_A 和 R_B，且它们之间是同相的，而 D 端负载 R_D 上无功率输出。

图 3-37 所示是一个功率二分配器合成网络，

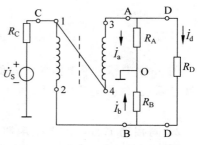

图 3-37　功率二分配器合成网络

97

$R_A = R_B$ 时,将功率放大器加在 C 端,在满足匹配条件,不考虑传输线的损耗时,变压器输入端与输出端的电压幅度是相等的。由电路对称性可得 $\dot{I}_a = \dot{I}_b$,A、B 两端电压为

$$\dot{U}_{AB} = \dot{I}_a R_A - \dot{I}_b R_B = 0$$

所以,$P_A = P_B = I_a^2 R = I_b^2 R = (I_c/2)^2 R = I_c^2/2 \cdot R/2 = I_c^2/2 \cdot R_C = P_C/2$。

由以上分析可知,功率放大器的输出功率均等地分配给 R_A 和 R_B,且它们之间是反相的,实现了功率二分配,而 D 端负载 R_D 上无功率输出。

功率合成与分配是相互联系的,用作功率合成的晶体管,必须通过功率分配得到激励信号。

3.9.4 实例分析

1. 反相功率合器的典型电路

图 3-38 所示是一个反相功率合成器的典型电路。它是一个输出功率为 75W、带宽为 30～75MHz 的放大电路的一部分。图中,T_2 与 T_5 是由 1:4 传输线变压器构成的混合网络,T_2 是起功率分配作用;而 T_5 则是起到功率合成作用的传输线变压器。又考虑到功放管 VT_1 和 VT_2 的输入阻抗低,分别用传输线变压器 T_3 和 T_4 进行 4:1 阻抗变换。T_1 与 T_6 是 1:1 传输线变压器,其作用是完成平衡-不平衡输出。由于信号源是非平衡输出,通过传输线变压器 T_1 变为平衡输出。负载均衡是一端接地,通过传输线变压器 T_6 将平衡输出变为非平衡输出。

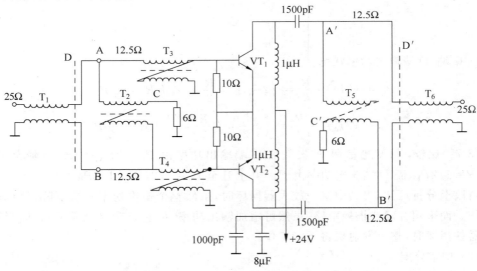

图 3-38　一个反相功率合器的典型电路

图 3-38 中标出了电路各点的负载阻抗值,为了实现阻抗匹配,传输线变压器 T_1,T_6 的特性阻抗 Z_C 应为 25Ω;T_3 和 T_4 的特性阻抗应为 6Ω;T_2,T_5 的特性阻抗应为 12.5Ω。

2. 同相功率合器的典型电路

图 3-39 所示是一个同相功率合成器的典型电路。图中,T_1 是功率分配网络,A 端和

B 端获得同相功率。T_6 为功率合成网络，其作用是将 A′ 和 B′ 两端的功率在 C′ 端进行合成，推动负载工作。T_2 和 T_3 为 4：1 阻抗变换器，将具有较低输入阻抗的功放管（约 50Ω）输入阻抗变换为高阻抗；T_4 和 T_5 为 1：4 阻抗变换器，将具有较高输出阻抗混合网络（200Ω）的等效负载阻抗，变换为放大器所需的较低负载阻抗。R_1 为输入耦合网络的平衡电阻，R_2 为输出耦合网络的平衡电阻。图 3-39 中标出了电路各点的负载阻抗值，可知，为了实现阻抗匹配，传输线变压器 T_1，T_2，T_3，T_6 的特性阻抗 Z_C 应为 100Ω；T_4，T_5 的特性阻抗应为 50Ω。

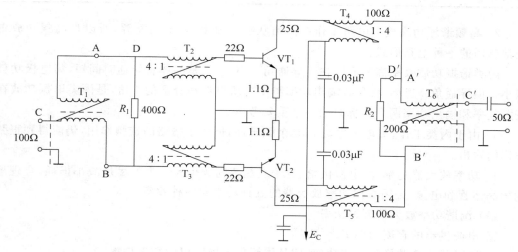

图 3-39　一个同相功率合器的典型电路

本 章 小 结

调谐、选频、滤波、匹配，以获得输出功率和效率是本章的几个核心问题。

1. 调谐功率放大器与小信号调谐放大器的区别见表 3-3。

表 3-3　调谐功放和小信号调谐放大器的比较

比较项目	调谐功放	小信号调谐放大器
电路		

比较项目	调谐功放	小信号调谐放大器
输入信号	大（几百毫伏到几伏）	小（微伏到毫伏数量级）
晶体管工作区域	晶体管工作延伸到非线性区域——截止和饱和区。	线性区
工作状态	丙类	甲类
输出功率	大	小
功率增益	小	大（通过阻抗匹配）

2. 高频谐振功率放大电路工作在丙类状态。效率高，节约能源，所以是高频功放中经常选用的一种电路形式。

丙类谐振功放效率高的原因在于导通角 θ 小，也就是晶体管导通时间短，集电极功耗减小。但导通角 θ 越小，将导致输出功率越小。所以选择合适的 θ 角，是丙类谐振功放在兼顾效率和输出功率两个指标时的一个重要考虑。

3. 由于丙类工作，集电极电流 i_c 是余弦脉冲，但由于槽路的选频作用，仍能得到正弦波形的输出。

4. 功率放大器功率大，电源供给、管子发热等问题也大。为了尽量减小损耗，合理地利用晶体管和电源，必须掌握功率放大器的五种功率和两种效率。

（1）调谐功率放大器五种功率

① 电源供给的直流功率 $P_S = E_c I_{c0}$

② 通过晶体管转换的交流功率，即晶体管集电极输出的交流功率

$$P_o = \frac{1}{2} U_{cm} I_{c1m} = \frac{1}{2} I_{c1m}^2 R_L = \frac{1}{2} \frac{U_{cm}^2}{R_L}$$

③ 晶体管在能量转换过程中的损耗功率，即晶体管损耗功率 $P_C = P_S - P_o$

④ 槽路损耗功率 $P_T = \frac{U_m^2}{2R_0} = \frac{U_m^2}{2Q_0 \omega L}$

⑤ 通过槽路送给负载的交流功率，即 R_L 上得到的功率 $P_L = P_o - P_T$

（2）两种效率

① 集电极效率

$$\eta_c = \frac{P_o}{P_S} = \frac{U_{cm} I_{c1m}}{2E_c I_{c0}} = \frac{1}{2} \frac{U_{cm}}{E_c} \frac{\alpha_1 I_{cmax}}{\alpha_0 I_{cmax}} = \frac{1}{2} \frac{\alpha_1}{\alpha_0} \frac{U_{cm}}{E_c}$$

② 槽路效率

$$\eta_T = \frac{P_o - P_T}{P_o} = \frac{\dfrac{U_m^2}{2Q_L \omega L} - \dfrac{U_m^2}{2Q_0 \omega L}}{\dfrac{U_m^2}{2Q_0 \omega L}} = \frac{Q_0 - Q_L}{Q_0}$$

5. 折线分析法是工程上常用的一种近似方法。利用折线分析法可以对丙类谐振功放进行工作状态和性能分析，得出它的负载特性、调制特性和振幅特性。若丙类谐振功放用来放大等幅信号（如调频信号）时，应该工作在临界状态；若用来放大非等幅信号（如调幅信号）时，应该工作在欠压状态；若用来进行基极调幅，应该工作在欠压状态；若用来

进行集电极调幅,应该工作在过压状态。折线化的动态线在工作状态和性能分析中起了非常重要的作用。

6. 丙类调谐功放的输入回路的基极偏压是反偏压,常采用自给偏压来实现。当调谐功放设计在欠压状态工作时,采用射流偏压环节;当设计在过压状态工作时,采用基流偏压环节。丙类调谐功放的输出回路有串馈和并馈两种直流馈电方式。为了实现和前后级电路的阻抗匹配,可以完成这两种作用的匹配电路形式有多种,一般可采用具有并联谐振回路形式的匹配电路和具有滤波器形式的匹配电路。

7. 调谐功放属于窄带功放。宽带功放采用非调谐方式,工作在甲类状态,采用具有宽频带特性的传输线变压器进行阻抗匹配,并利用功率合成技术增大输出功率。

8. 书中介绍的一些集成高频功放器件如 M57704 系列和 MHW 系列等,属窄带谐振功放,输出功率不很大,效率也不太高,但功率增益较大,需外接元件少,使用方便,可广泛用于一些移动通信系统和便携式仪器中。

9. 晶体管倍频器是一种常用的倍频电路,在使用时应注意两点:一是倍频次数一般不超过 2～3;二是要采用良好的输出滤波网络。

思考题与习题

3-1　为什么低频功率放大器不能工作在丙类?但高频功率放大器则可以工作在丙类?

3-2　当谐振功率放大器的激励信号为正弦波时,集电极电流通常为余弦脉冲,但为什么能得到正弦电压输出?

3-3　晶体管集电极效率是怎样确定的?若提高集电极效率应从何处下手?

3-4　什么叫丙类放大器的最佳负载?怎样确定最佳负载?

3-5　实际信道输入阻抗是变化的,在设计调谐功率放大器时,应怎样考虑负载值?

3-6　导通角怎样确定?它与哪些因素有关?导通角变化对丙类放大器输出功率有何影响?

3-7　根据丙类放大器的工作原理,定性分析电源电压变化对 I_{c0},I_{c1m},I_{b0},I_{b1m} 的影响。

3-8　根据丙类放大器的工作原理,定性分析偏压变化对 I_{c0},I_{c1m},I_{b0},I_{b1m} 的影响。

3-9　根据丙类放大器的工作原理,定性分析负载变化对 I_{c0},I_{c1m},I_{b0},I_{b1m} 的影响。

3-10　谐振功率放大器原工作在临界状态,若外接负载突然断开,晶体管 I_{c0},I_{c1m} 如何变化?输出功率 P_o 将如何变化?

3-11　谐振功率放大器原工作在临界状态,若等效负载电阻 R_c 突然变化:(a)增大一倍;(b)减小一倍。其输出功率 P_o 将如何变化?并说明理由。

3-12　在谐振功率放大器中,若 E_b,U_{bm},U_{cm} 维持不变,当 E_c 改变时 I_{c1m} 有明显变化,问放大器原工作于何种状态?为什么?

3-13　在谐振功率放大器中,若 U_{bm},E_c,U_{cm} 不变,而当 E_b 改变时 I_{c1m} 有明显变化,问放大器原工作于何种状态?为什么?

3-14 某一晶体管谐振功率放大器,设已知 $E_c=24V$, $I_{c0}=250mA$, $P_o=5W$,电压利用系数等于 1。求 P_C, R_c, η_c, I_{c1m}。

3-15 某调谐功率放大器,已知 $E_c=24V$, $P_o=5W$,问:

(1) 当 $\eta_c=60\%$ 时, P_C 及 I_{c0} 值是多少?

(2) 若 P_o 保持不变,将 η_c 提高到 80%, P_C 减少多少?

3-16 已知晶体管输出特性曲线中饱和临界线跨导 $g_{cr}=0.8A/V$,用此晶体管做成的谐振功放电路的 $E_c=24V$, $\theta=70°$, $I_{c\,max}=2.2A$, $\alpha_0(70°)=0.253$, $\alpha_1(70°)=0.436$,并工作在临界状态。试计算 P_o, P_S, η_c 和 R_{cp}。

3-17 若设计一个调谐功率放大器,已知 $E_c=12V$, $U_{ces}=1V$, $Q_0=20$, $Q_L=4$, $\alpha_1(60°)=0.39$, $\alpha_0(60°)=0.21$,要求负载上所消耗的交流功率 $P_L=200mW$,工作频率 $f_0=2MHz$,问如何选择晶体管?

3-18 已知两个谐振功率放大器具有相同的回路元件参数,它们的输出功率分别为 1W 和 0.6W。若增大两功放的 E_c,发现前者的输出功率增加不明显,后者的输出功率增加明显,试分析其原因。若要明显增大前者的输出功率,问还需采取什么措施?

3-19 已知某一谐振功率放大器工作在临界状态,其外接负载为天线,等效阻抗近似为电阻。若天线突然短路,试分析电路工作状态如何变化? 晶体管工作是否安全?

3-20 功率谐振放大器原工作在临界状态,如果集电极回路稍有失谐,晶体管 I_{c0}, I_{c1m} 如何变化? 集电极损耗功率 P_C 如何变化? 有何危险?

3-21 利用功放进行振幅调制时,当调制的音频信号加在基极或集电极时,应如何选择功放的工作状态?

3-22 已知某谐振功率放大器工作在临界状态,输出功率 15W,且 $E_c=24V$, $\theta=70°$。 $\alpha_0(70°)=0.253$, $\alpha_1(70°)=0.436$。功放管的参数为:临界线斜率 $g_{cr}=1.5A/V$, $I_{CM}=5A$。求:

(1) 直流功率 P_S、集电极损耗功率 P_C、集电极效率 η_c 及最佳负载电阻 R_{cp} 各为多少?

(2) 若输入信号振幅增加一倍,功放的工作状态将如何变化? 此时的输出功率大约为多少?

3-23 谐振功率放大器的电源电压 E_c、集电极电压 U_{cm} 和负载电阻 R_L 保持不变,当集电极电流的导通角由 $100°$ 减少到 $60°$ 时,效率 η_c 提高了多少? 相应的集电极电流脉冲幅值变化了多少?

3-24 某谐振功率放大器的动态特性如图题 3-24 所示,试回答并计算以下各项:

(1) 功率放大器工作于何种状态,画出 $i_c(t)$ 的波形图。

(2) 计算 θ, P_o, P_C 和 R_{cp}(注: $\alpha_0(\theta)=0.259$, $\alpha_1(\theta)=0.444$)。

3-25 某谐振功率放大器,如果它原来工作在临界状态,如何调整外部参数,可以让它到过压或欠压状态? 三种状态各适合做什么用途?

3-26 试画出两级谐振功放的实际线路,要求:

(1) 两级均采用 NPN 型晶体管,发射极直接接地。

(2) 第一级基极采用组合式偏置电路,与前级互感耦合;第二级基极采用零偏置电路。

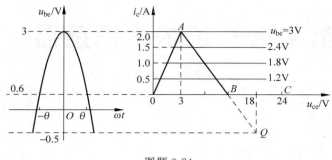

图题 3-24

（3）第一级集电极馈电线路采用并联形式,第二级集电极馈电线路采用串联形式。

（4）两级间的回路为 T 型网络,输出回路采用 Ⅱ 型匹配网络,负载为天线。

提示：构成一个实际电路时应满足——交流要有交流通路,直流要有直流通路,而且交流不能流过直流电源,否则电路将不能正常工作。为了实现以上线路的组成原则,在设计时需要正确使用阻隔元件：高频扼流圈 ZL、旁路或耦合电容 C 等。

3-27　什么是倍频器？倍频器在实际中有什么作用？

3-28　晶体管倍频器一般工作在什么状态？当倍频次数提高时其最佳导通角是多少？二倍频器和三倍频器的最佳导通角分别为多少？

3-29　为什么倍频器比基波放大器对输出回路滤波电路的要求高？

3-30　某一基波功率放大器和某一丙类二倍频器,它们采用相同的三极管,均工作于临界状态,有相同的 E_b, E_c, U_{bm}, θ, 且 $\theta = 70°$。试计算放大器与倍频器的功率之比和效率之比。

3-31　对 1∶4 和 4∶1 传输线变压器进行比较。

3-32　传输线变压器组成的混合网络有什么功能？在分析时要注意什么？

第 4 章 正弦波振荡器

4.1 概述

振荡器是指在没有外加信号作用下的一种自动将直流电源的能量变换为一定波形的交变振荡能量的装置。

正弦波振荡器在电子技术领域里有着广泛的应用。在信息传输系统的各种发射机中,就是把主振器(振荡器)所产生的载波,经过放大、调制而把信息发射出去的。在超外差式的各种接收机中,是由振荡器产生一个本地振荡信号,送入混频器,才能将高频信号变成中频信号。在研制、调测各类电子设备时,常常需要信号源和各种测量仪器,在这些仪器中大多包含有振荡器。例如高频信号发生器、音频信号发生器、Q 表以及各种数字式测量仪表等。此外,在工业生产中的高频加热、超声焊接以及电子医疗器械也都广泛应用振荡器。

振荡器的种类很多。从所采用的分析方法和振荡器的特性来看,可以把振荡器分为反馈式振荡器和负阻式振荡器两大类。我们只讨论反馈式振荡器。根据振荡器所产生的波形,又可以把振荡器分为正弦波振荡器与非正弦波振荡器。本书只介绍正弦波振荡器。

常用正弦波振荡器主要由决定振荡频率的选频网络和维持振荡的正反馈放大器组成,这就是反馈振荡器。按照选频网络所采用元件的不同,正弦波振荡器可分为 LC 振荡器、RC 振荡器和晶体振荡器等类型。其中 LC 振荡器和晶体振荡器用于产生高频正弦波,RC 振荡器用于产生低频正弦波(模拟电路中已学过,本章不作介绍)。正反馈放大器既可以由晶体管、场效应管等分立器件组成,也可以由集成电路组成,但前者的性能可以比后者做得好些,且工作频率也可以做得更高。

就正弦波振荡器所在各频段来看,大致如图 4-1 所示。

本章主要讨论正弦波振荡器的基本原理,因此在以下各节将详细分析各种正弦波振荡器的振荡与稳频原理,并对几种典型振荡电路进行分析。

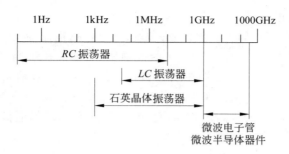

图 4-1　在各频段的振荡器

4.2　反馈型正弦波自激振荡器基本原理

本节以互感反馈振荡器为例,分析反馈型正弦波自激振荡器的基本原理、振荡产生的条件、建立和稳定过程。

4.2.1　从调谐放大到自激振荡

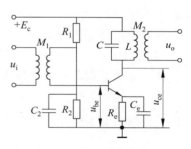

图 4-2 为调谐放大器电路,输入信号 u_i 经 M_1 耦合,加到晶体管基极和发射极之间,以 u_{be} 表示。谐振回路两端得到已经放大的信号 u_{ce},再经过互感 M_2 从次级线圈得到输出信号 u_o。如果把 u_o 再送回到输入端,若 u_o 的相位和大小同原来的输入信号 u_i 一样,就成为自激振荡器了。

图 4-2　调谐放大器

4.2.2　自激振荡的平衡

图 4-3(a)就是按照上面的思路构成的互感反馈自激振荡器电路。对应图 4-2 中的输出端,u_o 可以直接送回到晶体管的基极—发射极之间,只用一个互感变压器 M 就可以了。图 4-3(b)是它的交流等效电路。产生自激振荡必须具备以下两个条件。

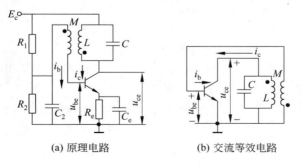

(a) 原理电路　　　　　(b) 交流等效电路

图 4-3　互感反馈振荡器

（1）反馈必须是正反馈

即反馈到输入端的反馈电压(电流)必须与输入电压(电流)同相。

在图 4-3 中,标明了 M 的同名端,在谐振频率点,回路呈纯阻,放大器倒相 $180°$,即 u_{be} 经放大器相移 $\varphi_K = 180°$,按照图中所注极性,经互感送回到输入端的信号相移 $\varphi_F = 180°$,总的相移为 $360°$,这就保证了反馈信号与输入信号所需相位的一致,形成正反馈。对于其他频率,回路失谐,产生附加相移,总相移不是 $360°$,就不能振荡。因此,满足振荡的相位平衡条件是

$$\sum \varphi = \varphi_K + \varphi_F = n \times 360° \tag{4-1}$$

其中,$\sum \varphi$ 为总相移;n 为整数。

（2）反馈信号必须足够大

如果从输出端送回到输入端的信号太弱,就不会产生振荡了,在图 4-3 的电路中,可以调整 M,L 的数值以及放大量来实现这一要求。一般情况下,放大器的放大倍数 $K > 1$,反馈电路的反馈系数 $F < 1$。为了使反馈信号足够大,放大器的增益必须补足反馈系数的衰减。例如,假定输入信号幅度为 $10\,\text{mV}$,$K = 100$,则输出信号幅度为 1V。为使送回到输入端的电压仍可达到 $10\,\text{mV}$,必须使 $F = 1/100$。因此,满足振荡的振幅平衡条件为

$$KF = 1 \tag{4-2}$$

自激振荡平衡条件的复数表达式为

$$\dot{K} \dot{F} = 1 \tag{4-3}$$

它包括振幅平衡条件和相位平衡条件两个方面。

4.2.3 振荡的建立和振荡条件

上面讲的振荡条件是假定振荡已经产生,为了维持振荡平衡所需的要求。但是,刚一开机时振荡如何产生?

振荡器闭合电源后,各种电的扰动,如晶体管电流的突然增长、电路的热噪声,是振荡器起振的初始激励。突变的电流包含着许多谐波成分,扰动噪声也包含各种频率分量,它们通过 LC 谐振回路,在它两端产生电压,由于谐振回路的选频作用,只有接近于 LC 回路谐振频率的电压分量才能被选出来,但是电压的幅度很微小,不过由于电路中正反馈的存在,经过反馈和放大的循环过程,幅度逐渐增长,这就建立了振荡。

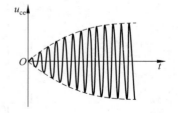

图 4-4 振荡的建立过程

必须指出,在振荡建立过程中,放大倍数 K 与反馈系数 F 的乘积不是等于 1,而是大于 1。例如 $K = 100$,$F = 1/10$,假定电源接通时,振荡电压只激起 $U_{be} = 1\mu\text{V}$,经放大后可得到 $U_{ce} = 100\mu\text{V}$,反馈后的 U_{be} 就是 $10\mu\text{V}$,再放大就得到 $U_{ce} = 1\text{mV}$,……,如此循环,振荡电压就会增长起来,波形大致如图 4-4 所示。

那么幅度会不会无止境地增长下去呢? 不会的。因为随着振荡幅度的增长,晶体管

将要出现饱和、截止现象,也就是幅度 U_{be} 增加到一定程度后,i_c 的波形会出现切顶现象,虽然 i_c 不是正弦波,但是由于谐振回路的选频性,选出它的基频分量,u_{ce} 仍是正弦形状,如图 4-5 所示。这时 u_{ce} 的幅度基本上不再增长,振荡建立过程结束,波形稳定下来。

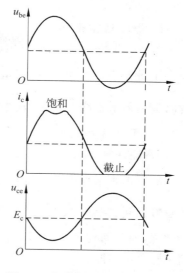

起振条件是指为产生自激振荡所需 K,F 的乘积最小值。显然,必须满足

$$KF > 1 \qquad (4\text{-}4)$$

这一条件,才有可能使振荡电压逐渐增长,建立振荡。一般情况下,放大器具有非线性特性,反馈电路是线性电路。在振荡建立过程中,随着幅度的增长,放大器由甲类工作情况进入乙类(甚至丙类)工作情况。晶体管非线性作用使 u_{ce} 的幅度不能增长,K 值逐渐下降,最后平衡,稳定在 $KF=1$ 点。

图 4-5　振荡器 u_{be},i_c,u_{ce} 的波形

4.2.4　振荡器的稳定条件

振荡器的平衡条件说明:$KF=1$ 和 $\varphi_K + \varphi_F = n \times 360°$ 时,能够维持等幅振荡。没有说明这个平衡条件是否稳定。实际上,不稳定的因素总是存在的,如电源的波动、温度的变化和机械振动等。它们会使 LC 回路的参数发生变化,从而破坏了原来的平衡条件,改变了振荡幅度和频率。

如果把上述不稳定因素去掉后,振荡器能回到原来的平衡状态,则平衡状态是稳定的。否则是不稳定的。

为了说明稳定平衡和不稳定平衡的概念,让我们先来看两个简单的物理现象。图 4-6(a)和(b)分别画出了将一个小球置于凸面上的平衡位置 B,而将另一个小球置于凹面上的平衡位置 Q。显然,图(a)中的小球是处于不稳定的平衡状态。因为在这种情况下,稍有"风吹草动"小球将离开原来的位置而落下。图(b)中的小球则处于稳定的平衡状态。因为在此情况下,尽管有外力扰动,但由于重力的作用,它仍然自动地回到原来的位置。由此可见,所谓振荡器的稳定平衡,就是说在某种因素的作用下,使振荡器的平衡条件遭到破坏时,它能在原平衡点附近重建新的平衡状态,一旦外因消除后,它能自动地恢复到原来的平衡状态。

振荡器的稳定条件包括两方面的内容:振幅稳定条件和相位稳定条件。现在先讨论振幅稳定条件。

(a) 不稳定平衡　　　　　　　　(b) 稳定平衡

图 4-6　两种平衡状态的示意图

1. 振幅稳定条件

图 4-7 中,横坐标是振荡电压 u_{ce} 或 u_{be},纵坐标分别为放大倍数 K 与反馈系数的倒数 $\frac{1}{F}$。如图 4-7(a)所示,说明起始时 K 较大,随着 u_{be} 的增长 K 逐渐下降,$\frac{1}{F}$ 不随 u_{be} 改变,所以是一条水平线。当 u_{be} 较小时,$K>\frac{1}{F}$,随着 u_{be} 的增长,K 减小,在 A 点,$K=\frac{1}{F}$,即 $KF=1$,所以 A 点是平衡点。但这是不是稳定的平衡点呢,要看此点附近振幅发生变化时,是否能恢复原状。

假定由于某种原因,使 u_{be} 略有增长,这时 $K<\frac{1}{F}$,出现 $KF<1$ 的情况,于是振幅就自动衰减回到 A 点。反之,若 u_{be} 稍有减少,则 $K>\frac{1}{F}$,出现 $KF>1$ 的情况,于是振幅就自动增强,而又回到 A 点,所以 A 点是稳定的平衡点。由此得出结论:在平衡点,若 K 曲线斜率是负的,即

$$\frac{\mathrm{d}K}{\mathrm{d}u}\bigg|_{K=\frac{1}{F}} < 0 \tag{4-5}$$

则满足稳定条件。若 K 曲线斜率为正,则不满足稳定条件。

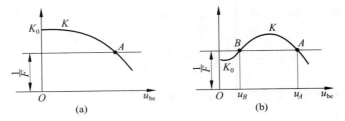

图 4-7　K 曲线与 $\frac{1}{F}$ 曲线相交

若晶体管的静态工作点取得太低,甚至为反向偏置,而且反馈系数 F 又选得较小时,可能会出现如图 4-7(b)所示的另一种形式。这时 $K=f(u_{be})$ 的变化曲线不是单调的下降,出现两个平衡点,但是根据 K 曲线斜率是否是负的,极易判定 A 点是稳定的平衡点,B 点是不稳定的平衡点。当振荡幅度由于某种原因大于 u_B 时,则 $K>\frac{1}{F}$,出现 $KF>1$ 的情况。这时增幅不但不减小,反而继续增长起来。反之出现稍低于 u_B 时,将出现 $KF<1$,因此振幅将继续衰减下去,直到停振为止。所以 B 点是不稳定的平衡点。由于在 $u_{be}<u_B$ 的区间,振荡始终是衰减的,因此,这种振荡器不能自行起振,但在起振时外加一个大于 u_B 的冲击信号,使其冲过 B 点,才有可能激起稳定于 A 点的平衡状态。像这样要预先加上一个一定幅度的外加信号才能起振的现象,称为硬激励。而图 4-7(a)则是软激励情况。一般情况下都是使振荡电路工作于软激励状态,硬激励通常是应当避免的。

2. 相位稳定条件

相位稳定条件就是研究由于电路中的扰动暂时破坏了相位条件使振荡频率发生变

化,当扰动离去后,振荡能否自动稳定在原有频率上。

必须指出:相位稳定条件和频率稳定条件实质上是一回事。因为振荡的角频率就是相位的变化率($\omega = \mathrm{d}\varphi/\mathrm{d}t$),所以当振荡器的相位发生变化时,频率也发生了变化。

假设由于某种干扰引入了相位增量 $\Delta\varphi$,这个 $\Delta\varphi$ 将对频率有什么影响呢? 此 $\Delta\varphi$ 意味着在环绕线路正反馈一周以后,反馈电压的相位超前了原有电压相位 $\Delta\varphi$。相位超前就意味着周期缩短。如果振荡电压不断地放大、反馈、再放大,如此循环下去,反馈到基极上电压的相位将一次比一次超前,周期不断地缩短,相当于每秒钟内循环的次数在增加,也即振荡频率不断地提高。反之,若 $\Delta\varphi$ 是一减量,那么循环一周的相位落后,这表示频率要降低。但事实上,振荡器的频率并不会因为 $\Delta\varphi$ 的出现而不断地升高或降低。这是什么原因呢? 这就需要分析谐振回路本身对相应增量 $\Delta\varphi$ 的反应。

为了说明这个问题,可参看图 4-8。设平衡状态时的振荡频率 f 等于 LC 回路的谐振频率 f_0,LC 回路是一个纯电阻,相位为零。当外界干扰引入 $+\Delta\varphi$ 时,工作频率从 f_0 增到 f_0',则 LC 回路失谐,呈容性阻抗,这时回路引入相移为 $-\Delta\varphi_0$,LC 回路相位的减少补偿了原来相位的增加,振荡速度就慢下来,工作频率的变动被控制。反之也是如此。所以,LC 谐振回路有补偿相位变化的作用。

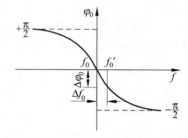

图 4-8　谐振回路的相位稳定作用

对比上述两种变动规律可总结为:外界干扰 $\Delta\varphi$ 引起的频率变动 Δf_0 是同符号的,即 $\dfrac{\Delta\varphi}{\Delta f_0} > 0$,而谐振回路变动 Δf_0 所引起的相位变化 $\Delta\varphi_0$ 是异符号的,$\dfrac{\Delta\varphi_0}{\Delta f_0} < 0$。所以可以保持平衡。

所以,振荡器的相位稳定条件是:相位特性曲线在工作频率附近的斜率是负的。即

$$\left.\frac{\mathrm{d}\varphi}{\mathrm{d}f}\right|_{f=f_0} < 0 \tag{4-6}$$

归纳本节分析的问题,可把振荡条件列于表 4-1 中。

表 4-1　振荡条件

平衡条件	$\dot{K}F = 1$	振幅平衡条件 $KF = 1$
		相位平衡条件 $\sum \varphi = n \times 360°$
起振条件	$KF > 1$	
稳定条件	振幅稳定条件	在平衡点 K-u 曲线斜率为负 $\left.\dfrac{\mathrm{d}K}{\mathrm{d}u}\right|_{K=\frac{1}{F}} < 0$
	相位稳定条件	在平衡点 φ-f 曲线斜率为负 $\left.\dfrac{\mathrm{d}\varphi}{\mathrm{d}f}\right|_{f=f_0} < 0$

4.3 三点式 *LC* 振荡器

三点式振荡器是指 *LC* 回路的三个端点与晶体管的三个电极分别连接而组成的一种振荡器。它可分为电容三点式和电感三点式两种基本类型。

4.3.1 电容三点式振荡器(考毕兹电路)

图 4-9 示出电容反馈三点电路,也叫考毕兹振荡电路。其中图(a)为原理电路,图(b)为交流等效电路。图中,L,C_1 和 C_2 组成振荡器回路,作为晶体管放大器的负载阻抗,反馈信号从 C_2 两端取得,送回放大器输入端。扼流圈 ZL 的作用是为了避免高频信号被旁路,而且为晶体管集电极构成直流通路。也可用 R_c 代替 ZL,但 R_c 将引入损耗,使回路有载 Q 值下降,所以 R_c 值不能过小。

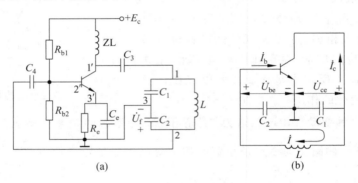

图 4-9 电容三点式振荡器

由于它是利用电容 C_2 将谐振回路的一部分电压反馈到基极上,而且也是将 *LC* 谐振回路的三个端点分别与晶体管三个电极相连,所以这种电路又叫电容反馈三点式振荡器。

这种电路能否满足自激振荡的相位平衡条件呢? 我们从放大器输入信号 $\dot{U}_{be}$ 开始,经过放大和反馈,看送回输入端的高频电压是否和起始电压同相。为了简化分析,假定振荡回路没有损耗,在这种情况下,如果反馈信号 $\dot{U}_f$ 和 $\dot{U}_{be}$ 同相,总相移 $\sum \varphi = 2\pi$,则就可以满足振荡的相位平衡条件。否则,如果反馈信号 $\dot{U}_f$ 和 $\dot{U}_{be}$ 反相,就不满足。

现在我们用矢量图来判断,如图 4-10 所示。假定在晶体管的基极和发射极间有一输入信号 $\dot{U}_{be}$,当振荡频率等于 *LC* 回路谐振频率时,$\dot{U}_{ce}$ 与 $\dot{U}_{be}$ 反相,电流 $\dot{I}$ 滞后于 $\dot{U}_{ce}$ 90°。C_2 上的反馈电压 $\dot{U}_f$ 滞后电流 $\dot{I}$ 90°,故 $\dot{U}_f$ 与 $\dot{U}_{be}$ 同相,满足相位平衡条件。

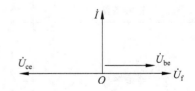

图 4-10 电容三点式振荡器矢量图

下面再来分析起振条件,也即求出放大倍数 K 和反馈系数 F,看它们的乘积是否大于 1。为分析方便,把图 4-9(b)再改画成图 4-11 所示的等效电路。图中,R_s 为晶体管输出电阻;R_i 为晶体管输入电阻;C_o 为晶体管输出电容；C_i 为晶体管输入电容；R_0 为回路谐振电阻。

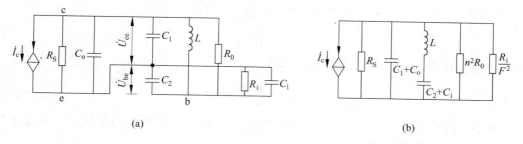

（a）　　　　　　　　　　　　　　　（b）

图 4-11　图 4-9 的等效电路

由于反馈系数 F 等于 U_{be} 与 U_{ce} 之比，忽略电阻对电容的旁路作用，可得

$$F \approx \frac{C_1 + C_o}{C_2 + C_i} \tag{4-7}$$

令 $C_1 + C_o = C_1'$，$C_2 + C_i = C_2'$，则

$$F \approx \frac{C_1'}{C_2'} \tag{4-8}$$

现把各元件都折合到 c—e 端。

R_0 折合到 c—e 端的数值为 $n^2 R_0$，其中 $n = \dfrac{C_2'}{C_1' + C_2'}$ 是回路接入系数。

R_i 折合到 c—e 端的数值为 $\dfrac{R_i}{F^2}$，这样就可求得谐振时 c—e 间的总电阻 R_Σ：

$$\frac{1}{R_\Sigma} = \frac{1}{R_s} + \frac{1}{n^2 R_0} + \frac{F^2}{R_i} \tag{4-9}$$

放大倍数为

$$K = \frac{\beta R_\Sigma}{R_i} \tag{4-10}$$

式中，β 是晶体管的电流放大系数。

将以上结果代入起振条件得

$$KF = \frac{\beta R_\Sigma}{R_i} \cdot F > 1 \tag{4-11}$$

$$\beta > \frac{R_i}{F}\left(\frac{1}{R_s} + \frac{1}{n^2 R_0}\right) + F \tag{4-12}$$

如果 $n^2 R_0 \gg R_s$，则回路损耗可以忽略，得

$$\beta > \frac{R_i}{R_s}\frac{1}{F} + F \tag{4-13}$$

式（4-13）就是起振条件的表达式。下面进行分析和讨论。

如果 R_i/R_s 为定值，从式（4-13）右端第一项可看出 F 越大，保证起振的值 β 越低。但是否越大越好呢？从第二项可看出 F 越大，为保证起振所需的 β 越高。这是因为反馈电路不仅把输出电压的一部分送回输入端产生振荡，而且把晶体管的输入电阻也反映到 LC 回路两端，F 大，使等效负载电阻 R_Σ 减小，放大倍数下降，不易起振。另外，F 的大小，还

111

影响波形的好坏,F 过大会使振荡波形的非线性失真变得严重。因此通常 F 都选得较小,大约在 $0.01\sim0.5$ 之间。在 F 较小时,式(4-13)可近似写成

$$\beta > \frac{R_i}{R_s}\frac{1}{F} \tag{4-14}$$

将 F 用电容比代入,得到起振条件的表达式是

$$\beta > \frac{R_i}{R_s}\frac{C_2'}{C_1'} \tag{4-15}$$

最后分析此电路的振荡频率。为保证相位平衡条件,振荡器的振荡频率 f_0 基本上等于谐振回路的谐振频率,即

$$f_0 \approx \frac{1}{2\pi\sqrt{L\dfrac{C_1'C_2'}{C_1'+C_2'}}} = \frac{1}{2\pi\sqrt{LC}} \tag{4-16}$$

其中

$$C = \frac{C_1'C_2'}{C_1'+C_2'}$$

f_0 的精确表示式(推导证明过程可看参考文献[2])为

$$f_0 = \frac{1}{2\pi}\sqrt{\frac{1}{LC}+\frac{1}{C_1'C_2'R_sR_i}} \tag{4-17}$$

由式(4-17)可知,考毕兹三点线路的振荡频率要比 $\dfrac{1}{2\pi\sqrt{LC}}$ 值稍高一点,R_s,R_i 越小,振荡频率偏高越明显。

例 4-1 考毕兹振荡电路如图 4-9 所示。给定回路参数 $C_1=36\text{pF}$,$C_2=680\text{pF}$,$L=2.5\mu\text{H}$,$Q_0=100$,晶体管参数 $R_s=10\text{k}\Omega$,$R_i=2\text{k}\Omega$,$C_o=4.3\text{pF}$,$C_i=41\text{pF}$。求:(1)振荡频率 f_0;(2)反馈系数 F;(3)为满足起振所需的 β 最小值。

解 (1)求 f_0

$$C_1' = C_1+C_o = 36+4.3 \approx 40 \text{ (pF)}$$
$$C_2' = C_2+C_i = 680+41 \approx 720 \text{ (pF)}$$
$$C = \frac{C_1'C_2'}{C_1'+C_2'} \approx 38 \text{ (pF)}$$
$$f_0 \approx \frac{1}{2\pi\sqrt{LC}} = \frac{1}{2\pi\sqrt{2.5\times38\times10^{-18}}} \approx 16.3 \text{ (MHz)}$$

(2)求 F

$$F \approx \frac{C_1'}{C_2'} = \frac{40}{720} = \frac{1}{18}$$

(3)求起振条件

先求出 R_0 和 n:

$$R_0 = Q_0\sqrt{\frac{L}{C}} = 100\sqrt{\frac{2.5}{38}\times10^6} = 100\times0.25\times10^3 = 25 \text{ (k}\Omega)$$

$$n = \frac{C_2'}{C_1' + C_2'} \approx 1$$

引用式(4-12)可得

$$\beta > \frac{R_i}{F}\left(\frac{1}{R_s} + \frac{1}{n^2 R_0}\right) + F = 2 \times 18 \times \left(\frac{1}{10} + \frac{1}{25}\right) + \frac{1}{18} \approx 5$$

4.3.2 电感三点式振荡器(哈特莱电路)

图 4-12 为电感反馈三点电路,该电路是以 LC 谐振回路为集电极负载,并利用电感 L_2 将谐振电压反馈到基极上,故称为电感反馈式振荡器,也叫哈特莱振荡器。其中,图(a)为原理电路,图(b)为交流等效电路。

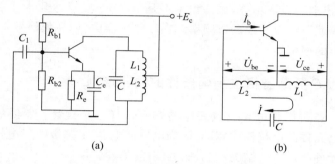

(a)   (b)

图 4-12 电感三点式振荡器

仿照上面分析的方法可得:总相移 $\sum \varphi = 0$,满足维持振荡的相位平衡条件。

采用与电容反馈三点电路相似的方法可求得起振条件的公式为

$$\beta > \frac{R_i}{F}\left(\frac{1}{R_s} + \frac{1}{n^2 R_0}\right) + F \tag{4-18}$$

式中,各符号含义仍与考毕兹电路相同。当 L_1 与 L_2 相互屏蔽没有耦合时:

$$F = \frac{L_2}{L_1}$$

$$n = \frac{L_1}{L_1 + L_2}$$

振荡频率 f_0 的近似式为

$$f_0 \approx \frac{1}{2\pi \sqrt{(L_1 + L_2 + 2M)C}} = \frac{1}{2\pi \sqrt{LC}} \tag{4-19}$$

其中

$$L = L_1 + L_2 + 2M \tag{4-20}$$

若考虑 R_s,R_i 的影响,满足相位平衡条件的振荡频率值 f_0 是

$$f_0 = \frac{1}{2\pi} \sqrt{\frac{1}{LC + \dfrac{L_1 L_2 - M^2}{R_s R_i}}} \tag{4-21}$$

故哈特莱三点线路振荡频率要比 $\dfrac{1}{2\pi \sqrt{LC}}$ 稍低一点,R_s,R_i 越小,耦合越松,振荡频率偏低

越明显。

下面对两种三点式振荡电路进行比较。

(1) 电容三点振荡器反馈电压取自反馈电容 C_2,而电容对高次谐波呈低阻抗,滤除谐波电流能力强,振荡波形更接近于正弦波。另外,晶体管的输入、输出电容与回路电容并联,为了减小它们对谐振回路的影响,可以适当增加回路的电容值,以提高频率的稳定度。在振荡频率较高时,有时可以不用回路电容,直接利用晶体管的输入输出电容构成振荡电容,因此它的振荡频率较高,一般可达几百兆赫,在超高频晶体管振荡器中,常采用这种电路。它的缺点是由于用了两个电容(C_1 和 C_2),若要利用可变电容调频率就不方便了。

(2) 电感三点式振荡电路反馈电压取自反馈电感 L_2,对高次谐波呈现高阻抗,不易滤去高次谐波,输出电压波形不好,振荡频率不是很高,一般只达几十兆赫。它的优点是只用一只可变电容就可以容易地调节频率。在一些仪器中,如高频信号发生器,常用此电路制作频率可调节的振荡器。

4.3.3　三点式 *LC* 振荡器相位平衡条件的判断准则

不论是电容三点式还是电感三点式电路都有这样一个规律:发射极—基极和发射极—集电极间回路元件的电抗性质相同(同为电感或电容);基极—集电极间回路元件的电抗性质与上两元件相反。总结为一句话为:射同集(基)反——与射极相连的元件电抗性质相同,与集电极、基极相连的元件的电抗性质相反。该规律对于三点式电路有普遍意义。为什么呢?这是由振荡器的相位平衡条件决定的。

为了说明此问题,可以把两种基本型电路概括为图 4-13(c)。由于晶体管的倒相作用使 $\dot{U}_{ce}$ 和 $\dot{U}_{be}$ 的相位差为 π。为了保证正反馈,谐振回路的电抗性质必须使 $\dot{U}_{be}$ 和 $\dot{U}_{ce}$ 的相位差也是 π。由图 4-13(c)可看出,回路电流 $\dot{I}$ 流过电抗 X_{ce} 即得 $\dot{U}_{ce}$,而 $\dot{I}$ 流过 X_{be} 可得 $\dot{U}_{eb}$(而 $\dot{U}_{eb} = -\dot{U}_{be}$)。只要 X_{ce} 与 X_{be} 是同极性的,$\dot{U}_{be}$ 与 $\dot{U}_{ce}$ 的相位差就是 π,即 $\varphi_F = \pi$。

已知相位平衡的条件为

$$\varphi_K + \varphi_F = 2\pi$$

若 $\varphi_F = \pi$,则放大器增益的相角 φ_K 一定是 π,即要求放大器的负载是一纯电阻,这发生在 *LC* 回路谐振时,即

$$X_{cb} + X_{be} + X_{ce} = 0, \quad X_{cb} = -(X_{be} + X_{ce})$$

X_{cb} 应与 X_{be} 和 X_{ce} 性质相反。例如,X_{be} 与 X_{ce} 为电容,则 X_{cb} 就是电感,如图 4-13(a)、(b)

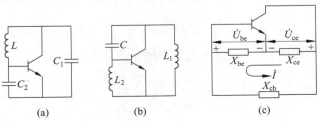

(a)　　　　　　　(b)　　　　　　　(c)

图 4-13　三点线路相位条件判别

所示。因此，三点式电路相位平衡条件的准则是：

（1）X_{ce} 和 X_{be} 性质相同；

（2）X_{cb} 和 X_{ce}，X_{be} 性质相反。

4.4　改进型电容三点式振荡器

前面讨论的三种 LC 振荡器的振荡频率不仅与谐振回路的 LC 元件的值有关，而且还与晶体管的输入电容 C_i 以及输出电容 C_o 有关。当工作环境改变或更换管子时，振荡频率及其稳定性就要受到影响。例如，对于电容三点式电路，晶体管的电容 C_o，C_i 分别与回路电容 C_1，C_2 并联，图 4-14 的振荡频率可以近似写成

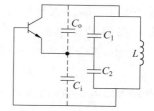

$$\omega_0 \approx \frac{1}{\sqrt{L \dfrac{(C_1 + C_o)(C_2 + C_i)}{C_1 + C_2 + C_o + C_i}}} \qquad (4-22)$$

图 4-14　计入 C_i 及 C_o 的电容三点式振荡器的等效电路

如何减小 C_i，C_o 的影响，以提高频率稳定度呢？表面看来，加大回路电容 C_1 与 C_2 的电容量，可以减弱由于 C_i，C_o 的变化对振荡频率的影响。但是这只适用于频率不太高、C_1 和 C_2 较大的情况。当频率较高时，过分地增加 C_1 和 C_2，必然减小 L 的值（维持振荡频率不变）。实际制作电感线圈时，电感量过小，线圈的品质因数就不易做高，这就导致回路的 Q 值下降，振荡幅度下降，甚至会使振荡器停振。这些都有待于改进。

4.4.1　串联改进型电容三点式振荡器（克拉泼电路）

串联改进型电容三点式振荡器表示于图 4-15(a)中，它的交流等效电路如图 4-15(b)所示。

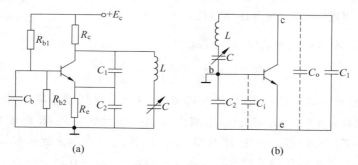

图 4-15　串联改进型电容反馈三点线路

它的特点是把基本型的电容反馈三点线路集电极—基极支路的电感改用 LC 串联回路代替，这正是它的名称的由来——串联改进型电容反馈三点式线路，又叫克拉泼电路。

电路接成共基极，C_b 对交流短路，故基极接地，使 C 的动片接地。这种振荡器的频率为

$$\omega_0 = \frac{1}{\sqrt{LC_\Sigma}} \qquad (4-23)$$

115

其中 C_Σ 由下式决定:

$$\frac{1}{C_\Sigma} = \frac{1}{C} + \frac{1}{C_1 + C_\circ} + \frac{1}{C_2 + C_\mathrm{i}} \tag{4-24}$$

选 $C_1 \gg C, C_2 \gg C$ 时, $C_\Sigma \approx C$, 振荡频率 ω_0 可近似写成

$$\omega_0 = \frac{1}{\sqrt{LC}} \tag{4-25}$$

这就使 $C_\circ$ 和 C_i 几乎与 ω_0 值无关, 它们的变动对振荡频率的稳定性就没有什么影响了, 提高了频率稳定度。

使式(4-25)成立的条件是 C_1 和 C_2 都要选得比较大。但是不是 C_1, C_2 越大越好呢? 为了说明这个问题, 我们从分析回路谐振电阻入手。回路谐振电阻 R 表示在图 4-16 中, 折合到晶体管 c—e 端的电阻是

$$R' = n^2 R \tag{4-26}$$

式中 n 为接入系数, 也叫分压比,

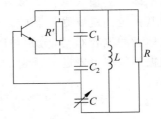

图 4-16　谐振电阻 R 折合到晶体管输出端

$$n = \frac{C_2 C}{C_2 + C} \Big/ \left(C_1 + \frac{C_2 C}{C_2 + C} \right)$$

代入式(4-26), 得

$$R' = \left[\frac{C_2 C}{C_2 + C} \Big/ \left(C_1 + \frac{C_2 C}{C_2 + C} \right) \right]^2 R$$

因为 $C_2 \gg C$, 则

$$R' = n^2 R \approx \left(\frac{C}{C_1 + C} \right)^2 R \tag{4-27}$$

谐振电阻可表示为

$$R = Q \omega_0 L$$

又因 $C_1 \gg C$, 利用式(4-25), 则分压比可近似为 $n = \dfrac{C}{C_1} \approx \dfrac{1}{\omega_0^2 L C_1}$。

将 R 和 n 的表达式代入式(4-26), 得

$$R' = n^2 R \approx \frac{\omega_0 L Q}{\omega_0^4 L^2 C_1^2} = \frac{1}{\omega_0^3} \frac{Q}{L C_1^2} \tag{4-28}$$

由式(4-28)看出, C_1, C_2 过大时, R' 变得很小, 放大器电压增益降低, 振幅下降。还可看出, R' 与振荡器 ω_0 的三次方成反比, 当减小 C 以提高频率 ω_0 时, R' 的值急剧下降, 振荡幅度显著下降, 甚至会停振。另外, R' 与 Q 成正比, 提高 Q 有利于起振和提高振荡幅度。

综上所述, 克拉泼振荡器虽然可以提高频率稳定度, 但存在以下缺点:

(1) 如 C_1, C_2 过大, 则振荡幅度就太低。

(2) 当减小 C 来提高 f_0 时, 振荡幅度显著下降; 当 C 减到一定程度时, 可能停振。因此限制了 f_0 的提高。

(3) 用作频率可调的振荡器时, 振荡幅度随频率增加而下降, 在波段范围内幅度不平稳, 因此, 频率覆盖系数(在频率可调的振荡器中, 高端频率和低端频率之比称为频率覆盖系数)不大, 约为 1.2~1.3。

4.4.2 并联改进型电容三点式振荡器(西勒电路)

电路如图 4-17(a)所示,它的交流等效电路如图 4-17(b)所示。此电路除了采用两个容量较大的 C_1,C_2 外,主要特点是把基本型的电容反馈线路集电极—基极支路改用 LC 并联回路再与 C_3 串联,所以叫并联改进型,也叫西勒电路。

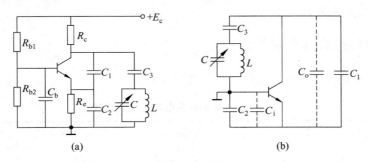

图 4-17 并联改进型电容反馈三点式电路

下面对该电路的有关参数进行分析。

回路谐振频率 ω_0 为

$$\omega_0 \approx \frac{1}{\sqrt{LC_\Sigma}}$$

其中,回路总电容

$$C_\Sigma = C + \cfrac{1}{\cfrac{1}{C_1 + C_o} + \cfrac{1}{C_2 + C_i} + \cfrac{1}{C_3}} \tag{4-29}$$

选择 $C_1 \gg C_3$,$C_2 \gg C_3$,则 $C_\Sigma \approx C + C_3$,所以消除了 C_i,C_o 对 ω_0 的影响。

类似地,折合到晶体管输出端的谐振电阻 R' 为

$$R' = n^2 R$$

由图 4-18 可求出分压比 n(设 $C_1 + C_o = C_1'$,$C_2 + C_i = C_2'$):

$$
\begin{aligned}
n &= \frac{C_3\,C_2'}{C_3 + C_2'} \Big/ \left(C_1' + \frac{C_3\,C_2'}{C_3 + C_2'} \right) \\
&= 1 \Big/ \left[1 + \frac{C_1'\,(C_3 + C_2')}{C_3\,C_2'} \right] \\
&= 1 \Big/ \left[1 + \frac{(C_1 + C_o)(C_3 + C_2 + C_i)}{C_3(C_2 + C_i)} \right]
\end{aligned}
\tag{4-30}
$$

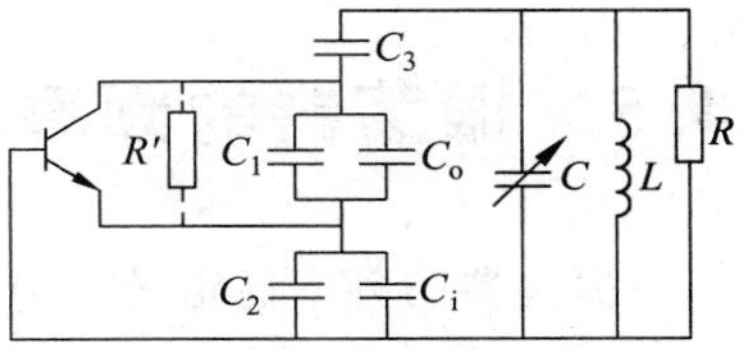

图 4-18 谐振电阻折合到晶体管
输出端(西勒振荡器)

由式(4-30)可知,n 和 C 无关,当调节 C 来改变振荡频率时,n 不变。

如果把 R 折合到 c—e 端,R' 的表示式仍为

$$R' = n^2 R = n^2 Q \omega_0 L \tag{4-31}$$

当改变 C 时,n,L,Q 都是常数,则 R' 仅随 ω_0 的一次方增长,易于起振,振荡幅度增加,使在波段范围内幅度比较平稳,频率覆盖系数较大,可达 $1.6 \sim 1.8$。另外,西勒电路频率稳定性好,振荡频率可以较高。因此,在短波、超短波通信机及电视接收机等高频设备中得

117

到广泛应用。

在本电路中，C_3 的大小对电路的性能有很大的影响。因为频率是靠调节 C 来改变的，所以 C_3 不能选择太大，否则振荡频率主要由 C_3 和 L 决定，因而将限制频率调节的范围。此外，C_3 过大也不利于消除 C_o 和 C_i 对频率稳定的影响。反之，C_3 选择过小，分压比 n 降低，振荡幅度就比较小了。在一些短波通信机中，常选可变电容 C 为 $20 \sim 360 \mathrm{pF}$，而 C_3 约在一二百皮法的数量级。

4.4.3　几种三点式振荡器的比较

表 4-2 给出了四种三点式振荡电路的性能比较。

表 4-2　三点式振荡电路的性能比较

名　　称	电容反馈 （考毕兹）	电感反馈 （哈特莱）	电容串联改进 （克拉泼）	电容并联改进 （西勒）
振荡频率 f_0 近似式	$\dfrac{1}{2\pi\sqrt{LC}}$ $\dfrac{1}{C}=\dfrac{1}{C_1}+\dfrac{1}{C_2}$	$\dfrac{1}{2\pi\sqrt{LC}}$ $L=L_1+L_2+2M$	$\dfrac{1}{2\pi\sqrt{LC_\Sigma}}$ $\dfrac{1}{C_\Sigma}\approx\dfrac{1}{C}$	$\dfrac{1}{2\pi\sqrt{LC_\Sigma}}$ $C_\Sigma\approx C+C_3$
波形	好	差	好	好
反馈系数	$\dfrac{C_1}{C_2}$	$\dfrac{L_2+M}{L_1+M}$ 或 $\dfrac{N_2}{N_1}$	$\dfrac{C_1}{C_2}$	$\dfrac{C_1}{C_2}$
作可变 f_0 振荡器	不方便	可以	方便，但幅度不稳	方便，幅度平稳
频率稳定度	差	差	好	好
最高振荡频率	几百至几千兆赫，但频率稳定度下降	几十兆赫	百兆赫但幅度下降	百兆赫至千兆赫

4.5　振荡器的频率稳定问题

振荡器的频率稳定是一个十分重要的问题。例如，通信系统的频率不稳，就会漏失信号而联系不上；测量仪器的频率不稳，就会引起较大的测量误差；在载波电话中，载波频率不稳，将会引起话音失真。

4.5.1　振荡器的频率稳定度

振荡器的频率稳定度指标是用频率稳定度来衡量的。频率稳定度有两种表示方法。

1. 绝对频率稳定度

它是指在一定条件下实际振荡频率 f 与标准频率 f_0 的偏差 Δf：

$$\Delta f = f - f_0 \tag{4-32}$$

2. 相对频率稳定度

它是指在一定条件下，绝对频率稳定度与标准频率之间的比值：

$$\frac{\Delta f}{f_0} = \frac{f - f_0}{f_0} \tag{4-33}$$

常用的是相对频率稳定度，简称频率稳定度。例如，一个振荡频率为 1MHz 的振荡器，实际工作在 0.99999MHz 上，它的相对频率稳定度 $\left|\dfrac{\Delta f}{f_0}\right| = \dfrac{10\,\text{Hz}}{1\text{MHz}} = \dfrac{10}{10^6} = 1 \times 10^{-5}$。

$\dfrac{\Delta f}{f_0}$ 越小，频率稳定度越高。上面所说的一定条件可以指一定的时间范围，或一定的温度，或电压变化范围。例如，在一定时间范围内的频率稳定度可以分为以下几种情况：

短期稳定度——1 小时内的相对频率稳定度，一般用来评价测量仪器和通信设备中主振器的频率稳定指标；

中期稳定度——1 天内的相对频率稳定度；

长期稳定度——数月或 1 年内的相对频率稳定度。

频率稳定度用 10 的负几次方表示，次方绝对值越大，稳定度越高。中波广播电台发射机的中期稳定度是 2×10^{-5}/日；电视发射台是 5×10^{-7}/日；一般 LC 振荡器是 $(10^{-3} \sim 10^{-4})$/日；克拉泼和西勒振荡器是 $(10^{-4} \sim 10^{-5})$/日。

4.5.2　造成频率不稳定的因素

振荡器的频率主要取决于回路的参数，也与晶体管的参数有关，这些参数不可能固定不变，所以振荡频率也不能绝对稳定。

1. LC 回路参数的不稳定

温度变化是使 LC 回路参数不稳定的主要因素。温度改变会使电感线圈和回路电容几何尺寸变形，因而改变电感 L 和电容 C 的数值。一般 L 具有正温度系数，即 L 随温度的升高而增大。而电容由于介电材料和结构的不同，电容器的温度系数可正可负。

另外机械振动可使电感和电容产生形变，L 和 C 的数值变化，因而引起振荡频率的改变。

2. 晶体管参数的不稳定

当温度变化或电源变化时，必定引起静态工作点和晶体管结电容的改变，从而使振荡频率不稳定。

4.5.3　稳频措施

1. 减小温度的影响

为了减少温度变化对振荡频率的影响，最根本的办法是将整个振荡器或振荡回路置于恒温槽内，以保持温度的恒定。这种方法适用于技术指标要求较高的设备中。

一般来说,为了减少温度的影响,应该采取温度系数较小的电感、电容。例如,电感线圈可用高频磁骨架,它的温度系数和损耗都较小。对空气可变电容器来说,用铜作支架比用铝材料要好,因为铜的热膨胀系数较小。固定电容器比较好的是云母电容,温度系数小,性能稳定可靠。

2. 稳定电源电压

电源电压的波动,会使晶体管的工作点电压、电流发生变化,从而改变了晶体管的参数,降低了频率稳定度。为了减少这个影响,采用良好的稳压电源供电以及稳定的工作点的电路。

3. 减少负载的影响

振荡器输出信号需要加到负载上,负载的变动必然引起振荡频率不稳定。为了减少这一影响,可在振荡器及其负载之间加一缓冲级,它由输入电阻很大的射极输出器组成,因而减弱了负载对振荡回路的影响。

4. 晶体管与回路之间的连接采用松耦合

例如,克拉泼和西勒电路,它们就是把决定振荡频率的主要元件 L,C 与晶体管的输入、输出阻抗参数隔开,主要是与电容 C_i,C_o 隔开,使晶体管与谐振回路之间耦合很弱,可以提高频率稳定度。

5. 提高回路的品质因数 Q

在理想情况下,振荡器的频率等于 LC 回路的谐振频率,这时放大器的相移 φ_K 和反馈系数的相移 φ_F 分别等于 π,相位平衡条件是 $\varphi_K + \varphi_F = 2\pi$。但是晶体管输出电压对输入电压将有一附加相移 φ_T,晶体管总是工作在回路的失谐状态,也引起了附加相移 φ_0,于是,相位平衡条件是

$$\varphi_K + \varphi_F = \varphi_T + \varphi_0 + \pi + \varphi_F = 2\pi \tag{4-34}$$

当 φ_T 和 φ_F 由于某种原因发生了变化,为了维持振荡,φ_0 必然产生相反的变化,使相位平衡条件成立,而 φ_0 是 LC 回路的相移,它的变化必然引起频率的变化。因此,当不稳定因素改变了相位 φ_T 和 φ_F 时,φ_0 必然自动调节,使得在新频率下,重新满足相位平衡条件。

LC 回路的相移 φ_0 同 Q 之间的关系为

$$\varphi_0 = -\arctan 2Q\left(\frac{\omega}{\omega_0} - 1\right) \tag{4-35}$$

φ_0 对 ω 的变化率是

$$\frac{\partial \varphi_0}{\partial \omega} = -\frac{1}{1 + \left[2Q\left(\frac{\omega}{\omega_0} - 1\right)\right]^2} \times \frac{2Q}{\omega_0}$$

$$= -\frac{2Q}{\omega_0}\cos^2 \varphi_0 \tag{4-36}$$

由式(4-36)可知,当 Q 增加时,ω_0 附近相频特性斜率的绝对值 $\left|\dfrac{\partial\varphi_0}{\partial\omega}\right|$ 加大。设有 Q 值不同的两个 LC 回路,其相频特性如图 4-19 所示。在 ω_0 附近,高 Q 的相频特性变化快,低 Q 的相频特性变化慢。设回路原来的相移为 φ_{01},外界不稳定因素引起的相移变化为 $\Delta\varphi_0$。Q 高的,曲线斜率大,频率变化 $\Delta\omega_1$ 小;Q 低的,频率变化 $\Delta\omega_2$ 大。所以谐振回路 Q 值越高,越有利于频率的稳定。

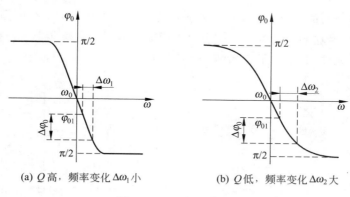

(a) Q 高,频率变化 $\Delta\omega_1$ 小　　　(b) Q 低,频率变化 $\Delta\omega_2$ 大

图 4-19　相频特性曲线

6. 使振荡频率接近于回路的谐振频率

由式(4-36)可知,Q 不变,当 $\varphi_0=0$ 时,相频特性曲线的绝对值 $\left|\dfrac{\partial\varphi_0}{\partial\omega}\right|$ 最大。此时有

$$\left|\frac{\partial\varphi_0}{\partial\omega}\right|=\frac{2Q}{\omega_0}$$

这说明振荡器频率 ω 越接近于谐振频率 ω_0,越可以提高频率稳定度。反之,失谐越大,$|\varphi_0|$ 越大,$\left|\dfrac{\partial\varphi_0}{\partial\omega}\right|$ 越小,频率稳定度越低。

为使 φ_0 更接近于 0,可以在电路中串入一个附加的电抗元件,这称为相角补偿法。

7. 屏蔽、远离热源

将 LC 回路屏蔽可以减少周围电磁场的干扰。将振荡电路离开热源(如电源变压器、大功率晶体管等)远一些,可以减少温度变化对振荡器的影响。

4.6　石英晶体谐振器

现代科学技术的发展对正弦波振荡器的稳定度要求越来越高。例如,作为频率标准的振荡器的频率稳定度要求达到 10^{-8} 以上,而对于 LC 振荡器,尽管采取各种稳频措施,但理论分析和实践都表明,其频率稳定度一般只能达到 10^{-5},究其原因主要是 LC 回路的 Q 值不能做得很高(约 200 以下)。石英晶体振荡器是以石英晶体谐振器取代 LC 振荡器中构成谐振回路的电感、电容元件所组成的正弦波振荡器,它的频率稳定度可达$10^{-10}\sim$ 10^{-11}数量级,所以得到极为广泛的应用。

石英晶体振荡器之所以具有极高的频率稳定度,关键是采用了石英晶体这种具有高 Q 值的谐振元件。下面首先了解石英晶体的基本特性。

4.6.1 石英晶体的压电效应及等效电路

石英晶体是硅石的一种,它的化学成分是二氧化硅(SiO_2)。在石英晶体上按一定方位角切下薄片,然后在晶片的两个对应表面上用喷涂金属的方法装上一对金属极板,就构成石英晶体振荡元件,其结构示意如图 4-20(a)所示。

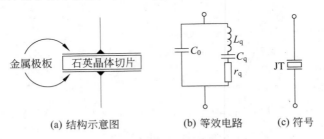

图 4-20 石英晶体谐振器的结构示意图、等效电路和符号

石英晶体片所以能做成谐振器,是因为它具有正、反压电效应。当机械力作用于晶片时,晶片相对两侧将产生异号的电荷;反之,当在晶片两面加不同极性的电压时,晶片的几何尺寸或形态将发生改变。

晶片的几何尺寸和结构一定时,它本身就具有一个固有的机械振动频率。当高频交流电压加于晶片两端时,晶片将随交变信号的变化而产生机械振动,当其振荡频率与晶片固有振荡频率相等时,产生了谐振,机械振动最强。

为了求出石英谐振器的等效电路,可以将石英晶片的机械系统类比于电系统,即晶片的质量类比于电感,弹性类比于电容,机械摩擦损耗类比于电阻。石英片的质量越大,相当于电路的电感量越大;石英片的弹性越大,相当于电路的电容越大;摩擦损耗越大,相当于电路中的电阻越大。晶片可用一个串联 LC 回路表示,L_q 为动态电感,C_q 为动态电容,r_q 为动态电阻,此外还有切片与金属极板构成的静电电容 C_0(即使石英晶片不振动,C_0 仍存在)。这样,石英谐振器可用如图 4-20(b)所示的等效电路表示,而石英谐振器的符号用图 4-20(c)来表示。

石英谐振器的最大特点是:它的等效电感 L_q 非常大,而 C_q 和 r_q 都非常小,所以石英谐振器的 Q 值非常高$\left(Q=\dfrac{1}{r_q}\sqrt{\dfrac{L_q}{C_q}}\right)$,可以达几万到几百万,所以石英晶体谐振器的振荡频率稳定度非常高。

一般常用的石英谐振器的等效参数大致是:

$C_q\approx0.005\sim0.1\text{pF}$;

$C_0\approx2\sim5\text{pF}$;

$r_q \approx 1$ 欧（姆）到几十欧（姆）；

$Q \approx 10^5$；

$L_q \approx 100H$（频率约 100kHz），$1H$（频率约 1MHz），$10mH$（频率约 10MHz）。

L_q 的数值取决于晶片的厚度，低频晶体较厚，质量较大，动态电感 L_q 较大；而高频晶体较薄，质量较小，所以 L_q 较小。

4.6.2　石英晶体的阻抗特性

从图 4-20(b) 的等效电路可看出，石英谐振器有两个谐振频率，串联谐振频率 f_s 和并联谐振频率 f_p。

1. 串联谐振频率 f_s

在等效电路中，L_q，C_q 组成串联谐振回路，串联谐振频率为

$$f_s = \frac{1}{2\pi\sqrt{L_q C_q}} \tag{4-37}$$

2. 并联谐振频率 f_p

如果将 C_0 也考虑进去，则 L_q，C_q 与 C_0 组成并联谐振回路，并联谐振频率为

$$f_p = \frac{1}{2\pi\sqrt{L_q \dfrac{C_0 C_q}{C_0 + C_q}}} \tag{4-38}$$

由于 $C_0 \gg C_q$，所以 f_p 和 f_s 相隔很近，由式(4-38)有

$$f_p = \frac{1}{2\pi\sqrt{L_q C_q}}\sqrt{\frac{C_0 + C_q}{C_0}}$$

$$= f_s\sqrt{1 + \frac{C_q}{C_0}}$$

当 $\dfrac{C_q}{C_0} \ll 1$ 时，可利用级数展开的近似式 $\sqrt{1+x} \approx 1 + \dfrac{x}{2}$（当 $x \ll 1$ 时），所以

$$f_p \approx f_s\left(1 + \frac{C_q}{2C_0}\right) \tag{4-39}$$

例 4-2　一个 2.5MHz 石英谐振器的数据为：$C_q = 2.1 \times 10^{-4}\,pF$，$C_0 = 5pF$，计算 f_s 与 f_p 的差值。

解　$f_p - f_s \approx \dfrac{1}{2} \times \dfrac{2.1 \times 10^{-4}}{5} \times 2.5MHz = 52.5Hz$

可见，两谐振频率相隔很近。

3. 电抗-频率曲线（$r_q = 0$）

为了说明石英晶体谐振器在电路中的作用，可画出它的等效电抗 X 与频率 f 的曲线，如图 4-21 所示。

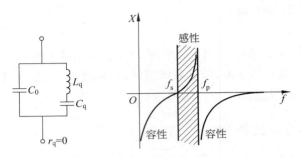

图 4-21 石英谐振器的电抗特性

不计动态电阻 r_q 时的等效阻抗

$$Z = \frac{\mathrm{j}(\omega L_q - 1/\omega C_q)(-\mathrm{j}/\omega C_0)}{\mathrm{j}(\omega L_q - 1/\omega C_q - 1/\omega C_0)}$$

$$= -\mathrm{j}\frac{1}{\omega C_0}\frac{\omega L_q(1 - 1/\omega^2 L_q C_q)}{\omega L_q\left(1 - 1/\omega^2 L_q \dfrac{C_q C_0}{C_q + C_0}\right)}$$

$$= -\mathrm{j}\frac{1}{\omega C_0}\left(1 - \frac{\omega_s^2}{\omega^2}\right)\Big/\left(1 - \frac{\omega_p^2}{\omega^2}\right) \tag{4-40}$$

由式(4-40)看出,当 $\omega = \omega_s$ 时,L_q,C_q 支路产生串联谐振,$Z = 0$;当 $\omega = \omega_p$ 时,产生并联谐振,$Z \to \infty$;当 $\omega < \omega_s$ 或 $\omega > \omega_p$ 时,$Z = -\mathrm{j}x$,电抗呈容性;当 $\omega_s < \omega < \omega_p$ 时,$Z = +\mathrm{j}x$,电抗呈感性。

由于两谐振频率 ω_p 与 ω_s 之差很小,所以呈感性的阻抗曲线非常陡峭。实用中,石英谐振器工作在频率范围窄的电感区(可以把它看成一个电感),只是在电感区电抗曲线才有非常大的斜率(这对稳定频率很有利),电容区是不宜使用的。

4. 考虑 r_q 的晶体等效阻抗特性

这时,晶体的等效阻抗 Z 表达式为

$$Z = \frac{[r_q + \mathrm{j}(\omega L_q - 1/\omega C_q)](-\mathrm{j}/\omega C_0)}{r_q + \mathrm{j}(\omega L_q - 1/\omega C_q - 1/\omega C_0)} \tag{4-41}$$

注意到以下关系,并考虑 $\omega \approx \omega_p$,有:

$$\omega L_q - \frac{1}{\omega C_q} - \frac{1}{\omega C_0} = \omega L_q\left(1 - \frac{\omega_p}{\omega^2}\right) \approx 2\omega_p L_q\left(\frac{\omega - \omega_p}{\omega_p}\right)$$

$$= 2\omega_p L_p \frac{\Delta\omega}{\omega_p}$$

其中

$$\frac{1}{\omega C_0} = \omega_p L_q \frac{1}{\omega_p \omega L_q C_0} \approx \omega_p L_q \frac{C_q}{C_0}$$

$$\omega_p = 1\Big/\sqrt{L_q \frac{C_q C_0}{C_q + C_0}} \quad (\text{并联谐振频率})$$

则

$$Z = \frac{\omega_p L_q \dfrac{C_q}{C_0} Q}{1 + 4Q^2 \left(\dfrac{\Delta\omega}{\omega_p}\right)} - j\, \frac{\omega_p L_q \dfrac{C_q}{C_0} \left[1 + 4Q^2 \left(\dfrac{\Delta\omega}{\omega_p}\right)^2 + 2Q^2 \dfrac{C_q}{C_0} \dfrac{\Delta\omega}{\omega_p}\right]}{1 + 4Q^2 \left(\dfrac{\Delta\omega}{\omega_p}\right)^2} \tag{4-42}$$

式中，$Q = \omega_p L_q / r_q$（Q 为品质因数）。式（4-42）的实部是等效电阻 R，虚部为等效电抗 X，即

$$R = \frac{\omega_p L_q \dfrac{C_q}{C_0} Q}{1 + 4Q^2 \left(\dfrac{\Delta\omega}{\omega_p}\right)^2} \tag{4-43}$$

$$X = -\frac{\omega_p L_q \dfrac{C_q}{C_0} \left[1 + 4Q^2 \left(\dfrac{\Delta\omega}{\omega_p}\right)^2 + 2Q^2 \dfrac{C_q}{C_0} \dfrac{\Delta\omega}{\omega_p}\right]}{1 + 4Q^2 \left(\dfrac{\Delta\omega}{\omega_p}\right)^2} \tag{4-44}$$

晶体等效阻抗的相角 β 可由下式求出：

$$\tan\beta = \frac{X}{R} = -\frac{C_0}{C_q\, Q}\left[1 + 4Q^2 \left(\frac{\Delta\omega}{\omega_p}\right)^2 + 2Q^2 \frac{C_q}{C_0} \frac{\Delta\omega}{\omega_p}\right] \tag{4-45}$$

解下列二次方程式：

$$1 + 4Q^2 \left(\frac{\Delta\omega}{\omega_p}\right)^2 + 2Q^2 \frac{C_q}{C_0} \frac{\Delta\omega}{\omega_p} = 0$$

可以求得 $\dfrac{\Delta\omega}{\omega_p}$ 的两个根为

$$\frac{\Delta\omega}{\omega_p} = -\frac{1}{4} \frac{C_q}{C_0} \pm \sqrt{\frac{1}{16}\left(\frac{C_q}{C_0}\right)^2 - \frac{1}{4Q^2}} \tag{4-46}$$

与此根相对应的相移 $\beta = 0$，这两个点的频率实际上就是晶体的串联谐振频率与并联谐振频率。由式（4-46）可知，如果 Q 足够高，则其中一根为

$$\frac{\Delta\omega}{\omega_p} \approx 0$$

此即并联谐振频率点。另一根为

$$\frac{\Delta\omega}{\omega_p} \approx -\frac{1}{2} \frac{C_q}{C_0}$$

这是串联谐振频率点。两谐振频率的差值为

$$\Delta\omega \approx \frac{1}{2} \frac{C_q}{C_0} \omega_p$$

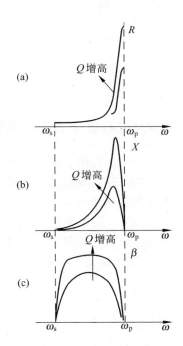

图 4-22　R, X, β 随 ω 的变化曲线

图 4-22(a) 与 (b) 示出了 R, X 随 $\dfrac{\Delta\omega}{\omega_p}$（即随 ω）的变化曲线，也给出了 Q 值改变时曲线的变动。图 4-22(c) 示出了式（4-45）的特性曲线，对应 β 等于零的两个点是谐振频率点。前已讨论，谐振回路相位特性曲线斜度越陡越有利于频率稳定。由图 4-22(c) 可见，在串联谐振点与并联谐振

点附近,都能得到较高的 $\dfrac{\mathrm{d}\beta}{\mathrm{d}\omega}$,如果使振荡器的工作频率落于晶体的这种区域,就可以得到很好的频率稳定度。Q 值越高,$\dfrac{\mathrm{d}\beta}{\mathrm{d}\omega}$ 越大,稳定性越好。在并联谐振频率附近,变化率 $\dfrac{\mathrm{d}\beta}{\mathrm{d}\omega}<0$,石英谐振器是作为并联回路工作的;而在串联谐振频率附近,$\dfrac{\mathrm{d}\beta}{\mathrm{d}\omega}>0$,石英谐振器则相当于一个串联谐振回路。

4.6.3 石英谐振器的频率-温度特性

虽然石英谐振器等效回路具有高 Q 的优点,但是,如果它的电参数不稳定,仍然不能保证频率稳定度的提高。这还要看温度变化时,它的频率是否稳定。

在一定的温度范围之内,石英晶体的各电参量具有较小的温度系数。具体情况与晶片切割类型有关,图 4-23 示出 AT,DT,CT 三种切型的石英谐振器频率温度特性曲线。可以看出,在室温附近,它们的稳定性是比较满意的,其中以 AT 切型为最好。但是,当温度变化较多时,频率稳定性就显著变坏。因此,要得到更高的频率稳定度,石英晶体应采用恒温设备。

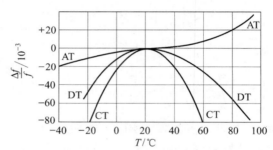

图 4-23　石英谐振器的频率温度特性

4.6.4 石英谐振器频率稳定度高的原因

(1) 它的频率温度系数小,用恒温设备后,更可保证频率稳定。

(2) 石英谐振器的 Q 值非常高,在谐振频率 f_{p} 或 f_{s} 附近,相位特性变化率很高(相频特性的斜率很大),这有利于稳频。

(3) 石英谐振器的 $C_{\mathrm{q}}\ll C_0$,使振荡频率基本上由 L_{q} 和 C_{q} 决定,外电路对振荡频率的影响很小。这可从两方面说明:

① 如果某一分布电容 C_{n} 并联在 C_0 两端,这时振荡频率为

$$\omega = 1\left/\sqrt{L_{\mathrm{q}}\left[\frac{C_{\mathrm{q}}(C_0+C_{\mathrm{n}})}{C_{\mathrm{q}}+C_0+C_{\mathrm{n}}}\right]}\right.$$

由于 $C_0\gg C_{\mathrm{q}}$ 和 $(C_0+C_{\mathrm{n}})\gg C_{\mathrm{q}}$,所以振荡频率 ω 近似为

$$\omega \approx \frac{1}{\sqrt{L_{\mathrm{q}}C_{\mathrm{q}}}}$$

外界电容对振荡频率几乎没有影响,只要石英谐振器本身的参数 L_q 和 C_q 很稳定,就可以有很高的频率稳定度。

② 外界电阻 R 如果并在 C_0 两端(如图 4-24 所示),则折合到 L_q 两端的电阻为

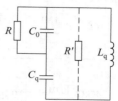

$$R' = \left(\frac{C_q + C_0}{C_q}\right)^2 R \approx \left(\frac{C_0}{C_q}\right)^2 R \qquad (4-47)$$

由于 $\left(\dfrac{C_0}{C_q}\right) \gg 1$,所以 $R' \gg R$。外界电阻对电感 L_q 的分路作用很小,石英谐振器仍然可以保证有高的品质因数 Q。

图 4-24　R 折合到电感 L_q 两端的电阻 R'

4.7　石英晶体振荡器电路

石英晶体振荡器就是以石英晶体谐振器取代 LC 振荡器中构成谐振回路的电感,电容元件所组成的正弦波振荡器,它的频率稳定度可达 $10^{-10} \sim 10^{-11}$ 数量级,所以得到极为广泛的应用。它之所以具有极高的频率稳定度,其关键是采用了石英晶体这种具有高 Q 值的谐振元件。

由石英谐振器(石英晶体振子)构成的振荡电路通常叫晶振电路。晶体振荡器电路的种类很多,但从晶体在电路中的作用来看分两类:一类是工作在晶体并联谐振频率附近,晶体等效为电感的情况,叫做并联晶振电路;另一类是工作在晶体串联谐振频率附近,晶体近乎于短路的情况,叫做串联晶振电路。

4.7.1　并联型晶振电路

1. 皮尔斯(Pierce)振荡电路

这种电路由晶体与外接电容器或线圈构成并联谐振回路,按三点线路的连接原则组成振荡器,晶体等效为电感。在理论上可以构成三种类型的基本电路,但在实际应用中常用的是如图 4-25 所示的电路,称皮尔斯电路。这种电路不需外接线圈,而且频率稳定度较高。

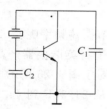

图 4-25　并联晶体振荡器原理电路图

图 4-26(a)给出了这种电路的实例。这里,晶体等效为电感,晶体与外接电容(包括 4.5/20pF 与 20pF 两个小电容)和 C_1,C_2 组成并联回路,其振荡频率应落在 f_p 与 f_s 之间。

(1) 振荡频率 f_0 的确定

图 4-26(c)是图 4-26(a)、(b)中谐振回路的等效电路。该谐振回路的电感就是 L_q,而谐振回路的总电容 C_Σ 应由 C_q,C_0 及外接电容 C,C_1,C_2 组合而成。C_Σ 由下式确定:

$$\frac{1}{C_\Sigma} = \frac{1}{C_q} + \cfrac{1}{C_0 + \cfrac{1}{\cfrac{1}{C} + \cfrac{1}{C_1} + \cfrac{1}{C_2}}} \qquad (4-48)$$

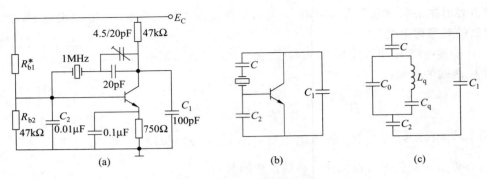

图 4-26　并联晶体振荡器实例

选择电容时，$C \ll C_1$，$C \ll C_2$，因此式(4-48)可近似为

$$\frac{1}{C_\Sigma} \approx \frac{1}{C_q} + \frac{1}{C_0 + C} = \frac{C_q + C_0 + C}{C_q(C_0 + C)}$$

所以

$$f_0 = \frac{1}{2\pi \sqrt{L_q \dfrac{C_q(C_0 + C)}{C_q + C_0 + C}}} \tag{4-49}$$

（2）f_0 总是处在 f_p 与 f_s 两频率之间

调节 C 可使 f_0 产生很微小的变动。如果 C 很大，取 $C \to \infty$ 代入式(4-49)可得 f_0 的最小值为

$$f_0 \approx \frac{1}{2\pi \sqrt{L_q C_q}} = f_s$$

即晶体串联谐振频率；若 C 很小，取 $C \approx 0$ 代入式(4-49)可得 f_0 的最大值为

$$f_0 \approx \frac{1}{2\pi \sqrt{L_q \dfrac{C_q C_0}{C_q + C_0}}} = f_p$$

即晶体并联谐振频率。可见，无论怎样调节 C，f_0 总是处于晶体 f_p 与 f_s 的两频率之间。只有在 f_p 附近，晶体才具有并联谐振回路的特点。

（3）微调频率问题

由上面分析可知，调节 C 可以改变振荡器的频率。为什么要调节振荡频率呢？

第一，由晶体组成的并联谐振回路的振荡频率一般不能正好等于石英谐振器产品指标给出的标称频率，有一个很小的差别，需要用负载电容进行校正。对于图 4-26 所示电路实际接入的负载电容等于 C，晶体的标称频率为 1MHz，适当调节 C 从 24.5pF 到 44.5pF 左右，就可使振荡频率达到标称值 1MHz。

第二，晶体的物理、化学性能虽然稳定，但是温度的变化仍会改变它的参数，振荡频率不免会有较慢的变化。

2. 密勒(Miller)振荡电路

图 4-27 是另一种并联型晶振电路，该电路中晶体连接在基极和发射极之间。$L_1 C_1$

并联回路连接在集电极和发射极之间,只要晶体呈现感性即可构成电感三点式电路。此电路又称密勒振荡电路。由于晶体并接在输入阻抗较低的晶体管 be 间,降低了有载品质因数,与皮尔斯振荡电路相比,频率稳定度较低。

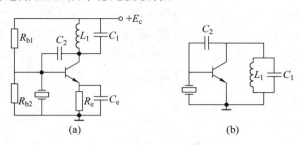

图 4-27　密勒振荡电路

4.7.2　串联型晶振电路

晶体工作在串联谐振频率附近,阻抗呈短路,构成正反馈产生振荡。

串联型晶体振荡器的一种方框图如图 4-28 所示。因为是两级共射放大器,所以输出电压与输入电压同相。输出经石英谐振器和负载电容 C_L 反馈到输入端,这个反馈是正反馈。由于石英谐振器的选频作用,只有在石英谐振器和负载电容所决定的串联谐振频率上,串联阻抗最小,正反馈最强。因此,在这个频率上产生振荡。

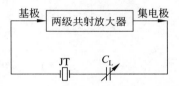

图 4-28　串联型晶体振荡器的一种方框图

图 4-29 是某载波机用的 9kHz 串联型晶体振荡器的电路图。9kHz 石英谐振器串接在两级共射放大器的正反馈电路之间,第一级放大器集电极负载用 LC 调谐回路,利用它的选频作用,输出端得到了波形较好的正弦波电压。调节 C_L,可以使频率达到标称值。这个电路选取不同的晶体可使工作频率在十几千赫到几百千赫之间变化。

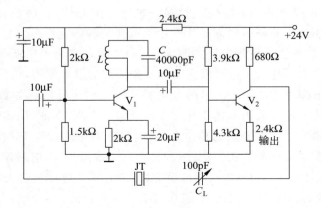

图 4-29　串联型晶体振荡器实例(一)

另一类串联晶振电路是按三点线路形式构成的,图 4-30(a)给出了一个实例,它的交流等效电路如图 4-30(b)所示。这种电路很类似于电容三点式振荡器。区别仅在于两个分压电容的抽头是经过石英谐振器接到晶体管发射极的,由此构成正反馈通路。C_1 与 C_2 并联,再与 C_3 串联,然后与 L 组成并联谐振回路,调谐在振荡频率。当振荡频率等于石英谐振器的串联谐振频率时,晶体呈现纯电阻,阻抗最小,正反馈最强,相移为零,满足相位条件。因此振荡器的频率稳定度主要由石英谐振器来决定。在其他频率,不能满足振荡条件。用图 4-30 所示电路中标出的元件数值,可得到 1MHz 的振荡频率,适当选取电路参数可使振荡频率高达几十兆赫。

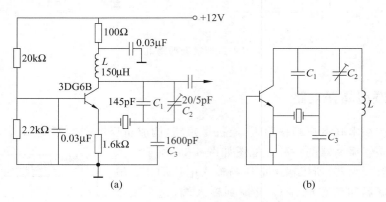

图 4-30　串联型晶体振荡器实例(二)

4.7.3　泛音晶振电路

所谓泛音,是指石英片振动的机械谐波。它与电气谐波的主要区别是,电气谐波与基频是整数倍的关系,且谐波和基波同时并存;而泛音是在基频奇数倍附近,且两者不能同时并存。

石英谐振器的频率越高,则要求晶片越薄,力学性能越差,用在电路中易于振碎。一般晶体频率不超过 30MHz。为了提高晶振电路的工作频率,可使电路振荡频率工作在晶体的谐波(一般在 3～7 次谐波)频率上,这是一种特制的晶体,称做泛音晶体(例如 JA12型)。这样就可利用几十兆赫基频的晶片产生上百兆赫的稳定振荡。

并联型泛音晶体振荡器原理电路如图 4-31(a)所示。它与皮尔斯振荡器不同之处是用 L_1C_1 谐振回路代替了电容 C_1,而根据三点式振荡器的组成原则,该谐振回路应该呈容性阻抗。图 4-31(b)所示为 L_1C_1 回路的电抗特性图中横坐标所标的数值对晶振基波频率 f_{01} 进行了归一化。假如要求晶体工作在 5 次泛音,则调谐好的 L_1C_1 回路对 3 次泛音呈现感性阻抗,不满足三点式电路的相位条件,电路不能起振;而对 5 次泛音,L_1C_1 回路又相当一电容,即满足了起振的相位条件,若又满足了振幅条件,电路才可以振荡。

至于 7 次及以上的泛音,L_1C_1 回路虽呈容性,但其等效电容量过大,致使电容分压比 n 过小,不满足振幅起振条件,因而也不能在这些频率上振荡。

用泛音晶振也可以组成串联型泛音晶体振荡器,其电路图类似于图 4-30,不同的是 LC 回路应调谐在需要的 n 次泛音上,其频率稳定度仍由晶体控制,可以做得很高。

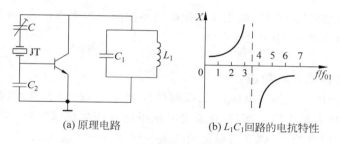

(a) 原理电路   (b) L_1C_1 回路的电抗特性

图 4-31 并联型泛音晶体振荡器

4.8 陶瓷振子和陶瓷振子电路

采用压电陶瓷元件作为振荡槽路及选频网络,具有频率稳定性好、选频尖锐和调试简单的优点。但是其抗振性能较差。

4.8.1 压电陶瓷元件的特性

压电陶瓷元件是由一种特殊的陶瓷材料(如锆钛酸铅)构成,通常做成片状(长条形或圆形)。在其两面涂以银层,作为电极,引出接线端子。压电陶瓷具有压电效应,既能将机械的作用转换成电效应,也能将电的作用转换成机械效应。今将它们转换的物理过程分述如下:

1. 机械作用转换成电效应

设在陶瓷片上施加机械力 F(拉力或压缩力),如图 4-32(a)所示(图中为施加拉力的情况),则陶瓷材料内部的晶体结构在外力作用下发生变形,造成晶体结构中的正负电荷发生有规则的相对位移,称为极化。结果在陶瓷片的两侧分别出现正、负电荷,极化造成的电荷是束缚电荷,不能离开陶瓷介质,但它可以在两面导电极板上感应出符号相反的自由电荷。如果改变机械作用力的方向,则内部极化的方向以及表面电极上感应电荷的极性也改变。

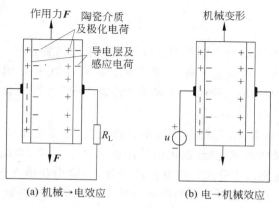

(a) 机械→电效应   (b) 电→机械效应

图 4-32 压电效应示意图

131

设机械力作周期性的变化,则感应电荷极性亦按同一频率变化,电荷的变化在外电路中造成电流,机械力越大,则电流也越大。

2. 电作用转换成机械效应

设在陶瓷片的极板上加一电压 u,其瞬时极性如图 4-32(b)所示,则在陶瓷介质内建立起电场。在电场力的作用下,陶瓷介质将发生极化并产生机械变形(伸长或收缩,图中为伸长)。当 u 的极性改变,则介质极化及机械变形的方向亦改变。

设 u 为某一频率的交流信号,则陶瓷片亦按同一频率伸缩,形成机械振动。u 越大,则振动越强。物体的振动有一个固有频率,如果所加电压 u 的频率正好等于其固有频率,则很小的 u 就可使陶瓷片发生很强的振动,即处于共振状态。强的振动又造成强的电流,此时在外电路得到最大的电流,其情况如同 RLC 串联谐振电路一样,所以,一片陶瓷元件可以用一个 RLC 串联电路等效,其等效参数分别由机械振动的阻尼、惯性和弹性等特点所决定。考虑到极板间还有静电电容 C_0,完全的等效电路应由 RLC 和 C_0 并联组成,如图 4-33(b)所示。图 4-33(a)为二端陶瓷元件的表示符号。

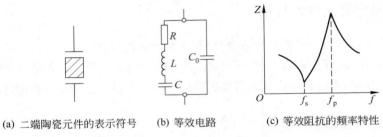

(a) 二端陶瓷元件的表示符号　　(b) 等效电路　　(c) 等效阻抗的频率特性

图 4-33　二端陶瓷元件的等效电路及其频率特性

由于并联电容 C_0 的存在,电路不仅表现出串联的谐振现象,而且还出现并联谐振。在高于串联谐振点的频率下,RLC 支路呈感性;而当其等效感抗等于 C_0 支路的容抗时,便发生并联谐振。故一个二端陶瓷元件有一个串联谐振频率(f_s)和一个并联谐振频率(f_p),在这两个频率下,其等效阻抗 Z 分别具有极小值和极大值,如图 4-33(c)所示。

4.8.2　陶瓷振子

上述由一个陶瓷片构成的二端陶瓷元件是最简单的陶瓷选频元件,可用于要求不高的场合。广泛应用的是三端陶瓷元件,它是由两片陶瓷片 A 和 B 用导电胶粘合起来。由粘合面引出的端子作为公共端,而由另两面引出的端子分别作输入和输出端,如图 4-34(a)所示,其代表符号见图 4-34(b)。

输入信号 u 加在 A 片上,它将电能转换成机械能,并发生振动。振动通过粘合面传到 B 片,它将机械能又转换成电能,输出给外接负载 R_L。同样,当信号频率与陶瓷片的固有频率相等时,可以得到最大输出。在共振的条件下,输出和输入信号间可能是同相位,也可能有 180°相位差,这要视该元件是由陶瓷片的哪两个面粘合起来而定。这样的三端元件可用于振荡器,并称之为陶瓷振子。

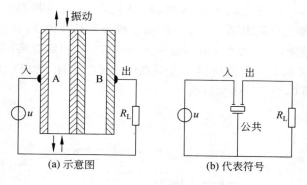

图 4-34　三端陶瓷元件

4.8.3　陶瓷振子振荡电路

图 4-35 所示为陶瓷振子振荡电路。其集电极槽路调谐于陶瓷振子的频率。副边有两个线圈,一个为输出线圈,另一个为反馈线圈,通过三端陶瓷振子选频反馈至 V 的基极。其振荡频率基本上等于陶瓷振子的频率,因为在此频率下的反馈量最大且相位可以满足振荡条件。集电极槽路的调谐状况对振荡频率有一定影响,但与振子比起来是次要的,可作频率微调用。R_1,C_2 组成低通滤波器,有抑制陶瓷振子其他高频模式的作用(由于物体的振动可以有若干种不同的模式,如横向振动、纵向振动、弯曲振动等,相应地,一片陶瓷元件可以具有若干种不同的串联和并联谐振频率。在实际工作中,当旨在应用某一振动模式时,应采取措施将其他模式抑制下去)。C_1,C_2 亦可微调频率。

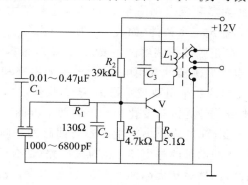

图 4-35　陶瓷振子振荡电路

4.9　单片集成振荡电路 E1648

单片集成振荡器 E1648 是 ECL 中规模集成电路。

图 4-36 所示是利用 E1648 组成的正弦波振荡器。振荡频率 $f_0 = \dfrac{1}{2\pi \sqrt{L_1(C_1 + C_i)}}$,

其中 $C_i \approx 6pF$ 是 10，12 脚之间的输入电容。E1648 的最高振荡频率可达 225MHz。E1648 有 1 脚与 3 脚两个输出端。由于 1 脚和 3 脚分别是片内 V_1 管的集电极和发射极，所以 1 脚输出电压的幅度可大于 3 脚的输出。当然，L_2C_2 回路应调谐在振荡频率 f_0 上。

如果 10 脚与 12 脚外接包括变容二极管在内的 LC 元件，可以构成压控振荡器。显然，利用 E1648 也可以构成晶体振荡器。

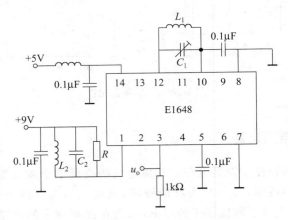

图 4-36　利用 E1648 组成的正弦波振荡器

本 章 小 结

1. 反馈振荡器是由放大器和反馈网络组成的具有选频能力的正反馈系统。反馈振荡器必须满足起振、平衡和稳定三个条件(如表 4-1 所示)。

2. 三点式振荡器是 LC 正弦波振荡器的主要形式，要求掌握三点式振荡器的组成原则，电容三点式和电感三点式振荡器的常用电路、交流等效电路和优缺点等。

3. 频率稳定度是振荡器的一个重要技术指标，提高频稳度的措施包括减小外界因素变化的影响和提高电路本身抗外界因素变化影响能力两个方面。

4. 为了提高频率稳定度，首先从减小寄生电容对回路的影响入手，提出了改善普通三点式振荡电路频率稳定性的两种改进电路：克拉泼电路(适合于作固定频率振荡器)和西勒电路(可作波段振荡器)。然后从提高回路有载 Q 值出发，设计出高稳定度的石英晶体振荡器。

5. 石英晶体振荡电路可分为并联型和串联型两种形式。前一种形式，晶体在振荡器中起高 Q 电感器作用；而后一种形式的电路，晶体起高 Q 短路器作用。晶体振荡器的频率稳定度高，但振荡频率的可调范围窄。泛音晶振(利用石英谐振器的泛音振动特性对频率实行控制的振荡器，称为泛音晶体振荡器)可用于产生较高频率振荡，但需采取措施抑制低次谐波振荡，保证其只谐振在所需要的工作频率上。

6. 采用压电陶瓷元件作为振荡槽路和选频网络，具有频率稳定性好、选频尖锐和调试简单的优点。但是其抗震性能较差。

7. 集成电路正弦波振荡器电路简单，调试方便，使用时需外加 LC 元件组成选频网络。

思考题与习题

4-1　为什么晶体管振荡器大都采用固定偏置与自偏置的混合偏置电路？

4-2　为什么兆赫级以上的振荡器很少用 RC 振荡电路？

4-3　反馈型 LC 自激振荡器在起振后，往往出现反向偏压，试从理论上予以解释。

4-4　确定晶体管振荡器中器件和振荡回路耦合时，应从哪些方面考虑？

4-5　为什么 LC 振荡器中的谐振放大器一般是工作在失谐状态？它对振荡器的性能指标有何影响？

4-6　LC 振荡器的振幅不稳定，是否会影响频率稳定？为什么？

4-7　作高频炉用的大功率振荡器，当调整电路使负载电阻等于器件的输出电阻时，是否能获得大功率输出？并说明理由。

4-8　如图 4-9 所示的电容反馈振荡器，电路中 $C_1 = 100\text{pF}, C_2 = 300\text{pF}, L = 50\mu\text{H}$，求该电路的振荡频率和维持振荡所必需的最小放大倍数 $K_{\min}$。

4-9　利用相位平衡条件的判断准则，判断图题 4-9 中所示的三点式振荡器交流等效电路，哪个是错误的(不可能振荡)？哪个是正确的(有可能振荡)？属于哪种类型的振荡电路？有些电路应说明在什么条件下才能振荡？

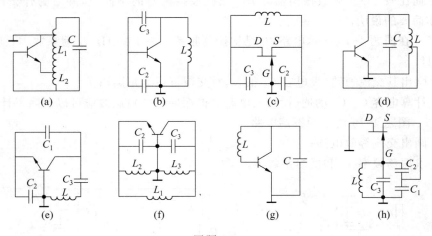

图题 4-9

4-10　图题 4-10 表示三回路振荡器的交流等效电路，假定有以下六种情况：

(1) $L_1 C_1 > L_2 C_2 > L_3 C_3$

(2) $L_1 C_1 < L_2 C_2 < L_3 C_3$

(3) $L_1 C_1 = L_2 C_2 = L_3 C_3$

(4) $L_1 C_1 = L_2 C_2 > L_3 C_3$

(5) $L_1C_1 < L_2C_2 = L_3C_3$

(6) $L_2C_2 < L_3C_3 < L_1C_1$

试问哪几种情况可能振荡？等效为哪种类型的振荡电路？其振荡频率与各回路的固有谐振频率之间有什么关系？

4-11 图题 4-11 是哈特莱振荡器的改进电路原理图。

(1) 试根据相位判别规则说明它可能产生振荡；

(2) 画出它的实际电路。

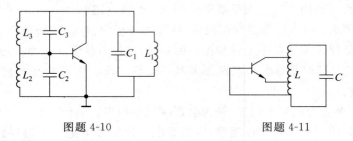

图题 4-10   图题 4-11

4-12 以克拉泼振荡器为例说明改进型电容三点式电路为什么可以提高频率稳定度？

4-13 画出并联改进型电容反馈三点式振荡电路图(西勒电路)，写出其振荡频率表达式，并说明这种电路为什么在波段范围内幅度比较平稳？

4-14 试从工作频率范围、器件的工作状态、改善输出波形的措施、对放大器的要求等几个方面比较 LC 正弦波振荡器和 RC 正弦波振荡器的不同点，并对为什么产生这些不同点作简要的说明。

4-15 在图题 4-15 所示电路中，已知振荡频率 $f_0 = 100\text{kHz}$，反馈系数 $F = 1/2$，电感 $L = 50\text{mH}$。

(1) 画出其交流通路(设电容 C_b 很大，对交流可视为短路)；

(2) 计算电容 C_1、C_2 的值(设放大电路对谐振回路的负载效应可以忽略不计)。

4-16 图题 4-16 所示为振荡电路。

(1) 画出交流等效电路；

(2) 求振荡频率 f_0 和反馈系数 F。

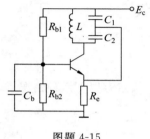
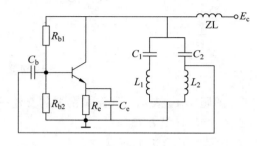

图题 4-15   图题 4-16

4-17　在图题 4-17 所示振荡电路中，已知 $C_1 = 508\text{pF}$，$C_2 = 2211\text{pF}$。

(1) 要使振荡频率 $f_0 = 500\text{kHz}$，回路电感 L 应为多少？

(2) 计算反馈系数 F，若把 F 减小到 $F' = \dfrac{1}{2}F$，应如何修改电路元件参数？

(3) R_c 的作用是什么？能否用扼流圈代替？如不能，说明原因；如可以，比较两者的优缺点。

(4) 若输出线圈的匝数比 $N_2/N_1 \ll 1$，用数字频率计从 2—2 端测得频率值为 500kHz，从 1 端到地测得频率值为 490kHz，解释为什么两个结果不一样，哪一种测量结果更合理。

4-18　泛音晶体振荡器的电路构成有什么特点？

4-19　用石英晶体稳频，如何保证振荡一定由石英晶体控制？

4-20　在图题 4-20 所示晶体振荡电路中，已知晶体与 C_1 构成并联谐振回路，其谐振电阻 $R_0 = 80\text{k}\Omega$，$R_f/R_1 = 2$。

(1) 分析晶体的作用；

(2) 为满足起振条件，R_2 应小于多少？（设集成运放是理想的）

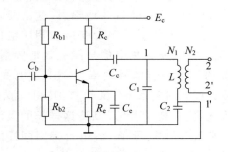

图题 4-17

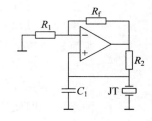

图题 4-20

第 5 章　振幅调制与解调

5.1　概述

通信的任务就是传递各种信息,根据信息传输方式的不同,通信可以分为两大类:无线通信和有线通信。如果电信号是依靠电磁波传送的,称为无线通信;如果电信号是依靠导线(架空明线、电缆、光缆等)传送的,称为有线通信。

对于无线通信,根据电磁波理论知道,只有天线实际长度与电信号的波长可比拟时,电信号才能以电磁波形式有效地辐射,这就要求原始电信号必须有足够高的频率。但是人的讲话声音变换为相应电信号的频率较低,最高也只有几千赫。为了使这种电信号能有效地辐射,就必须制造与该信号波长相比拟的天线。若信号频率为 1kHz,由式(1-1)波长 λ、频率 f 和电磁波传播速度 c 的关系 $c=f\lambda$ 可知,其相应波长 λ 为 300km,若采用 1/4 波长的天线,就需要 75km。制造这样长的天线是很困难的。即使那样长的天线能制造出来,那么,各电台都用同样的频率发射,在空间会形成干扰,接收端将无法收到想收的信号。因此,为了减少制造天线的困难,且使各电台所发射的信号不致混淆,需要将语音信号搬移到不同的高频段。

有线通信虽然可以传输语音之类的低频信号,但一条信道只传输一路信号太不经济,利用率太低,所以有线通信也需要将各路语音信号搬移到不同的频段,以实现多路信号一线传输而又不互相干扰的要求。

本章介绍的调制、解调过程就是将低频信号搬移到高频段或从高频段搬移到低频段的过程。

调制过程是用被传送的低频信号去控制高频振荡器,使高频振荡器输出信号的参数(幅度、频率、相位)相应于低频信号的变化而变化,从而实现低频信号搬移到高频段,被高频信号携带传播的目的。完成调制过程的装置叫调制器。

解调过程是调制的反过程,即把低频信号从高频载波上搬移下来的过程。解调过程在收信端,实现解调的装置叫解调器。

调制器和解调器必须由非线性元器件构成,它们可以是二极管或工作在非线性区域的三极管。近年来集成电路在模拟通信中得到了广泛应用,调制器、解调器都可用模拟乘法器来实现。

5.2 调幅信号的分析

振幅调制就是用低频调制信号去控制高频载波信号的振幅,使载波的振幅随调制信号成正比地变化。经过振幅调制的高频载波称为振幅调制波(简称调幅波)。调幅波有普通调幅波(amplitude modulation,AM)、抑制载波的双边带调幅波(DSB/SC—AM)和抑制载波的单边带调幅波(SSB/SC—AM)三种。下面逐个讨论。

5.2.1 普通调幅波

1. 调幅波的表达式、波形

设调制信号为单一频率的余弦波:

$$u_\Omega(t) = U_{\Omega m}\cos\Omega t = U_{\Omega m}\cos 2\pi F t \tag{5-1}$$

载波信号为

$$u_c(t) = U_{cm}\cos\omega_c t = U_{cm}\cos 2\pi f_c t \tag{5-2}$$

为了简化分析,设两者波形的初相角均为零,因为调幅波的振幅和调制信号成正比,由此可得调幅波的振幅为

$$
\begin{aligned}
U_{AM}(t) &= U_{cm} + k_a U_{\Omega m}\cos\Omega T \\
&= U_{cm}\left(1 + k_a\frac{U_{\Omega m}}{U_{cm}}\cos\Omega t\right) \\
&= U_{cm}(1 + m_a\cos\Omega t)
\end{aligned}
\tag{5-3}
$$

式中,

$$m_a = k_a\frac{U_{\Omega m}}{U_{cm}}$$

其中,m_a 称为调幅指数或调幅度,它表示载波振幅受调制信号控制的程度,k_a 为由调制电路决定的比例常数。由于实现振幅调制后载波频率保持不变,因此已调波的表示式为

$$u_{AM}(t) = U_{AM}(t)\cos\omega_c t = U_{cm}(1 + m_a\cos\Omega t)\cos\omega_c t \tag{5-4}$$

可见,调幅波也是一个高频振荡,而它的振幅变化规律(即包络变化)是与调制信号完全一致的。因此调幅波携带着原调制信号的信息。由于调幅指数 m_a 与调制电压的振幅成正比,即 $U_{\Omega m}$ 越大,m_a 越大,调幅波幅度变化越大,m_a 小于或等于 1。如果 $m_a > 1$,调幅波产生失真,这种情况称为过调幅,在实际工作中应当避免产生过调幅。调幅波的波形如图 5-1 所示。

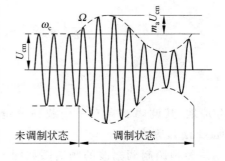

图 5-1 调幅波的波形

2. 调幅波的频谱

由式(5-4)展开得

$$u_{AM}(t) = U_{cm}\cos\omega_c t + \frac{1}{2}m_a U_{cm}\cos(\omega_c + \Omega)t + \frac{1}{2}m_a U_{cm}\cos(\omega_c - \Omega)t \tag{5-5}$$

可见,用单音频信号调制后的已调波,由三个高频分量组成,除角频率为 ω_c 的载波以外,还有$(\omega_c + \Omega)$和$(\omega_c - \Omega)$两个新角频率分量。其中一个比 ω_c 高,称为上边频分量;一个比 ω_c 低,称为下边频分量。载波频率分量的振幅仍为 U_{cm},而两个边频分量的振幅均为 $\frac{1}{2}m_a U_{cm}$。

因 m_a 的最大值只能等于 1,所以边频振幅的最大值不能超过 $\frac{1}{2}U_{cm}$,将这三个频率分量用图画出,便可得到图 5-2 所示的频谱图。在这个图上,调幅波的每一个正弦分量用一个线段表示,线段的长度代表其幅度,线段在横轴上的位置代表其频率。

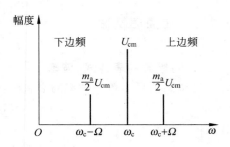

图 5-2 普通调幅波的频谱图

以上分析表明,调幅的过程就是在频谱上将低频调制信号搬移到高频载波分量两侧的过程。

显然,在调幅波中,载波并不含有任何有用信息,要传送的信息只包含于边频分量中。边频的振幅反映了调制信号幅度的大小,边频的频谱虽属于高频范畴,但反映了调制信号频率的高低。

由图 5-2 可见,在单频调制时,其调幅波的频带宽度为调制信号频谱的两倍,即 $B = 2F$。实际上调制信号不是单一频率的正弦波,而是包含若干频率分量的复杂波形(例如实际的话音信号就很复杂),在多频调制时,如由若干个不同频率 $\Omega_1, \Omega_2, \cdots, \Omega_k$ 的信号所调制,其调幅波方程为

$$u_{AM}(t) = U_{cm}(1 + m_{a1}\cos\Omega_1 t + m_{a2}\cos\Omega_2 t + \cdots)\cos\omega_c t \tag{5-6}$$

相乘展开后得到

$$u_{AM}(t) = U_{cm}\cos\omega_c t + \frac{m_{a1}}{2}U_{cm}\cos(\omega_c + \Omega_1)t + \frac{m_{a1}}{2}U_{cm}\cos(\omega_c - \Omega_1)t$$

$$+ \frac{m_{a2}}{2}U_{cm}\cos(\omega_c + \Omega_2)t + \frac{m_{a2}}{2}U_{cm}\cos(\omega_c - \Omega_2)t$$

$$\vdots$$

$$+ \frac{m_{ak}}{2}U_{cm}\cos(\omega_c + \Omega_k)t + \frac{m_{ak}}{2}U_{cm}\cos(\omega_c - \Omega_k)t \tag{5-7}$$

相应地,其调幅波含有一个载频分量及一系列的高低边频分量$(\omega_c \pm \Omega_1), (\omega_c \pm \Omega_2), \cdots$ $(\omega_c \pm \Omega_k)$,等等。

多频调制调幅波的频谱图如图 5-3 所示。由此可以看出,一个调幅波实际上是占有某一个频率范围,这个范围称为频带。总的频带宽度为最高调制频率的两倍,即 $B =$

$2F_{max}$,这个结论很重要。因为在接收和发送调幅波的通信设备中,所有选频网络应当不但能通过载频,而且还要能通过边频成分。如果选频网络的通频带太窄,将导致调幅波的失真。

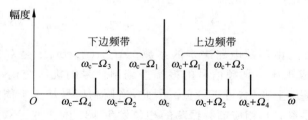

图 5-3　多频调制调幅波的频谱图

调制后调制信号的频谱被线性地搬移到载频的两边,成为调幅波的上、下边带。所以,调幅的过程实质上是一种频谱搬移的过程。

3. 调幅波的功率

如果将调幅波电压加于负载电阻 R_L 上,则由电工基础中非正弦波电路理论可知,负载电阻吸收的功率为各项正弦分量单独作用时功率之和。对于式(5-5),便可写出 R_L 上获得的功率,它包括三个部分:

载波分量功率

$$P_c = \frac{1}{2}\frac{U_{cm}^2}{R_L} \tag{5-8}$$

上边频分量功率

$$P_1 = \frac{1}{2}\left(\frac{m_a}{2}U_{cm}\right)^2\frac{1}{R_L} = \frac{1}{8}\frac{m_a^2 U_{cm}^2}{R_L} = \frac{1}{4}m_a^2 P_c$$

下边频分量功率

$$P_2 = \frac{1}{2}\left(\frac{m_a}{2}U_{cm}\right)^2\frac{1}{R_L} = \frac{1}{8}\frac{m_a^2 U_{cm}^2}{R_L} = \frac{1}{4}m_a^2 P_c$$

因此,调幅波在调制信号的一个周期内给出的平均功率为

$$P = P_c + P_1 + P_2 = \left(1 + \frac{m_a^2}{2}\right)P_c \tag{5-9}$$

可见,边频功率随 m_a 的增大而增加,当 $m_a = 1$ 时,边频功率为最大,即 $P = \frac{3}{2}P_c$。这时上、下边频功率之和只有载波功率的一半,也就是说,用这种调制方式,发送端发送的功率被不携带信息的载波占去了很大的比例,显然,这是很不经济的。但由于这种调制设备简单,特别是解调更简单,便于接收,所以它仍在某些领域中广泛应用。

5.2.2　抑制载波双边带调幅(DSB/SC—AM)

由于载波不携带信息,因此,为了节省发射功率,可以只发射含有信息的上、下两个边带,而不发射载波,这种调制方式称为抑制载波的双边带调幅,简称双边带调幅,用 DSB

表示。可将调制信号 u_Ω 和载波信号 u_c 直接加到乘法器或平衡调幅器电路得到。双边带调幅信号写为

$$u_{\mathrm{DSB}}(t) = Au_\Omega u_c = AU_{\Omega m}\cos\Omega t U_{cm}\cos\omega_c t$$

$$= \frac{1}{2}AU_{\Omega m}U_{cm}[\cos(\omega_c+\Omega)t+\cos(\omega_c-\Omega)t] \qquad (5\text{-}10)$$

式(5-10)中，A 为由调幅电路决定的系数；$AU_{\Omega m}U_{cm}\cos\Omega t$ 是双边带高频信号的振幅，它与调制信号成正比。高频信号的振幅按调制信号的规律变化，不是在 U_{cm} 的基础上，而是在零值的基础上变化，可正可负。因此，当调制信号从正半周进入负半周的瞬间（即调幅包络线过零点时），相应高频振荡的相位发生 180°的突变。双边带调幅的调制信号、调幅波如图 5-4 所示。由图可见，双边带调幅波的包络已不再反映调制信号的变化规律。

图 5-5 为 DSB/SC—AM 的频谱图。

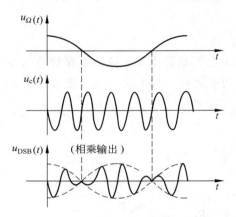

图 5-4　双边带调幅的调制信号的调幅波

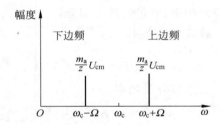

图 5-5　DSB/SC—AM 的频谱图

由以上讨论可以看出 DSB/SC—AM 调制信号有如下特点：

（1）DSB/SC—AM 信号的幅值仍随调制信号而变化，但与普通调幅波不同，DSB/SC—AM 的包络不再反映调制信号的形状，仍保持调幅波频谱搬移的特征。

（2）在调制信号的正负半周，载波的相位反相，即高频振荡的相位在 $u_\Omega(t)=0$ 瞬间有 180°的突变。

（3）对 DSB/SC—AM 调制，信号仍集中在载频 ω_c 附近，所占频带为

$$B_{\mathrm{DSB}} = 2F_{\max}$$

由于 DSB/SC—AM 调制抑制了载波，输出功率是有用信号，它比普通调幅经济，但在频带利用率上没有什么改进。为进一步节省发送功率，减小频带宽度，提高频带利用率，下面介绍单边传输方式。

5.2.3　抑制载波单边带调幅(SSB/SC—AM)

进一步观察双边带调幅波的频谱结构发现,上边带和下边带都反映了调制信号的频谱结构,因而它们都含有调制信号的全部信息。从传输信息的观点看,可以进一步把其中的一个边带抑制掉,只保留一个边带(上边带或下边带)。无疑这不仅可以进一步节省发射功率,而且频带的宽度也缩小了一半,这对于波道特别拥挤的短波通信是很有利的。这种既抑制载波又只传送一个边带的调制方式,称为单边带调幅,用 SSB 表示。

获得单边带信号常用的方法有滤波法和移相法,现简述采用滤波法实现 SSB 信号。

调制信号 u_Ω 和 u_c 经乘法器(或平衡调幅器)获得抑制载波的 DSB 信号,再通过带通滤波器滤除 DSB 信号中的一个边带(上边带或下边带),便可获得 SSB 信号。当边带滤波器的通带位于载频以上时,提取上边带,否则提取下边带。

由此可见,滤波法的关键是高频带通滤波器,它必须具备这样的特性:对于要求滤除的边带信号应有很强的抑制能力,而对于要求保留的边带信号应使其不失真地通过。这就要求滤波器在载频处具有非常陡峭的滤波特性。用这种方法实现单边带调幅的数学模型如图 5-6 所示。

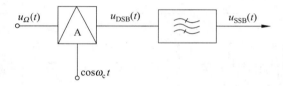

图 5-6　实现单边带调幅信号的数学模型

由式(5-10)可知,双边带信号为

$$u_{DSB}(t) = Au_\Omega u_c = AU_{\Omega m}\cos\Omega t U_{cm}\cos\omega_c t$$
$$= \frac{1}{2}AU_{\Omega m}U_{cm}[\cos(\omega_c + \Omega)t + \cos(\omega_c - \Omega)t]$$

通过边带滤波器后,就可得到上边带或下边带:

下边带信号

$$u_{SSBL}(t) = \frac{1}{2}AU_{\Omega m}U_{cm}\cos(\omega_c - \Omega)t \tag{5-11}$$

上边带信号

$$u_{SSBH}(t) = \frac{1}{2}AU_{\Omega m}U_{cm}\cos(\omega_c + \Omega)t \tag{5-12}$$

从上两式看出,SSB 信号的振幅与调制信号振幅 $U_{\Omega m}$ 成正比。它的频率随调制信号的频率不同而不同。

在通信和广播电视中应用一种残留边带调制技术,这将在后续课程中详细研究。

表 5-1 列出了在单音信号调制下三种已调信号的时域波形图及频谱示意图,以及多音信号调制下三种已调信号的频谱示意图。

表 5-1　三种调幅波时域、频域波形

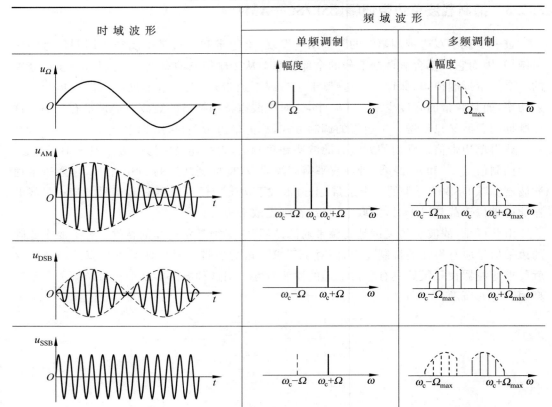

5.3　调幅波产生原理的理论分析

由前面的讨论已知,能产生调幅波的电路应具有相乘运算的功能,具有这种功能的器件和电路有多种,下面主要针对通信电子电路中应用较多的非线性器件和集成模拟乘法器进行分析。

分析非线性器件具有相乘功能可以产生调幅波理论的目的,在于了解产生调幅波的物理过程,说明各种频率成分出现的规律,为设计功能更为完善的电路提供方向。下面介绍几种常用的分析方法。

1. 幂级数分析法

设非线性器件的伏安特性为

$$i = f(u) \tag{5-13}$$

式中,$u = V_Q + u_1 + u_2$,其中 V_Q 是静态工作点电压,u_1 和 u_2 是两个输入信号电压(例如调制信号和载波)。若非线性器件的伏安特性用幂级数近似,则在静态工作点 V_Q 展开的泰勒级数为

$$i = f(V_Q + u_1 + u_2)$$

$$= a_0 + a_1(u_1 + u_2) + a_2(u_1 + u_2)^2 + \cdots + a_n(u_1 + u_2)^n + \cdots \quad (5\text{-}14)$$

式中，$a_0, a_1, \cdots, a_n, \cdots$ 是各次方项的系数，它们由下列通式表示：

$$a_n = \frac{1}{n!} \cdot \frac{\mathrm{d}^n f(u)}{\mathrm{d}u^n} \bigg|_{u=V_Q} = \frac{f^{(n)}(V_Q)}{n!} \quad (5\text{-}15)$$

由二项式定理知道

$$(u_1 + u_2)^n = \sum_{m=0}^{n} \frac{n!}{m!(n-m)!} u_1^{n-m} u_2^m \quad (5\text{-}16)$$

故式(5-14)可改写为

$$i = \sum_{n=0}^{\infty} \sum_{m=0}^{n} \frac{n!}{m!(n-m)!} a_n u_1^{n-m} u_2^m \quad (5\text{-}17)$$

由式(5-17)可见，当非线性器件同时输入两个电压信号时，器件的响应电流中存在着两个电压信号相乘项。例如，当 $n=2$，$m=1$ 时，$i=a_2 u_1 u_2$，该项即为产生调幅波的有用项。但响应电流中同时也存在着 $n \neq 2$，$m \neq 1$ 的许多无用相乘项，这些项是干扰信号。因此，非线性器件的相乘作用不理想，必须采取措施尽量减小这些无用项。在工程上常采取的措施如下。

（1）选用平方律特性好的非线性器件，例如场效应管；选择器件的合适工作点使它工作在特性接近平方律的区域。

（2）采用多个非线性器件组成的平衡电路、环形电路，抵消一部分无用组合频率分量。

（3）减小输入信号 u_1 和 u_2 的幅值，以便减小高阶相乘项及其产生的组合频率分量的强度。

2. 线性时变分析法

若将非线性器件的伏安特性 $i = f(V_Q + u_1 + u_2)$，在 $(V_Q + u_1)$ 上对 u_2 展开为泰勒级数，则

$$i = f(V_Q + u_1 + u_2)$$

$$= f(V_Q + u_1) + f'(V_Q + u_1)u_2 + \frac{1}{2!}f''(V_Q + u_1)u_2^2 + \cdots + \frac{1}{n!}f^n(V_Q + u_1)u_2^n + \cdots$$

$$(5\text{-}18)$$

式中

$$f(V_Q + u_1) = a_0 + a_1 u_1 + a_2 u_1^2 + \cdots + a_n u_1^n + \cdots = \sum_{n=0}^{\infty} a_n u_1^n \quad (5\text{-}19)$$

$$f'(V_Q + u_1) = a_1 + 2a_2 u_1 + \cdots + n a_n u_1^{n-1} + \cdots = \sum_{n=1}^{\infty} n a_n u_1^{n-1} \quad (5\text{-}20)$$

$$f''(V_Q + u_1) = 2a_2 + \cdots + n(n-1)u_1^{n-2} + \cdots$$

$$= \sum_{n=2}^{\infty} n(n-1)a_n u_1^{n-2} \quad (5\text{-}21)$$

若 u_2 足够小，可忽略 $f''(V_Q + u_1)$ 以上各项，则式(5-18)简化为

$$i \approx f(V_Q + u_1) + f'(V_Q + u_1)u_2 \quad (5\text{-}22)$$

式中，$f(V_Q + u_1)$，$f'(V_Q + u_1)$ 是与 u_2 无关的系数，但它们是 u_1 的函数，由于 u_1 是时间的

函数,故它们被称为时变系数或称为时变参量。其中 $f(V_Q+u_1)$ 是在 $u_2=0$ 时的电流,称做时变静态电流,用 $I_0(t)$ 表示;$f'(V_Q+u_1)$ 是在 $u_2=0$ 时的增量电导,称做时变增量电导或时变电导,用 $g(t)$ 表示。这样式(5-22)可表示为

$$i = I_0(t) + g(t)u_2 \tag{5-23}$$

由式(5-23)可见,i 与 u_2 呈线性关系,而系数却是时变的。因此,非线性器件的这种工作状态称做线性时变工作状态,用它构成的电路称为线性时变电路。

当 $u_1=U_{1m}\cos\omega_1 t$ 时,利用式(5-19)和式(5-20)的关系,$I_0(t)$,$g(t)$ 可表示为

$$I_0(t) = \sum_{n=0}^{\infty} a_n U_{1m}{}^n \cos^n \omega_1 t = I_{00} + I_{01}\cos\omega_1 t + I_{02}\cos2\omega_1 t + \cdots \tag{5-24}$$

$$g(t) = \sum_{n=1}^{\infty} n a_n U_{1m}{}^{n-1} \cos^{n-1} \omega_1 t = g_0 + g_1\cos\omega_1 t + g_2\cos2\omega_1 t + \cdots \tag{5-25}$$

非常明显,$g_1(t)=g_1\cos\omega_1 t$ 与 u_2 相乘是有用相乘项,可完成频谱搬移的功能,其余项为无用相乘项。时变分析法的关键是如何求得时变跨导的基波分量。一般是利用非线性器件的伏安特性(或转移特性)求得电导(或跨导)特性,即 g-u 关系,再将时变偏置代入求得时变跨导 $g(t)$,然后用傅里叶级数求系数的方法求得 $g_1(t)$,即

$$g_1(t) = \frac{1}{\pi}\int_{-\pi}^{\pi} g(t)\cos\omega_1 t \,\mathrm{d}\omega_1 t \tag{5-26}$$

3. 指数函数分析法

晶体二极管的伏安特性可表示为

$$i = I_S(\mathrm{e}^{\frac{qu}{kT}} - 1) \approx I_S \mathrm{e}^{\frac{qu}{kT}} \tag{5-27}$$

式中

$$u = V_Q + u_1 + u_2$$

如果二极管工作在线性时变状态,则式(5-27)可表示为

$$i = I_0(t) + g(t)u_2$$

式中

$$I_0(t) = I_S \mathrm{e}^{\frac{q(V_Q+u_1)}{kT}} = I_S \mathrm{e}^{\frac{qV_Q}{kT}} \mathrm{e}^{\frac{qu_1}{kT}} \tag{5-28}$$

令 $I_Q = I_S \mathrm{e}^{\frac{qV_Q}{kT}}$ 表示工作点电流,$x_1 = \dfrac{qU_{1m}}{kT}$ 表示归一化参考信号幅值,则

$$I_0(t) = I_Q \mathrm{e}^{x_1\cos\omega_1 t} \tag{5-29}$$

$$g(t) = \frac{\partial i}{\partial u}\bigg|_{u=V_Q+u_1} = \frac{qI_S}{kT}\mathrm{e}^{\frac{q(V_Q+u_1)}{kT}} = \frac{qI_S}{kT}\mathrm{e}^{\frac{qV_Q}{kT}}\mathrm{e}^{\frac{qu_1}{kT}} \tag{5-30}$$

令 $g_Q = \dfrac{qI_Q}{kT}$ 表示工作点增量电导,则

$$g(t) = g_Q \mathrm{e}^{x_1\cos\omega_1 t} \tag{5-31}$$

$$i = I_Q \mathrm{e}^{x_1\cos\omega_1 t} + g_Q \mathrm{e}^{x_1\cos\omega_1 t} u_2 \tag{5-32}$$

由于 $\mathrm{e}^{x_1\cos\omega_1 t}$ 的傅里叶级数展开式为

$$\mathrm{e}^{x_1\cos\omega_1 t} = a_0(x_1) + 2\sum_{n=1}^{\infty} a_n(x_1)\cos n\omega_1 t$$

式中,$a_n(x_1)$ 是 n 阶贝塞尔函数,代入式(5-32)中得

$$i = (I_Q + g_Q u_2)\Big[a_0(x_1) + 2\sum_{n=1}^{\infty} a_n(x_1)\cos n\omega_1 t\Big] \tag{5-33}$$

该式中包含有 $g_1(t) = 2g_Q a_1(x_1)\cos\omega_1 t$ 与 u_2 的相乘项,同样具有频谱搬移功能。

4. 开关函数近似分析法

当输入信号足够大时,晶体二极管的伏安特性可用图 5-7 近似表示。若 $V_Q = 0$,在 u_1 的作用下,$I_0(t)$ 是导通角为 $\pi/2$ 的尖顶余弦脉冲序列,$g(t)$ 是导通角为 $\pi/2$ 的矩形脉冲序列。用 $k_1(\omega_1 t)$ 表示高度为 1 的单向周期性方波,其傅里叶级数展开式为

$$k_1(\omega_1 t) = \frac{1}{2} + \frac{2}{\pi}\cos\omega_1 t - \frac{2}{3\pi}\cos 3\omega_1 t + \cdots$$

$$= \frac{1}{2}\Big[1 + \sum_{n=1}^{\infty}(-1)^{n+1}\frac{4}{(2n-1)\pi}\cos(2n-1)\omega_1 t\Big] \tag{5-34}$$

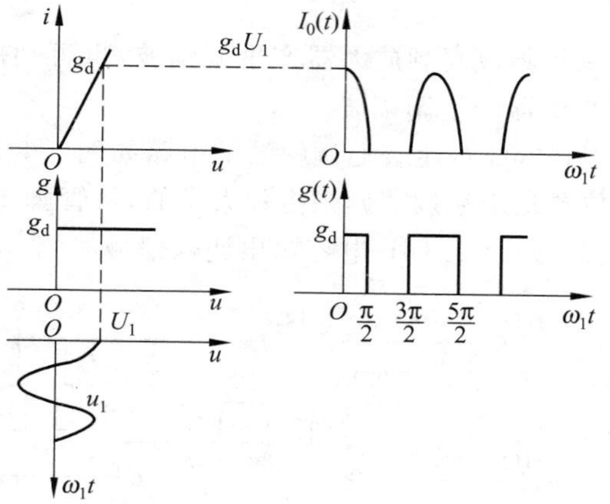

图 5-7　$I_0(t)$ 和 $g(t)$ 的波形

在线性时变状态,流过二极管的电流为

$$i = I_0(t) + g(t)u_2$$
$$= g_d k_1(\omega_1 t)(u_1 + u_2)$$
$$= g_d k_1(\omega_1 t)u_1 + g_d k_1(\omega_1 t)u_2$$

其中,

$$\begin{cases} I_0(t) = g_d k_1(\omega_1 t)u_1 \\ g(t) = g_d k_1(\omega_1 t) \end{cases} \tag{5-35}$$

式中,g_d 为二极管电导。$k_1(\omega_1 t)$ 的基波与 u_2 相乘项是有用项,可实现频谱搬移功能,其余项为无用相乘项。

应该指出的是,指数函数分析法和开关函数分析法都是线性时变分析法的特例。至于具体应用哪种方法,视输入信号的大小和多少而定。

5.4　普通调幅波的产生电路

在无线电发射机中,振幅调制的方法按功率电平的高低分为高电平调制电路和低电平调制电路两大类。前者是在发射机的最后一级直接产生达到输出功率要求的已调波;后者多在发射机的前级产生小功率的已调波,再经过线性功率放大器放大,达到所需的发射功率电平。

普通调幅波的产生多用高电平调制电路。它的优点是不需要采用效率低的线性放大器,有利于提高整机效率。但它必须兼顾输出功率、效率和调制线性的要求。低电平调制电路的优点是调幅器的功率小,电路简单。由于它输出功率小,常用在双边带调制和低电平输出系统,如信号发生器等。

5.4.1　低电平调幅电路

低电平调幅电路可采用集成高频放大器产生调幅波,也可利用模拟乘法器产生调幅波。下面分析利用模拟乘法器产生调幅波。

用双列直插型的 MC1596G 产生普通调幅波的电路如图 5-8 所示。其中管脚 1 和管脚 4 之间接的 51kΩ 电位器是用来调节调幅指数大小的,从管脚 1 加入调制信号,从管脚 10 加入载波信号,由管脚 6 通过 0.1μF 电容输出调幅信号。

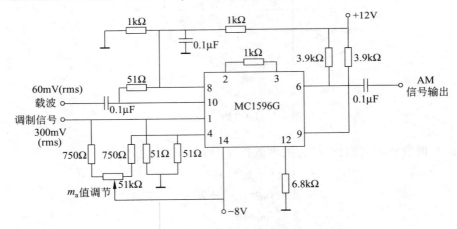

图 5-8　利用模拟乘法器产生调幅波

MC1596G 有两种形式,一种为金属圆壳封装型(有 10 个管脚),另一种为双列直插型(有 14 个管脚)。

MC1596G 的用途很广,它外接一些元器件既可构成产生普通调幅波的电路,也可构成产生抑制载波的双边带调幅波电路,还可构成同步检波电路以及构成混频器等。

国产模拟乘法器 XCC 和 MC1596G 类似,也可产生普通调幅波。

5.4.2　高电平调幅电路

高电平调幅电路是以调谐功率放大器为基础构成的,实际上它就是一个输出电压振幅受调制信号控制的调谐功率放大器。根据调制信号注入调幅器方式的不同,分为基极调幅、发射极调幅和集电极调幅三种,下面介绍基极调幅和集电极调幅。

1. 基极调幅电路

（1）基本工作原理

基极调幅电路如图 5-9 所示。由图可见,高频载波信号 u_ω 通过高频变压器 T_1 加到晶体管基极回路,低频调制信号 u_Ω 通过低频变压器 T_2 加到晶体管基极回路,C_b 为高频旁路电容,用来为载波信号提供通路。

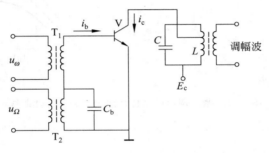

图 5-9　基极调幅电路

在调制过程中,调制信号 u_Ω 相当于一个缓慢变化的偏压(因为反偏压 $E_b=0$,否则综合偏压应是 E_b+u_Ω),使放大器的集电极脉冲电流的最大值 $i_{c\,max}$ 和导通角 θ 按调制信号的大小而变化。在 u_Ω 往正向增大时,$i_{c\,max}$ 和 θ 增大;在 u_Ω 往反向减少时,$i_{c\,max}$ 和 θ 减少,故输出电压幅值正好反映调制信号的波形。晶体管的集电极电流 i_c 波形和调谐回路输出的电压波形如图 5-10 所示,将集电极谐振回路调谐在载频 f_c 上,那么放大器的输出端便获得调幅波。

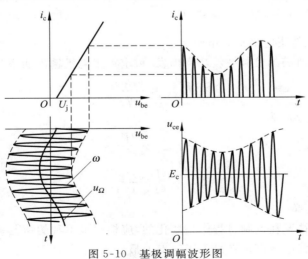

图 5-10　基极调幅波形图

（2）基极调幅调制特性和测量电路(图 5-11)

由图 5-11(b)所示静态基极调制特性曲线可以看出：调制特性曲线只有中间一段接近线性，而上部和下部都有较大的弯曲。上部弯曲是放大器进入过压状态，下部弯曲则是由于晶体管输入特性曲线起始部分弯曲而引起的。为了减少调制失真，应将载波工作点选择在调制特性直线部分的中心，使被调放大器在调制信号电压变化范围内始终工作在欠压状态。这时可以得到较大的调幅度和较好的线性调幅。为了充分利用线性区，载波状态应选在欠压区特性的中点，但由于调制特性上部及下部呈现弯曲，为得到好的线性调制，只有减少调制电压幅度 $U_{\Omega m}$，即 m_a 小于 1。

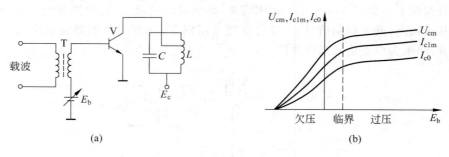

图 5-11　基极调幅调制特性测试和调制特性曲线

（3）设计要求

① 关于放大器的工作状态

放大器应工作于欠压状态，为保证放大器工作在欠压状态，设计时应使放大器最大工作点(调幅波幅值最大处叫最大工作点或调幅波波峰；反之，调幅波幅值最小处叫最小工作点或调幅波波谷)刚刚处于临界状态，那么便可保证其余部分都欠压工作。

设调幅指数 $m_a=1$，则最大工作点的电压幅值为

$$(U_{cm})_{max} = E_c - U_{ces} \tag{5-36}$$

载波状态电压幅值为

$$(U_{cm})_c = \frac{1}{2}(U_{cm})_{max} = \frac{1}{2}(E_c - U_{ces}) \tag{5-37}$$

② 放大器的最佳集电极负载电阻 R_{cp}

设计通常是从所需的负载载波功率出发，可求得集电极输出功率为

$$(P_o)_c = \frac{(P_L)_c}{\eta_T} \tag{5-38}$$

集电极基波电流 $(I_{c1m})_c$ 为

$$(I_{c1m})_c = \frac{(2P_o)_c}{(U_{cm})_c} \tag{5-39}$$

$$R_{cp} = \frac{(U_{cm})_c}{(I_{c1m})_c}$$

③ 晶体管的选择

放大器的工作情况在调制过程中是变化的，应根据最不利的情况选择晶体管。

电流脉冲和槽路电压都是在最大工作点处最大，故

$$I_{CM} \geqslant (I_{c\,max})_{max} \tag{5-40}$$

$$BV_{ceo} \geqslant 2E_c \tag{5-41}$$

$$P_{CM} \geqslant (P_C)_c \tag{5-42}$$

其中, BV_{ceo} 为基极开路时, 集电极、发射极间反向击穿电压; I_{CM} 为集电极最大允许电流; P_{CM} 为集电极最大允许功率损耗。

在载波状态下, 放大器工作于欠压状态, 其电压利用系数和集电极效率低, 管耗很大, 所以晶体管的功率容量应按载波状态选取。

式(5-42)的证明如下:

设调制信号为单频正弦信号, 由于 I_{c0} 随 E_b 是线性变化的, 所以调制一周的平均值就是载波状态的数值, 即

$$(I_{c0})_{av} = (I_{c0})_c$$

因 E_c 不变, 所以

$$(P_S)_{av} = E_c (I_{c0})_{av} = E_c (I_{c0})_c = (P_S)_c$$

由 $P_C = P_S - P_o$, 可得

$$(P_C)_{av} = (P_S)_{av} - (P_o)_{av}$$

$$(P_C)_c = (P_S)_c - (P_o)_c$$

而 $(P_o)_{av} = (P_o)_c \left(1 + \dfrac{m_a^2}{2}\right)$, 可知 $(P_C)_c > (P_C)_{av}$, 所以, $P_{CM} \geqslant (P_C)_c$。式中, $(P_o)_{av}$ 为调制状态下的输出功率; $(P_S)_{av}$ 为调制状态下电源供给的直流功率; $(P_C)_{av}$ 为调制状态下的集电极的平均损耗功率; $(P_o)_c$ 为载波状态下的输出功率; $(P_S)_c$ 为载波状态下电源供给的直流功率; $(P_C)_c$ 为载波状态下的损耗功率。

④ 对激励的要求

一般激励电压幅度是不变的, 但由于基流脉冲大小是随调制信号改变的, 所以所需功率也在变。激励电压可按调谐功率放大器的方法进行初步估算, 但在调整时, 应以达到在载波状态下的槽路电压为准。

关于激励功率, 因为最大工作点处的基流脉冲最大, 所以应根据该处的基流幅值 $(I_{b1m})_{max}$ 确定激励功率, 即

$$P_\omega = \frac{1}{2} U_{\omega m} (I_{b1m})_{max} \tag{5-43}$$

式中, P_ω 为激励功率, $U_{\omega m}$ 为激励电压幅值, $(I_{b1m})_{max}$ 可按 $(I_{b1m})_c$ 的两倍估算。

⑤ 对调幅放大器的要求

对调幅放大器的要求, 主要是确定调制电压 $U_{\Omega m}$ 和调制功率 P_Ω 的大小, 以及变压器 T_2 的等效负载电阻 R_Ω, 以满足匹配之需要。

调制电压 $U_{\Omega m}$ 大, 则调制度加深, 但过大则出现过调失真。在正常情况下, 为不造成过调, 让 $U_{\Omega m}$ 与 $U_{\omega m}$ 大小大致相近(假若基极回路接有自给偏压环节的电容, 则此电容不仅对载频, 而且对调制信号的容抗也应相当小, 否则调制信号相当一部分将降落在电容上, 这时实际需要的调制电压应相应地增大)。在调制电压较大的情况下, 应检查晶体管

的基-射极耐压能力,需满足

$$BV_{ebo} > E_b + U_{\Omega m} + U_{\omega m} \tag{5-44}$$

式中,放大器工作在丙类时,E_b 是反偏压,BV_{ebo} 是指集电极开路时,发射极-基极间的反向击穿电压。

为了确定调制功率,应先确定基极回路的调制电流。它是由基极脉冲电流的直流分量 I_{b0} 在调制过程中变化而形成的。在 $m_a = 1$ 的情况下,调制电流的幅值近似等于载波状态的直流分量,即

$$I_{\Omega m} \approx (I_{b0})_c \tag{5-45}$$

由此即可确定调制功率 P_Ω 及等效负载电阻 R_Ω:

$$P_\Omega = \frac{1}{2} U_{\Omega m} I_{\Omega m} \tag{5-46}$$

$$R_\Omega = \frac{U_{\Omega m}}{I_{\Omega m}} \tag{5-47}$$

由上述可见,基极调幅电路的优点是所需调制信号功率很小(由于基极调幅电路基极电流小,消耗功率也小),调制信号的放大电路比较简单。它的缺点是因其工作在欠压状态,集电极效率低。

⑥ 基极调幅波的失真波形

由于多种原因,基极调幅会出现一定的失真,失真现象大致有两种:一种是波谷变平,如图 5-12 所示;一种是波腹变平,如图 5-13 所示。

图 5-12　波谷变平

图 5-13　波腹变平

波谷变平是由于过调或激励电压过小,造成管子在波谷处截止所致。因此,减少反偏压的大小或加大激励电压的值都可改善过调,但加大激励以不引起波腹失真为原则。

产生波腹变平的原因:

- 放大器工作在过压状态(因为激励过强或阻抗匹配不当造成过压);
- 激励功率不够或激励信号源内阻过大,造成波腹处的基流脉冲增长不上去;
- 管子在大电流下输出特性不好,造成波腹处集电极电流脉冲增长不上去。

此外,假如调谐电路失谐,也可造成调幅波包络失真。

2. 集电极调幅

(1) 基本工作原理

集电极调幅电路如图 5-14 所示。

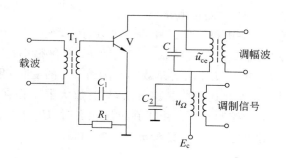

图 5-14　集电极调幅电路

高频载波信号 u_ω 仍从基极加入,而调制信号 u_Ω 加在集电极。R_1C_1 是基极自给偏压环节。调制信号 u_Ω 与 E_c 串接在一起,故可将二者合在一起看作一个缓慢变化的综合电源 $E_{cc}(E_{cc}=E_c+u_\Omega)$。所以,集电极调制电路就是一个具有缓慢变化电源的调谐放大器。

在调制过程中,集电极电流脉冲的高度和凹陷程度均随 u_Ω 的变化而变化,则 I_{c1m} 也跟随变化,从而实现了调幅作用。经过调谐回路的滤波作用,在放大器输出端即可获得已调波信号。

集电极调幅 $\tilde{u}_{ce}$(集电极槽路交流电压),i_c,i_b,E_b 的波形如图 5-15 所示。图 5-15(a)表示综合电源电压 E_{cc} 及集电极电压 $\tilde{u}_{ce}$ 的波形。由图可见,E_{cc} 和谐振回路电压幅值 U_{cm} 都随调制信号而变化,U_{cm} 的包络线反映了调制信号的波形变化。E_{cc} 和 U_{cm} 之差为晶体管饱和压降 u_{ces}。

图 5-15(b)表示 i_c 脉冲的波形。由于放大器在载波状态时工作在过压状态,i_c 脉冲中心下凹。E_{cc} 越小,过压越深,脉冲下凹越甚;E_{cc} 越大,过压程度下降,脉冲下凹减轻。一般适当控制 E_{cc} 到最大时,将放大器调整到临界状态工作,i_c 脉冲不下凹。

图 5-15(c)表示 i_b 脉冲的波形。它的幅值变化规律刚好与 i_c 相反,过压越深,$u_{ce\,min}$ 越小,输入特性曲线(i_b-u_{be} 的关系曲线)左移越多,i_b 脉冲越大。

图 5-15(b),(c)中还绘出了 I_{c0},I_{b0} 随 E_{cc} 变化的曲线,它们分别为相应电流的周期平均值。

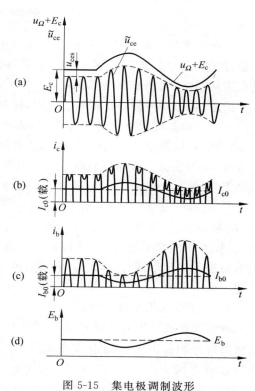

图 5-15　集电极调制波形

图 5-15(d)绘出了基流偏压 E_b 随 E_{cc} 变化的曲线,因为 $E_b=I_{b0}R_1$,所以 E_b 的变化规律与 I_{b0} 相同。

（2）集电极调幅调制特性和测量电路

由图 5-16 所示的静态集电极调制特性曲线可以看出，当 $E_{cc} > (E_{cc})_{cr}$ 时（$(E_{cc})_{cr}$ 是临界状态的电源电压），放大器工作在欠压状态，I_{c1m} 随 E_{cc} 变化很小；当 $E_{cc} < (E_{cc})_{cr}$ 时，放大器工作在过压状态，E_{cc} 减小，I_{c1m} 也迅速减小。随着 I_{c1m} 的变化，集电极电流脉冲的凹陷深浅发生变化，I_{c1m} 随 E_{cc} 变化比较明显。所以，只有放大器工作在过压状态，集电极电压对集电极电流才有较强的控制作用。由于在过压状态时，E_{cc} 对 I_{c1m} 的控制作用大，可以使 I_{c1m} 从零到 $(I_{c1m})_{cr}$ 之间变化，有可能实现 $m_a = 1$ 的调制。

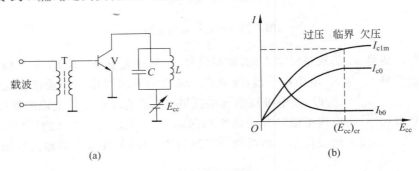

图 5-16　集电极调幅调制特性测试和调制特性曲线

集电极调幅的调制特性虽比基极调幅好，但也并不理想，即在 E_{cc} 较低时，晶体管进入严重过压状态，I_{c1m} 随 E_{cc} 下降得很快；而当 E_{cc} 很大时，晶体管进入欠压状态，I_{c1m} 随 E_{cc} 的增大变化缓慢，从而使调幅产生失真。为了进一步改善调制特性，可在电路中引入非线性补偿措施，补偿的原则是在调制过程中，随着综合电源电压的变化，输入激励电压也作相应的变化。例如综合电源电压降低时，激励电压幅度也随之减小，调幅器不进入强过压区，而当综合电源电压提高时，激励电压也随之增大，调幅器也不进入欠压区，始终保持在弱过压-临界状态。这样不但改善了调制特性，而且还保持了较高的效率。实现的方法有以下几种。

① 采用基极自给偏压。由图 5-15(c) 知道，I_{b0} 随调制信号而变，它造成的自给偏压（$I_{b0}R_1$）也相应地变化。当综合电源电压 E_{cc} 降低时，过压深度增大，I_{b0} 增大，反偏压也增大，相当于激励电压变小，从而使过压深度减轻；当 E_{cc} 提高时，则情况相反，放大器也不会进入欠压区工作。因此，采用基极自给偏压在一定程度上改善了放大器的调制特性。

② 采用双重集电极调幅。图 5-17 是这种电路的方框图。由图可知，调制信号同时对两级调幅器进行集电极调制，调幅器 I 的输出作为调幅器 II 的激励信号，当调幅器 II 受调制信号控制集电极电源电压升高时，它的激励信号也在增大；反之，调幅器 II 电源电压降低，激励也相应减小，达到了补偿的目的，使调制特性得到改善。适当控制激励极的调制深度，可使总的调制特性接近线性。因为这种调制方式的调制信号源同时控制两个调幅器，所

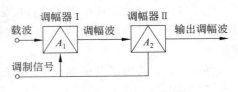

图 5-17　双重集电极调幅

以它必须能给出足够的输出功率。

（3）设计要点

① 放大器的工作状态

放大器最大工作点应设计在临界状态,那么便可保证其余时间都处于过压状态。第3章关于确定 R_{cp} 和匝比的关系式仍可应用,只要将交流输出功率 P_o 理解为载波状态的输出功率 $(P_o)_c$ 即可。

② 选管子

管子电流的 I_{CM} 应根据最大工作点电流脉冲幅值来定,即

$$I_{CM} \geqslant (I_{c\,max})_{max}$$

式中,$(I_{c\,max})_{max}$ 是最大工作点电流 i_c 脉冲的最大值。

晶体管耐压应根据最大集电极电压来定。集电极电压是综合电源电压($E_{cc} = E_c + u_\Omega$)和高频电压 $\tilde{u}_{ce}$ 之和,如图 5-18 所示。在最大工作点处,E_{cc} 可接近 $2E_c$,集电极瞬时电压最大值约为 $4E_c$,故

$$BV_{ceo} > 4E_c \tag{5-48}$$

管子最大集电极允许损耗,可按

$$P_{CM} > (P_C)_{av} = 1.5(P_o)_c\left(\frac{1}{\eta_c} - 1\right) \tag{5-49}$$

计算,其理由如下。

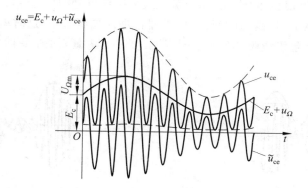

图 5-18　集电极瞬时电压波形

调制过程中集电极效率

$$\eta_c = \frac{1}{2}\frac{U_{cm}}{E_c}\frac{I_{c1m}}{I_{c0}}$$

由于在调制过程中,U_{cm},I_{c1m},I_{c0} 都随 E_c 成比例地变化,所以集电极效率不变,即

$$(\eta_c)_{av} = (\eta_c)_c = \eta_c$$

由第 3 章 $P_C = P_S - P_o = P_o\left(\frac{1}{\eta_c} - 1\right)$,可知

$$(P_C)_{av} = (P_S)_{av} - (P_o)_{av} = (P_o)_{av}\left(\frac{1}{\eta_c} - 1\right) \tag{5-50}$$

又由式(5-9)知调幅波的功率为

$$(P_{\text{o}})_{\text{av}} = (P_{\text{o}})_{\text{c}}\left(1 + \frac{m_{\text{a}}^2}{2}\right) \tag{5-51}$$

将式(5-51)代入式(5-50)得

$$(P_{\text{C}})_{\text{av}} = (P_{\text{o}})_{\text{av}}\left(\frac{1}{\eta_{\text{c}}} - 1\right) = (P_{\text{o}})_{\text{c}}\left(1 + \frac{m_{\text{a}}^2}{2}\right)\left(\frac{1}{\eta_{\text{c}}} - 1\right) \tag{5-52}$$

而

$$(P_{\text{C}})_{\text{c}} = (P_{\text{o}})_{\text{c}}\left(\frac{1}{\eta_{\text{c}}} - 1\right) \tag{5-53}$$

比较式(5-52)和式(5-53)可知 $(P_{\text{C}})_{\text{av}} \geqslant (P_{\text{C}})_{\text{c}}$。设 $m_{\text{a}} = 1$ 时：

$$(P_{\text{C}})_{\text{av}} = 1.5(P_{\text{o}})_{\text{c}}\left(\frac{1}{\eta_{\text{c}}} - 1\right)$$

可见,平均集电极损耗功率大于载波状态损耗功率的 1.5 倍,所以选管子时,应保证

$$P_{\text{CM}} > (P_{\text{C}})_{\text{av}} = 1.5(P_{\text{o}})_{\text{c}}\left(\frac{1}{\eta_{\text{c}}} - 1\right)$$

③ 对激励的要求

在过压状态下,激励是有余量的,余量最小瞬间是在最大工作点。为保证放大器工作在过压状态,激励的强度(电压、功率)应满足最大工作点(并且 $m_{\text{a}} = 1$)工作在临界状态。

如激励不足,在 E_{cc} 较高的时间内,放大器将进入欠压状态,这时 $\tilde{u}_{\text{ce}}$ 幅值将不随 E_{cc} 变化,从而造成调幅波包络线腹部变平,产生波腹变平的失真,如图 5-19 所示。

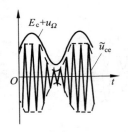

图 5-19　波腹变平的失真

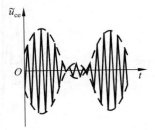

图 5-20　过调失真

④ 对调制信号的要求

为了获得 $m_{\text{a}} = 1$ 的深度调制,调制电压 $U_{\Omega\text{m}}$ 应接近 E_{c},即

$$U_{\Omega\text{m}} \approx E_{\text{c}} \tag{5-54}$$

$U_{\Omega\text{m}}$ 过小则调制不深,$U_{\Omega\text{m}}$ 过大则产生过调失真。过调失真的波形如图 5-20 所示。造成这种失真波形的原因是:当 u_{Ω} 为负,且其值大于 E_{c} 时,综合电源电压$(E_{\text{c}} + u_{\Omega})$ 为负值,即其极性与正常工作时相反。此时,当基极电位为正时,集电结(b-c)处于正向状态,原来的集电极实际上变成了"发射极",产生"发射极"电流(此电流与原来的集电极电流方向相反),然后通过槽路而造成过调情况下的电压输出。

流过调制变压器副边的调制电流 $I_{\Omega m}$ 是由集电极电流脉冲的直流分量在调制过程中变化形成的。由图 5-15(b)可知,当 $m_a = 1$ 时,I_{c0} 变化幅度的平均值就等于载波状态的 $(I_{c0})_c$ 值,故可近似认为

$$I_{\Omega m} \approx (I_{c0})_c$$

所以调制功率 P_Ω 为

$$P_\Omega = \frac{1}{2} U_{\Omega m} I_{\Omega m} \approx \frac{1}{2} E_c (I_{c0})_c \tag{5-55}$$

它是调制信号源供给的,当 $m_a = 1$ 时,它等于直流电源供给功率的一半。非常明显,它比基极调幅需要的调制功率大得多,这是集电极调幅的缺点。

调制变压器的等效负载为

$$R_\Omega = \frac{U_{\Omega m}}{I_{\Omega m}} \approx \frac{E_c}{(I_{c0})_c} \tag{5-56}$$

⑤ 对输出 LC 回路的通频带和品质因数 Q 的要求

输出 LC 回路的通频带 $B = \dfrac{\omega_c}{Q}$ 不小于 $2\Omega_{max}$,所以回路品质因数 Q 必须满足

$$Q < \frac{\omega_c}{2\Omega_{max}} = \frac{f_c}{2F_{max}} \tag{5-57}$$

式中,F_{max} 是调制信号 u_Ω 的最高频率。

为了滤除其他因非线性应用所产生的谐波,要求 Q 较高。因此传送信号的频谱 $2F_{max}$ 越宽,所需载波频率 f_c 也越高。

5.5　普通调幅波的解调电路

解调过程实质上就是调制过程的反过程。振幅调制的解调被称为检波,其作用是从调幅波中不失真地检出调制信号。由于普通调幅波的包络反映了调制信号的变化规律,因此常用非相干解调方法。非相干解调有两种方式,即小信号平方律检波和大信号包络检波。

非相干解调检波器有如下质量要求。

1. 检波效率(电压传输系数)

检波器的输入、输出波形如图 5-21 所示。当输入为高频等幅波时,输出是直流电压(图 5-21(a));当输入是调幅波时,输出是调制信号(图 5-21(b))。

检波效率是用来描述检波器把等幅高频波转换为直流电压的能力。若输入等幅电压幅值为 U_{cm},检波器输出直流电压为 U_0,则检波效率定义为

$$\eta_d = \frac{U_0}{U_{cm}} \tag{5-58}$$

对于调幅波,检波效率定义为输出低频电压幅值与输入高频调幅波包络幅值之比,即

$$\eta_d = \frac{U_{\Omega m}}{m_a U_{cm}} \tag{5-59}$$

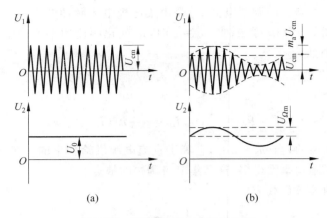

图 5-21　检波器与输入、输出波形

　　检波器的检波效率越高,说明在同样的输入信号下,可以得到较大的低频信号输出。一般二极管检波器的检波效率总小于 1,设计电路时尽可能使它接近 1。

　　应该注意的是,检波器换能效率是指输出功率与输入功率之比,不要与检波效率搞混,一般情况下,换能效率要比检波效率小。

2. 检波失真

检波失真是指输出电压和输入调幅波包络形状的相似程度。

3. 输入阻抗 R_{in}

从检波器输入端看进去的等效阻抗称为输入阻抗,此阻抗常常是前级中频放大器的负载阻抗。因此,R_{in} 越大对前级的影响越小。

　　在实际检波器中,上述要求存在一定矛盾,不能全都要求很高,而是针对具体要求突出某一点,降低另一点。

5.5.1　小信号平方律检波器

　　小信号检波是指输入已调波的幅度在几十毫伏的数量级或更小,小信号检波与大信号检波的原理不同。

1. 小信号平方律检波电路

电路如图 5-22(a)所示。图中 V 是检波二极管,R_2 是检波器的负载电阻,C_2 是高频旁路电容 $\left(\dfrac{1}{\omega C_2}\ll R\right)$,$C_1$ 是音频信号检出电容,R_1 是偏置电阻,它使二极管的静态工作点 Q 处在二极管特性的弯曲部分,如图 5-22(b)所示。电路的典型参数是:$R_2=5.1\sim10\mathrm{k}\Omega$,$C_2=0.005\sim0.02\mu\mathrm{F}$,$R_1$ 根据调整确定,一般应使静态偏流为 $20\mu\mathrm{A}$。

　　调幅波通过变压器 T 加到检波电路。由于 C_2 对高频旁路,忽略输出电压的反作用(输出电压主要是直流电压、音频电压),故可近似认为调幅波电压全加到二极管上,二极

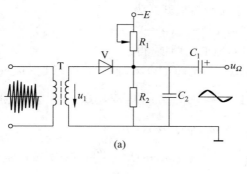

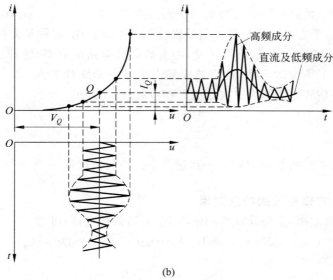

图 5-22　小信号二极管检波电路

管的输入信号如图 5-22(b)所示。由于输入特性曲线的非线性,调幅波的正、负半周所引起的电流变化不同,正半周时电流上升得多而负半周时电流下降得少,这就使对称的电压调幅波变成不对称的电流。如果取载波电流周期平均值,并绘出曲线,就可明显看出电流中除高频外,还含有直流和低频成分。其中高频成分被 C_2 旁路,故在 R_2 上高频电压甚小,主要是低频和直流电压。低频就是检出的调制信号,它通过 C_1 隔直输出。

2. 小信号检波电路的工作原理

前面根据小信号检波电路和波形定性地分析了它的工作过程,下面利用幂级数分析它的工作原理。

设输入的是单频正弦调制的调幅波,即

$$u_{AM}(t) = U_{cm}(1 + m_a \cos\Omega t)\cos\omega_c t$$

二极管的输入电压为

$$u = u_{AM}(t) + V_Q = U_{cm}(1 + m_a \cos\Omega t)\cos\omega_c t + V_Q \qquad (5-60)$$

二极管特性曲线在 Q 点的幂级数展开式为

$$i = a_0 + a_1(u - V_Q) + a_2(u - V_Q)^2 + \cdots \tag{5-61}$$

将式(5-60)代入式(5-61),只取前两项,得

$$i = a_0 + a_1 U_{cm}(1 + m_a \cos\Omega t)\cos\omega_c t + a_2 U_{cm}^2(1 + m_a \cos\Omega t)^2 \cos^2\omega_c t$$

$$= a_0 + \frac{a_2}{2}\left(1 + \frac{m_a^2}{2}\right)U_{cm}^2 + a_2 U_{cm}^2 m_a \cos\Omega t + \frac{1}{4}a_2 U_{cm}^2 m_a^2 \cos2\Omega t$$

$$+ a_1 U_{cm}(1 + m_a \cos\Omega t)\cos\omega_c t$$

$$+ \frac{a_2 U_{cm}^2}{2}\left(1 + \frac{m_a^2}{2} + 2m_a \cos\Omega t + \frac{m_a^2}{2}\cos2\Omega t\right)\cos2\omega_c t \tag{5-62}$$

在式(5-62)中,我们对频率为 Ω 的成分最感兴趣,即 $i_\Omega = a_2 U_{cm}^2 m_a \cos\Omega t$,它正是所需要的解调信号。由于它的幅值与输入信号幅值的平方成正比,故称平方律检波。

另外,频率为 2Ω 的成分最值得注意,因为高频被旁路电容 C_2 滤掉,而 2Ω 成分与基频成分相距很近,不易滤除干净,这将造成输出信号的非线性失真。为了估算失真的大小,把二次谐波与基波之比称为二次谐波失真系数,用 γ 表示:

$$\gamma = \frac{\frac{1}{4}m_a^2 a_2 U_{cm}^2}{a_2 m_a U_{cm}^2} = \frac{m_a}{4} \tag{5-63}$$

由式(5-63)可见,调制系数 m_a 越大,失真越严重。一般情况下 $m_a = 30\%$,则 $\gamma = 7.5\%$。

3. 小信号平方律检波的检波效率

为了计算检波效率,需先计算负载电阻 R_2 上的低频电压,可得

$$i_\Omega R_2 = a_2 m_a U_{cm}^2 R_2 \cos\Omega t = U_{\Omega m}\cos\Omega t$$

式中

$$U_{\Omega m} = a_2 m_a U_{cm}^2 R_2 \tag{5-64}$$

检波效率为

$$\eta_d = \frac{U_{\Omega m}}{m_a U_{cm}} = \frac{a_2 m_a U_{cm}^2 R_2}{m_a U_{cm}} = a_2 R_2 U_{cm} \tag{5-65}$$

由于计算没有考虑输出电压的反作用,误差较大,但它说明了检波和哪些参数有关,对分析问题是有利的。

4. 小信号平方律检波电路的输入阻抗

检波器的输入阻抗是对载波频率的输入阻抗,由于 C_2 对载频旁路,二极管总是处于导通状态,因此输入阻抗就等于二极管的交流阻抗 r_D。一般情况下,r_D 的数量级为几百欧到一千欧左右,r_D 的计算式为

$$r_D = \frac{\mathrm{d}u}{\mathrm{d}i} = \frac{kT}{q}\frac{1}{I_S} \tag{5-66}$$

在室温条件下,$\dfrac{kT}{q} = 26 \times 10^{-3}\,\text{V}$,若静态工作电流为 $20\,\mu\text{A}$,则

$$r_D = \frac{26 \times 10^{-3}}{20 \times 10^{-6}} = 1.3\,(\text{k}\Omega)$$

总之,小信号平方律检波输入阻抗低,非线性失真严重。对要求检波质量高的设备,

则应避免工作在小信号检波状态。

5.5.2　大信号峰值包络检波器

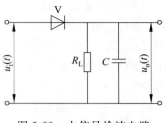

图 5-23　大信号检波电路

大信号检波电路与小信号检波电路基本相同。由于大信号检波输入信号电压幅值一般在 500mV 以上,检波器的静态偏置就变得无关紧要了。下面以图 5-23 所示的简化电路为例进行分析。

1. 基本工作原理

大信号检波和二极管整流的过程相同。图 5-24 表明了大信号检波的工作原理。输入信号 $u_i(t)$ 为正并超过 C 和 R_L 上的 $u_o(t)$ 时,二极管导通,信号通过二极管向 C 充电,此时 $u_o(t)$ 随充电电压上升而升高。当 $u_i(t)$ 下降且小于 $u_o(t)$ 时,二极管反向截止,此时停止向 C 充电,$u_o(t)$ 通过 R_L 放电,$u_o(t)$ 随放电而下降。

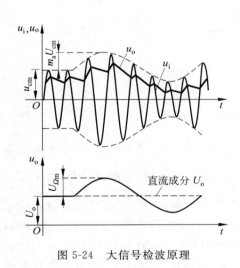

图 5-24　大信号检波原理

充电时,二极管的正向电阻 r_D 较小,充电较快,$u_o(t)$ 以接近 $u_i(t)$ 的上升速率升高。放电时,因电阻 R_L 比 r_D 大得多(通常 $R_L = 5 \sim 10\text{k}\Omega$),放电慢,故 $u_o(t)$ 的波动小,并保证基本上接近于 $u_i(t)$ 的幅值。

如果 $u_i(t)$ 是高频等幅波,则 $u_o(t)$ 是大小为 U_o 的直流电压(忽略了少量的高频成分),这正是带有滤波电容的整流电路。

当输入信号 $u_i(t)$ 的幅度增大或减少时,检波器输出电压 $u_o(t)$ 也将随之近似成比例地升高或降低。当输入信号为调幅波时,检波器输出电压 $u_o(t)$ 就随着调幅波的包络线而变化,从而获得调制信号,完成检波作用。由于输出电压 $u_o(t)$ 的大小与输入电压的峰值接近相等,故把这种检波器称为峰值包络检波器。

2. 关于检波效率

检波效率又称电压传输系数,用 η_d 表示。它是检波器的主要性能指标之一,用来描述检波器将高频调幅波转换为低频电压的能力。若检波器输入调幅波电压包络的幅度为 $m_a U_{cm}$,输出低频电压的振幅为 $U_{\Omega m}$,则 η_d 定义为

$$\eta_d = \frac{\text{检出的音频电压幅度}}{\text{调幅波包络线变化的幅度}} = \frac{U_{\Omega m}}{m_a U_{cm}} \tag{5-67}$$

当检波器输入为高频等幅波时,若输出平均电压为 U_o,则 η_d 定义为

$$\eta_d = \frac{\text{整出的直流电压}}{\text{检波电压的幅值}} = \frac{U_o}{U_{cm}}$$

这两个定义是一致的,对于同一个检波器,它们的值是相同的。由检波原理分析可知,二极管包络检波器当 $R_L C \gg T_c$,而 r_D 很小时,输出低频电压振幅只略小于调幅波包络振幅,故 η_d 略小于1,实际上 η_d 在 80% 左右。并且 R_L 足够大时,η_d 为常数,即检波器输出电压的平均值与输入高频电压的振幅成线性关系,所以又把二极管峰值包络检波称为线性检波。

检波效率与电路参数 R_L,C,r_D 以及信号大小有关。它很难用一个简单关系式表达,所以简单的理论计算还不如根据经验估算可靠。如要更精确一些,则可查图表并配以必要实测数据得到。下面通过一些实测数据,定性说明各种因素对检波效率的影响。

(1) 电路参数 C,R_L 和载频 ω_c 对检波效率的影响

图 5-25 是一组无偏流大信号检波电路的实测曲线。测试条件:检波管 2AP9,输入载波电压有效值 $U_i=1$V。该图有两个特点。

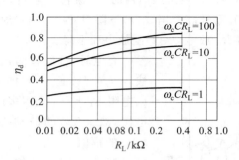

图 5-25　检波电路参数和频率对 η_d 的影响

第一,在一定的 R_L 下,η_d 随 $\omega_c C R_L$ 的增大而提高。$\omega_c C R_L$ 反映电容放电时间常数 $C R_L$ 对载波周期 T_c 的比值 $\left(\text{因为 } \omega_c C R_L = 2\pi \dfrac{C R_L}{T_c}\right)$。$C R_L$ 大,则放电慢;ω_c 大,则 T_c 小,在一周内的放电时间短。二者都有利于在 C 上积存更多的电荷,使 η_d 提高。不过 $\omega_c C R_L$ 对 η_d 的影响是不均匀的,由图可以看出,在 $\omega_c C R_L = 1 \sim 10$ 之间,$\omega_c C R_L$ 变化对 η_d 的影响很大;在 $\omega_c C R_L = 10 \sim 100$ 之间,它对 η_d 的影响就小得多;当 $\omega_c C R_L > 100$ 时,基本上就显不出多大影响了。因此在选择 $C R_L$ 参数时,宜取大一些,但也不能过大,因为太大对提高 η_d 效果不明显,反而引起失真(在检波失真中讨论)。一般以 $\omega_c C R_L = 10 \sim 100$ 即可。在载波频率不太低的情况下,这个条件容易满足,例如 $R_L = 5.1\text{k}\Omega$,$C = 0.01\mu\text{F}$,$f_c = 100\text{kHz}$,则 $\omega_c C R_L = 32$,可见符合要求。

第二,在 $\omega_c C R_L$ 一定的条件下,R_L 大者 η_d 高。这是因为 ω_c 相同时 $C R_L$ 一定,R_L 大必然伴有 C 的减小。这意味着放电速度不变,而充电加快(因为充电时间常数为 $r_D C$),电容可充到较高的电压,故 η_d 也有提高。

(2) 检波管的影响

从上面分析可知,检波管的正向电阻 r_D 小,充电快,C 上充的电压高,有利于 η_d 的提高,反向电阻 $r_反$ 小则放电期间将有一部分电荷通过检波管漏掉,使 η_d 降低。为了提高 η_d 宜选 r_D 小而 $r_反$ 高的检波管。

（3）输入信号 $u_i(t)$ 的影响

输入信号小，则检波二极管的 r_D 大，故 η_d 降低。图 5-26 表示对某一电路的实测曲线，测试条件为：检波管 2AP9，偏流 $20\mu A$，$R_L = 5k\Omega$ 和 $10k\Omega$，$C = 0.01\mu F$，$f_c = 465kHz$。

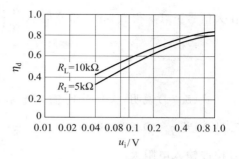

以上实测数据，具有一定的代表性，可以作为定量估算的参考。

图 5-26 输入电压对 η_d 的影响

最后需要指出，在实际检波器的电路中，检波输出是通过耦合电容 C_1 接至下一级的输入端，如图 5-27（a）所示。下级输入电阻 R_i 并联于检波器的输出端。检波器对直流的负载电阻是 R_L，而对检出的低频信号而言，由于 C_1 对低频信号阻抗很小，可忽略不计，其负载电阻为 R_L 与 R_i 的并联值，以交流负载 $\tilde{R}_L = R_L /\!/ R_i$ 表示之。

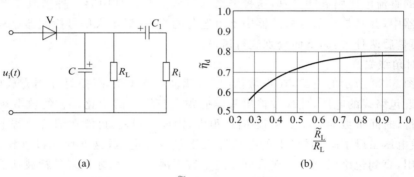

(a)   (b)

图 5-27 $\tilde{R}_L/R_L$ 对 $\tilde{\eta}_d$ 的影响

由于检波器直流和交流负载不同，则 η_d 和 $\tilde{\eta}_d$ 有区别，这里 $\tilde{\eta}_d$ 表示交流负载时的检波效率。因 $\tilde{R}_L < R_L$，故 $\tilde{\eta}_d$ 也小于 η_d。$\tilde{R}_L$ 比 R_L 小得越多，$\tilde{\eta}_d$ 就越小。图 5-27（b）表示了 $\tilde{R}_L/R_L$ 对 $\tilde{\eta}_d$ 的影响。为了不使 $\tilde{\eta}_d$ 下降太多，$\tilde{R}_L$ 不宜比 R_L 小得太多。下面还将介绍，若 $\tilde{R}_L/R_L$ 小到一定程度，将造成波形失真。

3. 输入电阻

输入电阻是检波器的另一个重要的性能指标。对于高频输入信号源来说，检波器相当于一个负载，此负载就是检波器的等效输入电阻 R_{in}，它等于输入高频电压振幅 U_{cm} 与检波电流中基波（指载频 ω_c）电流振幅 I_{1m} 之比，即

$$R_{in} = \frac{U_{cm}}{I_{1m}} \tag{5-68}$$

当电流为余弦脉冲时，I_{1m} 可用直流分量 I_0 表示，而 I_0 又可用检波电压 U_o 及 R_L 表示，即

$$I_{1m} = \frac{a_1(\theta)}{a_0(\theta)} I_0 = \frac{a_1(\theta)}{a_0(\theta)} \frac{U_o}{R_L} = \frac{a_1(\theta)}{a_0(\theta)} \frac{\eta_d U_{cm}}{R_L} \tag{5-69}$$

在大信号下，$U_\circ$ 很大，导通角 θ 很小，$\dfrac{a_1(\theta)}{a_0(\theta)}$ 趋于 2，故

$$R_{in} = \frac{U_{cm}}{I_{1m}} = \frac{U_{cm}}{\dfrac{a_1(\theta)}{a_0(\theta)}\dfrac{\eta_d U_{cm}}{R_L}} \approx \frac{R_L}{2\eta_d} \tag{5-70}$$

式(5-70)说明，大信号时输入电阻 R_{in} 等于负载电阻的一半再除以 η_d。例如 $R_L = 5.1\text{k}\Omega$，当 $\eta_d = 0.8$ 时，则 $R_{in} = \dfrac{5.1}{2 \times 0.8} = 3.2\text{k}\Omega$。由此数据可知，一般大信号检波比小信号检波输入电阻大。

4. 检波失真

检波输出可能产生三种失真：第一种是由于检波二极管伏安特性弯曲引起的失真；第二种是由于滤波电容放电慢引起的失真，它叫对角线失真；第三种是由于输出耦合电容上所充的直流电压引起的失真，这种失真叫割底失真。其中第一种失真主要存在于小信号检波器中，并且是小信号检波器中不可避免的失真，对于大信号检波器这种失真影响不大，主要是后两种失真，下面分别进行讨论。

（1）对角线失真

参见图 5-23 所示的电路，在正常情况下，滤波电容 C 对高频每一周充放电一次，每次充到接近包络线的电压，使检波输出基本能跟上包络线的变化。它的放电规律是按指数曲线进行，时间常数为 $R_L C$。假设 $R_L C$ 很大，则放电很慢，可能在随后的若干高频周期内，包络线电压虽已下降，而 C 上的电压还大于包络线电压，这就使二极管反向截止，失去检波作用，直到包络线电压再次升到超过电容上的电压时，才恢复其检波功能。在二极管截止期间，检波输出波形是 C 的放电波形，呈倾斜的对角线形状，如图 5-28 所示，故叫对角线失真，也叫放电失真。非常明显，放电越慢或包络线下降越快，则越易发生这种失真。

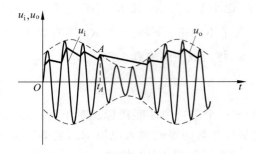

图 5-28　对角线失真原理图

为便于定量分析这种失真，设输入检波器的信号是单频正弦调制的调幅波，此种调幅波包络线变化的时间函数为

$$u_m(t) = U_{cm}(1 + m_a \cos \Omega t)$$

在 t_A 时刻，电容放电时间函数为

$$u_c(t) = U_{cm}(1 + m_a \cos\Omega t_A) e^{-\frac{t-t_A}{R_L C}} \tag{5-71}$$

因为产生放电失真的原因是电容放电曲线 $u_c(t)$ 的下降速度慢于包络线电压下降的速度,故可写出不失真的条件如下:

$$\text{电容放电速度} \left.\frac{\mathrm{d}u_c(t)}{\mathrm{d}t}\right|_{t=t_A} \geqslant \text{包络线下降速度} \left.\frac{\mathrm{d}u_m(t)}{\mathrm{d}t}\right|_{t=t_A}$$

为找出两个函数在 A 点的变化速率,对时间 t 求导,并取绝对值:

$$\left|\left.\frac{\mathrm{d}u_m(t)}{\mathrm{d}t}\right|_{t=t_A}\right| = U_{cm} m_a \Omega \sin\Omega t_A \tag{5-72}$$

$$\left|\left.\frac{\mathrm{d}u_c(t)}{\mathrm{d}t}\right|_{t=t_A}\right| = \frac{U_{cm}}{R_L C}(1 + m_a \cos\Omega t_A) \tag{5-73}$$

要防止对角线失真现象,应使包络线下降速率小于 $R_L C$ 放电速率,即

$$m_a \Omega \sin\Omega t_A \leqslant \frac{1}{R_L C}(1 + m_a \cos\Omega t_A) \tag{5-74}$$

将式(5-74)改写为

$$0 \leqslant 1 + m_a(\cos\Omega t_A - \Omega C R_L \sin\Omega t_A) \tag{5-75}$$

或

$$0 \leqslant 1 + m_a \sqrt{1 + \Omega^2 C^2 R_L^2} \cos(\Omega t_A + \varphi) \tag{5-76}$$

式中

$$\varphi = \arctan(C R_L \Omega)$$

由式(5-76)可知,只要满足

$$m_a \sqrt{1 + \Omega^2 C^2 R_L^2} < 1 \tag{5-77}$$

这一条件,则在任何时刻,式(5-76)总能成立。所以式(5-77)就是避免对角线失真的条件,为计算方便,式(5-77)常写成如下形式:

$$\Omega C R_L < \frac{\sqrt{1 - m_a^2}}{m_a} \tag{5-78}$$

式(5-78)表明,m_a 或 Ω 大,则包络线变化快,$C R_L$ 大则放电慢,这些都促使发生放电失真。

（2）割底失真

一般在接收机中,检波器输出耦合到下级的电容很大（$5 \sim 10 \mu F$）,对检波器输出的直流而言,C_1 上充有一个直流电压 U_0（$U_0 = \eta_d U_{cm}$）,它可看作一个大小为 U_0 的电压源,借助于有源二端网络理论可把 C_1,R_L,R_i 用一个等效电路 E 和 $\widetilde{R}_L$ 代替。这样,图 5-27(a) 所示电路可用图 5-29(a)等效,其中

$$E = \frac{R_L}{R_L + R_i} U_0 = \frac{R_L}{R_L + R_i} \eta_d U_{cm}$$

$$\widetilde{R}_L = R_L // R_i$$

如果输入信号 $u_i(t)$ 的调制度很深,以致在一部分时间内其幅值比 E 还小,则在此期间内将处于反向截止状态,产生失真。此时电容上电压等于 E,故表现为输出波形中的底

部被切去,如图 5-29(b)所示。

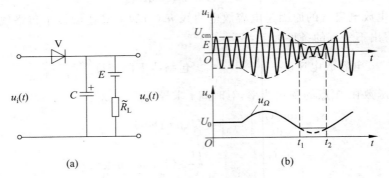

图 5-29　割底失真原理及波形图

为防止割底失真,要求输入信号的最小值 $U_{cm}(1-m_a)$ 大于等于 E,即

$$(1-m_a)U_{cm} \geqslant E = \frac{R_L}{R_L + R_i}\eta_d U_{cm} \tag{5-79}$$

或

$$m_a \leqslant 1 - \eta_d \frac{R_L}{R_L + R_i} \tag{5-80}$$

为简单起见,设 $\eta_d = 1$,则不产生割底失真的条件为

$$m_a \leqslant 1 - \frac{R_L}{R_L + R_i} = \frac{R_i}{R_L + R_i} = \frac{R_i R_L}{R_L + R_i} \frac{1}{R_L} = \frac{\widetilde{R}_L}{R_L} \tag{5-81}$$

由式(5-81)可见,调制系数 m_a 越大或检波器交直流电阻之比 $\dfrac{\widetilde{R}_L}{R_L}$ 越小,则越容易产生割底失真。

在实际电路中,可以采取各种措施来减小交、直流负载电阻值的差别。例如,将 R_L 分成 R_{L1} 和 R_{L2},并通过隔直流电容 C_1 将 R_i 并接在 R_{L2} 两端,如图 5-30 所示。由图可知,当 $R_L = R_{L1} + R_{L2}$ 维持一定时,R_{L1} 越大,交、直流负载电阻值的差别就越小,但是输出音频电压也就越小。为了折中地解决这个矛盾,实用电路中,常取 $R_{L1}/R_{L2} = 0.1 \sim 0.2$。一般取 $R_{L1} = 500\Omega \sim 2k\Omega$。

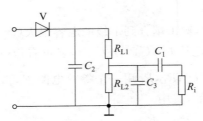

图 5-30　大信号检波的改进电路

电路中 R_{L2} 还并接了电容 C_3,以进一步滤除高频分量,提高检波电路的高频滤波能力。

当 R_i 过小时,减小交、直流负载电阻值差别的最有效方法是在 R_L 和 R_i 之间插入高输入阻抗的射极跟随器。

5. 检波电路参数的选取

图 5-31 是一个典型的实际检波电路,这种电路的主要参数按下面介绍的原则选取。

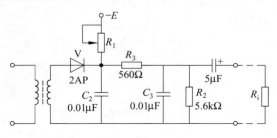

图 5-31　典型检波电路

(1) 检波二极管 V

为了提高检波效率,应选取正向电阻小(1kΩ 以下)、反向电阻大(500kΩ 以上)、同时要求 PN 结电容小的管子。一般选点接触型二极管,如 2AP 系列。

(2) 负载电阻 R_L

R_L 包括 R_2 和 R_3,即 $R_L = R_2 + R_3$。为了提高检波效率,R_L 宜大,但过大则交流负载与之相比就小,易产生割底失真,兼顾两者一般取 $R_L = R_2 + R_3 = 5 \sim 10\text{k}\Omega$,必要时再按式(5-79)检验。

选 R_3 时,一方面要求 $R_3 \gg \dfrac{1}{\omega_c C_3}$,另一方面又力求 $R_3 \ll R_2$。为兼顾二者,在广播收音机中,R_3 一般取 560Ω 左右。但是载频较低,例如 40kHz 时,滤波效果太差,宜适当加大 R_3 而牺牲一些输出信号,此时可取 $1 \sim 2\text{k}\Omega$。

(3) 滤波电容 C_2 和 C_3

C_2,C_3 取大些,对提高检波效率及滤波效果均有利,但太大则放电时间常数过大,易引起对角线失真,一般取 $C_2 \approx C_3 = 0.005 \sim 0.02\mu\text{F}$。

(4) 输出耦合电容 C_1

一般取 $5 \sim 10\mu\text{F}$。

(5) 偏置电阻 R_1

偏置电阻 R_1 视电压 E 而定,一般调整偏流在 $20\mu\text{A}$ 左右,以能获得较高的小信号检波灵敏度为准。

5.5.3　普通调幅波同步解调电路

由于集成电路的发展,在广播接收机、电视接收机电路中,多采用模拟乘法器来完成普通调幅波同步解调,电路如图 5-32 所示。

由图 5-32 可知,调幅波直接接入 XCC7,8 端。同时,由调幅波中取出载频并把它放大、限幅使之成为矩形开关信号,接入 9,10 端,这时模拟乘法器的输出为

$$u_o = AU_{cm}(1 + m_a \cos\Omega t)\cos\omega_c t \times k_1(\omega_c t)$$

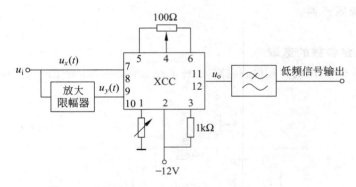

图 5-32 普通调幅波同步解调

式中,A 是乘积增益,$k_1(\omega_c t)$ 是矩形开关信号的傅里叶级数展开式。将 $k_1(\omega_c t)$ 表达式代入上式得

$$u_o = \frac{1}{2}AU_{cm}(1+m_a\cos\Omega t)\cos\omega_c t\left[1+\sum_{n=1}^{\infty}(-1)^{n+1}\frac{4}{(2n-1)\pi}\cos(2n-1)\omega_c t\right]$$

$$(5\text{-}82)$$

当 $n=1$ 时,

$$u_o = \frac{1}{2}AU_{cm}(1+m_a\cos\Omega t)\cos\omega_c t\times\left(1+\frac{4}{\pi}\cos\omega_c t\right)$$

$$= \frac{2AU_{cm}}{\pi}(1+m_a\cos\Omega t)\left(\frac{1}{2}+\frac{1}{2}\cos2\omega_c t\right)+\frac{1}{2}AU_{cm}(1+m_a\cos\Omega t)\cos\omega_c t$$

$$= \underbrace{\frac{AU_{cm}}{\pi}(1+m_a\cos\Omega t)}_{\text{直流及低频分量}}+\underbrace{\frac{AU_{cm}}{\pi}(1+m_a\cos\Omega t)\left(\cos2\omega_c t+\frac{\pi}{2}\cos\omega_c t\right)}_{\text{高频分量}}$$

用低通滤波器即可取出低频分量。由于低频幅值正比于已调波包络变化的幅值 m_aU_{cm},所以是线性检波,不会引起包络失真。即便输入信号小到几十毫伏数量级,仍不会产生包络失真,而且没有载波输出,这对保证中频系统的频率响应特性和稳定工作十分有利。

5.6 抑制载波调幅波的产生和解调电路

5.6.1 抑制载波调幅波的产生电路

产生抑制载波调幅波的电路采用平衡、抵消的办法把载波抑制掉,故这种电路叫抑制载波调幅电路或叫平衡调幅电路。

实现这种调幅的电路很多,目前广泛应用的是二极管环形调制器,电路如图 5-33(a)所示。该电路是由四个二极管环接构成。载波 u_c 从变压器 T_1 的原边接入,调制信号 u_Ω 则接到变压器 T_1 的副边中点和 T_2 的原边中点之间,变压器 T_2 的副边输出已调信号。等效电路如图 5-33(b)所示。

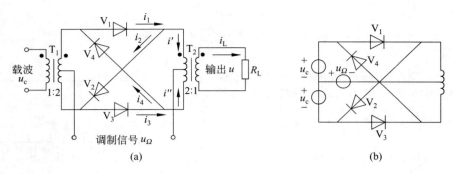

图 5-33　二极管环形调制器

设调制信号为单频余弦信号,即

$$u_\Omega = U_{\Omega m}\cos\Omega t$$

载波信号为

$$u_c = U_{cm}\cos\omega_c t$$

环形调制器既可工作在小信号,又可工作在大信号。一般情况下,载波信号幅值很强,控制二极管工作在开关状态。当 u_c 为正半周时,V_1,V_2 导通,V_3,V_4 截止;当 u_c 为负半周时,V_3,V_4 导通,V_1,V_2 截止。为了分析二极管电流,由图 5-33(b)分别画出其相应的电路,如图 5-34 所示。

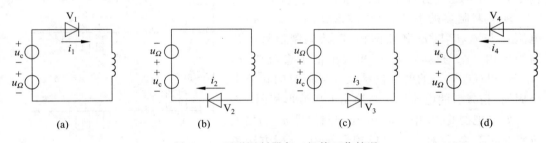

图 5-34　环形调制器各二极管工作情况

图 5-34(a)是为了求电流 i_1 而画的等效电路。由于二极管工作在开关状态,则有

$$i_1 = gk_1(\omega_c t)(u_c + u_\Omega) \tag{5-83}$$

式中,g 是二极管 V_1 的输入电导。

V_2,V_3,V_4 的情况与 V_1 相似,只是 u_Ω 和 u_c 两电压加到不同 V 上的极性不同,有关它们的等效电路分别如图 5-34(b)~(d)所示。流过它们的电流分别为

$$i_2 = gk_1(\omega_c t)(u_c - u_\Omega) \tag{5-84}$$

$$i_3 = -gk_1(\omega_c t + \pi)(u_c - u_\Omega) \tag{5-85}$$

$$i_4 = -gk_1(\omega_c t + \pi)(u_c + u_\Omega) \tag{5-86}$$

值得注意的是,在计算 i_3 与 i_4 时,由于相应的管子是在 u_c 负半周导通,所以相应的开关函数应为 $k_1(\omega_c t + \pi)$。

引用节点电流定律,可得到

$$i' = i_1 - i_2 = 2gk_1(\omega_c t)u_\Omega \tag{5-87}$$

$$i'' = i_3 - i_4 = 2gk_1(\omega_c t + \pi)u_\Omega \tag{5-88}$$

输出电流

$$i_L = i' - i'' = 2gu_\Omega[k_1(\omega_c t) - k_1(\omega_c t + \pi)]$$

由公式(5-34)，忽略公式中的高次项，可得

$$
\begin{aligned}
i_L &= 2gU_{\Omega m}\cos\Omega t \cdot \frac{4}{\pi} \cdot \cos\omega_c t \\
&= 2gU_{\Omega m} \cdot \frac{4}{\pi}\frac{U_{cm}}{U_{cm}}\cos\Omega t \cdot \cos\omega_c t \\
&= 4I_1 m_a \cos\Omega t \cos\omega_c t \\
&= 2I_1 m_a[\cos(\omega_c + \Omega)t + \cos(\omega_c - \Omega)t]
\end{aligned}
\tag{5-89}
$$

式中，$I_1 = \frac{1}{2}gU_{cm}$，$m_a = \frac{4U_{\Omega m}}{\pi U_{cm}}$。

由此可见，环形调制器输出电流 i_L 是输入信号 $\cos\omega_c t$ 和 $\cos\Omega t$ 的乘积，频谱是载频的上、下边频，没有载波分量，所以称其为抑制载波调幅电路。

环形调制器的电流、电压波形如图 5-35 所示。输出电流中的边频分量 $\omega_c \pm \Omega$，可由带通滤波器选出。

环形调制器的电流、电压波形如图 5-35 所示。电流 i_1 与 i_2，i_3 与 i_4 载波同相，反映调制信号的包络线反相。i_1 与 i_2，i_3 与 i_4 相减抵消了直流成分，$(i_1 - i_2)$ 与 $(i_3 - i_4)$ 的差别仅是载波导通时间相差半个周期，相减后的电流波形与输出电压波形相同。

如果把图 5-33 中载波 u_c 与调制信号 u_Ω 的接入位置互相对换，同样可以完成相乘作用，分析方法类似，不再重复。

下面介绍环形调制器实际电路中的一些具体问题。从以上分析可以看出，变压器 T_1 和 T_2 的中心抽头必须严格对称，四个二极管的特性也应一致，否则就不能把载波抑制掉，从而造成不希望有的"载漏"输出(载漏是环形调制器输出电流成分中含有载波成分的简称)。

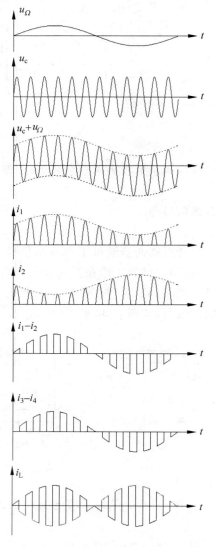

图 5-35　环形调制器电流、电压波形

为了消除电路的不对称性，改进后的环形调幅器电路如图 5-36 所示。由图可见，在 T_2 中心抽头处接电位器 W，W 的阻值为 $50 \sim 100\Omega$，调整 W 使中心点对称。此外在二极管支路中分别串入四个电阻 $R_1 \sim R_4$，以减少二极管内阻的不一致和不稳定引起的不对称性影响。一般这些电阻取几千欧，晶体管常选锗管如 2AP 系列。

图 5-37 所示环形调制器是一个应用电路。调制信号由 T_1 加入，500kHz 载波接到 T_1 与 T_2 的中心点间。由于变压器中心点不易做得准确，因而接入了电容分压器，微调

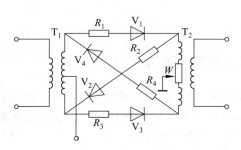

图 5-36　环形调制器实际电路(一)

5/20pF 电容,可把电路调得近似对称。在二极管各支路接入了 $1k\Omega$ 电阻与 200pF 电容,以减少二极管参数不一致和不稳定引起的不平衡。另外还用了 680Ω 电位器调整电路的对称性,以达到平衡。

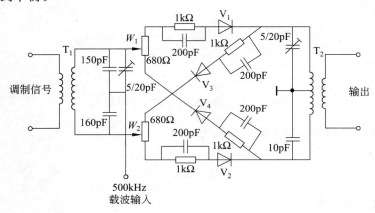

图 5-37　环形调制器实际电路(二)

　　随着集成电路的发展,由线性组件构成的平衡调幅器已被采用。图 5-38 是用模拟乘法器实现抑制载波调幅的实际电路,它是用 MC1596G 构成。这个电路的特点是工作频带宽,输出频谱较纯,而且省去了变压器,调整简单。使用时,建议载波输入电平为 60mV,

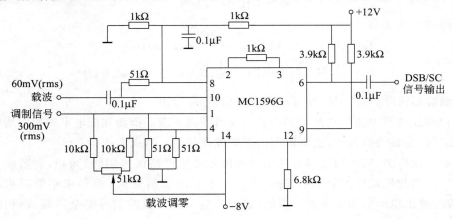

图 5-38　用模拟乘法器产生抑制载波调幅

调制信号最大不超过 300mV。

5.6.2　抑制载波调幅波的解调电路

包络检波器只能解调普通调幅波,而不能解调 DSB 和 SSB 信号。这是由于后两种已调信号的包络并不反映调制信号的变化规律,因此,抑制载波调幅的解调必须采用同步检波电路,最常用的是乘积型同步检波电路。

乘积型同步检波器的组成框图如图 5-39 所示。它与普通包络检波器的区别就在于接收端必须提供一个本地载波信号 u_r,而且要求它是与发送端的载波信号同频、同相的同步信号。利用这个外加的本地载波信号 u_r 与接收端输入的调幅信号 u_i 两者相乘,可以产生原调制信号分量和其他谐波组合分量,经低通滤波器后,就可解调出原调制信号。

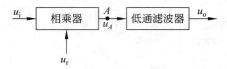

图 5-39　乘积检波器的组成框图

设输入的 DSB 信号及同步信号分别为

$$u_i = U_{im} \cos\Omega t \cos\omega_c t \tag{5-90}$$

$$u_r = U_{rm} \cos\omega_c t \tag{5-91}$$

则乘法器的输出电压为

$$u_A = Au_i u_r = \frac{1}{2}AU_{im}U_{rm}\cos\Omega t + \frac{1}{2}AU_{im}U_{rm}\cos\Omega t\cos 2\omega_c t \tag{5-92}$$

显然,式(5-92)右边第一项是所需要的调制信号,而第二项为高频分量,可被低通滤波器滤除。同样,若输入信号是 SSB 信号,则

$$u_i = U_{im}\cos(\omega_c + \Omega)t \tag{5-93}$$

乘法器的输出电压为

$$u_A = Au_i u_r = AU_{im}U_{rm}\cos(\omega_c + \Omega)t\cos\omega_c t$$

$$= \frac{1}{2}AU_{im}U_{rm}\cos\Omega t + \frac{1}{2}AU_{im}U_{rm}\cos(2\omega_c + \Omega)t \tag{5-94}$$

经低通滤波器滤除高频分量,即可获得低频信号 u_Ω 输出。

乘积型检波器中的乘法器可利用非线性器件来实现。前面在低电平调幅中所涉及的电路,都可作为乘法器检波,也可以直接用集成模拟乘法器来实现。

最后必须指出,同步信号与发送端载波信号必须严格保持同频、同相,否则就会引起解调失真。当相位相同而频率不等时,将产生明显的解调失真;当频率相等而相位不同时,则检波输出将产生相位失真。因此,如何产生一个与载波信号完全同频、同相的同步信号是极为重要的。

对于双边带调幅波,同步信号可直接从输入的双边带调幅波中提取,即将双边带调幅波取平方：

$$u_i^2 = (U_{im}\cos\Omega t)^2 \cos\omega_c^2 t$$

从中取出角频率为 $2\omega_c$ 的分量,经二分频器将它变换成角频率为 ω_c 的同步信号。

对于单边带调幅波,同步信号无法从中提取出来。为了产生同步信号,往往在发送端发送单边带调幅信号的同时,附带发送一个功率远低于边带信号功率的载波信号,称为导频信号,接收端收到导频信号后,经放大就可以作为同步信号。也可用导频信号去控制接收端载波振荡器,使之输出的同步信号与发送端载波信号同步。如发送端不发送导频信号,那么,发送端和接收端均采用频率稳定度很高的石英晶体振荡器或频率合成器,以使两者的频率稳定不变,显然在这种情况下,要使两者严格同步是不可能的,但只要同步信号与发送端载波信号的频率在容许范围之内还是可用的。

前面已介绍同步检波要求本地载波与发端载波同频、同相。当两个载波有相差 φ 时,则解调输出信号为

$$u_o = \frac{1}{2}u_\Omega(t)\cos\varphi$$

当相差 $\varphi=0$ 时,解调输出最大;当 $\varphi=\dfrac{\pi}{2}$ 时,解调输出为零。

当两载波有频差 $\Delta\omega$ 时,输出解调输出信号为

$$u_o = \frac{1}{2}u_\Omega(t)\cos\Delta\omega t$$

非常明显,它是载频为 $\Delta\omega$ 的调幅波。因此,在收端将得到一个强弱有缓慢变化的解调信号,通常称为差拍现象。

乘积检波电路可以利用二极管环形调制器来实现,如图 5-40 所示。环形调制器既可用作调幅又可用作解调。利用模拟乘法器构成的抑制载波调幅解调电路如图 5-41 所示。

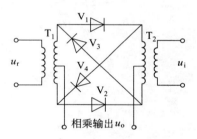

图 5-40　乘积检波电路

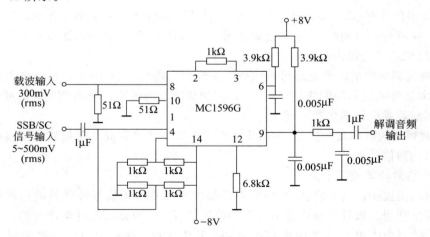

图 5-41　用模拟乘法器构成同步检波电路

5.6.3 抑制载波调幅电路的应用举例

抑制载波双边带调幅广泛应用于调频、调幅立体声广播系统。图 5-42 给出了调频立体声广播中采用抑制载波双边带调幅技术实现副载波调制的导频制发射机框图。图中 L,R 分别表示立体声系统的左、右声道两个音频通路的信号,两者的和信号($L+R$)形成主信道,而差信号($L-R$)则送入相乘器,与倍频器送来的 38kHz 高频副载波产生出双边带调幅信号,形成副信道。图中 38kHz 高频副载波由主振荡器产生的 19kHz 导频信号倍频获得。为了使接收机能恢复出($L-R$)信号,还需要一个一定幅度的 19kHz 的导频信号。主、副信道信号与 19kHz 导频信号合成的复合信号以调频方式去调制载频(87~108MHz 中的一个频率),成为射频信号,由天线辐射出去。

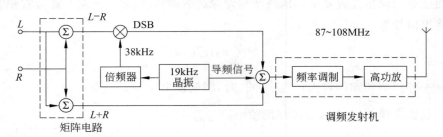

图 5-42　导频制发射机框图

本 章 小 结

1. 振幅调制(调幅)与解调(检波)是调幅制通信系统的重要组成部分。用调制信号去控制高频振荡波的幅度,使其幅度的变化随调制信号成正比变化,这一过程称为幅度调制。

2. 调幅信号有 AM、DSB 和 SSB 三种。它们的波形和频谱结构各不相同,(见表 5-1,该表列出了在单音信号调制下,三种已调信号的时域波形图、频谱示意图以及多音信号调制下,三种已调信号的频谱示意图。)

3. 普通调幅波的产生电路可采用低电平调制电路(模拟乘法器),也可采用高电平调制电路(大信号基极调幅和集电极调幅)。抑制载波双边带调幅波的产生电路可采用二极管环形调制器或模拟乘法器实现。

4. 调幅波的解调又称检波,它由非线性元件和滤波器完成。它是从调幅波中不失真地检测出调制信号来。

5. 大信号峰值检波电路

普通调幅波中已含有载波,所以普通调幅波解调常用大信号峰值检波电路。大信号检波过程是利用二极管的单向导电特性和检波负载 RC 的充放电过程进行的。二极管峰值包络检波器由于电路简单而被广泛采用。但要注意,它只适用于普通调幅信号的检波,而且要正确选择元器件的参数,以免产生对角线失真与割底失真。

对于小信号检波宜采用模拟乘法器来完成普通调幅波的同步检波。

6．乘积型同步检波电路

对于抑制载波的调幅波只能采用乘积型同步检波器进行解调。同步检波的关键是产生一个与发射载波同频、同相的本地载波信号。利用这个外加的本地载波信号与接收端输入的调幅信号两者相乘，可以产生原调制信号分量和其他谐波组合分量，经低通滤波器后，就可解调出原调制信号。乘积型同步检波电路可以利用二极管环形调制器来实现。集成电路中，多采用模拟乘法器构成同步检波器。

7．调幅、检波在时域上都表现为两信号的相乘，在频域上则是频谱的线性搬移。因此其原理电路模型相同，都由非线性元器件和滤波器组成。

思考题与习题

5-1　有一正弦信号调制的调幅波，方程式为

$$i(t) = I(1 + m_a \cos\Omega t)\cos\omega_c t$$

试求这个电流的有效值，以 I 及 m_a 表示之。

5-2　给定如下调幅波表示式，画出波形和频谱。

(1) $(1 + \cos\Omega t)\cos\omega_c t$；

(2) $\left(1 + \dfrac{1}{2}\cos\Omega t\right)\cos\omega_c t$；

(3) $\cos\Omega t \cos\omega_c t$（假设 $\omega_c = 5\Omega$）。

5-3　有一调幅方程为

$$u = 25(1 + 0.7\cos 2\pi \times 5000t - 0.3\cos 2\pi \times 10^4 t)\sin 2\pi \times 10^6 t$$

试求它所包含的各分量的频率和振幅。

5-4　按图题 5-4 所示调制信号和载波频谱，画出调幅波频谱。

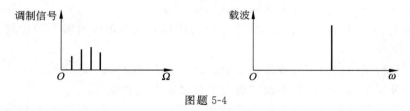

图题 5-4

5-5　载波功率为 1000W，试求 $m_a = 1$ 和 $m_a = 0.7$ 时的总功率和两个边频功率各为多少瓦？

5-6　一个调幅发射机的载波输出功率 $P_c = 5$W，$m_a = 0.7$，被调级平均效率为 50%。试求：

(1) 边频功率；

(2) 电路为集电极调幅时，直流电源供给被调级的功率 P_{S1}；

(3) 电路为基极调幅时，直流电源供给被调级的功率 P_{S2}。

5-7 图题 5-7 是载频为 2000kHz 的调幅波频谱图。写出它的电压表达式,并计算它在负载 $R=1\Omega$ 时的平均功率和有效频带宽度。

5-8 若调制信号为 $u_\Omega(t)=U_{\Omega m}\cos\Omega t$,载波为 $u_c(t)=U_{cm}\cos\omega_c t$。试画出叠加波、调幅波和抑制载波的双边带调幅波波形。

5-9 设基极调制功率放大器最大功率状态时 $I_{c\,max}=500mA, 2\theta=120°, E_c=12V$,求 $P_S, P_{o\,max}, P_{C\,max}$ 及 η_{av}。

5-10 为什么调幅指数 m_a 不能大于 1?分别画出基极调幅和集电极调幅电路在 $m_a>1$ 时发生过调失真的波形图。

图题 5-7

5-11 图题 5-11 示出三种波形,已知调制信号 $u_\Omega(t)=U_{\Omega m}\cos\Omega t$,载波信号 $u_c(t)=U_{cm}\cos\omega_c t$,试说明它们分别为何种已调波,并写出它们的电压表达式。

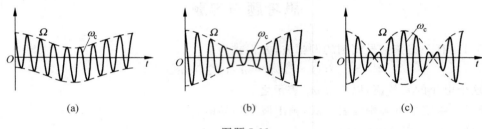

图题 5-11

5-12 已知某普通调幅波的载频为 640kHz,载波功率为 500kW,调制信号频率允许范围为 20Hz～4kHz。试求:

(1) 该调幅波占据的频带宽度。

(2) 该调幅波的调幅指数平均值为 $m_a=0.3$ 和最大值 $m_a=1$ 时的平均功率。

5-13 有两个已调波电压,其表示式分别为

$$u_1(t)=2\cos100\pi t+0.1\cos90\pi t+0.1\cos110\pi t \text{ (V)}$$
$$u_2(t)=0.1\cos90\pi t+0.1\cos110\pi t \text{ (V)}$$

说出 $u_1(t), u_2(t)$ 各为何种已调波,并分别计算消耗在单位电阻上的边频功率、平均功率及频谱宽度。

5-14 分析基极调制调幅波波腹变平和波谷变平的原因。

5-15 分析集电极调制调幅波波腹变平和过调失真的原因。

5-16 采用集电极调幅发射机载波输出功率 $(P_o)_c=50W$,调幅波系数 $m_a=0.5$,调幅电路 $(\eta_c)_{av}=50\%$。求集电极平均输出功率 $(P_o)_{av}$ 与平均损耗功率 $(P_C)_{av}$,在选择管子时 P_{CM} 多大才能满足要求?

5-17 在大信号基极调幅电路中,当调整到 $m_a=1$ 后,再改变 R_L,试说明输出波形的变化趋势如何(按 R_L 的变大和变小两种情况分析)?并说明原因。

5-18 在基极调幅电路中,选管子时 $BV_{ceo}, P_{CM}, I_{c\,max}$ 应如何选取?

5-19 在集电极调幅电路中,选管子时 $BV_{ceo}, P_{CM}, I_{c\,max}$ 应如何选取?

5-20 在大信号集电极调幅中,试以三角波调制为例分析大信号集电极调幅的工作

原理,并画出调幅波 $u_c\sim t$ 及相应 $i_c\sim t$,$i_b\sim t$、$E_b\sim t$ 的曲线。

5-21　当非线性器件分别为以下伏安特性时,能否用它实现调幅与检波?

(1) $i=a_1\Delta u+a_3\Delta u^3+a_5\Delta u^5$;

(2) $i=a_0+a_2\Delta u^2+a_4\Delta u^4$。

5-22　为什么小信号检波称为平方律检波,并证明二次谐波失真系数等于 $\dfrac{m_a}{4}$。

5-23　为什么检波电路中一定要有非线性元件? 如果将大信号检波电路中的二极管反接是否能起检波作用? 其输出电压波形与二极管正接时有什么不同? 试绘图说明之。

5-24　在大信号检波电路中,若加大调制频率 Ω,将会产生什么失真? 为什么?

5-25　大信号二极管检波电路如图题 5-25 所示。若给定 $R=10\mathrm{k}\Omega$,$m_a=0.3$:

(1) 载频 $f_c=465\mathrm{kHz}$,调制信号最高频率 $F=340\mathrm{Hz}$,问电容 C 应如何选取? 检波器输入阻抗大约是多少?

(2) 若 $f_c=30\mathrm{MHz}$,$F=0.3\mathrm{MHz}$,C 应选多少? 检波器输入阻抗大约是多少?

5-26　图题 5-26 所示电路中,$R_1=4.7\ \mathrm{k}\Omega$,$R_2=15\ \mathrm{k}\Omega$,输入信号电压 $U_i=1.2\mathrm{V}$,检波效率设为 0.9。求:(1)输出电压最大值;(2)估算检波器输入电阻 R_{in}。

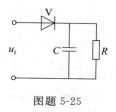

图题 5-25

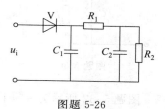

图题 5-26

5-27　原计划按图题 5-27 所示电路装收音机的检波电路,现手中元件不合适,能否按下列要求改动,改动后对收音机性能有何影响? 并说明理由(下列每条每次只改一种元件,其他元件不变)。

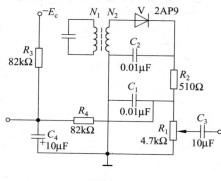

图题 5-27

(1) R_1 换成 $10\mathrm{k}\Omega$;

(2) C_2 改为 $5600\mathrm{pF}$;

（3）C_3 改为 $0.01\mu\text{F}$；

（4）把 R_2 加大到 $4.7\text{k}\Omega$；

（5）2AP9(普通锗管)改为 2CP1(普通硅管)；

（6）中周匝比 $N_1 : N_2$ 原为 $200 : 14$，改为 $180 : 9$。

5-28　大信号二极管检波电路的负载电阻 $R_L = 200\text{k}\Omega$，负载电容 $C = 100\text{pF}$。设 $F_{\max} = 6\text{kHz}$，为避免对角线失真，最大调制指数应为多少？

5-29　调幅信号的解调有哪几种？各自适用什么调幅信号？

5-30　检波电路如图题 5-30 所示。已知

$$u_i(t) = 5\cos2\pi \times 465 \times 10^3 t + 4\cos2\pi \times 10^3 t\cos2\pi \times 465 \times 10^3 t$$

二极管内阻 $r_D = 100\Omega$，$C = 0.01\mu\text{F}$，$C_1 = 47\mu\text{F}$。在保证不失真的情况下，试求：

（1）检波器直流负载电阻的最大值；

（2）下级输入电阻的最小值。

5-31　在图题 5-31 所示电路中，输入调幅波的调制频率为 50Hz，$R = 5\text{k}\Omega$，调制系数 $m_a = 0.6$。为了避免出现放电失真，其检波电容 C 应取多大？

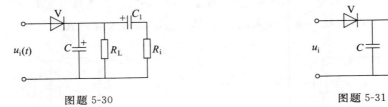

图题 5-30　　　　　　　　　　　　图题 5-31

5-32　图题 5-32 所示为一乘积检波，恢复载波 $u_r(t) = U_{rm}(\cos\omega_c t + \phi)$。试求在下列两种情况下输出电压的表达式，并说明是否失真。

（1）$u_i(t) = U_{im}\cos\Omega t\cos\omega_c t$；

（2）$u_i(t) = U_{im}\cos(\omega_c + \Omega)$。

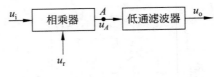

图题 5-32

第 6 章　角度调制与解调

6.1　概述

　　在调制中,载波信号的频率随调制信号而变,称为频率调制或调频,用 FM(frequency modulation)表示;载波信号的相位随调制信号而变,称为相位调制或调相,用 PM(phase modulation)表示。在这两种调制过程中,载波信号的幅度都保持不变,而频率的变化和相位的变化都表现为相角的变化,因此,把调频和调相统称为角度调制或调角。

　　图 6-1 为角度调制与振幅调制波形图。其中,图 6-1(a)所示的调制信号是一个梯形波。图 6-1(b)所示为载波信号。图 6-1(d)为频率调制波形,可以看出已调信号的频率受调制信号的控制,对应调制信号为最大值时,调频信号的频率最高,波形最密,随着调制信号的改变,调制信号的频率也作相应的变化,当调制信号为最小时,调制信号频率最低,

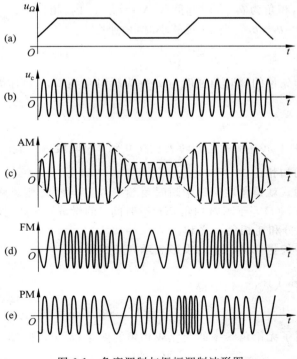

图 6-1　角度调制与振幅调制波形图

波形最疏,但振幅不变。我们可以把经过调频后的波形看成是一个随调制大小而聚拢或扩展的正弦波。图 6-1(c)为振幅调制波形,它的包络线变化规律与调制信号完全相同,而且频率始终不变。图 6-1(e)为相位调制波形,可以看出已调信号的相位受调制信号的控制,在调制波平坦的部分(相位不变),PM 除了相位不同外,看起来好像载波。正弦波的聚拢发生在调制波增大的时候,而其扩展发生在调制波减小的时候,但是,振幅始终不变。

调频与调相是紧密联系的,因为,当频率改变时,相位也在发生变化,反之也是一样。

在一个正弦信号中,其频率的变化和相位的变化存在着密切的联系。假设一个固定频率的等幅高频信号,其表达式为

$$u(t) = U_\mathrm{m} \cos(\omega_\mathrm{c} t + \varphi) \tag{6-1}$$

式中,U_m 是高频信号的幅度,ω_c 是它的角频率,φ 是它的初相角。

当没有进行调制时,$u(t)$ 就是载波高频振荡信号,其角频率 ω_c 和初相角 φ 都是常数,它们与总相角 $\theta(t)$ 的关系是

$$\theta(t) = \omega_\mathrm{c} t + \varphi$$

在进行角度调制时,不论调频还是调相,这时角频率不再是固定不变的常数,而是时间 t 的函数 $\omega(t)$。下面利用旋转矢量图进行分析。

设一旋转矢量长度为 U_m,围绕原点逆时针方向旋转,旋转的角速度为 $\omega(t)$,如图 6-2 所示。当 $t=0$ 时,该矢量与横轴间的夹角为初相角 φ,当 $t=t_1$ 时,相角为 θ_1,$t=t_2$ 时,相角为 θ_2,在时间间隔 $\Delta t = t_2 - t_1$ 内,相角改变 $\Delta \theta(t) = \theta_2 - \theta_1$。当 Δt 足够小时,角速度

$$\omega(t) = \frac{\mathrm{d}\theta(t)}{\mathrm{d}t} \tag{6-2}$$

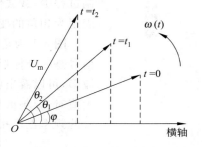

图 6-2　用旋转矢量在横轴上的投影表示余弦函数

通常把旋转矢量的瞬时角速度 $\omega(t)$ 称为瞬时角频率,$\theta(t)$ 称为瞬时相角,它同瞬时角频率的关系是

$$\theta(t) = \int \omega(t) \mathrm{d}t + \varphi \tag{6-3}$$

式中,积分项 $\int \omega(t)\mathrm{d}t$ 就是旋转矢量在 0 到 t 时间段内所旋转的角度,φ 为积分常数,就是图 6-2 中的初相角。

以上两式就是角度调制中瞬时角频率 $\omega(t)$ 与瞬时相角之间的基本关系式。它表明:瞬时角频率 $\omega(t)$ 等于瞬时相角 $\theta(t)$ 对时间 t 的微分;而瞬时相角 $\theta(t)$ 等于瞬时角频率对时间 t 的积分和初相角 φ 之和。

用旋转矢量在横轴上的投影表示高频信号,有

$$u(t) = U_\mathrm{m} \cos \theta(t) \tag{6-4}$$

将式(6-3)代入式(6-4)中得

$$u(t) = U_\mathrm{m} \cos \left[\int \omega(t)\mathrm{d}t + \varphi \right] \tag{6-5}$$

这说明了无论角频率的变化或相角的变化,都可以归结为式(6-5)中载波角度 $\theta(t)$ 也即 $\int \omega(t)\mathrm{d}t + \varphi$ 的变化,这正是调频与调相统称"角度调制"的原因。

6.2　角度调制信号分析

6.2.1　调频及其数学表达式

设调制信号为 $u_\Omega(t) = U_{\Omega m}\cos\Omega t$，载波信号为 $u_c(t) = U_m\cos\omega_c t$。

调频时，载波高频振荡的瞬时频率随调制信号 $u_\Omega(t)$ 呈线性变化，其比例系数为 k_f，即

$$\omega(t) = \omega_c + k_f u_\Omega(t) = \omega_c + \Delta\omega(t) \tag{6-6}$$

式中，ω_c 是载波角频率，也是调频信号的中心角频率。$\Delta\omega(t)$ 是由调制信号 $u_\Omega(t)$ 所引起的角频率偏移，称频偏或频移。$\Delta\omega(t)$ 与 $u_\Omega(t)$ 成正比，$\Delta\omega(t) = k_f u_\Omega(t)$。$\Delta\omega(t)$ 的最大值称为最大频偏，用 $\Delta\omega$ 表示：

$$\Delta\omega = \mid \Delta\omega(t) \mid_{\max} = k_f \mid u_\Omega(t) \mid_{\max}$$

调频信号的瞬时相位 $\phi(t)$ 是瞬时角频率 $\omega(t)$ 对时间的积分，即

$$\varphi(t) = \int_0^t \omega(\tau)\mathrm{d}\tau + \varphi_0 \tag{6-7}$$

式中，φ_0 为信号的起始角频率。为了分析方便，不妨设 $\varphi_0 = 0$，则式(6-7)变为

$$\varphi(t) = \int_0^t \omega(\tau)\mathrm{d}\tau = \omega_c t + \frac{\Delta\omega}{\Omega}\sin\Omega t = \omega_c t + m_f\sin\Omega t = \varphi_c + \Delta\varphi(t) \tag{6-8}$$

式中，$\dfrac{\Delta\omega}{\Omega}$ 称为调频波的调制指数，以符号 m_f 表示，即

$$m_f = \frac{\Delta\omega}{\Omega} \tag{6-9}$$

当单音调制时，对于调频信号，式(6-6)表示为如下形式

$$\omega(t) = \omega_c + k_f U_{\Omega m}\cos\Omega t = \omega_c + \Delta\omega\cos\Omega t$$

将其代入式(6-5)就得到调频信号的数学表达式。即

$$u(t) = U_m\cos\left[\int(\omega_c + \Delta\omega\cos\Omega t)\mathrm{d}t + \varphi\right] = U_m\cos\left(\omega_c t + \frac{\Delta\omega}{\Omega}\sin\Omega t + \varphi\right)$$

所以调频波的数学表达式为

$$u(t) = U_m\cos(\omega_c t + m_f\sin\Omega t + \varphi) \tag{6-10}$$

m_f 值可以大于1(这与调幅波不同，调幅指数 m_a 总是小于1的)。

假定初相角 $\varphi = 0$ 时，则得

$$u(t) = U_m\cos\left(\omega_c t + \frac{\Delta\omega}{\Omega}\sin\Omega t\right) \tag{6-11}$$

调频信号随调制信号的变化情况如图 6-3 所示。在调制电压的正半周，载波振荡频率随调制电压变化而高于载频，到调制电压的正峰值时，已调高频振荡角频率至最大值，为 $\omega_{\max} = \omega_c + \Delta\omega$；在调制信号负半周，载波振荡频率随调制电压变化而低于载频，到调制电压负峰处，已调高频振荡角频率至最小值，为 $\omega_{\min} = \omega_c - \Delta\omega$。由图 6-3 可见，调幅波 $u(t)$ 为等幅疏密波，疏密的变化与调制信号有关。

6.2.2 调相及其数学表达式

调相时,载波高频振荡的瞬时相位随调制信号线性变化,所以对于调相波,其瞬时相位除了原来的载波相位$(\omega_c t + \varphi)$外,又附加了一个变化的部分 $\Delta\theta(t)$,这个变化部分 $\Delta\theta(t)$ 与调制信号成比例关系,因此总的相角可表示为

$$\begin{aligned}\theta(t) &= \omega_c t + \varphi + \Delta\theta(t)\\ &= \omega_c t + \varphi + k_p u_\Omega(t)\\ &= \omega_c t + \varphi + k_p U_{\Omega m}\cos\Omega t\end{aligned} \qquad (6\text{-}12)$$

式中,φ 为载波的初相位;$\omega_c t$ 为载波信号的相位;k_p 为比例系数。

$\Delta\theta(t) = k_p u_\Omega(t)$ 是由调制信号所引起的相角偏移,称相偏或相移。在单音调制时,$\Delta\theta(t)$ 的最大值 $k_p U_{\Omega m}$ 称为调相指数,以符号 m_p 表示:

$$m_p = k_p U_{\Omega m} \qquad (6\text{-}13)$$

将式(6-12)代入式(6-4)得到

$$u(t) = U_m \cos(\omega_c t + \varphi + m_p \cos\Omega t) \qquad (6\text{-}14)$$

式(6-14)说明,调相信号的相角在载波相位$(\omega_c t + \varphi)$的基础上,又增加了一项按余弦规律变化的部分。

调相波形随调制信号的变化情况如图 6-4 所示。

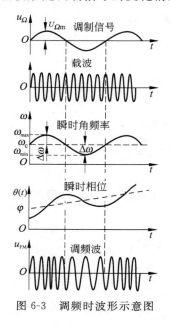

图 6-3 调频时波形示意图

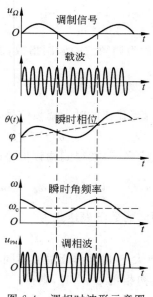

图 6-4 调相时波形示意图

6.2.3 调频与调相的关系

1. 相位比较

调制信号按余弦规律变化时,将式(6-11)和式(6-14)比较可知,两者在相位上相差 90°。

2. 调制指数

调频时调制指数 $m_f = \dfrac{\Delta\omega_f}{\Omega} = \dfrac{k_f U_{\Omega m}}{\Omega}$，它与调制信号的振幅成正比，而与调制角频率 Ω 成反比。

调相时调制指数 $m_p = k_p U_{\Omega m}$，它与调制信号的振幅成正比，而与调制频率无关。

3. 最大频率偏移 $\Delta\omega$ 的比较

调频时的最大频率偏移为 $\Delta\omega_f$，$\Delta\omega_f = k_f U_{\Omega m}$，它与调制信号的振幅成正比，而与调制信号频率无关。

调相时，因调相波相位变化，必然产生频率变化。此时角频率的瞬时值为

$$\omega(t) = \frac{\mathrm{d}\theta(t)}{\mathrm{d}t} = \frac{\mathrm{d}}{\mathrm{d}t}(\omega_c t + \varphi + m_p \cos\Omega t)$$
$$= \omega_c - m_p \Omega \sin\Omega t = \omega_c - \Delta\omega_p \sin\Omega t \qquad (6\text{-}15)$$

式中

$$\Delta\omega_p = m_p \Omega = k_p U_{\Omega m} \Omega \qquad (6\text{-}16)$$

$\Delta\omega_p$ 是调相时的最大频率偏移，它不仅与调制信号的振幅成正比，而且还和调制信号的角频率 Ω 成正比。

由以上分析可知，同一单音调制的调相波和调频波的两个基本参数——最大频率偏移 $\Delta\omega$ 和调制指数 m 随调制信号的振幅 $U_{\Omega m}$ 和调制角频率 Ω 的变化规律是很不相同的。

当 $U_{\Omega m}$ 一定时，$\Delta\omega$ 和 m 随 Ω 的变化规律如图 6-5 所示。

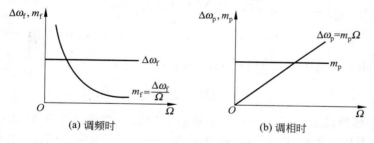

图 6-5　$\Delta\omega$ 和 m 随 Ω 的变化关系（当 $U_{\Omega m}$ 一定时）

为了便于比较，将调频信号和调相信号的一些特征列于表 6-1。在表 6-1 中，还列出了调频和调相在非单音调制时的一般数学表达式。

表 6-1　调频信号和调相信号比较

设调制信号为 $u_\Omega(t) = U_{\Omega m} \cos\Omega t$，载波信号为 $u_c(t) = U_{cm} \cos\omega_c t$

	调 频 信 号	调 相 信 号
瞬时频率	$\omega(t) = \omega_c + k_f u_\Omega(t) = \omega_c + \Delta\omega(t)$	$\omega(t) = \omega_c + k_p \dfrac{\mathrm{d}u_\Omega(t)}{\mathrm{d}t}$
瞬时相位	$\theta(t) = \omega_c t + \varphi + k_f \displaystyle\int u_\Omega(t)\,\mathrm{d}t$	$\theta(t) = \omega_c t + \varphi + k_p u_\Omega(t)$ $= \omega_c t + \varphi + \Delta\theta(t)$
最大频偏	$\Delta\omega_f = k_f \lvert u_\Omega(t)\rvert_{\max} = k_f U_{\Omega m}$	$\Delta\omega_p = k_p \left\lvert \dfrac{\mathrm{d}u_\Omega(t)}{\mathrm{d}t}\right\rvert_{\max}$

续表

	调 频 信 号	调 相 信 号
最大相移	$\dot{m}_f = k_f \left\| \int u_\Omega(t)dt \right\|_{max} = \dfrac{\Delta\omega}{\Omega}$ m_f 称为调频指数	$m_p = k_p \|u_\Omega(t)\|_{max} = k_p U_{\Omega m}$ m_p 称为调相指数
数学表达式	$u(t) = U_m \cos\theta(t)$ $= U_m \cos\left[\omega_c t + k_f \left\| \int u_\Omega(t)dt \right\| + \varphi\right]$ $= U_m \cos(\omega_c t + m_f \sin\Omega t + \varphi)$	$u(t) = U_m \cos\theta(t)$ $= U_m \cos\left[\omega_c t + k_p u_\Omega(t) + \varphi\right]$ $= U_m \cos(\omega_c t + m_p \cos\Omega t + \varphi)$
信号带宽	$B_f = 2(m_f + 1)F$	$B_p = 2(m_p + 1)F$

6.2.4　调角波的频谱与有效频带宽度

1. 调角波的频谱

由于调频波和调相波的形式类似,其频谱也类似,下面就分析调频波的频谱。将式(6-11)用三角公式展开,可得

$$
\begin{aligned}
u(t) &= U_m \cos(\omega_c t + m_f \sin\Omega t) \\
&= U_m \left[\cos\omega_c t \cos(m_f \sin\Omega t) - \sin\omega_c t \sin(m_f \sin\Omega t)\right] \quad (6\text{-}17)
\end{aligned}
$$

式中,

$$
\begin{aligned}
\cos(m_f \sin\Omega t) &= J_0(m_f) + 2\sum_{n=1}^{\infty} J_{2n}(m_f)\cos2n\Omega t \\
&= J_0(m_f) + 2J_2(m_f)\cos2\Omega t + 2J_4(m_f)\cos4\Omega t + \cdots \\
\sin(m_f \sin\Omega t) &= 2\sum_{n=0}^{\infty} J_{2n+1}(m_f)\sin(2n+1)\Omega t \\
&= 2J_1(m_f)\sin\Omega t + 2J_3(m_f)\sin3\Omega t + \cdots
\end{aligned}
$$

这里,n 均取正整数,$J_n(m_f)$ 是以 m_f 为参量的 n 阶第一类贝塞尔函数,$J_0(m_f)$,$J_1(m_f)$,$J_2(m_f)$,…分别是以 m_f 为参量的零阶、一阶、二阶……第一类贝塞尔函数。它们的数值可以查有关贝塞尔函数曲线(贝塞尔函数与参量 m_f 的关系),如图 6-6 所示,也可直接查表 6-2。

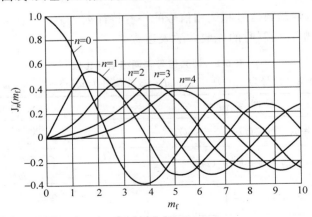

图 6-6　贝塞尔函数曲线

184

表 6-2　载频、边频幅度与 m_f 关系表

m_f	$J_0(m_f)$	$J_1(m_f)$	$J_2(m_f)$	$J_3(m_f)$	$J_4(m_f)$	$J_5(m_f)$	$J_6(m_f)$	$J_7(m_f)$	$J_8(m_f)$	$J_9(m_f)$
0.01	1.00	0.005								
0.20	0.99	0.100								
0.50	0.94	0.24	0.03							
1.00	0.77	0.44	0.11	0.02						
2.00	0.22	0.58	0.35	0.13	0.03					
3.00	0.26	0.34	0.49	0.31	0.13	0.04	0.01			
4.00	0.39	0.06	0.36	0.43	0.28	0.13	0.05	0.01		
5.00	0.18	0.33	0.05	0.36	0.39	0.26	0.13	0.05	0.02	
6.00	0.15	0.28	0.24	0.11	0.36	0.36	0.25	0.13	0.06	0.02

根据贝塞尔函数,式(6-17)可分解为无穷个余弦函数的级数,即有

$$u(t) = U_m[J_0(m_f)\cos\omega_c t \qquad\qquad\qquad\text{载频}$$
$$+ J_1(m_f)\cos(\omega_c+\Omega)t - J_1(m_f)\cos(\omega_c-\Omega)t \qquad\text{第一对边频}$$
$$+ J_2(m_f)\cos(\omega_c+2\Omega)t + J_2(m_f)\cos(\omega_c-2\Omega)t \qquad\text{第二对边频}$$
$$+ J_3(m_f)\cos(\omega_c+3\Omega)t - J_3(m_f)\cos(\omega_c-3\Omega)t \qquad\text{第三对边频}$$
$$+ J_4(m_f)\cos(\omega_c+4\Omega)t + J_4(m_f)\cos(\omega_c-4\Omega)t \qquad\text{第四对边频}$$
$$+ \cdots] \qquad\qquad\qquad\qquad\qquad\qquad (6\text{-}18)$$

根据式(6-18),可以得出如下结论:

(1) 一个调频波除了载波频率 ω_c 外,还包含无穷多的边频,相邻边频之间的频率间隔仍是 Ω。第 n 条谱线与载频之差为 $n\Omega$。

(2) 每一个分量的幅度等于 $U_m J_n(m_f)$。而 $J_n(m_f)$ 由贝塞尔函数决定。例如,若调频指数 $m_f=1$,那么由表 6-2 查得 $m_f=1$ 时,对应 $J_0(m_f)=0.77$,$J_1(m_f)=0.44$,$J_2(m_f)=0.11$,$J_3(m_f)=0.02$。

由于调制指数 m_f 与调制信号强度有关,故信号强度的变化将影响载频和边频分量的相对幅度。其边频幅度可能超出载频幅度。

2. 调角波的有效频带宽度

理论上,调角信号的边频分量是无限多的,也就是说,它的频谱是无限宽的。一路信号要占用无限宽的频带,是我们不希望的。实际上,已调信号的能量绝大部分是集中在载频附近的一些边频分量上,从某一边频起,它的幅度便非常小。根据贝塞尔函数的特点,当阶数 $n>m_f$ 时,贝塞尔函数 $J_n(m_f)$ 的数值随着 n 的增加而迅速减小;而当 $n>m_f+1$ 时,$J_n(m_f)$ 的绝对值小于 0.1。所以,通常工程上将振幅小于载波振幅 10% 的边频分量忽略不计。实际上我们可以认为有效的高低边频的总数为 $2n \approx 2(m_f+1)$ 个,因此调频波的频谱有效宽度(频带宽度)为

$$B_f \approx 2(m_f+1)F \qquad (6\text{-}19)$$

由于 $m_f = \dfrac{\Delta\omega}{\Omega} = \dfrac{\Delta f}{F}$,所以式(6-19)也可写成下列形式:

$$B_f \approx 2(\Delta f + F) \qquad (6\text{-}20)$$

这与调制频率相同的调幅波比起来,调角波的频带要宽 $2\Delta f$。通常 $\Delta f > F$,所以调

角波的频带要比调幅波的频带宽得多。因此,在同样的波段中,能容纳调角信号的数目,要少于调幅信号的数目。因此,调角制只适用于频率较高的甚高频和超高频段中。

要注意的是,式(6-19)及式(6-20)只适用于 $m_f>1$ 的情况,也就是宽带调频情况,当 $m_f<1$ 时叫窄带调频,这时式(6-19)及式(6-20)不再适用,由表 6-2 可以看出,边频只取一对就够了,即窄频带调频频谱宽度为

$$B_f \approx 2F$$

例 6-1 调频广播中 $F=15\text{kHz}, m_f=5$,求频偏 Δf 和频谱宽度 B_f。

解 调频时 $\Delta\omega_f=m_f\Omega$,即 $\Delta f=m_f F=75\text{kHz}$。$m_f>1$,属于宽带调频,因此

$$B_f = 2(m_f+1)F = 180\text{kHz}$$

3. 调角信号频谱与调制信号的关系

(1) 调频信号

在余弦波调制的情况下,已知 $m_f=\dfrac{\Delta\omega_f}{\Omega}$,如果保持 Ω 固定,而改变 m_f 时,调频信号的频谱如图 6-7 所示。

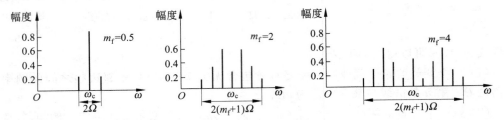

图 6-7 调频信号在不同 m_f 时的频谱

由图 6-7 可以看出,当 m_f 增大时(即调制信号加强时),边频数目增多,频带加宽。这与调幅波的频谱结构有着根本的区别。对于 $m_f=0.5$,其有效边频数和带宽基本与调幅波相同。故当 m_f 值小时($m_f<1$),可以认为调频波的频谱成分与调幅波相同;但当 m_f 值增大时,其差别越来越大。

如果调制信号强度固定而信号频率改变,也就是相当于最大频移 $\Delta\omega_f$ 固定而 Ω 改变时,例如,给定 $\Delta f=8\text{kHz}$,调制信号频率 $F=2\text{kHz}$ 时,则

$$m_f = \frac{\Delta\omega_f}{\Omega} = \frac{\Delta f}{F} = 4$$

$$2n \approx 2(m_f+1) = 10$$

$$B_f = 2(m_f+1)F = 20\text{kHz}$$

当调制信号频率 $F=4\text{kHz}$ 时,则

$$m_f = \frac{\Delta f}{F} \doteq 2$$

$$2n \approx 2(m_f+1) = 6$$

$$B_f = 2(m_f+1)F = 24\text{kHz}$$

从以上计算可知,在同样频偏 Δf 的情况下,随着调制频率 F 的加大,边频数 $2n$ 减

少,有效频带宽度 B_f 稍有加宽。其频谱分布情况如图 6-8(a)所示。

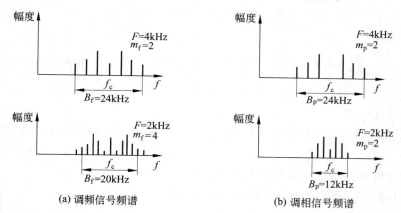

(a) 调频信号频谱　　　　　　　　(b) 调相信号频谱

图 6-8　调制信号频率不同(调制信号强度固定)时,调频信号和调制信号的频谱分布

（2）调相信号

调相时,由于调相波的调制指数 m_p 只与调制信号强度成正比,而与调制信号频率无关,所以在调制信号强度不变,只改变 Ω 时,相当于 m_p 不变,则调相波的边频数不变,而频带宽度 $B_p=2(m_p+1)F$ 随调制信号频率成比例地加宽,如图 6-8(b)所示。当 $m_p=2$,F 由 2kHz 增加到 4kHz 时,则 B_p 由 12kHz 增加到 24kHz,边频数 $2n$ 保持为 6。

通过以上分析可知,从所占频带的利用率来讲,调相波不如调频波好,因为实际的调制信号包含有许多频率成分,例如,从几十赫到几千赫。这样调相波所占的频带变化就很大,可以从几百赫变到几十千赫,而载频的选取,对发射机、接收机通频带的要求等,都是根据频带最宽的情况而定,这对于调制频率低的情况,显然很不经济。由于这个原因,调相不如调频应用得广,一般只作为产生调频波的一种间接手段来应用。

例 6-2　已知调制信号 $u_\Omega(t)=U_{\Omega m}\cos 2\pi\times 10^3 t(\text{V})$,$m_f=m_p=10$,求 FM 和 PM 波的带宽。

（1）若 $U_{\Omega m}$ 不变,F 增大一倍,两种调制信号的带宽如何?

（2）若 F 不变,$U_{\Omega m}$ 增大一倍,两种调制信号的带宽如何?

（3）若 $U_{\Omega m}$ 和 F 都增大一倍,两种调制信号的带宽又如何?

题意分析　调频和调相均为角度调制,两者相似但有不同,特别是带宽与调制信号的关系。

调相时,由于调相波的调制指数 m_p 只与调制信号强度成正比,而与调制信号频率无关,所以在调制信号强度不变,只改变 Ω 时,相当于 m_p 不变,则调相波的边频数不变,而频带宽度 $B_p=2(m_p+1)F$ 随调制信号频率成比例地加宽。

调频时:

（1）调频指数　$m_f\!\uparrow=\dfrac{\Delta f}{F\!\downarrow}$;

（2）边频数　$2n\!\uparrow\approx 2(m_f+1)$;

（3）频带宽度　$B_f\!\downarrow=2(m_f+1)F\!\downarrow$。

解　已知调制信号为 $u_\Omega(t)=U_{\Omega m}\cos 2\pi\times 10^3 t(\text{V})$,即 $F=1\text{kHz}$。

对于 FM 波,因为 $m_f=10$,则 $B_f=2(m_f+1)F=2(10+1)=22(\text{kHz})$。

对于 PM 波,因为 $m_p = 10$,则 $B_p = 2(m_p + 1)F = 2(10 + 1) = 22(\text{kHz})$。

(1) 若 $U_{\Omega m}$ 不变,F 增大 1 倍,两种调制信号的带宽如下:

对于 FM 波:

由于 $m_f \downarrow = \dfrac{\Delta f}{F \uparrow}$,若 $U_{\Omega m}$ 不变,F 增大 1 倍,则 Δf 不变,m_f 减半,即 $m_f = 5$。因此

$$B_f = 2(m_f + 1)F = 2(5 + 1) \times 2 = 24(\text{kHz})$$

对于 PM 波:

由于 m_p 只与调制信号强度成正比,而与调制信号频率无关,所以相当于 m_p 不变。因此

$$B_p = 2(10 + 1) \times 2 = 44(\text{kHz})$$

即调相频带宽度随调制信号频率成比例地加宽。

(2) F 不变,$U_{\Omega m}$ 增大 1 倍,两种调制信号的带宽如下:

对于 FM 波:

$m_f = \dfrac{k_f U_{\Omega m}}{\Omega}$,$m_f$ 增大 1 倍,即 $m_f = 2 \times 10 = 20$。因此

$$B_f = 2(m_f + 1)F = 2(20 + 1) = 42(\text{kHz})$$

对于 PM 波:

$m_p = k_p U_{\Omega m}$,m_p 也增大 1 倍,即 $m_p = 2 \times 10 = 20$。因此

$$B_p = 2(m_p + 1)F = 2(20 + 1) = 42(\text{kHz})$$

(3) F 和 $U_{\Omega m}$ 均增大 1 倍时

对于 FM 波:

m_f 不变,因此有

$$B_f = 2(m_f + 1)F = 2(10 + 1) \times 2 = 44(\text{kHz})$$

对于 PM 波:

$m_p = k_p U_{\Omega m}$,它与调制信号的振幅成正比,而与调制频率无关。当 $U_{\Omega m}$ 增大 1 倍时 m_p 也增大 1 倍,所以

$$B_p = 2(m_p + 1)F = 2(20 + 1) \times 2 = 84(\text{kHz})$$

讨论:在最大频偏不变的情况下,当调制信号的频率变化时,调频信号的带宽基本不变,而调相信号的带宽变化比较明显。因此,调频可认为是恒定带宽的调制。

6.2.5　调角波的功率

调频波和调相波的平均功率与调幅波一样,也为载波功率和各边频功率之和。由于调频和调相的幅度不变,所以调角波在调制后总的功率不变,只是将原来载波功率中的一部分转入边频中去。所以载波成分的系数 $J_0(m_f)$ 小于 1,表示载波功率减小了。

因此,调制过程并不需要外界供给边频功率,只是高频信号本身载频功率与边频功率的重新分配而已。这一点与调幅波完全不同。

单音调制时,调频波和调相波的平均功率可由式(6-21)求得,此处调制系数的下角标略去:

$$P_{av} = \frac{1}{2} \cdot \frac{U_m^2}{R_L}[J_0^2(m) + 2J_1^2(m) + 2J_2^2(m) + \cdots + 2J_n^2(m) + \cdots] \qquad (6\text{-}21)$$

利用贝塞尔函数的性质,则调频波和调相波的平均功率为

$$P_{av} = \frac{1}{2} \frac{U_m^2}{R_L} \qquad (6\text{-}22)$$

可见,调频波和调相波的平均功率与调制前的等幅载波功率相等。

6.3 调频信号的产生

6.3.1 调频方法

调频就是用调制电压去控制载波的频率。调频的方法和电路很多,最常用的可分为两大类:直接调频和间接调频。

直接调频就是用调制电压直接去控制载频振荡器的频率,以产生调频信号。例如:被控电路是 LC 振荡器,那么,它的振荡频率主要由振荡回路电感 L 与电容 C 的数值来决定,若在振荡回路中加入可变电抗,并用低频调制信号去控制可变电抗的参数,即可产生振荡频率随调制信号变化的调频波。其调频电路原理如图 6-9 所示。在实际电路中,可变电抗元件的类型有许多种,如变容二极管、电抗管等,所以直接调频的方法很多,6.4 节对变容二极管直接调频和电抗管直接调频以及晶体振荡器直接调频电路作一些分析、介绍。在第 8 章中介绍锁相环调频。

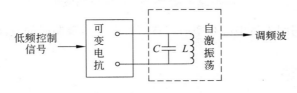

图 6-9 调频电路原理

间接调频就是保持振荡器的频率不变,而用调制电压去改变载波输出的相位,这实际上是调相。由于调相和调频有一定的内在联系,所以只要附加一个简单的变换网络,就可以从调相变成调频。所以间接调频,就是先进行调相,再由调相变为调频。

6.3.2 调频电路的性能指标

1. 调制特性

受调振荡器的频率偏移与调制电压的关系称为调制特性,表示为

$$\frac{\Delta f}{f_c} = f(u_\Omega) \qquad (6\text{-}23)$$

式中,Δf 是调制作用引起的频率偏移,f_c 为中心频率(载频),u_Ω 为调制信号电压。理想的调频电路应使 Δf 随 u_Ω 成正比改变,即实现线性调频,但在实际电路中总是要产生一

定程度的非线性失真,应尽可能减小这一失真。

2. 调制灵敏度 S

调制电压变化单位数值所产生的振荡频率偏移称为调制灵敏度。若调制电压变化 Δu,相应的频率偏移为 Δf,那么灵敏度 S 的表示式为

$$S = \frac{\Delta f}{\Delta u} \tag{6-24}$$

显然,S 越大,调频信号的控制作用越强,越容易产生大频偏的调频信号。

3. 最大频偏 Δf_m

在正常调制电压作用下,所能达到的最大频偏值以 Δf_m 表示,它是根据对调频指数 m_f 的要求来选定的。通常要求 Δf_m 的数值在整个波段内保持不变。

4. 载波频率稳定度

虽然调频信号的瞬时频率随调制信号在改变,但这种变化是以稳定的载波(中心频率)为基准的。如果载频稳定,接收机就可以正常地接收调频信号;若载频不稳,就有可能使调频信号的频谱落到接收机通带范围之外,以致不能保证正常通信。因此,对于调频电路,不仅要满足一定的频偏要求,而且振荡中心频率必须保持足够高的频率稳定度,频率稳定度可表示为

$$频率稳定度 = \frac{\Delta f}{f_c} \Big/ 时间间隔$$

式中,Δf 为经过时间间隔后中心频率的偏移值;f_c 为未调制时的载波中心频率。

6.4　调频电路

本节分析变容二极管调频电路、电抗管调频电路、晶体振荡器调频电路,同时还介绍相位调制电路。用变容二极管实现调频,电路简单,性能良好,是目前应用最为广泛的一种调频电路。

6.4.1　变容二极管调频电路

1. 变容二极管

变容二极管是利用半导体 PN 结的结电容随外加反向电压而变化这一特性,所制成的一种半导体二极管。它是一种电压控制可变电抗元件。

变容二极管的图形和文字符号如图 6-10(a)所示,图 6-10(b)是其串联和并联的等效电路,其中 C_d 代表二极管的电容,$R_串$ 或 $R_并$ 代表串联或并联的等效损耗电阻。由于二极管正常工作于反向状态,其损耗很小,故 $R_并$ 很大而 $R_串$ 很小。

变容二极管与普通二极管相比,所不同的是在反向电压作用下的结电容变化较大。

变容二极管的电容 C 随着所加的反向偏压 U 而变化。图 6-11 是我们用 C-V 特性测试仪对 2CC13C 变容二极管进行实测所绘制的 C-U 特性曲线。

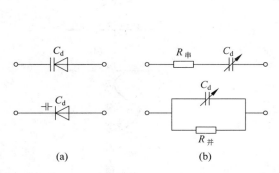

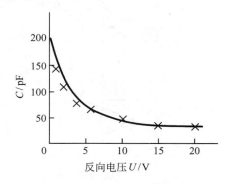

图 6-10 变容二极管的图形和文字符号及其等效电路   图 6-11 2CC13C 变容二极管的变容特性

由图 6-11 可知,反偏压越大,则电容越小。这种特性可表示为

$$C = A(U - U')^{-n} \tag{6-25}$$

式中,A 为常数,它决定于变容二极管所用半导体的介电常数、杂质浓度和结的类型;U' 为 PN 结的势垒电压,一般在 0.7V 左右;U 为外加反偏压;n 为电容变化系数,它的数值决定于结的类型,对于缓变结,$n \approx \frac{1}{3}$,突变结的 $n \approx \frac{1}{2}$,超突变结的 $n > \frac{1}{2}$。

n 是变容二极管的主要参数之一。n 值越大,电容变化量随偏压变化越显著。表 6-3 列出了 2CC1 型变容二极管参数。表中所列优值 Q 是表征损耗性能的参数,也即电容的品质因数 $\left(Q = \frac{1}{\omega CR} \right)$。

表 6-3   2CC1 型变容二极管参数

参数\\型号	反偏压/V	在左列反偏压下的反向电流/μA		反向偏压为 4V 时的结电容/pF	结电容的变化范围/pF	优值 Q(频率为 5MHz 时的最大反向偏压)	电容温度系数/℃$^{-1}$
		(20 ± 5)℃	(125 ± 5)℃				
2CC1A	15	$\leqslant 1$	$\leqslant 20$	85 ± 25	$50 \sim 220$	250	5×10^{-4}
2CC1B	15	$\leqslant 1$	$\leqslant 20$	40 ± 20	$22 \sim 110$	350	5×10^{-4}
2CC1C	25	$\leqslant 1$	$\leqslant 20$	90 ± 20	$42 \sim 240$	250	5×10^{-4}
2CC1D	25	$\leqslant 1$	$\leqslant 20$	50 ± 20	$20 \sim 125$	300	5×10^{-4}
2CC1E	40	$\leqslant 1$	$\leqslant 20$	60 ± 20	$18 \sim 150$	350	5×10^{-4}
2CC1F	60	$\leqslant 1$	$\leqslant 20$	40 ± 20	$10 \sim 110$	500	5×10^{-4}

2. 变容二极管调频原理

变容二极管的调频原理可用图 6-12 说明。由变容二极管的电容 C 和电感 L 组成 LC 振荡器的谐振电路,其谐振频率近似为 $f = \dfrac{1}{2\pi \sqrt{LC}}$。在变容二极管上加一固定的反

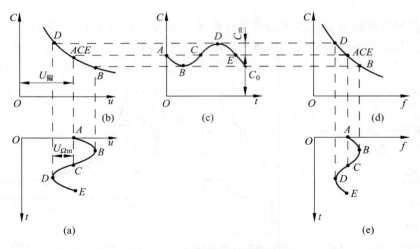

图 6-12　变容二极管调频原理

向直流偏压 $U_偏$ 和调制电压 u_Ω（图 6-12(a)），则变容二极管电容量 C 将随 u_Ω 改变，通过
二极管的变容特性（图 6-12(b)）可以找出电容 C 随时间的变化曲线（图 6-12(c)）。此电
容 C 由两部分组成，一部分是 C_0，为固定值；另一部分是 $C_m\cos\Omega t$，为变化值，C_m 是变化
部分的幅度，则有

$$C = C_0 + C_m\cos\Omega t \tag{6-26}$$

将 C 代入 f 的公式，得

$$f = \frac{1}{2\pi\sqrt{L(C_0 + C_m\cos\Omega t)}}$$

$$= \frac{1}{2\pi\sqrt{LC_0\left(1 + \dfrac{C_m}{C_0}\cos\Omega t\right)}}$$

在 $\dfrac{C_m}{C_0} \ll 1$ 的条件下，将上式用二项式定理展开，并略去平方项以上各项，可得

$$f = \frac{1}{2\pi\sqrt{LC_0}}\left[1 - \frac{1}{2}\times\frac{C_m}{C_0}\cos\Omega t + \frac{3}{8}\left(\frac{C_m}{C_0}\right)^2\cos^2\Omega t + \cdots\right]$$

$$\approx f_c\left(1 - \frac{1}{2}\times\frac{C_m}{C_0}\cos\Omega t\right)$$

$$= f_c - \frac{1}{2}f_c\frac{C_m}{C_0}\cos\Omega t$$

$$= f_c + \Delta f \tag{6-27}$$

式中，

$$\Delta f = -\frac{1}{2}f_c\frac{C_m}{C_0}\cos\Omega t \tag{6-28}$$

f_c 是 $C_m = 0$ 时由 L 和固定电容 C_0 所决定的谐振频率，称为中心频率（即载频），$f_c =$
$\dfrac{1}{2\pi\sqrt{LC_0}}$。$\Delta f$ 是频率的变化部分，而 $\dfrac{1}{2}f_c\dfrac{C_m}{C_0}$ 是变化部分的幅值，称为频偏。式(6-28)中
的负号表示当回路电容增加时，频率是减小的。还可通过图 6-12(c)及(d)(L 固定，f 与

$\sqrt{C}$ 成反比曲线)找出频率和时间的关系。比较图 6-12(a)及(e),可见频率 f 是在随调制电压 u_Ω 而变,从而实现了调频。

由以上分析可知,因为变容二极管势垒电容随反向偏压而变,如果将变容二极管接在谐振回路两端,使反向偏压受调制信号所控制,这时回路电容有一部分按正弦规律变化,必然引起振荡频率作相应的变化,它以 f_c 为中心作上下偏移,其偏移大小(频偏)与电容变化最大值 C_m 成比例。所以回路的振荡频率是随调制信号变化的,这就是变容二极管调频的基本原理。

从图 6-12 可以看出,由于 C-u 和 C-f 两条曲线并不是成正比的,最后得到的 f-t 曲线形状将不与 u_Ω-t 曲线完全一致,这就意味着调制失真,失真的程度不仅与变容二极管的变容特性有关,而且还决定于调制电压的大小。显然,调制电压越大,则失真越大。为了减小失真,调制电压不宜过大,但也不宜太小,因为太小则频移太小。实际上应兼顾二者,一般取调制电压比偏压小一半多,即

$$\frac{U_{\Omega m}}{U_{\text{偏}}} \leqslant 0.5$$

3. 小频偏变容二极管调频器的分析

变容二极管作为振荡回路总电容时,它的最大优点是调制信号对振荡频率的调变能力强,即调频灵敏度高,较小的 m 值就能产生较大的相对频偏。但同时因温度等外界因素变化引起反偏压变化时,造成载波频率的不稳定也必然相对增大,而且振荡回路上的高频电压又全部加到变容二极管上。为了克服这些缺点,可以采用小频偏调制。

小频偏调制,大多用于无线电调频广播、电视台的伴音系统和小容量无线多路通信设备。它们的频偏范围约在几十千赫到几百千赫。小频偏调制中,变容二极管部分接入振荡回路,如图 6-13 所示。图中,变容二极管 C_d 先和 C_2 串接,再和 C_1 并接。现以图 6-13 为例,对小频偏调频器进行分析。

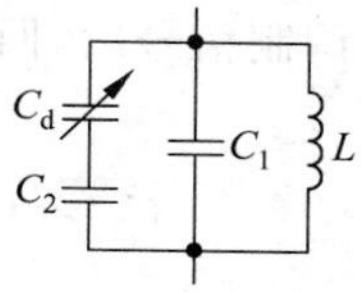

图 6-13　变容二极管部分接入振荡电路

在未加调制信号 u_Ω 时,变容二极管的偏压为 U_0,振荡回路的总电容为 C_0,高频振荡器频率为 f_c。

加调制电压 $u_\Omega = U_{\Omega m}\cos\Omega t$,这时变容管上的反向偏压为

$$U = U_0 + U_{\Omega m}\cos\Omega t = U_0\left(1 + \frac{U_{\Omega m}}{U_0}\cos\Omega t\right) = U_0(1 + m\cos\Omega t) \tag{6-29}$$

式中,m 为调制指数,$m = \dfrac{U_{\Omega m}}{U_0}$。

将式(6-29)代入式(6-25),又考虑一般有 $U \gg |U'|$,变容二极管结电容用 C_d 表示,则式(6-25)变为

$$\begin{aligned} C_d &= AU^{-n} = A[U_0(1 + m\cos\Omega t)]^{-n} \\ &= C_{d0}(1 + m\cos\Omega t)^{-n} \end{aligned} \tag{6-30}$$

式中,C_{d0} 为在未加调制信号 u_Ω 时的结电容,$C_{d0} = AU_0^{-n}$。

在加调制信号后,振荡回路的总电容 C 将发生变化。设它偏离未调制时总电容 C_0 的值为 ΔC_0,这时所引起的高频振荡角频率 ω_c 偏离值为 $\Delta\omega$,根据 LC 振荡原理,有

$$\omega_c = \frac{1}{\sqrt{LC_0}}$$

$$\omega_c + \Delta\omega = \frac{1}{\sqrt{LC}} = \frac{1}{\sqrt{L(C_0 + \Delta C_0)}} = \frac{1}{\sqrt{LC_0}}\frac{1}{\sqrt{1 + \frac{\Delta C_0}{C_0}}}$$

上式两边同除以 ω_c,得

$$1 + \frac{\Delta\omega}{\omega_c} = \frac{1}{\sqrt{1 + \frac{\Delta C_0}{C_0}}}$$

$$\frac{\Delta C_0}{C_0} = \frac{1}{\left(1 + \frac{\Delta\omega}{\omega_c}\right)^2} - 1 = -\frac{\frac{2\Delta\omega}{\omega_c} + \left(\frac{\Delta\omega}{\omega_c}\right)^2}{\left(1 + \frac{\Delta\omega}{\omega_c}\right)^2}$$

小频偏时,$\omega_c \gg \Delta\omega$,上式可简化为

$$\frac{\Delta C_0}{C_0} \approx -\frac{2\Delta\omega}{\omega_c}$$

或

$$\frac{\Delta\omega}{\omega_c} \approx -\frac{1}{2}\frac{\Delta C_0}{C_0} \tag{6-31}$$

式(6-31)说明由于电容的变化,引起了频率的变化,这与式(6-28)是一致的。

加调制信号后,回路总电容的变化情况怎样呢? 未加调制信号时回路总电容

$$C_0 = C_1 + \frac{C_{d0}C_2}{C_{d0} + C_2} = C_1\left(1 + \frac{\frac{C_2}{C_1}}{1 + \frac{C_2}{C_{d0}}}\right) = C_1\left(1 + \frac{n_1}{1 + n_2}\right) \tag{6-32}$$

式中,$n_1 = \frac{C_2}{C_1}$,$n_2 = \frac{C_2}{C_{d0}}$ 是电容的接入系数,或称分配系数。

当加入调制信号后,这时变容二极管的等效电容为 C_d,回路总电容为

$$C = C_1 + \frac{C_d C_2}{C_d + C_2}$$

此时回路总电容变化量为

$$\Delta C_0 = C - C_0$$
$$= \left(C_1 + \frac{C_d C_2}{C_d + C_2}\right) - \left(C_1 + \frac{C_{d0}C_2}{C_{d0} + C_2}\right)$$
$$= C_2\left(\frac{C_d}{C_d + C_2} - \frac{C_{d0}}{C_{d0} + C_2}\right)$$
$$= C_2\left(\frac{1}{1 + \frac{C_2}{C_d}} - \frac{1}{1 + \frac{C_2}{C_{d0}}}\right) \tag{6-33}$$

分析式(6-33),只有 $\frac{C_2}{C_d}$ 是随调制信号变化的。由式(6-30)可知

$$\frac{C_2}{C_\mathrm{d}} = \frac{C_2}{C_\mathrm{d0}}(1 + m\cos\Omega t)^n \tag{6-34}$$

现将 $(1 + m\cos\Omega t)^n$ 展开成幂级数，得

$$(1 + m\cos\Omega t)^n = 1 + nm\cos\Omega t + \frac{1}{2}n(n-1)m^2\cos^2\Omega t$$

$$+ \frac{1}{6}n(n-1)(n-2)m^3\cos^3\Omega t + \cdots \tag{6-35}$$

再利用三角关系：

$$\cos^2\Omega t = \frac{1}{2}(1 + \cos 2\Omega t)$$

$$\cos^3\Omega t = \frac{3}{4}\cos\Omega t + \frac{1}{4}\cos 3\Omega t$$

代入式(6-35)，经整理后，得

$$(1 + m\cos\Omega t)^n = 1 + \frac{1}{4}n(n-1)m^2 + \frac{1}{8}nm\left[8 + (n-1)(n-2)m^2\right]\cos\Omega t$$

$$+ \frac{1}{4}n(n-1)m^2\cos 2\Omega t$$

$$+ \frac{1}{24}n(n-1)(n-2)m^3\cos 3\Omega t + \cdots \tag{6-36}$$

令

$$(1 + m\cos\Omega t)^n = 1 + F(n,m) \tag{6-37}$$

式中

$$F(n,m) = A_0 + A_1\cos\Omega t + A_2\cos 2\Omega t + A_3\cos 3\Omega t + \cdots \tag{6-38}$$

其中

$$\begin{cases} A_0 = \dfrac{1}{4}n(n-1)m^2 \\[2mm] A_1 = \left[1 + \dfrac{1}{8}(n-1)(n-2)m^2\right]nm \\[2mm] A_2 = \dfrac{1}{4}n(n-1)m^2 \\[2mm] A_3 = \dfrac{1}{24}n(n-1)(n-2)m^3 \end{cases} \tag{6-39}$$

将式(6-37)代入式(6-34)得

$$\frac{C_2}{C_\mathrm{d}} = \frac{C_2}{C_\mathrm{d0}} + \frac{C_2}{C_\mathrm{d0}}F(n,m) \tag{6-40}$$

式中，n 为电容变化系数；m 为调制指数。

将式(6-40)代入式(6-33)中，由于是小频偏情况，所以 $\dfrac{C_2}{C_\mathrm{d0}}F(n,m) \ll 1$，可得总电容变化量为

$$\Delta C_0 = -C_2 \frac{\dfrac{C_2}{C_\mathrm{d0}}F(n,m)}{\left[1 + \dfrac{C_2}{C_\mathrm{d0}} + \dfrac{C_2}{C_\mathrm{d0}}F(n,m)\right]\left(1 + \dfrac{C_2}{C_\mathrm{d0}}\right)}$$

$$\approx -C_2 \frac{\frac{C_2}{C_{d0}}F(n,m)}{\left(1+\frac{C_2}{C_{d0}}\right)^2} = -\frac{C_2 n_2}{(1+n_2)^2}F(n,m) \tag{6-41}$$

现进一步讨论谐振回路频偏 $\Delta\omega$ 与调制电压的变化规律。将式(6-32)和式(6-41)代入式(6-31)中,可得

$$\frac{\Delta\omega}{\omega_c} \approx -\frac{1}{2}\frac{\Delta C_0}{C_0}$$

$$= -\frac{1}{2}\frac{-\frac{n_2 C_2}{(1+n_2)^2}F(n,m)}{C_1\left(1+\frac{n_1}{1+n_2}\right)}$$

$$= \frac{1}{2}\frac{n_2 C_2}{C_1(1+n_2)(1+n_2+n_1)}F(n,m)$$

$$= \frac{1}{2}\frac{n_2 n_1}{(1+n_2)(1+n_2+n_1)}F(n,m) \tag{6-42}$$

令

$$K = \frac{1}{2}\frac{n_2 n_1}{(1+n_2)(1+n_2+n_1)} \tag{6-43}$$

则

$$\frac{\Delta\omega}{\omega_c} = KF(n,m)$$

即

$$\frac{\Delta f}{f_c} = KF(n,m)$$

$$\Delta f = Kf_c(A_0 + A_1\cos\Omega t + A_2\cos2\Omega t + A_3\cos3\Omega t + \cdots) \tag{6-44}$$

由以上分析,可得出以下结论:

(1) 在瞬时频率的变化中,含有与调制信号成线性关系的成分,其最大偏移为

$$\Delta f_1 = KA_1 f_c = \frac{1}{8}nm\left[8 + n(n-1)(n-2)m^2\right]Kf_c \tag{6-45}$$

此外,还有与调制信号的二次、三次等谐波成分成线性关系的成分,其最大偏移为

$$\Delta f_2 = KA_2 f_c = \frac{1}{4}(n-1)m^2 Kf_c$$

$$\Delta f_3 = KA_3 f_c = \frac{1}{24}n(n-1)(n-2)m^3 Kf_c$$

另外还有中心频率相对于未调制时的载波频率产生的偏移为

$$\Delta f_c = KA_0 f_c = \frac{1}{4}n(n-1)m^2 Kf_c \tag{6-46}$$

以上各式中,Δf_1 是调频时所需要的频偏,Δf_c 是引起中心频率不稳定的一种因素,Δf_2 和 Δf_3 是频率调制的非线性失真。

(2) 为了使调制线性良好,应尽可能减小 Δf_2 和 Δf_3 以及 Δf_c。也就是希望 m 值越

小越好(即减小调制信号 $U_{\Omega m}$),但是有用频偏 Δf_1 也同时减小。为了兼顾频偏 Δf_1 和减小非线性失真的要求,m 值多取在 0.5 或 0.5 以下。

4. 变容二极管调频电路举例

(1) 变容二极管调频的原理电路

图 6-14(a)是一个利用变容二极管调频的原理电路。图中 V_1 是音频放大器,V_2 是高频振荡器,L,C_1,C_2,C_d 组成振荡槽路,其中 C_1 代表槽路电容的固定部分,C_d 是变容二极管的电容,C_2 是变容二极管和槽路之间的耦合电容。对直流和音频而言,C_2 是开路,以防止 C_d 上的直流偏压和音频电压对振荡电路的影响;对高频而言,C_2 与 C_d 串起来作为槽路的一部分。R_c 是音频放大器的集电极负载电阻,ZL 是高频扼流圈,对直流及音频而言,ZL 阻抗可以忽略不计,故 R_c 上的直流及音频电压可以加到变容二极管上,其中直流电压就作为变容二极管的直流偏压($U_{偏}$),音频电压用来改变 C_d 的容量。对高频而言,ZL 相当于开路,从而防止了高频对音频电路的影响。值得提出的是加于变容二极管上的电压有三个,它们的大小应是这样的关系:为了避免高频电压对二极管电容的作用,高频电压应比音频电压小得多;为了减小失真,音频电压应比偏压小一半多。

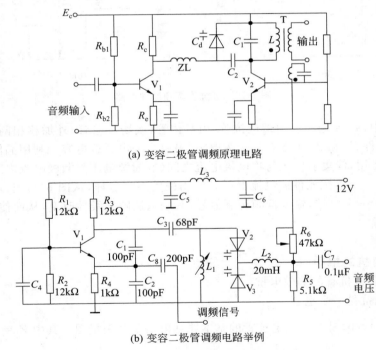

(a) 变容二极管调频原理电路

(b) 变容二极管调频电路举例

图 6-14　变容二极管调频电路举例

(2) 变容二极管调频的实际电路

图 6-14(b)所示电路,是我们自行设计的其中心频率为 36MHz 的变容二极管调频电路。以三极管 V_1 为核心构成西勒振荡器,音频电压经 C_7 耦合到变容二极管,改变其电容可实现调频,调频信号由 C_8 送出。两变容二极管反向串联是为了减小高频电压对变容二

极管电容的影响。

6.4.2 电抗管调频电路

1. 电抗管调频原理

所谓电抗管,就是由一只晶体管或场效应管加上由电抗和电阻元件构成的移相网络组成。顾名思义,电抗管等效于一个电抗元件(电感或电容),不过,它与普通的电抗元件不同,其参量可以随调制信号而变化。所以将电抗管接入振荡器谐振回路,在低频调制信号控制下,电抗管的等效电抗就发生变化,从而使振荡器的瞬时振荡频率随调制电压而变,获得调频。

图 6-15 是电抗管调频的原理电路,其中图(a)是晶体管电抗管调频原理图,图(b)是场效应管电抗管调频原理图。

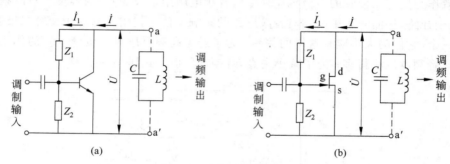

图 6-15　电抗管调频原理电路

图 6-15 中,a—a′两点左边即电抗管,由晶体管(或场效应管)外加移相网络构成。在移相电路的元件 Z_1 和 Z_2 中必有一个为电阻,另一个为电感或电容。利用晶体管(或场效应管)的放大作用,使集射电压与集电极电流之间(或漏源电压与漏极电流之间)的相位相差 $90°$,类似于一个电抗元件的电流电压间的相位关系。这样,从图 6-15 中 a—a′向左端看去,就相当于一个电抗,输入低频调制信号,等效电抗随之线性改变,从而使载频也随之改变,实现调频。

2. 等效电抗的推导

(1) 晶体管电抗管的等效电抗

① 等效电抗是一个电容

图 6-16(a),(b)是电容性电抗管的基本原理电路及其矢量图。其中 $Z_1 = \dfrac{1}{j\omega C}$($\omega$ 是高频角频率),$Z_2 = R$,且满足 $\dfrac{1}{\omega C} \gg R$。

若在晶体管集射极间加一高频电压 $\dot{U}$,则电容 C 中将通过电流 $\dot{I}_1$。由于 $\dfrac{1}{\omega C} \gg R$,电流 $\dot{I}_1$ 的大小和相位基本上决定于 C 的容抗,而 R 可忽略,即

$$\dot{I}_1 \approx j\omega C \dot{U}$$

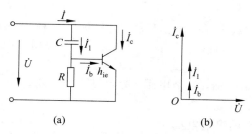

图 6-16　电容性电抗管的电路和矢量图

则 $\dot{I}_1$ 超前于 $\dot{U}$ $90°$。又 $\dot{I}_1$ 到基极分成两部分,一部分流入 R,一部分流入基极,流入基极的部分为

$$\dot{I}_b = \frac{R}{R + h_{ie}} \dot{I}_1 = \frac{R}{R + h_{ie}} j\omega C \dot{U}$$

则 $\dot{I}_b$ 也超前于 $\dot{U}$ $90°$。通过放大,晶体管集电极电流的高频成分为

$$\dot{I}_c = \beta \dot{I}_b = \frac{\beta R}{R + h_{ie}} j\omega C \dot{U}$$

$\dot{I}_c$ 与 $\dot{I}_1$ 同相位,也超前 $\dot{U}$ $90°$,故晶体管的集射极间等效于一个电容,其大小为

$$C_{\text{等}} = \frac{C\beta R}{R + h_{ie}} = \frac{\beta C}{1 + \dfrac{h_{ie}}{R}} \tag{6-47}$$

② 等效电抗是一个电感

图 6-17(a),(b)分别是电感性电抗管的基本原理电路图和矢量图。其中 $Z_1 = R$, $Z_2 = \dfrac{1}{j\omega C}$,且满足 $R \gg \dfrac{1}{\omega C}$。

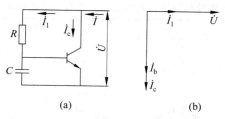

图 6-17　电感性电抗管的电路图和矢量图

因为 $\dot{I}_1 = \dfrac{\dot{U}}{R + \dfrac{1}{j\omega C}} \approx \dfrac{\dot{U}}{R}$,所以 $\dot{I}_1$ 与 $\dot{U}_1$ 同相。有

$$\dot{I}_b = \frac{\dfrac{1}{j\omega C}}{\dfrac{1}{j\omega C} + h_{ie}} \dot{I}_1$$

如果 $h_{ie} \gg \dfrac{1}{\omega C}$,则

$$\dot{I}_b = \frac{1}{j\omega C h_{ie}} \dot{I}_1 = \frac{\dot{U}}{j\omega R C h_{ie}}$$

所以 $\dot{I}_\mathrm{b}$ 滞后了 $\dot{U}$ $90°$。通过放大，$\dot{I}_\mathrm{c} = \beta \dot{I}_\mathrm{b}$，$\dot{I}_\mathrm{c}$ 也滞后 $\dot{U}$ $90°$。这样，等效电抗为一电感。即有

$$L_{\text{等}} = \frac{RCh_{\mathrm{ie}}}{\beta} \tag{6-48}$$

同样道理，如果 Z_1 是电感，Z_2 是电阻，或 Z_1 是电阻，Z_2 是电感，都可组成电抗管电路，情况相似，不再重复。

（2）场效应管电抗管的等效电抗

如果电路满足 $Z_1 \gg Z_2$，$\dot{I} \gg \dot{I}_1$，则

$$\dot{I}_1 \approx \frac{\dot{U}}{Z_1}$$

$$\dot{U}_\mathrm{g} = \dot{I}_1 Z_2 = \frac{Z_2}{Z_1}\dot{U}$$

$$\dot{I}_\mathrm{d} = g_\mathrm{m}\dot{U}_\mathrm{g} = \frac{g_\mathrm{m}Z_2}{Z_1}\dot{U}$$

例如，取 $Z_1 = \dfrac{1}{\mathrm{j}\omega C}$，$Z_2 = R$，且有 $\dfrac{1}{\omega C} \gg R$，$\dot{I} \gg \dot{I}_1 (\dot{I}_\mathrm{d} \approx \dot{I})$，则

$$\dot{I}_\mathrm{d} = \frac{g_\mathrm{m}R}{\dfrac{1}{\mathrm{j}\omega C}}\dot{U} = \mathrm{j}\omega RC g_\mathrm{m}\dot{U}$$

这样，等效电抗为一电容：

$$C_{\text{等}} = RC g_\mathrm{m}$$

对应于不同的 Z_1 及 Z_2，等效电抗还有另外的三种形式。因推导过程相同，此处就不再详述。表 6-4 列出了晶体管电抗管与场效应管电抗管的四种电路形式及对应的等效电抗。

表 6-4　晶体管电抗管与场效应管电抗管的四种电路形式及对应的等效电抗

电路形式	$Z_1 = \dfrac{1}{\mathrm{j}\omega C}$ $Z_2 = R$	$Z_1 = R$ $Z_2 = \dfrac{1}{\mathrm{j}\omega C}$	$Z_1 = \mathrm{j}\omega L$ $Z_2 = R$	$Z_1 = R$ $Z_2 = \mathrm{j}\omega L$
条　件	$\dot{I} \gg \dot{I}_1$			
	$\dfrac{1}{\omega C} \gg R$	$\dfrac{1}{\omega C} \ll R$	$\omega L \gg R$	$\omega L \ll R$
晶体管电抗管 $Z_{\text{等}}$	$C_{\text{等}} = \dfrac{\beta RC}{R + h_{\mathrm{ie}}}$	$L_{\text{等}} = \dfrac{RCh_{\mathrm{ie}}}{\beta}$	$L_{\text{等}} = \dfrac{Lh_{\mathrm{ie}}}{\beta R}$	$C_{\text{等}} = \dfrac{\beta L}{Rh_{\mathrm{ie}}}$
场效应管电抗管 $Z_{\text{等}}$	$C_{\text{等}} = g_\mathrm{m}RC$	$L_{\text{等}} = \dfrac{RC}{g_\mathrm{m}}$	$L_{\text{等}} = \dfrac{L}{g_\mathrm{m}R}$	$C_{\text{等}} = \dfrac{g_\mathrm{m}L}{R}$

6.4.3　晶体振荡器调频电路

变容二极管调频和电抗管调频的中心频率稳定度低，是由于它们都是在 LC 振荡器上直接进行的。而 LC 振荡器频率稳定度较低，再加上变容管或电抗管各参数又引进新的不稳定因素，所以频率稳定性更差，一般低于 1×10^{-4}。为了提高调频器的频率稳定度，可对晶体振荡器进行调频，因为石英晶体振荡器的频率稳定度很高，可做到 1×10^{-6}。

所以,在要求频率稳定度较高、频偏不太大的场合,用石英晶体振荡器调频较合适。

1. 石英晶振变容管调频电路

(1) 石英晶体振荡器变容管直接调频原理

图 6-18 是石英晶体振荡器变容管直接调频原理电路图。图 6-18(a)是一种常用的晶振电路原理图,这是电容反馈型三点线路,晶体等效为电感。图 6-18(b)是石英晶体与变容二极管 C_d 串联,那么,当调制信号控制 C_d,电容量变化时,振荡频率同样可以发生微小的变动,这就完成了调频作用,但频偏很小。频率的变动只能限制在晶体的并联谐振频率 f_p 与串联谐振频率 f_s 之间,这个区间很小。

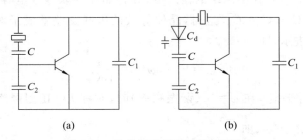

图 6-18 晶体振荡器直接调频原理

(2) 石英晶体振荡器变容二极管直接调频实际电路

图 6-19 是我们自行设计的中心频率为 36MHz 的晶体直接调频实际电路。C_6,L_2 谐振在 36MHz 频率上,对 12MHz 可视为短路,V_3 与 C_4,C_5 及晶振构成电容三点式振荡器,12MHz 晶体等效为电感,音频电压经 V_1 放大后,加在变容二极管 V_2 两端。改变其电容实现调频。R_3,R_4 为变容二极管提供反向偏压,C_3 用来微调中心频率,由于 C_6,L_2 谐振在 36MHz 频率,所以本电路在完成晶体调频的同时,兼有三倍频功能,输出中心频率为 36MHz 的调频信号,增加了频偏。

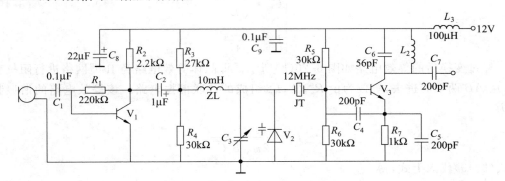

图 6-19 晶体振荡器直接调频实际电路

2. 用 Ⅱ 型网络变换来获得较大频偏

因晶体的串联等效电容 C_q 很小,并联电容 C_0 较大,使变容管与振荡回路的耦合非常弱,频率可调范围很小,而采用 Ⅱ 型网络进行阻抗变换,抵消了并联电容 C_0 的作用,使频偏加大。其原理如图 6-20 所示。

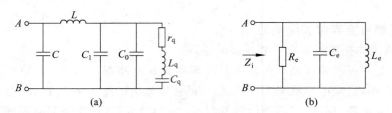

图 6-20　用 Ⅱ 型网络对石英晶体进行阻抗变换

　　将石英晶体接在一个 Ⅱ 型网络的输出端,并将晶体并联等效电容 C_0 与 Ⅱ 型网络右边电容 C_1 合并,使 $C_1 + C_0 = C$。这时,晶体等效的串联支路就成了对称 Ⅱ 型网络的负载,负载阻抗以 Z_L 表示,即

$$Z_L = r_q + j\omega L_q + \frac{1}{j\omega C_q}$$

　　又根据四端网络理论,在 $\omega = \omega_0$(谐振频率)时,对称 LC Ⅱ 型网络的特性阻抗 $Z_C = \sqrt{\frac{L}{C}}$。其输入阻抗 $Z_i = \frac{Z_C^2}{Z_L}$,即

$$Z_i = \frac{L}{C} \frac{1}{r_q + j\omega L_q + \dfrac{1}{j\omega C_q}}$$

输入导纳

$$Y_i = \frac{C}{L}\left(r_q + j\omega L_q + \frac{1}{j\omega C_q}\right) = \frac{1}{R_e} + j\omega C_e + \frac{1}{j\omega L_e}$$

其中

$$\begin{cases} R_e = \dfrac{L}{Cr_q} \\[2mm] C_e = \dfrac{CL_q}{L} \\[2mm] L_e = \dfrac{LC_q}{C} \end{cases} \tag{6-49}$$

　　经过变换后的等效电路如图 6-20(b)所示。即晶体等效电路经 Ⅱ 型网络进行阻抗变换,从 AB 两端看进去,等效为由 R_e,C_e,L_e 组成的并联谐振电路。该等效电路的谐振频率为

$$f_e = \frac{1}{2\pi\sqrt{L_e C_e}}$$

将式(6-49)代入上式,得

$$f_e = \frac{1}{2\pi\sqrt{L_q C_q}} = f_q \tag{6-50}$$

　　由式(6-50)可知,从 AB 两端向右看进去的等效并联电路,其谐振频率恰好等于石英晶体的串联谐振频率。说明经过 Ⅱ 型网络变换并不改变石英晶体的谐振频率,从而保证了调频时振荡频率的稳定性。

在实际应用时,须将 AB 两端接入振荡回路,并要求 AB 两端向右看进去等效于一个电感元件。因此,只要工作在比 f_q 低的频率上,等效并联回路总是呈感性的。这样, AB 两端呈感性的频率范围就比原石英晶体呈感性的频率范围($f_s \sim f_q$)大大地展宽了。

6.4.4　调相和间接调频电路

在直接调频电路中,为了提高中心频率的稳定度,必须采取一些措施。在这些措施中,即使对晶体振荡器直接调频,其中心频率稳定度也不如不调频的晶体振荡器的频率稳定度高,而且其相对频移太小。为了提高调频器的频率稳定度,还可以采用间接调频的方法。所谓间接调频是指由调相波变为调频波,即调制不是在振荡器上直接进行的,而是在振荡器后边的调相器中进行的。

间接调频的关键电路是调相电路。调相也可以有多种方法,先介绍一种常用的方法即失谐法,其示意图表示于图 6-21(a)中。将载频信号电流 $\dot{I}$ (通常是来自晶体稳频的振荡器)引到谐振电路上。谐振电路含有变容元件,其电容量 C_d 受调制信号的控制。不调制时为 C_0 ,电路处于谐振状态,输出电压 $\dot{U}$ 与输入的 $\dot{I}$ 同相位。调制时,电容变为 $C_d = C_0 + \Delta C$,其中 ΔC 随调制电压变化,造成电路失谐,使 $\dot{U}$ 相对于 $\dot{I}$ 有相位差 $\Delta\theta$ 。

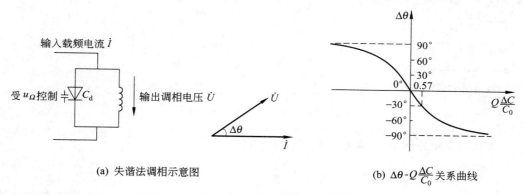

(a) 失谐法调相示意图　　　(b) $\Delta\theta$-$Q\dfrac{\Delta C}{C_0}$ 关系曲线

图 6-21　失谐法调相

从并联谐振电路的分析和式(6-26)、式(6-28)得出 $\Delta\theta$ 与 ΔC 有如下关系:

$$\tan\Delta\theta = -Q\frac{\Delta C}{C_0} \tag{6-51}$$

式中, Q 为并联谐振电路的品质因数。以上关系用曲线表示如图 6-21(b)所示。

由图 6-21 可看出,在 $|\Delta\theta| < 30°$ (大约相当于 $\left|Q\dfrac{\Delta C}{C_0}\right| \leqslant 0.57$)的范围内, $\Delta\theta \sim \Delta C$ 的关系基本是线性的。假如 $\Delta C \sim u_\Omega$ 也为线性,那么 $\Delta\theta$ 随 u_Ω 线性地变化,有

$$\Delta\theta \propto u_\Omega \tag{6-52}$$

此时可以获得线性调相。

由图 6-21 还可以看出,为了达到一定的 $\Delta\theta$, $Q\dfrac{\Delta C}{C_0}$ 也要一定。如果 Q 高,则所需的

$\dfrac{\Delta C}{C_0}$ 可以小些, $\Delta C \sim u_{\Omega}$ 的线性关系较易满足, 因而调相的失真也较小。

上面讨论的只是调相的情况, 我们知道, 调相与调频有区别, 其主要区别在于: 对于调相波, 最大相移 $\Delta \theta_{\mathrm{m}}$ 与调制电压幅度 $U_{\Omega \mathrm{m}}$ 成正比, 而与调制频率 Ω 无关, 即

$$\Delta \theta_{\mathrm{m}} \propto U_{\Omega \mathrm{m}}$$

对于调频波, 最大频移 $\Delta \omega_{\mathrm{f}}$ 与调制电压 $u_{\Omega \mathrm{m}}$ 成正比, 与 Ω 无关; 而其最大相移则与 Ω 成反比, 即

$$\Delta \omega_{\mathrm{f}} \propto U_{\Omega \mathrm{m}}$$

$$\Delta \theta_{\mathrm{m}} = \frac{\Delta \omega_{\mathrm{f}}}{\Omega} \propto \frac{u_{\Omega \mathrm{m}}}{\Omega} \tag{6-53}$$

如果要通过调相获得调频波, 应使其相移不仅与调制电压大小成正比, 而且还与调制频率 Ω 成反比。为此, 需要在调制信号回路中加一个 RC 转换网络, 如图 6-22(a)所示。

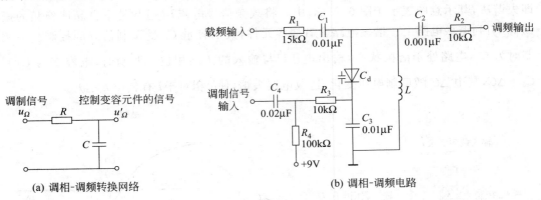

(a) 调相-调频转换网络 (b) 调相-调频电路

图 6-22 失谐法调相-调频电路

这是一个积分网络, 其参数应满足以下条件:

$$\frac{1}{\Omega C} \ll R$$

在这个条件下, 其输出电压幅值 $U'_{\Omega \mathrm{m}}$ 不仅与输入电压幅值 $U_{\Omega \mathrm{m}}$ 成正比, 且与频率 Ω 成反比。即有

$$U'_{\Omega \mathrm{m}} = U_{\Omega \mathrm{m}} \frac{\dfrac{1}{\Omega C}}{\sqrt{R^2 + \left(\dfrac{1}{\Omega C}\right)^2}} \approx U_{\Omega \mathrm{m}} \frac{\dfrac{1}{\Omega C}}{R} = \frac{U_{\Omega \mathrm{m}}}{\Omega CR} \propto \frac{U_{\Omega \mathrm{m}}}{\Omega}$$

如果用 u'_{Ω} 控制变容元件, 则由式(6-52)知有

$$\Delta \theta_{\mathrm{m}} \propto U'_{\Omega \mathrm{m}} \propto \frac{U_{\Omega \mathrm{m}}}{\Omega} \tag{6-54}$$

$\Delta \theta_{\mathrm{m}}$ 不仅与 $U_{\Omega \mathrm{m}}$ 成正比, 且与 Ω 成反比, 符合调频要求。

图 6-22(b)所示电路是一个采用失谐法调相而获得间接调频的例子。图中 C_{d}, C_3 和 L 组成并联谐振电路($C_{\mathrm{d}} \ll C_3$, C_{d} 起主要作用)。C_{d} 的偏压由电源 E 通过 R_4, R_3 供给; 调制信号 u_{Ω} 通过 C_4, R_3 和 C_3 引到变容管。C_4, R_4 用来隔开 u_{Ω} 和 E 之间的相互影响

（C_4 隔直流而通交流，R_4 通直流而防止 u_Ω 被 E 短路）。R_3,C_3 是调相-调频转换积分网络。u_Ω 通过 R_3,C_3 变为 u_Ω' 加到 C_d 上。C_1,C_2 对高频短路，而对调制信号开路。R_1 和 R_2 是谐振回路输入和输出端上的隔离电阻，用来防止并联谐振电路与前后级之间的相互影响。

前面已指出，为了使调相线性，$\Delta\theta_m$ 不宜超过 $30°$，即相当于 $m=\Delta\theta_m\leqslant 0.57(\text{rad})$。相应的最大频移 $\Delta\omega_f$ 也不大，这样的调制深度是不够的。为了加大调制深度，常采用倍频法，即在较低的载频下进行调相，然后借助于倍频器将载频提高若干倍，则 $\Delta\theta_m$ 和 $\Delta\omega_f$ 也将同样提高若干倍。此外，还可将若干调相级前后串起来（但要防止前后级谐振电路间的相互影响），则总的相移为各级相移之和，从而也提高了调制深度。

图 6-23（a）是变容二极管调相电路。由晶体管组成单调谐放大器，电感 L、电容 C_1，C_2 与变容管组成并联谐振回路，C_3,C_4,C_5 为耦合电容。载波信号经 C_3 加入，调制信号从 C_5 加入，调相信号从 C_4 输出。

如果单级的相移不够，为增大 m_p，可以采用多级单回路变容管调相电路级联。图 6-23（b）所示是采用三级单回路级联构成的电路。图中，每个回路都由变容管调相，而各变容管的电容均受同一调制信号调节。每个回路的 Q 值分别由电阻 R_1,R_2,R_3 调节，以使三个回路产生相等的相移。为了减小各回路之间的相互影响，各级回路之间都用 1pF 的小电容耦合。这样，电路总相移近似等于三级回路相移之和。因此，电路可在 $90°$ 范围内得到线性调相。

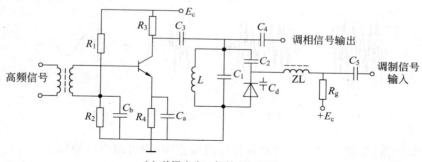

(a) 单级变容二极管调相电路

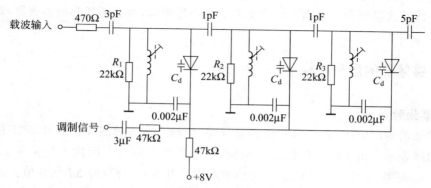

(b) 三级回路变容二极管调相电路

图 6-23　变容二极管调相电路

6.5 调频波的解调

从调频波中取出原来的调制信号,称为频率检波,又称鉴频。完成鉴频功能的电路,称为鉴频器。

在调频波中,调制信息包含在高频振荡频率的变化量中,所以调频波的解调任务就是要求鉴频器输出信号与输入调频波的瞬时频移成线性关系。

鉴频器实际上包含两个部分,一是借助于谐振电路将等幅的调频波转换成幅度随瞬时频率变化的调幅调频波,二是用二极管检波器进行幅度检波,以还原出调制信号。

由于信号的最后检出还是利用高频振幅的变化,这就要求输入的调频波本身"干净",不带有寄生调幅。否则,这些寄生调幅将混在转换后的调幅调频波中,使最后检出的信号受到干扰。为此,在输入到鉴频器前的信号要经过限幅,使其幅度恒定。

因此,调频波的检波,主要是限幅器和鉴频器两个环节,可用图 6-24(a)的方框图表示。其对应各点的波形如图 6-24(b)所示。

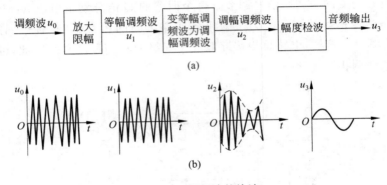

图 6-24 调频波的检波

有的鉴频器(如比例鉴频器),本身具有限幅作用,则可以省掉限幅器。

鉴频器的类型很多,根据它们的工作原理,可分为斜率鉴频器、相位鉴频器、比例鉴频器和脉冲计数式鉴频器。下面先介绍鉴频器的质量指标,再介绍各类型鉴频器,最后介绍限幅器。

6.5.1 鉴频器的质量指标

1. 鉴频跨导 g_d

鉴频器的输出电压 u_Ω 与输入调频信号瞬时频偏 Δf 的关系,可用图 6-25 所示的鉴频特性曲线表示。由于曲线形状与 S 相似,一般称为 S 曲线。所谓鉴频跨导 g_d,是指 S 曲线的中心频率 f(图 6-25 的 $\Delta f = 0$ 处)附近输出电压 u_Ω 与频偏 Δf 的比值。g_d 又叫鉴频灵敏度,它表示单位频偏所产生输出电压的大小。鉴频曲线越陡,鉴频灵敏度越高,说明在较小的频偏下就能得到一定电压的输出。因此鉴频跨导 g_d 大些好。

2. 鉴频频带宽度 B

这指的是鉴频特性近于直线的频率范围。在图 6-25 中就是两弯曲点之间的范围 B，我们称 $2\Delta f_m$ 为频带宽度。一般要求 B 大于输入调频波频偏的 2 倍。

3. 非线性失真

在频带 B 内鉴频特性只是近似线性，也存在着非线性失真，我们希望非线形失真尽量小。

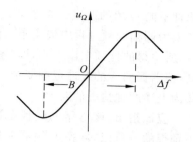

图 6-25　鉴频特性曲线

4. 对寄生调幅应有一定的抑制能力

6.5.2　斜率鉴频器

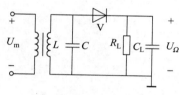

图 6-26　斜率鉴频器电路

斜率鉴频器是由失谐单谐振回路和晶体二极管包络检波器组成，如图 6-26 所示。其谐振电路不是调谐于调频波的载波频率，而是比它高或低一些，形成一定的失谐。由于这种鉴频器是利用并联 LC 回路幅频特性的倾斜部分将调频波变换成调幅调频波，故通常称它为斜率鉴频器。

在实际调整时，为了获得线性的鉴频特性曲线，总是使输入调频波的中心频率处于谐振特性曲线中接近直线段的中点，如图 6-27 所示 M（或 M'）点。这样，谐振电路电压幅度的变化将与频率成线性关系，就可将调频波转换成调幅调频波。再通过二极管对调幅波的检波，便可得到调制信号 u_Ω。

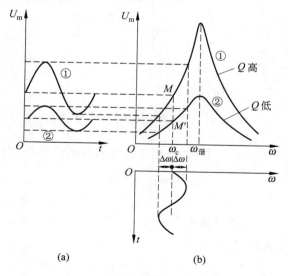

(a)　　　　　　　　　　　(b)

图 6-27　斜率鉴频器的工作原理

　　斜率鉴频器的性能在很大程度上取决于谐振电路的品质因数 Q。图 6-27 上画出了两种不同 Q 值的曲线。由图可见,如果 Q 值低,则谐振曲线倾斜部分的线性较好,在调频转换为调幅调频过程中失真小。但是,转换后的调幅调频波幅度变化小,对于一定频移而言,所检得的低频电压也小,即"鉴频灵敏度"低。反之,如果 Q 值高,则鉴频灵敏度可提高,但谐振曲线的线性范围变窄。当调频波的频偏大时,失真较大。图 6-27 中曲线①和②为上述两种情况的对比。

　　应该指出,该电路的线性范围与灵敏度都是不理想的。所以,斜率鉴频器一般用于质量要求不高的简易接收机中。

　　为了改善斜率鉴频器的线性,可以采用参差调谐鉴频器。这个电路是由两个单失谐回路斜率鉴频器构成的,如图 6-28 所示。其中,第一个回路的谐振频率 f_1 高于调频波的中心频率 f_c,第二个回路的谐振频率 f_2 低于 f_c,它们相对于 f_c 有一失谐量 $\pm \Delta f_c$,如图 6-29(a)所示。

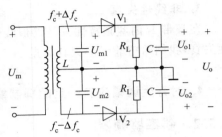

图 6-28　参差调谐鉴频器

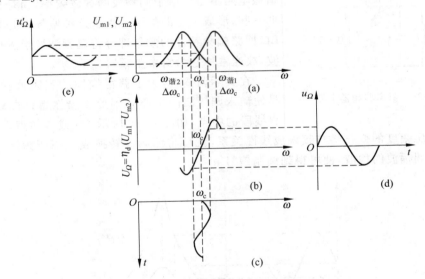

图 6-29　参差调谐鉴频器的工作原理

　　每个鉴频器的输出 U_{o1},U_{o2}(直流)分别正比于谐振电路的 U_{m1},U_{m2},即

$$U_{o1} = \eta_d U_{m1}$$
$$U_{o2} = \eta_d U_{m2}$$

式中,η_d 为二极管 V_1,V_2 的检波效率。

　　总的输出电压 U_o 为两者之差,即

$$U_o = U_{o1} - U_{o2} = \eta_d (U_{m1} - U_{m2})$$

　　对于中心频率 f_c,两个回路的失谐量相等,$U_{m1} = U_{m2}$,从而总输出 U_o 为零。当频率

自 f_c 往高偏移时，U_{m1} 增大而 U_{m2} 减小，从而 U_o 增大。反之，当频率自 f_c 往低偏移时，U_{m1} 减小而 U_{m2} 增大，如图 6-29(b) 所示。由图可以看出，U_o 对 f 的曲线呈 S 形，故称为 S 曲线，它表示了鉴频器的鉴频特性具有较好的线性。如果信号为调频波，其频率变化情况如图 6-29(c) 所示，则可借助于 S 曲线，得出相应的 U_o 曲线。此曲线即为检出的调制信号 u_Ω 的轨迹，如图 6-29(d) 所示。如果该调频波信号借助于 U_{m1} 曲线，则检出的调制信号为 u'_Ω，如图 6-29(e) 所示。

参差调谐放大器和单失谐的斜率鉴频器相比，显然，其频鉴特性的灵敏度、线性范围都大有改善。

6.5.3 相位鉴频器

相位鉴频器是利用回路的相位-频率特性来实现调频波变换为调幅调频波的。它是将调频信号的频率变化转换为两个电压之间的相位变化，再将这相位变化转换为对应的幅度变化，然后利用幅度检波器检出幅度的变化。

常用的相位鉴频器电路有两种，即电感耦合相位鉴频器和电容耦合相位鉴频器。下面分别加以讨论。

1. 电感耦合相位鉴频器

图 6-30(a) 所示为电感耦合相位鉴频器的原理图。图中 L_1C_1 和 L_2C_2 是两个松耦合的双调谐电路，都调谐于调频波的中心角频率 ω_c 上。其中初级回路 L_1C_1 一般是限幅放大器的集电极负载。这种松耦合双调谐电路有这样一个特点：当信号角频率 ω 变化时，副边谐振电路电压 $\dot{U}_2$ 对于原边电压 $\dot{U}_1$ 的相位随之变化。这种鉴频器正是利用这种相位变化的特点，将频率的变化转换成幅度变化的，所以叫做相位鉴频器。

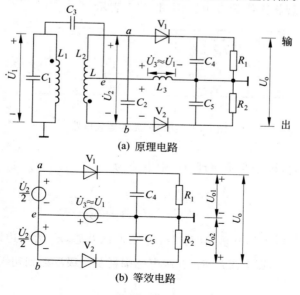

(a) 原理电路

(b) 等效电路

图 6-30 电感耦合相位鉴频器

两个回路的耦合途径有二,一是通过互感 M 耦合,电压 $\dot{U}_1$ 通过互感 M 在次级回路 L_2C_2 两端产生电压 $\dot{U}_2$,e 点是电感 L_2 的中点,ae 及 be 上的电压各为 $\dfrac{\dot{U}_2}{2}$。二是通过耦合电容 C_3 耦合。L_3 是高频扼流圈,对高频而言,C_3 的阻抗远小于 L_3 的阻抗,故 L_3 上电压 $\dot{U}_3$ 近似等于原边电压 $\dot{U}_1$。L_3 又给检波电流的直流分量提供通路。

V_1,R_1,C_4 和 V_2,R_2,C_5 构成两个对称的幅度检波器。这样可将图 6-30(a)简化为图 6-30(b)所示的等效电路。

由图 6-30(b)可见,加到二极管两端的高频电压由两部分组成,即 L_3 上电压 $\dot{U}_3$ 和 L_2 上一半电压 $\dfrac{\dot{U}_2}{2}$ 的矢量和,为

$$\dot{U}_{d1} = \dot{U}_3 + \frac{\dot{U}_2}{2} \approx \dot{U}_1 + \frac{\dot{U}_2}{2}$$
$$\dot{U}_{d2} = \dot{U}_3 - \frac{\dot{U}_2}{2} \approx \dot{U}_1 - \frac{\dot{U}_2}{2} \tag{6-55}$$

而它们检出的电压 U_{o1} 和 U_{o2} 高频一周期的直流分量,则分别与 $\dot{U}_{d1}$,$\dot{U}_{d2}$ 成正比:

$$U_{o1} = \eta_d U_{d1}$$
$$U_{o2} = \eta_d U_{d2} \tag{6-56}$$

鉴频器的输出电压为

$$U_o = U_{o1} - U_{o2} \tag{6-57}$$

那么,调频波瞬时频率的变化是怎样影响鉴频器输出的呢?可以概括如下:

副边电压 $\dot{U}_2$ 对于原边电压 $\dot{U}_1$ 的相位差随角频率而变;检波器的输入电压幅度 U_{d1},U_{d2} 随角频率而变;检出的电压 U_{o1},U_{o2} 幅度随角频率而变;鉴频器的输出电压 U_o 也随频率发生变化。具体分析如下:

(1) 副边电压 $\dot{U}_2$ 对于原边电压 $\dot{U}_1$ 的相位差随角频率而变

为了分析方便,现将次级等效电路用图 6-31 表示。

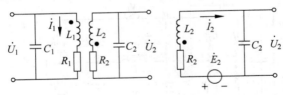

图 6-31　次级回路的等效电路

设原边电压为 $\dot{U}_1$,根据互感原理,L_1 中电流为

$$\dot{I}_1 = \frac{\dot{U}_1}{R_1 + j\omega L_1 + \dfrac{(\omega M)^2}{Z_2}}$$

式中,R_1,L_1 为原边的电阻和电感,M 为 L_1,L_2 之间的互感,Z_2 为副边谐振电路阻抗。设谐振回路的 Q 值较高,在估算电流 $\dot{I}_1$ 时,初级电感损耗及次级反射到初级的损耗可忽略,则

$$\dot{I}_1 \approx \frac{\dot{U}_1}{j\omega L_1}$$

$\dot{I}_1$ 的相位滞后于 $\dot{U}_1$ 90°，如图 6-32 所示。

$\dot{I}_1$ 通过 L_1 和 L_2 的互感 M 作用，在次级回路 L_2 中产生的感应电势 $\dot{E}_2 = -j\omega M \dot{I}_1$，其相位落后于 $\dot{I}_1$ 90°。

$\dot{E}_2$ 在次级回路中造成的电流为

$$\dot{I}_2 = \frac{\dot{E}_2}{Z_2} = \frac{\dot{E}_2}{R_2 + j\left(\omega L_2 - \dfrac{1}{\omega C_2}\right)} \qquad (6\text{-}58)$$

式中，R_2 为副边线圈电阻，包括代表两个二极管检波电路损耗的等效电阻在内。

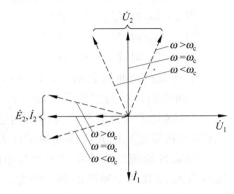

图 6-32　在不同频率下 $\dot{I}_2$，$\dot{U}_2$ 的相位变化情况

由式(6-58)可知，$\dot{I}_2$ 的相位随角频率 ω 而变：

当 $\omega = \omega_c$ 时，回路达到谐振，$\dot{I}_2$ 与 $\dot{E}_2$ 同相位；

当 $\omega > \omega_c$ 时，回路为感性，$\dot{I}_2$ 落后 $\dot{E}_2$ 一个角度；

当 $\omega < \omega_c$ 时，回路为容性，$\dot{I}_2$ 超前 $\dot{E}_2$ 一个角度。

$\dot{I}_2$ 流过 C_2 产生的电压为 $\dot{U}_2$，它落后于 $\dot{I}_2$ 90°。

$\dot{U}_2$ 的表示式为

$$\dot{U}_2 = \dot{I}_2 \cdot \frac{1}{j\omega C_2} = -\frac{j\omega M \dot{I}_1}{R_2 + j\left(\omega L_2 - \dfrac{1}{\omega C_2}\right)} \frac{1}{j\omega C_2}$$

$$= j \frac{1}{\omega C_2} \frac{M}{L_1} \frac{\dot{U}_1}{R_2 + j\left(\omega L_2 - \dfrac{1}{\omega C_2}\right)} \qquad (6\text{-}59)$$

式(6-59)表明，副边电压 $\dot{U}_2$ 对于原边电压 $\dot{U}_1$ 的相位差随角频率而变：

当 $\omega = \omega_c$ 时，$\dot{U}_2$ 超前 $\dot{U}_1$ 90°；

当 $\omega > \omega_c$ 时，$\dot{U}_2$ 超前 $\dot{U}_1$ 小于 90°；

当 $\omega < \omega_c$ 时，$\dot{U}_2$ 超前 $\dot{U}_1$ 大于 90°。

(2) 检波器的输入电压幅度 U_{d1}，U_{d2} 随角频率而变

由式(6-55)知，U_{d1}，U_{d2} 分别为 $\dot{U}_1 \pm \dfrac{\dot{U}_2}{2}$ 的矢量和。在不同频率下，其矢量图如图 6-33 所示。由图可以看出，当 $\omega = \omega_c$ 时，$U_{d1} = U_{d2}$；当 $\omega > \omega_c$ 时，U_{d1} 增大而 U_{d2} 减小；当 $\omega < \omega_c$ 时，U_{d1} 减小而 U_{d2} 增大。

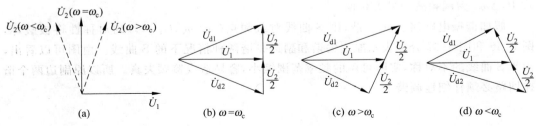

图 6-33　在不同频率下的 $\dot{U}_1$ 和 $\dot{U}_2$

(3) 检出的电压 U_{o1},U_{o2} 幅度随角频率而变

由于 $U_{o1} = \eta_d U_{d1}$,$U_{o2} = \eta_d U_{d2}$,检出的电压 U_{o1},U_{o2} 也遵循以上规律。

(4) 鉴频器的输出电压 U_o 也随频率发生变化

$U_o = U_{o1} - U_{o2}$,从而使鉴频器的输出电压 U_o 随频率发生如下变化:

当 $\omega = \omega_c$ 时,$U_{o1} = U_{o2}$,$U_o = 0$;

当 $\omega > \omega_c$ 时,$U_{o1} > U_{o2}$,$U_o > 0$;

当 $\omega < \omega_c$ 时,$U_{o1} < U_{o2}$,$U_o < 0$。

上述关系用曲线表示出来,与图 6-29 相似,也呈 S 形,S 曲线表示了鉴频特性。

S 曲线的形状与鉴频器性能有直接关系:①S 曲线的线性好,则失真小;②线性段的斜率大,则对于一定频移所得的低频电压幅度大,即鉴频灵敏度高;③线性段的频率范围大(鉴频频带宽),则允许接收的频移大。

影响 S 曲线形状的主要因素是原副边谐振电路的耦合程度(用耦合系数 k 表示)和品质因数 Q 以及两个回路的调谐情况。

在一定的 Q 下,当原副边均调谐于载频 ω_c,而改变耦合系数 k 时,S 曲线形状如图 6-34 所示。一般 k 可按下式取值:

$$k = \frac{1.5}{Q} \tag{6-60}$$

此时线性、带宽和灵敏度都比较好。

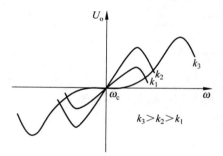

图 6-34　耦合系数 k 对 S 曲线的影响

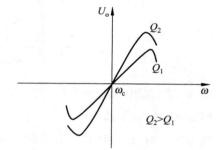

图 6-35　品质因数 Q 对 S 曲线的影响

在一定的 k 值下,当原副边均调谐于载频 ω_c,而改变 Q 时,S 曲线形状如图 6-35 所示。通常 Q 可按下式选取:

$$Q \leqslant \frac{0.5\omega_c}{\Delta\omega_m} \tag{6-61}$$

式中,$\Delta\omega_m$ 为调频波的最大频偏。

假如谐振电路对载频失谐,则 S 曲线对载频点($\omega = \omega_c$,$U_o = 0$)的对称性将被破坏,图 6-36 和图 6-37 分别表示原边失谐和副边失谐两种情况下的 S 曲线。由图可以看出,由于 S 曲线的不对称,实际可用的频率范围缩小,容易造成鉴频失真。所以原副边两个谐振回路必须仔细地调谐。

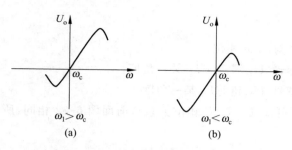

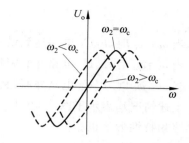

图 6-36 原边谐振角频率对 S 曲线的影响   图 6-37 副边谐振角频率对 S 曲线的影响

2. 电容耦合相位鉴频器

图 6-38 所示为电容耦合相位鉴频器。由于这种电路初级和次级回路的调谐与它们之间的耦合互不影响,因而调整比较容易。目前在移动通信机中广泛地应用这种电路。

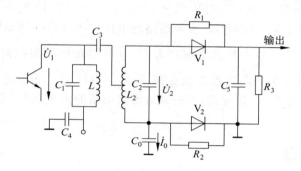

图 6-38 电容耦合相位鉴频器

这个电路与电感耦合相位鉴频器相比主要有以下三个不同点:

(1) 耦合回路改用电容耦合的形式。初次级线圈 L_1 和 L_2 分别屏蔽,只要改变 C_3 或 C_0 的大小就可调节耦合的松紧,实际上是调整 C_0 来改变鉴频特性。

为了清晰易懂,现将耦合部分重新绘于图 6-39,并将原边谐振电路用电压为 $\dot{U}_1$ 的信号源代表。C_3,C_4 对高频可视为短路。C_0 的容量甚小,其容抗远大于 $L_2 C_2$ 的并联谐振电阻,故通过 C_0 电流 $\dot{I}_0$ 可看做一个不随谐振电路阻抗改变的电流源,即

$$\dot{I}_0 = \mathrm{j}\omega C_0 \dot{U}_1$$

其相位超前于 $\dot{U}_1$ 90°(图 6-40)。$\dot{I}_0$ 在谐振电路中造成电压 $\dot{U}_2$,其相位视谐振电路的情况

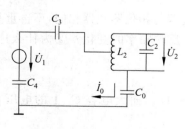

图 6-39 电容耦合部分

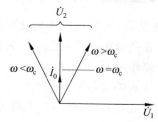

图 6-40 在不同频率下的 $\dot{U}_1$,$\dot{U}_2$ 的相位关系

而定:

当 $\omega = \omega_c$ 时, $L_2 C_2$ 电路达到谐振, $\dot{U}_2$ 与 $\dot{I}_o$ 同相位;

当 $\omega > \omega_c$ 时, $L_2 C_2$ 电路并联阻抗呈容性, $\dot{U}_2$ 滞后于 $\dot{I}_o$ 某一角度;

当 $\omega < \omega_c$ 时, $L_2 C_2$ 电路并联阻抗呈感性, $\dot{U}_2$ 超前 $\dot{I}_o$ 某一角度。

上述情况均表示于图 6-40 中。由图可知, $\dot{U}_1$, $\dot{U}_2$ 的相位关系与前面图 6-32 相同,所以其鉴频特性形状也相仿。

由于谐振时 $\dot{U}_1$ 与 $\dot{U}_2$ 的 90° 相位差是电容 C_0 造成的,故 C_0 称为移相电容。

(2) 将两个检波电路的两个负载电阻和旁路电容合成一个,并将中心接地改为单端接地。

(3) 取消了作为直流通路的电感 L_3,而加了与检波管并联的电阻 R_1, R_2。这两个电阻可作为泄放 C_3 上电荷的直流通路。

这种电路的结构和调整比较简单,故用得较多。各元件的参数值如下: $C_1 = 144 \text{pF}$, $C_2 = 180 \text{pF}$, $C_3 = 220 \text{pF}$, $C_0 = 18/24 \text{pF}$, $C_4 = 220 \text{pF}$, $C_5 = 0.03 \mu\text{F}$, $R_1 = R_2 = 100 \text{k}\Omega$, V_1, V_2 均为 2AP15,中心频率为 1.5MHz。次级回路的谐振频率在实际调试时比 1.5MHz 略高一些,可高 40kHz 左右。这主要是考虑到 $L_2 C_2$ 并联谐振电路阻抗对 $\dot{I}_o$ 的影响,严格说 $\dot{I}_o$ 实际上超前 $\dot{U}_1$ 略小于 90°,这就造成在频率 ω_c 下的 $\dot{U}_1$, $\dot{U}_2$ 相位差也略小于 90°,为了补偿这个误差,让其达到 90° 相位差,可将副边谐振电路的谐振频率调整到比中心频率 ω_c 略高些。

6.5.4 比例鉴频器

使用相位鉴频器时,在它的前级必须加限幅器,以去掉调频波的寄生调幅。能否对相位鉴频器电路作一些改进来获得一定的限幅作用呢? 比例鉴频器就是这种具有鉴频和限幅功能的电路,如图 6-41(a) 所示,图 6-41(b) 为其等效电路。

对照图 6-30 和相位鉴频器比较,比例鉴频器有以下几点不同:

(1) 一个二极管 V_1 反接;

(2) 有一个大容量电容 C_5(一般取 $10 \mu\text{F}$)跨接在电阻 $(R_3 + R_4)$ 两端;

(3) 检波电阻中点和检波电容中点断开,输出电压取自 M, E 两端,而不是取自 F, G 两端。在负载电阻 R_L 中, C_3 和 C_4 放电电流的方向相反(图 6-41(b)),因而起到了差动输出的作用。

在比例鉴频器中,加于两个二极管的高频电压 $\dot{U}_{d1}$, $\dot{U}_{d2}$ 仍然是副边电压 $\dfrac{\dot{U}_2}{2}$ 和 L_3 上电压 $\dot{U}_3$ 的矢量和,所以从频率变化转换成幅度变化的过程与相位鉴频器相同,不再重复。

现在着重分析两个问题: ①为什么检波器输出可反映频率的变化? ②为什么这种电路具有限幅作用?

首先分析检波器输出。

通过 V_1, V_2 检波, C_3, C_4 上将分别充到电压 U_{o1} 和 U_{o2},而大电容 C_5 上的电压 U_c 则为二者之和,即

$$U_c = U_{o1} + U_{o2} \tag{6-62}$$

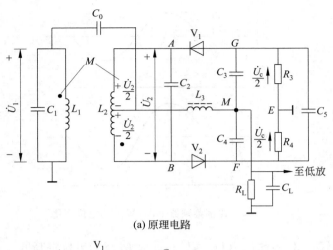

(a) 原理电路

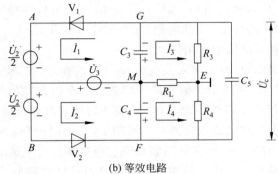

(b) 等效电路

图 6-41 比例鉴频器

由于 C_5 很大,其放电时间常数 $C_5(R_3+R_4)$ 很大(约 $0.1\sim0.2\mathrm{s}$)。在音频一周内,C_5 上的电压可以认为是恒定的,并且不会因输入信号幅度瞬时的变化而变化。

因为 $R_3=R_4$,所以 R_3 及 R_4 上将各分到 U_c 一半的电压,故 F,G 两点对地的电位将分别为

$$U_F=+\frac{U_c}{2}$$

$$U_G=-\frac{U_c}{2}$$

它们都是固定不变的。

当信号频率 ω 变化时,C_3,C_4 上的电压 U_{o1} 和 U_{o2} 将发生变化。但由于 F,G 两点电位固定,结果 M 点电位 U_M 要变化。

当 $\omega=\omega_c$ 时,$U_{d1}=U_{d2}$,相应地 $U_{o1}=U_{o2}$,此时 M 点电位恰处于 F,G 电位的中点,即 $U_M=0$。

当 $\omega>\omega_c$ 时,$U_{d1}>U_{d2}$,相应地 $U_{o1}>U_{o2}$。由于 F,G 电位不变,故 M 点的电位将提高,如图 6-42 所示。

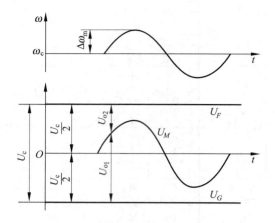

图 6-42　比例鉴频器 F,G,M 点的电位变化

当 $\omega<\omega_c$ 时，$U_{d1}<U_{d2}$，相应地 $U_{o1}<U_{o2}$，此时 M 点的电位将降低。

由此可见，随着频率的变化，M 的电位 U_M 在相应地变化，故 U_M 反映了频率的变化。下面分析比例鉴频器的限幅作用。

比例鉴频器的限幅作用，在于接入大电容 C_5。当接有 C_5 时，前已分析，C_3，C_4 上电压之和，等于一个常数 U_c，其值决定于信号的平均强度。今设高频信号瞬时增大，本来 U_{o1} 和 U_{o2} 要相应地增大，但由于跨接了大电容 C_5，额外的充电电荷几乎都被 C_5 吸去，使 C_3，C_4 的电压总和升不上去。这就造成在高频一周期中，充电时间要加长，充电电流要加大。这意味着，检波电路此时要吸收更多的高频功率。而这部分功率是由谐振电路供给的，故将造成谐振电路有效 Q 值的下降。这将使谐振电路电压随之降低，就对原来信号幅度的增大起着抵消的作用。

反之，如果信号幅度有瞬时减小，则 Q 值将瞬时增大，从而使槽路电压提高。

综上所述，这种电路具有自动调整 Q 值的作用，在一定程度上抵消信号强度变化的影响，使输入到检波电路的高频电压幅度基本趋于恒定，因而兼有限幅的作用。所以用比例鉴频器时可以省掉限幅器，从而简化设备。

但是比例鉴频器在相同的 U_{o1} 和 U_{o2} 下，U_M 只达一半，说明其灵敏度不如相位鉴频器。

由图 6-41 或图 6-42 可以写出：

$$U_M = \frac{U_c}{2} - U_{o2} \tag{6-63}$$

又 $U_c = U_{o1} + U_{o2}$，所以

$$U_M = \frac{U_{o1} + U_{o2}}{2} - U_{o2} = \frac{U_{o1} - U_{o2}}{2} \tag{6-64}$$

与相位鉴频器的输出电压表达式

$$U_o = U_{o1} - U_{o2}$$

比较，可知 U_M 比 U_o 小一半。

式(6-64)还可写成以下形式：

$$U_M = \frac{U_{o1} - U_{o2}}{2} = \frac{1}{2}\left[2U_{o1} - (U_{o1} + U_{o2})\right]$$

$$= \frac{1}{2}(U_{o1} + U_{o2})\left(\frac{2U_{o1}}{U_{o1} + U_{o2}} - 1\right)$$

$$= \frac{1}{2}U_c\left[\frac{2}{1 + \dfrac{U_{o2}}{U_{o1}}} - 1\right] \tag{6-65}$$

在式(6-65)中,由于 U_c 恒定不变,U_M 只取决于比值 $\dfrac{U_{o2}}{U_{o1}}$,所以把这种鉴频器称为比例鉴频器。

图 6-43 是一个载频为 $465\mathrm{kHz}$ 比例鉴频器的实际电路,它与图 6-41 相比多了两个电阻 R_1,R_2,它们的作用是可以改进线路的对称性。因为在实际线路中,由于元件(主要是二极管 V_1,V_2)及布线的关系,有一定的不对称,通过接入 R_1,R_2(其中 R_2 可调),可以调整得比较对称。此外 R_1,R_2 还可以提高抑制寄生调幅的能力。

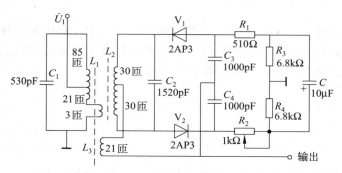

图 6-43　比例鉴频器实际电路图

将该电路与图 6-41 相比还可知,它不是通过耦合电容和高频扼流圈将原边电压引入检波电路,而是通过 L_3 与 L_1 之间的互感耦合引入与原边电压同相位的电压 $\dot{U}_3$。这里,L_1,L_2 之间的耦合,是通过将 L_1 中的一小部分线圈(3 匝)绕在 L_2 的磁心上而实现的。因 L_1 的全部匝数是 $85+21+3=109$,相当于耦合系数为

$$K = \frac{3}{109} = 0.0275$$

对于不同频率的比例鉴频器,原副边的耦合系数通常调整到 $0.01\sim0.03$,可通过实验确定。

比例鉴频器还可以接成不对称形式,如图 6-44 所示。此电路节省元件,调整方便,所以使用较为广泛。

该电路的特点是:

(1) 将原来两个负载电阻和负载电容合并为一个 R_3,C_3,C_5 并接在它们两端,并且直接接地;

(2) 从电容 C_4 两端输出鉴频信号 U_o;

(3) 电路中增加了两个电阻 R_1,R_2,用以补偿 V_1,V_2 特性不一致;

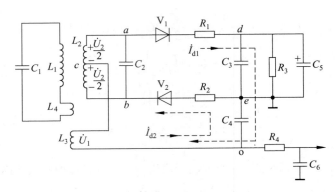

图 6-44　不对称比例鉴频器

（4）R_4,C_6 构成"去加重电路"的低通滤波器,其作用是衰减鉴频输出 U_o 中的高频分量,以校正调频通信系统中为了提高抗干扰性在发送设备中设置的"预加重电路"对高频分量的加强。

这种鉴频器的原理和对称比例鉴频器相同。V_1,V_2,R_1,R_2 还是对称的,所谓不对称是上、下两组检波器对地是不对称的。C_3,C_4 对高频信号是低阻抗,可视为短路。所以加到两个二极管上的电压与对称的比例鉴频器一样,为

$$\dot{U}_{d1} = \dot{U}_1 + \frac{\dot{U}_2}{2}$$

$$\dot{U}_{d2} = \dot{U}_1 - \frac{\dot{U}_2}{2}$$

但不对称比例鉴频器的检波电流通路不同。电流的直流通路为

$$a \to V_1 \to R_1 \to R_3 \to R_2 \to V_2 \to b$$

电流的交流通路有两个回路,其中一个回路是 $a \to V_1 \to R_1 \to C_3 \to C_4 \to L_3 \to c$,另一个回路是 $c \to L_3 \to C_4 \to R_2 \to V_2 \to b$,两个二极管的检波电流都经电容 C_4,但其方向相反。因此,当输入信号的频率 $f=f_c$ 时,$U_{d1}=U_{d2}$,即 $i_{d1}=i_{d2}$,所以 C_4 上的电压为零,输出电压 $U_o=0$。

当 $f<f_c$ 时,输出电压 U_o 为负值;当 $f>f_c$ 时,输出电压 U_o 为正值。因此,当信号频率变化时,输出电压 U_o 的变化曲线和对称的比例鉴频器一样,也是具有 S 形状的曲线。

6.5.5　脉冲计数式鉴频器

这种鉴频器的工作原理与前面几种鉴频器不同。由于这种鉴频器是利用计过零点脉冲数目的方法实现的,所以叫做脉冲计数式鉴频器。它的突出优点是线性好,频带很宽,因此得到广泛应用,并可做成集成电路。

它的基本原理是将调频波变换为重复频率等于调频波频率的等幅等宽脉冲序列,再经低通滤波器取出直流平均分量,其原理方框图和波形图分别如图 6-45 和图 6-46 所示。

调频信号 u_1 经限幅加到形成级进行零点形成,这可采用施密特电路,形成级给出幅度相等、宽度不同的脉冲信号 u_2 去触发一级单稳态触发器,这里是用正脉冲沿触发,在触

218

图 6-45　脉冲计数式鉴频器方框图

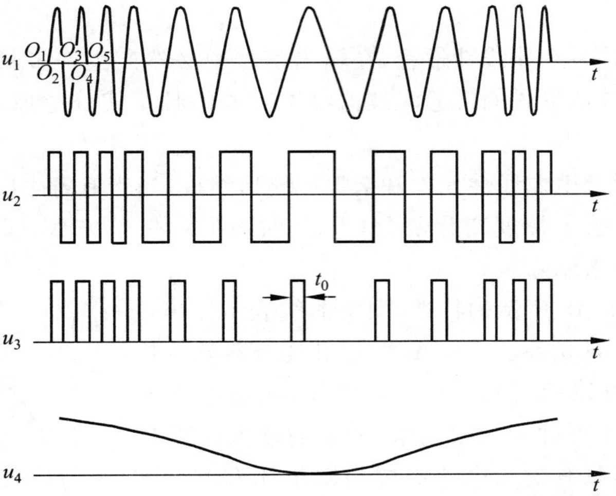

图 6-46　脉冲计数式鉴频器波形图

发脉冲作用下,单稳电路产生等幅等宽(宽度为 t_0)的脉冲序列 u_3。

我们知道频率就是每秒内振动的次数,而单位时间内通过零点的数目正好反映了频率的高低。图 6-46 中曲线的 $O_1,O_2,O_3,O_4,\cdots$ 都是过零点,其中 $O_1,O_3,\cdots$ 点是调频信号从负到正,所以叫正过零点;而 $O_2,O_4,\cdots$ 点是从正到负,所以叫负过零点。图 6-46 是以正过零点进行解调的(也可用负过零点进行解调)。从图中 u_1 和 u_3 的波形可看出,在单位时间内,矩形脉冲的个数直接反映了调频信号的频率,即矩形脉冲的重复频率与调频信号的瞬时频率相同。因此若对矩形脉冲计数,则单位时间内脉冲数的多少,就反映了脉冲平均幅度的大小,在频率较高的地方,脉冲序列拥挤,直流分量较大;在频率较低的位置,脉冲序列稀疏,直流分量就很小。如果低通滤波器取出脉冲序列的平均直流成分,就能恢复低频调制信号 u_4。

6.6　限幅器

6.6.1　概述

在传输过程中,由于受各种干扰的影响,将使调频信号产生寄生调幅。这种带有寄生调幅的调频信号通过鉴频器(比例鉴频器除外),使输出电压产生了不需要的幅度变化,因而造成失真,使通信质量降低。为了消除寄生调幅的影响,在鉴频器(比例鉴频器除外)前可加一级限幅器。对限幅器的要求是在消除寄生调幅时,不改变调频信号的频率变化规律,如图 6-47 所示。

图 6-47　限幅器的作用

由于限幅过程是一个非线性过程,在输出信号中必然产生许多新的频率成分。所以需要用谐振回路或其他形式的带通滤波器将不需要的频率成分滤掉,以得到恒定振幅的调频正弦波。

因此,限幅器通常由非线性元件和谐振回路所组成,当带有寄生限幅的调频信号通过非线性元件后,便削去了幅度变化部分;但此时波形产生了失真,即有新的频率成分出现,需要靠谐振回路来滤除。

限幅器具有图 6-48 所示的特性,图中曲线表示输出电压 u_o 与输入电压 u_i 的关系。在 OA 段,输出电压随输入电压增加而增加;A 点以后,输入电压 u_i 增加,输出电压 u_o 保持一个恒定值。A 点称为限幅门限,相应的输入电压 U_i 称门限电压。显然,只有输入电压超过门限电压 U_i 时,才会产生限幅作用。

限幅器的具体线路很多,本章主要讨论两种不同类型的电路,即二极管限幅器与晶体管限幅器。

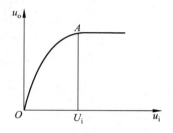

图 6-48　限幅特性曲线

6.6.2　二极管限幅器

图 6-49 是两个利用二极管限幅的电路。它是在调频放大器的基础上,加两个二极管 V_1、V_2 构成的。在图 6-49(a)中,V_1 和 V_2 一正一反地并接在谐振电路两端。当输入信号小时,谐振电路电压低,如果其幅值小于二极管的正向导通电压,则二极管相当于开路,对放大输出不影响。如果信号有足够大,谐振电路电压高,则两个二极管在正负半周的部分时间内交替导通。因为二极管的正向电阻随所加的电压而变,电压越大则正向电阻越小,故信号越大,二极管内阻越小,使谐振电路 Q 值下降,从而起到阻止输出增大的作用。

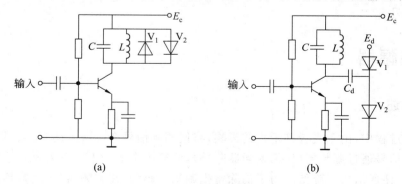

(a)　　　　　　　　　　　　　　(b)

图 6-49　二极管限幅电路

谐振电路电压增幅将限制在二极管正向电压范围内。例如若是硅管,则谐振电路的电压幅值约为 0.7V。

图 6-49(b)是一个带有偏压的二极管限幅电路。从直流方面看,两个二极管串联起来加有反偏压 E_d。假如两个二极管的反向特性是一样的,则每个管所加的反偏压各为 $E_d/2$。对交流而言,它们是通过电容 C_d 耦合到集电极,相当于并跨在谐振电路的两端,和图 6-49(a)的情况相仿。因此,当谐振电路的交流电压幅值超过二极管的反向偏压时,两个二极管交替导通。在集电极电压正半周,V_2 导通,负半周 V_1 导通。当二极管导通时,使谐振电路 Q 值下降,从而起到限幅作用。这种电路的限幅电压值较高,约为 $E_d/2$。

利用二极管限幅时,应挑选正向伏安特性较陡的二极管,以提高限幅质量。

6.6.3　晶体管限幅器

它是指利用三极管作削波元件组成的限幅电路,如图 6-50 所示。从形式上看,它与一般的调谐放大器没有什么区别,但其工作状态却有别于调谐放大器。在输入信号较小时,限幅器处于放大状态,起普通中频放大器的作用;当输入信号加大时,工作到截止和饱和区域,并且让截止和饱和时间基本相同,即可起到限幅的作用。

实际上,一般的限幅电路,只能在一定程度上限制输出电压的幅度,不可能绝对保持不变。特别是当信号弱时,便失去限幅作用。因此,要得到好的限幅效果,在限幅级前要求有高的信号增益,并且不止一级上加以限幅。

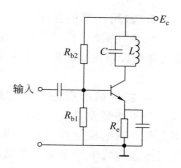

图 6-50　三极管限幅放大器

6.7　调制方式的比较

调幅、调频和调相这三种调制方式,它们各有特点,在实际工作中,应当根据具体条件确定适当的调制方式,下面仅就用得较多的两种主要方式——调频和调幅,作一比较。

1. 抗干扰性能

通信的距离和可靠性,在相当大的程度上取决于抗干扰性能的好坏。假如无干扰或干扰对信号完全没有影响,那么,即使发射机功率很小,通信距离也能较远。事实上,干扰总是存在的,所以抗干扰性能好坏是一个很重要的质量指标。一般来说,调频系统的抗干扰能力比调幅系统强。但应指出,这是有条件的。当收到的信号干扰强度比小于某一临界值时,调频甚至比调幅系统还要差些。图 6-51 表示在不同的输入信号干扰强度比的情况下调频接收机输出信号干扰强度比的变化情况。可以看出,对于 $\dfrac{\Delta\omega_f}{\Omega_{max}}=1$ 时(Ω_{max} 是最高调制角频率),输入信号干扰强度比的临界值约为 4dB,在此临界值以上调频优于调幅,而在此值以下则相反。当频移增到 $\dfrac{\Delta\omega_f}{\Omega_{\max}}=4$ 时,则临界值提高到 16dB 左右,在此以上调频比调幅有更大的改善,而在此以下则相反。可见,调频的抗干扰能力必须在所收到的信号比干扰强一定倍数的情况下才表现出来。而且频移 $\Delta\omega_f$ 越大,则所需的临界输入信号干扰强度比值也越大。这意味着,大频移的调频(亦称宽带调频)只适合于弱干扰的情况;小频移的调频 $\left(\text{亦称窄带调频,指}\dfrac{\Delta\omega_f}{\Omega_{\max}}\leqslant 1\right)$ 则比较适合中等强度干扰的情况。目前广播电视采用宽带调频,而一般移动通信设备则采用窄带调频。

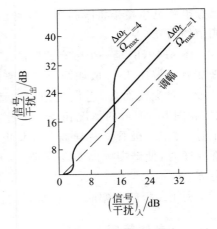

图 6-51　不同信号干扰比对调频接收的影响

2. 占用频带的宽度

调频信号所占据的频带宽度大于调幅信号,也即调幅制比较经济。但我们又知,发射机所能传送的音频频带越宽,声音越逼真,即音质越好,从这个角度看,调频信号比调幅信号好。

3. 发射机所需的功率和耗电量

由于调频发射机发射的是等幅波,所以调频波的功率不因调制而增大,而调幅波的功率随着调制的深度而加大。当 $m=1$ 时,调幅波的平均功率则达到载波功率的 1.5 倍,最大工作点的峰值功率则达载波功率的 4 倍。故调频发射机的功率和耗电量要比相同载波功率的调幅发射机小。

4. 强信号堵塞现象

在移动通信中,由于传输距离差别悬殊,接收到的信号强度也差别悬殊。

在强信号情况下,接收机的载频放大级常工作于限幅状态,使调幅波严重失真,甚至失去调幅的特点,造成接收机在强信号情况下反而接收不好甚至完全不能接收的情况,这种情况称为强信号堵塞现象。假如采用调频系统,则由于调频接收不受限幅的影响,这种情况可以在一定程度上得到改善。

6.8　集成调频、解调电路芯片介绍

6.8.1　MC2833 调频电路

MC2833 是美国 Motorola 公司生产的单片集成 FM 低功率发射器电路,适用于无绳电话和其他调频通信设备。

1. 内部结构及主要技术指标

MC2833 的内部结构如图 6-52 所示,它包括一个话筒放大器、射频电压控制振荡器、缓冲器和两个辅助的晶体管放大器等几个主要部分。使用时需要外接晶体、*LC* 选频网络以及少量电阻、电容和电感。

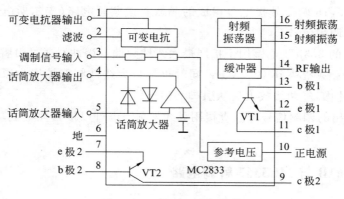

图 6-52　MC2833 内部结构

MC2833 的电源电压范围较宽，为 $2.8\sim9.0\text{V}$。当电源电压为 4.0V、载频为 166MHz 时，最大频偏可达 10kHz，调制灵敏度可达 15Hz/mV。输出最大功率为 10mW（50Ω 负载）。

2. MC2833 组成的调频发射机电路

图 6-53 是由 MC2833 组成的调频发射机电路。

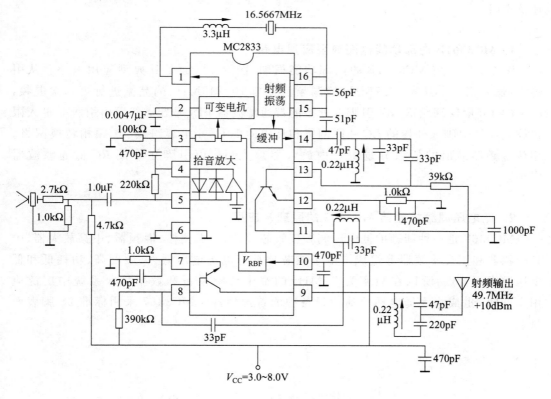

图 6-53　MC2833 组成的调频发射机电路

话筒产生的音频信号从引脚 5 输入,经放大后去控制可变电抗元件。可变电抗元件的直流偏压由片内参考电压 V_{REF} 经电阻分压后提供。由片内振荡电路、可变电抗元件、外接晶振引脚 15,16 两个外接电容组成的晶振直接调频电路(皮尔斯电路)产生载频为 16.5667MHz 的调频信号。

与晶振串联的 $3.3\mu H$ 电感用于扩展最大线性频偏。缓冲器通过引脚 14 外接三倍频网络将调频信号载频提高到 49.7MHz,同时也将最大线性频偏扩展为原来的 3 倍,然后从引脚 13 返回片内,经两级放大后从引脚 9 输出。

MC2833 输出的调频信号可以直接用天线发射,也可以接其他集成功放电路后再发射出去。

6.8.2　MC3361B 与 MC3367 解调电路

20 世纪 80 年代以来,Motorola 公司陆续推出了 FM 中频电路系列 MC3357/3359/3361B/3371/3372 和 FM 接收电路系列 MC3362/3363。它们都采用二次混频,即将输入调频信号的载频先降到 10.7MHz 的第一中频,然后降到 455kHz 的第二中频,再进行鉴频。不同之处在于 FM 中频电路系列芯片比 FM 接收电路系列芯片缺少射频放大和第一混频电路,而 FM 接收电路系列芯片则相当于一个完整的单片接收机。两个系列均采用双差分正交移相式鉴频方式。下面介绍 MC3361B 以及低电压调频接收器 MC3367 的原理及应用。

1. MC3361B 内部功能框图典型应用电路

图 6-54(a)是 MC3361B 的内部功能框图,图 6-54(b)是其典型应用电路。从引脚 16 输入第一中频为 10.7MHz 的调频信号与 10.245MHz 的晶振进行第二次混频,产生的 455kHz 调频信号从引脚 3 外接的带通滤波器 FL1 取出,然后由引脚 5 进入限幅放大器。引脚 8 外接的 LC 并联网络和片内的 10pF 小电容组成 90°频相转换网络。相位鉴频器输出的低频分量由片内放大器放大后,由引脚 9 外接 RC 低通滤波器取出。

2. 低电压调频接收器 MC3367 的原理及应用

MC3367 是一种新颖的低电压调频接收芯片,它由振荡器、混频器、中频放大器、中频限幅器和正交鉴频器等组成。由于该芯片具有电源电压低、灵敏度高、功耗低和低电压监视等特点,所以在频率为 75MHz 的窄带音响设备和数据接收系统中广泛应用。同时,也成为无绳电话等通信设备中的首选器件。MC3367 采用标准 28 脚表面封装。

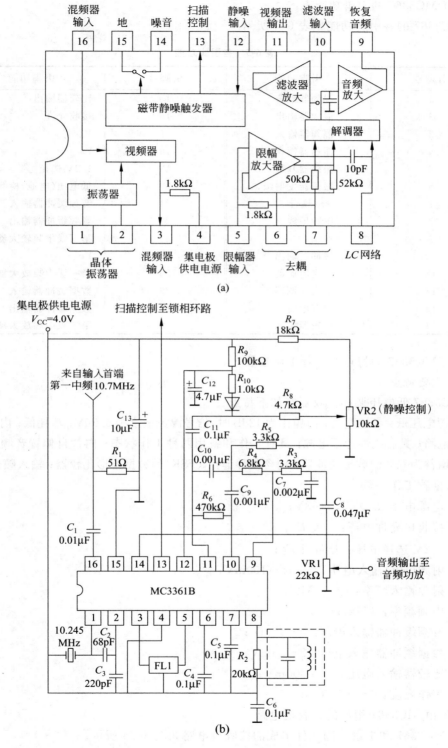

图 6-54　MC3361B 内部功能框图与典型应用电路

（1）MC3367 的引脚功能表

MC3367 的各引脚功能如表 6-5 所列。

表 6-5　各引脚功能

引脚号	引脚功能	引脚号	引脚功能
1	混频器耦合	15	比较器输出
2	混频器输出	16	接收允许
3	混频器输入	17	V_{reg}
4	振荡器耦合	18	V_{cc}
5	振荡器基级	19	1.2V 选择
6	振荡器发射级	20	低电压(电池)检测
7	Isre 耦合	21	音频缓冲器输入
8	中频地线	22	音频缓冲器输出
9	V_{cc_2}	23	第一线中频较大器输入
10	缓冲器输出	24	V_{cc_3}
11	正交解调器	25	第一级中频放大器输出
12	正交解调器	26	数据缓冲器输入
13	解调地线	27	数据缓冲器输出
14	比较器输入	28	第二级中频放大器输入

（2）MC3367 的特点及推荐工作参数

① 主要特点

MC3367 低电压调频接收器有如下特点：

电源电压低；灵敏度高；信噪比为 12dB 时，信号源灵敏度为 $0.5\mu V$；功耗低；内含低电压检测电路；具有线性稳压电源；具有工作和备用两种工作状态；内含自偏置音频缓冲器和电压增益为 3.2 的数据缓冲器；内含频移键控（FSK）的数据整形比较器；输入频带宽。

② 推荐工作参数

- 电源电压（E_c）：1.1～3V；
- 接收机允许电压：0 或 E_c；
- 1.2V 选择电压：开路或 E_c；
- 射频（RF）输入电压：0.001～100mV；
- 射频输入频率：0～75MHz；
- 中频频率：455kHz；
- 音频缓冲器输入电压：0～75mV；
- 数据缓冲器输入电压：0～25mV；
- 比较器输入电压：10～300mV；
- 工作温度：0～+70℃。

（3）由 MC3367 组成的接收机电路

由 MC3367 和少量外围元件组成的接收机电路如图 6-55 所示。

可以看出，当射频或中频信号由天线接收后，首先经混频器混频放大，并把它变换为

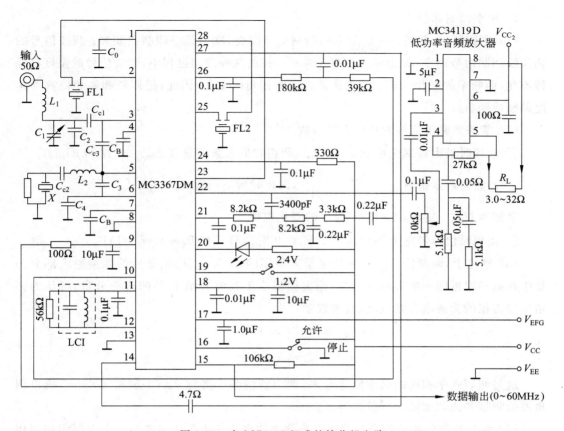

图 6-55　由 MC3367 组成的接收机电路

455kHz 中频信号,然后将该信号送入中频陶瓷滤波器 FL1,经滤波后的信号送入中频放大器输入端,再进入第二个中频滤波器 FL2,经二次滤波后的信号馈入中频限幅放大器和检波电路,从而恢复原来的低频信号。该信号经低频功率放大器 MC34119D 放大,并推动喇叭发出声音。在该接收机电路中,FL1 和 FL2 是中频(455kHz)陶瓷带通滤波器,它的输入、输出阻抗应在 1.5～2.0kΩ 范围内选择,它的设置能使电路获得最好的邻接信道和灵敏度。L_1,C_1 和 C_2 是谐振网络,当射频或中频输入时,它能在混频器输入和 50Ω 的阻抗之间提供良好的匹配。C_{c1} 和 C_{c3} 是射频耦合电容,在规定的输入和振荡频率下,阻抗应小于或等于 20Ω。C_{c2} 亦是耦合电容,它能为振荡信号和混频器之间提供轻耦合。在规定的振荡频率下,它的阻抗应在 3～5kΩ。C_B 为旁路电容,在希望的射频和本振频率下,它的阻抗应小于或等于 20Ω。LCI 是一个中频谐振器,其频率为 455kHz。

本 章 小 结

本章介绍了通信系统中另一种重要调制方式,即频率调制及其解调的基本原理、实现方法、典型电路、技术要求及其特性分析。

1. 频率调制部分

(1) 在调制中,载波信号的频率随调制信号而变,称为频率调制或调频;载波信号的相位随调制信号而变,称为相位调制或调相。在这两种调制过程中,载波信号的幅度都保持不变,而频率的变化和相位的变化都表现为相角的变化,因此,把调频和调相统称为角度调制或调角。

(2) 掌握频调角信号的几个重要参数。

① 调频时最大频率偏移 $\Delta\omega_f = k_f U_{\Omega m}$,调相时最大频率偏移 $\Delta\omega_p = m_p\Omega = k_p U_{\Omega m}\Omega$。

② 调频时调制指数 $m_f = \dfrac{\Delta\omega_f}{\Omega} = \dfrac{k_f U_{\Omega m}}{\Omega}$,调相时调制指数 $m_p = k_p U_{\Omega m}$。

掌握当 $U_{\Omega m}$ 一定时,$\Delta\omega$ 和 m 随 Ω 的变化规律。

③ 调频时信号带宽 $B_f \approx 2(m_f + 1)F$,调相时信号带宽 $B_p \approx 2(m_p + 1)F$。

(3) 理论上,调频信号的边频分量是无限多的,实际上,已调信号的能量绝大部分是集中在载频附近的一些边频分量上,略去振幅小于载波振幅 10% 的边频分量,可认为调角信号占据的为频谱有效宽度(频带宽度),为

$$B_f \approx 2(m_f + 1)F$$

或

$$B_f \approx 2(\Delta f + F)$$

这与调制频率相同的调幅波比起来,调角波的频带要宽 $2\Delta f$。通常 $\Delta f > F$,所以调角波的频带要比调幅波的频带宽得多。

(4) 调频波和调相波的平均功率也为载波功率和各边频功率之和。由于调频和调相的幅度不变,所以调角波在调制后总的功率不变,只是将原来载波功率中的一部分转入边频中去。所以载波成分的系数 $J_0(m_f)$ 小于 1,表示载波功率减小了。

(5) 实现调频的方法有两类:直接调频与间接调频。直接调频是用调制信号去控制振荡器中的可变电抗元件(变容二极管,电抗管等),使其振荡频率随调制信号线性变化;间接调频是将调制信号积分后,再对高频载波进行调相,获得调频信号。直接调频可获得大的频偏,但中心频率的频率稳定度低;间接调频时中心频率的频率稳定度高,但难以获得大的频偏,需采用倍频等方法加大频偏。

2. 频率解调部分

(1) 调频波的解调称为鉴频,调相波的解调称为鉴相。鉴频的主要方法有斜率鉴频器、相位鉴频器和比例鉴频器。这三种鉴频器的基本原理都是由实现波形变换的线性网络和实现频率变换的非线性电路组成。

(2) 鉴频器的质量指标:鉴频跨导 g_d(又叫鉴频灵敏度)、鉴频频带宽度 B、非线性失真、对寄生调幅应有一定的抑制能力等。

(3) 限幅电路是鉴频电路(比例鉴频器除外)前端不可缺少的重要部分,它可以消除叠加在调频信号上面的寄生调幅,从而可减小鉴频失真。

思考题与习题

6-1 若调制信号为锯齿波,如图题 6-1 所示,大致画出调频波的波形图。

6-2 设调制信号 $u_\Omega(t)=U_{\Omega m}\cos\Omega t$,载波信号为 $u_c(t)=U_m\cos\omega_c t$,调频的比例系数为 $k_f(\mathrm{rad}/(\mathrm{V}\cdot\mathrm{s}))$。试写出调频波的以下各量:

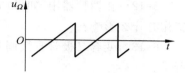

图题 6-1

(1) 瞬时角频率 $\omega(t)$;

(2) 瞬时相位 $\theta(t)$;

(3) 最大频移 $\Delta\omega_f$;

(4) 调制指数 m_f;

(5) 已调频波的 $u_{FM}(t)$ 的数学表达式。

6-3 为什么调幅波的调制系数不能大于 1,而角度调制的调制系数可以大于 1?

6-4 已知载波频率 $f_c=100\mathrm{MHz}$,载波电压幅度 $U_m=5\mathrm{V}$,调制信号 $u_\Omega(t)=\cos 2\pi\times10^3 t+2\cos 2\pi\times500 t$,试写出调频波的数学表示式(设两调制信号最大频偏均为 $\Delta f_{max}=20\mathrm{kHz}$)。

6-5 载频振荡的频率为 $f_c=25\mathrm{MHz}$,振幅为 $U_m=4\mathrm{V}$,调制信号为单频余弦波,频率为 $F=400\mathrm{Hz}$,频偏为 $\Delta f=10\mathrm{kHz}$。

(1) 写出调频波和调相波的数学表达式;

(2) 若仅将调制频率变为 $2\mathrm{kHz}$,其他参数不变,试写出调频波与调相波的数学表达式。

6-6 有一调幅波和一调频波,它们的载频均为 $1\mathrm{MHz}$。调制信号均为 $u_\Omega(t)=0.1\sin(2\pi\times10^3 t)(\mathrm{V})$。已知调频时,单位调制电压产生的频偏为 $1\mathrm{kHz/V}$。

(1) 试求调幅波的频谱宽度 B_{AM} 和调频波的有效频谱宽度 B_{FM}。

(2) 若调制信号改为 $u_\Omega(t)=20\sin(2\pi\times10^3 t)(\mathrm{V})$,试求 B_{AM} 和 B_{FM}。

6-7 分析电抗管调频的基本原理。

6-8 给定调频信号中心频率为 $f_c=50\mathrm{MHz}$,频偏 $\Delta f=75\mathrm{kHz}$,调制信号为正弦波,试求调频波在以下三种情况下的调制指数和频带宽度(按 10% 的规定计算带宽)。

(1) 调制信号频率为 $F=300\mathrm{Hz}$;

(2) 调制信号频率为 $F=3\mathrm{kHz}$;

(3) 调制信号频率为 $F=15\mathrm{kHz}$。

6-9 若调制信号频率为 $400\mathrm{Hz}$,振幅为 $2.4\mathrm{V}$,调制指数为 60。当调制信号频率减小为 $250\mathrm{Hz}$,同时振幅上升为 $3.2\mathrm{V}$ 时,调制指数将变为多少?

6-10 已知调频波 $u(t)=2\cos(2\pi\times10^6 t+10\sin 2000\pi t)(\mathrm{V})$,试确定:

(1) 最大频偏;

(2) 此信号在单位电阻上的功率。

6-11 有一调频发射机,用正弦波调制,未调制时,发射机在 50Ω 电阻负载上的输出

功率 $P_\circ = 100\text{W}$。将发射机的频偏由零慢慢增大,当输出的第一个边频成分等于零时,即停止下来。试计算:

(1) 载频成分的平均功率;

(2) 所有边频成分总的平均功率;

(3) 第二次边频成分总的平均功率。

6-12 在调频器中,如果加到变容二极管的交流电压超过直流偏压,对调频电路的工作有什么影响?

6-13 变容二极管直接调频电路如图题 6-13(a),变容二极管的特性如图题 6-13(b)所示。

(1) 试画出振荡部分简化交流通路,说明构成了何种类型的振荡电路;

(2) 画出变容二极管的直流通路、调制信号通路,并分析调频电路的工作原理;

(3) 当调制电压 $u_\Omega(t) = \cos(2\pi \times 10^3 t)\text{V}$ 时,试求调频信号的中心频率 f_c 和最大频偏 Δf。

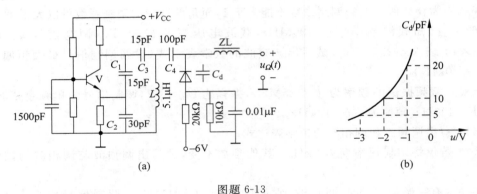

图题 6-13

6-14 图题 6-14 所示为电抗管调频的原理电路,$u_\Omega(t)$ 为调制信号,回答以下问题:(1)图中电抗管由哪些元件构成?(2)结合此图说明电抗管调频的基本原理。

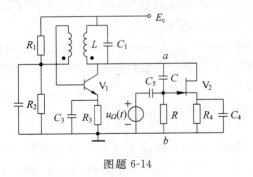

图题 6-14

6-15 设用调相法获得调频,调制频率 $F = 300 \sim 3000\text{Hz}$。在失真不超过允许值的情况下,最大允许相位偏移 $\Delta\theta_\text{m} = 0.5\text{rad}$。如要求在任一调制频率得到最大的频偏 Δf 不低于 75kHz 的调频波,需要倍频的倍数为多少?

6-16　用原理方框图说明鉴频原理,并画出相应点的波形图。

6-17　试比较鉴频器和线性放大器中造成非线性失真的物理过程。

6-18　为什么通常在鉴频器之前要采用限幅器?

6-19　有一个鉴频器的鉴频特性为正弦型,带宽 $B = 200\text{kHz}$,试写出此鉴频器的鉴频特性表达式。

6-20　有一个鉴频器的鉴频特性如图题 6-20 所示。鉴频器的输出电压为

$$u_{\mathrm{o}}(t) = \cos 4\pi \times 10^4 t (\mathrm{V})$$

求:(1) 鉴频跨导 $g_{\mathrm{d}} = ?$

(2) 写出输入信号 $u_{\mathrm{FM}}(t)$ 和调制信号 u_{Ω} 的表达式。

6-21　斜率鉴频器中应用单谐振回路和小信号选频放大器中应用单谐振回路的目的有何不同? Q 值高低对于二者的工作特性各有何影响?

6-22　为什么比例鉴频器有抑制寄生调幅的作用?

6-23　电感耦合相位鉴频器如图题 6-23 所示。

(1) 画出信号频率 $\omega < \omega_{\mathrm{c}},\omega > \omega_{\mathrm{c}},\omega = \omega_{\mathrm{c}}$ 时的矢量图。

(2) 说明 V_1 断开时,能否鉴频?

6-24　某调频电路的振荡回路由电感 L 和变容二极管组成,已知 $L = 2\mu\mathrm{H}$,变容二极管 $C_{\mathrm{d}} = \dfrac{72}{\left(1 + \dfrac{u}{0.6}\right)^2}\mathrm{pF}$,若静态反偏电压为 3V,调制电压 $u_{\Omega}(t) = 10\cos(2\pi \times 10^4 t)\mathrm{mV}$。

(1) 求 FM 波载波频率 f_{c},最大频偏 Δf。

(2) 若载波为振幅 1V 的余弦信号,写出该电路所产生的 FM 波表达式 $u_{\mathrm{FM}}(t)$。

(3) 将上问产生的 FM 波通过图所示鉴频特性的鉴频器,求鉴频输出 $u_{\mathrm{o}}(t) = ?$

(4) 画出实现图题 6-24 所示鉴频特性电感耦合相位鉴频器的原理电路。

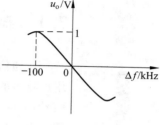

图题 6-20

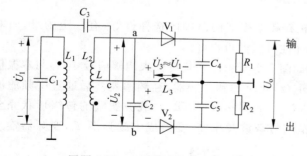

图题 6-23　电感耦合相位鉴频器

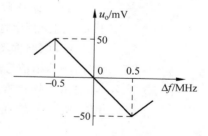

图题 6-24　鉴频特性

6-25　分别说明斜率鉴频器、相位检波型相位鉴频器导致非线性失真的因素及减小方法。

6-26　影响脉冲计数式鉴频器工作频率上限的因素是什么?

第 7 章 变频器

7.1 概述

在通信技术中,经常需要将信号自某一频率变换为另一频率,一般用得较多的是把一个已调的高频信号变成另一个较低频率的同类已调信号,完成这种频率变换的电路称变频器。例如,在超外差接收机中,常将天线接收到的高频信号(载频位于 535~1605kHz 中波波段各电台的普通调幅信号)通过变频,变换成 465kHz 的中频信号;又如,在超外差式广播接收机中,把载频位于 88~108MHz 的各调频台信号变换为中频为 10.7MHz 的调频信号;再如,把载频位于四十几兆赫至近千兆赫频段内的各电视台信号变换为中频为 38MHz 的视频信号。

采用变频器后,接收机的性能将得到提高。这是由于:

(1) 变频器将高频信号频率变换成中频,在中频上放大信号,放大器的增益可做得很高而不自激,电路工作稳定;经中频放大后,输入到检波器的信号可以达到伏特数量级,有助于提高接收机的灵敏度。

(2) 在专用接收机中,接收的频率是固定的,而作为超外差接收机接收的频率是变化的,但由于变频后所得的中频频率是固定的,这样可以使电路结构简化。

(3) 要求接收机在频率很宽的范围内选择性好,有一定困难,而对于某一固定频率选择性可以做得很好。

变频电路框图如图 7-1 所示。它是将输入调幅信号 $u_S(t)$ 与本振信号(高频等幅信号)$u_L(t)$ 同时加到变频器,经频率变换后通过中频滤波器,输出中频调幅信号 $u_I(t)$。$u_I(t)$ 与 $u_S(t)$ 载波振幅的包络形状完全相同,唯一的差别是信号载波频率 f_S 变换成中频频率 f_I,变频器输入

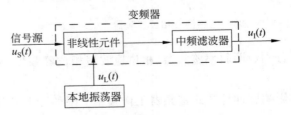

图 7-1 变频电路框图

输出波形图如图 7-2 所示。

由图 7-1 可见,一个变频器由三部分组成:

(1) 非线性元件,如二极管、三极管、场效应管和模拟乘法器等;

(2) 产生 $u_L(t)$ 的振荡器,通常称为本地振荡,振荡频率为 ω_L;

(3) 中频滤波器。晶体管变频器可分为变频器和混频器两种电路。振荡信号可以由完成变频作用的非线性器件(如三极管)产生,也可以由单设振荡器产生。前者叫变频器(或称自激式变频器),后者叫混频器(或称为他激式变频器)。两种电路中,前一种简单,但统调困难,电路工作状态无法同时兼顾振荡和变频处于最佳情况。因此一般工作频率较高的接收机采用混频器。

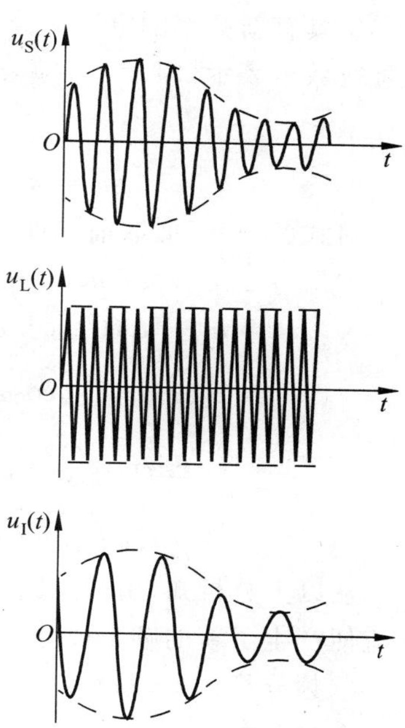

图 7-2　变频器输入输出波形图

7.2　变频器的基本原理

变频的作用是将信号频率自高频搬移到中频,也是信号搬移过程。其变频前后的频谱图如图 7-3 所示。由图可知,经过变频后将原来输入的高频调幅信号,在输出端变换为中频调幅信号,两者相比较只是把调幅信号的频率从高频位置移到了中频位置,而各频谱分量的相对大小和相互间距离保持一致。

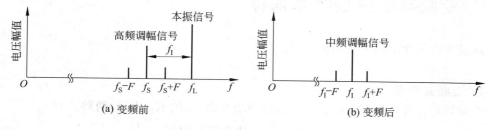

图 7-3　变频前后的频谱图

值得注意的是高频调幅信号的上边频变成中频调幅信号的下边频,而高频调幅信号的下边频变成中频调幅信号的上边频。

其原因是变频后,输出信号中频 f_I 与输入信号频率 f_S 和本振信号频率 f_L 之间的关系为

$$f_I = f_L - f_S$$

而 $f_L - (f_S + F) = f_L - f_S - F = f_I - F$,可知,输入信号的上边频经混频后变成中频调幅信号的下边频。由 $f_L - (f_S - F) = f_L - f_S + F = f_I + F$ 可知,输入信号的下边频经混频后变成中频调幅信号的上边频。

下面对变频原理进行数学分析:

如果在非线性元件上同时加上等幅的高频信号电压 $u_L(t)$ 和输入信号电压 $u_S(t)$,则

会产生具有新频率的电流成分。由于变频管工作于输入特性曲线的弯曲段,其电流可采用幂级数来表示,即

$$i = a_0 + a_1 \Delta u + a_2 (\Delta u)^2 + \cdots \tag{7-1}$$

其中

$$\Delta u = u_S(t) + u_L(t) = U_{Sm} \cos \omega_S t + U_{Lm} \cos \omega_L t$$

对式(7-1)近似取前三项,则

$$
\begin{aligned}
i = {} & a_0 + a_1 [u_S(t) + u_L(t)] + a_2 [u_S(t) + u_L(t)]^2 \\
= {} & a_0 + a_1 (U_{Sm} \cos \omega_S t + U_{Lm} \cos \omega_L t) + a_2 (U_{Sm} \cos \omega_S t + U_{Lm} \cos \omega_L t)^2 \\
= {} & a_0 + a_1 (U_{Sm} \cos \omega_S t + U_{Lm} \cos \omega_L t) + \frac{a_2}{2} (U_{Sm}^2 + U_{Lm}^2) \\
& + \frac{a_2}{2} (U_{Sm}^2 \cos 2\omega_S t + U_{Lm}^2 \cos 2\omega_L t) \\
& + a_2 U_{Sm} U_{Lm} \big[\cos(\omega_S + \omega_L)t + \cos(\omega_S - \omega_L)t \big]
\end{aligned}
$$

从以上分析知,由于电路元件的伏安特性包含有平方项,在 $u_S(t)$,$u_L(t)$ 同时作用下,电流便产生了新的频率成分,它包含:

差频分量:$\omega_S - \omega_L$;

和频分量:$\omega_S + \omega_L$;

谐波分量:$2\omega_S$,$2\omega_L$。

其中差频分量 $\omega_S - \omega_L$ 就是所要求的中频成分 ω_I,通过中频滤波器就可将差频分量取出,而将其他频率成分滤除。这种变频器称为下变频器。若用选择性电路将和频分量选择出来,则这种变频器称为上变频器。

7.3 变频器的主要技术指标

衡量变频器性能的主要指标如下。

1. 变频器增益

变频器增益有电压增益(用 K_{VC} 表示)和功率增益(用 K_{PC} 表示)两种。

$$\text{变频器电压增益 } K_{VC} = \frac{\text{中频输出电压}}{\text{高频输入电压}} = \frac{U_I}{U_S} \tag{7-2}$$

$$\text{变频器功率增益 } K_{PC} = \frac{\text{中频输出信号功率}}{\text{高频输入信号功率}} = \frac{P_I}{P_S} \tag{7-3}$$

对接收机而言,K_{VC}(或 K_{PC})大,有利于提高灵敏度。通常在广播收音机中 K_{PC} 为 $20 \sim 30 \mathrm{dB}$,电视接收机中 K_{VC} 为 $6 \sim 8 \mathrm{dB}$。

2. 选择性

变频器在变频过程中除产生有用的中频信号外,还产生许多频率项。要使变频器输出只含有所需的中频 f_I 信号,而对其他各种频率的干扰予以抑制,要求输出回路具有良好的选择性。可采用品质因数 Q 高的选频网络或滤波器。

3. 工作稳定性

要求本振信号频率稳定度高,则应采用稳频等措施。

4. 非线性失真

由于变频器工作在非线性状态,在输出端可获得所需的中频信号,但也将出现许多不需要的其他频率分量,其中一部分将落在中频回路的通频带范围内,使中频信号与输入信号的包络不一样,产生了包络失真。另外,在变频过程中还将产生组合频率干扰、交叉调制干扰等,这些干扰的存在会影响正常通信。所以在设计和调整电路时,应尽量减小失真及干扰。这一点在军事通信中尤为重要。

5. 噪声系数

噪声系数的定义为

$$N_F = \frac{\text{输入端载频信号噪声功率比}}{\text{输出端中频信号噪声功率比}} \tag{7-4}$$

由于变频器位于接收机的前端,它产生的噪声对整机影响最大,故要求变频器本身噪声系数越小越好。

7.4　晶体三极管变频电路

7.4.1　晶体三极管变频电路的几种形式

三极管变频器按本振信号接入的不同,一般有四种电路形式。图 7-4(a),(b)是共发射极电路的形式,图 7-4(c),(d)是共基极电路的两种形式。

共发射极电路多用于频率较低的情况,图 7-4(a)的信号与本振分别由基极和发射极注入,相互影响小,但本振需要功率大。图 7-4(b)的信号与本振都由基极注入,相互影响大,但本振需要功率小。

共基极电路多用于频率较高的情况,当工作频率不高时,变频增益比发射极电路低。图 7-4(d)比图 7-4(c)相互影响大。

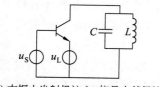

(a) 本振由发射极注入,信号由基极注入

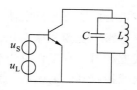

(b) 本振、信号都由基极注入

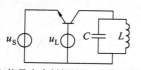

(c) 信号由发射极注入,本振由基极注入

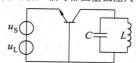

(d) 本振、信号都由发射极注入

图 7-4　三极管变频电路的几种形式

这些电路的共同特点是,不管本振电压注入方式如何,实际上输入信号和本振信号都是加在基极和发射极之间,并且利用三极管转移特性的非线性实现频率变换。

7.4.2 变频器工作状态选择

为了获得低噪声及高的变频增益,需要对变频器的工作状态进行选择。由于对变频器进行严格的分析计算比较困难,因此,通常都是通过实验的方法来选择工作状态。下面提供几组实验曲线,供变频器设计使用。曲线如图 7-5 所示。

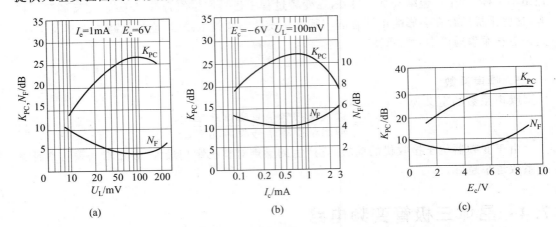

图 7-5　变频器功率增益、噪声系数与工作状态关系

图 7-5(a)是在 $E_c = -6\mathrm{V}$,$I_e = 1\mathrm{mA}$ 条件下,K_{PC} 和噪声系数 N_F 随 U_L 的变化曲线。曲线表明,在 $U_L = 50 \sim 200\mathrm{mV}$ 时,K_{PC} 较大,N_F 较小。图 7-5(b)是在 $E_c = -6\mathrm{V}$,$U_L = 100\mathrm{mV}$ 条件下,K_{PC} 和 N_F 随 I_e 的变化曲线。曲线表明,在 $I_e = 0.3 \sim 1.5\mathrm{mA}$ 时,K_{PC} 较大,N_F 较小。图 7-5(c)表示了 K_{PC} 和 N_F 随电源电压 E_c 变化的曲线。曲线表明,K_{PC} 随 E_c 增大而增大,但当 E_c 大于 6V 时增加缓慢;N_F 在 $E_c = 2 \sim 6\mathrm{V}$ 较小,后随 E_c 增加而增大,所以,电源电压一般取 $5 \sim 8\mathrm{V}$ 较为适宜。

7.4.3 三极管变频电路应用举例

图 7-6 所示为广播收音机中使用的变频电路。图 7-6(a)是晶体管收音机中波段的变频电路。此电路中变频和振荡由一只三极管 3AG1D 承担,可节省管子。这种变频电路称为自激式变频器。其工作过程如下:

由接收天线接收到的电磁波,通过耦合线圈 L_a 加到输入信号回路,而后通过耦合线圈 L_b 加到变频管 V_1 基极。本地振荡器由三极管 V_1、振荡回路(L_c、C_5、C_6、C_7)和反馈线圈 L_f 等构成的变压器耦合反馈振荡器。本振电压由 L_c 的抽头取出经电容 C_e 加到三极管发射极和加到基极的输入信号变频。

图 7-6(a)中 C_2、C_7 是采用双联可变电容以使当输入信号频率改变时,本振信号频率相应地变,以保证其差频基本不变。

三极管的集电极接中频变压器,利用其选频作用就可获得所需的中频输出电压。但由于中频电流通过反馈线圈 L_f 会引起中频负反馈,如设计不当,就会使变频增益降低,所以在通信机中不用。只是在考虑用管少、成本低廉的广播收音机中才用得较多。

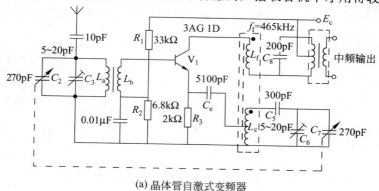

(a) 晶体管自激式变频器

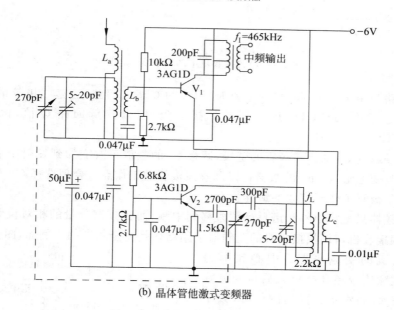

(b) 晶体管他激式变频器

图 7-6　收音机中的典型变频电路

　　图 7-6(b) 是收音机他激式变频器(混频器)。在混频器中本振与混频分开,因此可以分别选择最佳工作状态。本振电压由 V_2 构成电感三点式振荡器产生,通过耦合线圈 L_c 加到变频管 V_1 的发射极。输入信号电压由接收天线感应产生,通过耦合线圈 L_a 加到输入信号回路,而后通过耦合线圈 L_b 加到变频管 V_1 基极。输入信号频率的选择和相应的本振频率用调节联动的可变电容获得,输出中频 465kHz 信号。

　　在实际电路中,L_a 和 L_b 都取值较小,这样,对输入信号频率而言,本振回路严重失谐,它在 L_c 两端呈现的阻抗很小,可看成短路;同理,对本振频率而言,输入信号回路严重失谐,它在 L_b 两端呈现的阻抗很小,也可看成短路。因而保证了输入信号电压和本振电压都有良好通路,能够有效地加到 V_1 管发射极上,同时,也有效地克服了本振电压经输入信号回路泄漏到天线上,产生反向辐射。

图 7-7 所示为电视接收机中使用的变频电路,它由三部分组成,即输入电路、晶体三极管变频电路和输出电路。输入电路由 L_1,L_2,C_0,C_1 和 C_2 组成,这是一个双调谐回路,它接在高频放大器与变频晶体管之间,除去将高频信号传输到三极管的基极外,还具有阻抗匹配和带通滤波的作用。

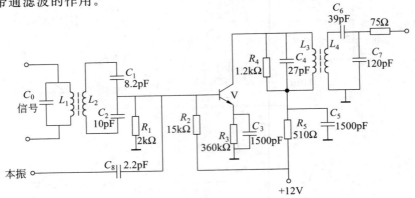

图 7-7　电视接收机中的典型变频电路

输出电路为由 L_3,L_4,C_4,C_6,C_7 和 R_4 组成的双调谐回路,它是三极管的负载并调谐在中频中心频率(38MHz)上。R_4 是外接电阻,用以降低回路 Q 值,保证通频带要求。

本振信号通过 C_8 加至三极管的基极,调整 C_8 的数值可改变加到发射结上的本振信号的幅度。改变电阻 R_1,R_2 的数值可以调整三极管的工作点。合理选择 C_8,R_1 和 R_2 的数值可以使三极管工作于变频的最佳状态。

由于变频器只是将信号频谱自高频搬移到中频,而各频谱分量的相对位置则保持不变,所以调频接收机与调幅接收机的变频器电路结构是完全相同的。例如,图 7-8 是一调频遥控接收机的变频电路。中心频率为 30MHz 的调频信号经高频放大后自变频管 V_1 的基极加入,而本机振荡器的信号(频率为 28MHz)由发射极注入。为了提高本机振荡器的频率稳定度,采用晶体振荡电路。为了使足够的输出幅度注入到变频管 V_1 的发射极,V_2 的集电极负载采用 LC 谐振电路,并调谐于 28MHz。振荡电压由变压器耦合至变频器,通过并接于 3.6kΩ 电阻上的 200pF 电容直接注入 V_1 的发射极。变频管 V_1 的工作电流取 $I_e = 0.8 \sim 1.2\text{mA}$。$V_1$ 的集电极谐振电路调谐于中频 $f_I = 2\text{MHz}$,通过中频变压器将中心频率为 2MHz 的调频信号送至中频放大器放大。

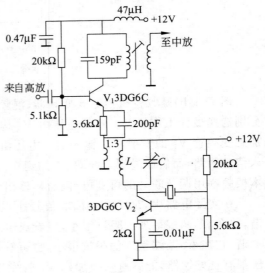

图 7-8　调频遥控接收机的变频电路

7.5　超外差接收机的统调与跟踪

在超外差接收机中,为了调谐方便,希望高频调谐回路(输入回路、高放回路)与本振回路实行统一调谐。即通常采用的每波段中最低到最高频率的调谐由同轴可变电容器进行,而改变波段则采用改变固定电感的方法。

由于高频调谐回路和本振回路的波段系数 K_d 不同,例如,某分段波的最低频率 $f_{min} = 535\text{kHz}$,而最高频率 $f_{max} = 1605\text{kHz}$,则高频回路的波段覆盖系数为

$$K_d = \frac{f_{max}}{f_{min}} = \sqrt{\frac{C_{max}}{C_{min}}} = 3$$

当中频选用 465kHz 时,如用容量相同的可变电容,则本振波段将从最低频率 $f_{L\,min} = 535 + 465 = 1000(\text{kHz})$ 变化到最高频率 $f_{L\,max} = 3 \times f_{L\,min} = 3000\text{kHz}$。而要求的最高频率应为 2070kHz(1605+465=2070(kHz))。

这说明除最低频率 $f_{L\,min}$ 处满足中频为 465kHz 外,在波段其他频率处均不是 465kHz,也就是只有一点跟踪,我们可以用图 7-9 所示的电容与频率关系来说明这种情况。

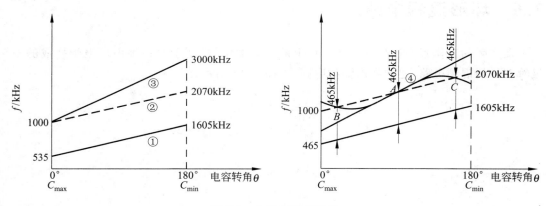

图 7-9　电容与频率关系

图 7-9 中实线①为满足波段覆盖系数 $K_d = 3$ 时,所采用的电容变化与波段频率的关系。$\theta = 0°$ 时电容最大,调谐于最低频率 f_{min}(535kHz);$\theta = 180°$ 时电容最小,调谐于最高频率 f_{max}(1605kHz)。虚线②表示要求的电容与本振频率 f_L 的关系。显然虚线②平行于实线①且间隔均为 465kHz。实线③表示采用容量相同的可变电容时,电容变化所得到的本振频率 f_L 的变化(由 1000kHz 变化到 3000kHz)。

为使统调要求能基本满足,而又不使电路太复杂,目前都在本振回路上采取措施,这种方法称为三点统调或称三点跟踪。

这种方法是在中间频率处 A(例如信号频率为 1000kHz,本振频率为 1465kHz)满足差频 465kHz 要求。过 A 点作线③的平行线,可知,此时在最低和最高频率处差频(中频)分别低于和高于 465kHz。设法将低端的本振频率提高,使得低端有一点(B 点)的差频为

465kHz。同样,将高端的本振频率降低,使得高端有一点(C 点)的差频为 465kHz。这时实线④变成 S 形,本振频率与波段频率的差频在三点上完全符合要求,如图 7-10 所示。这就称为三点统调。

为了满足三点统调,在本振回路上必须附加电容,如图 7-10 所示。

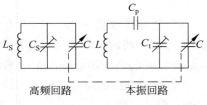

图 7-10　三点统调

通常,本振回路附加串联电容 C_p,C_p 称为垫整电容,其容量较大,与 C_{max} 的容量相近,还附加并联电容 C_t,C_t 称为垫补电容,其容量较小,与 C_{min} 的容量相近。

这样,在本振波段中间一点要求的本振频率,可以由可变电容中间位置的值(考虑 C_p 和 C_t 的作用)和电感 L 确定。

在本振频率高频端,$C=C_{min}$,由于 C_t 与 C_{min} 相近,使总的电容增大,所以使高频本振频率 f_L 降低。

在本振频率低频端,$C=C_{max}$,C_t 的并联作用可忽略。串联 C_p 后,使总的电容 C 减小,所以使低端本振频率 f_L 提高。这样就达到了三点统调的目的。

7.6　环形混频电路

在实际的工作频率达到几十兆赫以上的混频器中,广泛采用一种由二极管构成的二极管双平衡混频电路,也称环形混频电路,如图 7-11 所示。

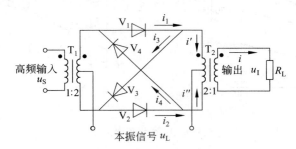

图 7-11　环形混频电路

通常混频器的输入信号 u_S($u_S=U_{Sm}\cos\omega_S t$)较小,当本振信号 u_L($u_L=U_{Lm}\cos\omega_L t$)足够大时,二极管工作在受 u_L 控制的开关状态。当本振信号电压 u_L 为正半周时,二极管 V_1,V_2 导通,V_3,V_4 截止;当本振信号电压 u_L 为负半周时,二极管 V_3,V_4 导通,V_1,V_2 截止。

相对于本振信号来说,V_1,V_2 和 V_3,V_4 的导通极性相反。若 V_1 与 V_2 的开关函数为 $k_1(\omega_L t)$,则 V_3 与 V_4 的开关函数为 $k_1(\omega_L t+\pi)$。

由 V_1 与 V_2 组成的平衡混频器输出电流为

$$i' = i_1 - i_2 = 2gk_1(\omega_L t)u_S \tag{7-5}$$

式中,g 是二极管 V_1 的输入电导,$i_1=gk_1(\omega_L t)(u_L+u_S)$,$i_2=gk_1(\omega_L t)(u_L-u_S)$。

由 V_3 与 V_4 组成的平衡混频器输出电流为

$$i'' = i_3 - i_4 = 2gk_1(\omega_L t + \pi)u_S \qquad (7\text{-}6)$$

因此,通过中频回路输出的电流为

$$i = i' - i'' = 2gu_S[k_1(\omega_L t) - k_1(\omega_L t + \pi)] \qquad (7\text{-}7)$$

由式(5-34)可推得

$$k_1(\omega_L t) - k_1(\omega_L t + \pi) = \sum_{n=1}^{\infty} (-1)^{n+1} \frac{4}{(2n-1)\pi} \cos(2n-1)\omega_L t$$

则有

$$i = 2gu_S\left[\sum_{n=1}^{\infty} (-1)^{n+1} \frac{4}{(2n-1)\pi}\cos(2n-1)\omega_L t\right]$$

$$= 2gU_{Sm}\cos\omega_S t\left[\sum_{n=1}^{\infty} (-1)^{n+1} \frac{4}{(2n-1)\pi}\cos(2n-1)\omega_L t\right]$$

$$= 4gU_{Sm}\sum_{n=1}^{\infty} \frac{(-1)^{n+1}}{(2n-1)\pi}\{\cos[(2n-1)\omega_L + \omega_S]t + \cos[(2n-1)\omega_L - \omega_S]t\} \qquad (7\text{-}8)$$

可见,在环形混频电路中,只要电路对称,则输出电流中仅有 $(2n-1)\omega_L \pm \omega_S$,没有 ω_L 项出现。也就是它的输出中仅包含 $p\omega_L \pm \omega_S(p = 2n-1$ 为奇数)的组合分量,而抵消了 ω_L 以及 $p\omega_L \pm \omega_S(p$ 为偶数)等众多的组合分量。这种混频器应用广泛。

由于四个二极管构成一个环,故此电路又称环形混频器。又由于载波被抑制,也称为载波被"平衡",故此电路也称二极管双平衡电路。

在模拟相乘器问世以前,环形调制器是一种应用很广的电路。由于该电路的上限工作频率高,在数十兆赫以上的频段,模拟相乘器仍不能取代环形混频电路。现在市场上出售的环形混频器,是将四个二极管制成集成电路。

这样,由于四个二极管特性匹配良好,故输出信号中的载频泄漏都能被抑制到一个很低的水平。

7.7 用模拟乘法器构成的混频电路

图 7-12 是用 MC1596G 构成的双平衡混频器,具有宽带输入,其输出调谐在 9MHz,回路带宽 450kHz,本振输入电平 100mV。对于 30MHz 信号和 39MHz 本振输入,混频器混频增益为 13dB。当输出信噪比为 10dB 时,输入信号灵敏度为 $7.5\mu V$。

除了采用模拟相乘器实现混频外,还可采用其他的具有相乘特性的器件代替图 7-12 中的模拟相乘器。例如,采用具有增益控制功能的集成放大器 MC1590 也可构成混频电路,从而实现混频。

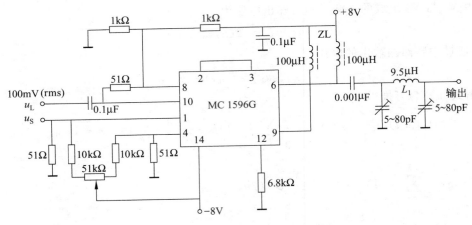

图 7-12　用 MC1596G 构成的双平衡混频器

7.8　二次混频的应用

在实际电路中,根据需要不仅采用一次混频,有时采用二次混频。例如 YDK-IP 型遥控机。它是一种甚高频无线电调频控制设备,既可控制地面机械,也可供矿井采区采煤机组司机作随机操作用,可以分别控制主机停止、向左牵引、向右牵引、运输机停止等 12 个动作。

该遥控接收机采用了两次混频电路。晶体本地振荡器与信号频率差拍成两个中频:

第一中频频率＝载波频率(151MHz)－本振频率(11.5MHz)×12

$$=(151-138)\text{MHz}=13\text{MHz}$$

第二中频频率＝13MHz－本振频率＝1.5MHz

接收机二次混频方框图如图 7-13 所示。

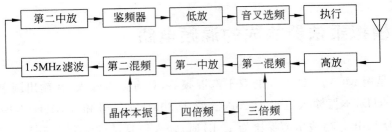

图 7-13　YDK-IP 型遥控机二次混频方框图

该遥控机的接收机的本地振荡器采用晶体振荡,本振输出分为两路:第一路经 12 倍频后,注入第一混频级,其输出经第一中放引到第二混频级。另一路输出直接注入第二混频,其输出为 1.5MHz。经 1.5MHz 陶瓷滤波器、二中放、鉴频和低放至选频执行环节。

音叉选频其频率分别与发射机的调制频率相对应。选频后的音频信号通过低放、整流和直流放大后,推动执行继电器动作,分别控制主机停止、向左牵引、向右牵引、运输机停止等 12 个动作。

随着大规模线性集成电路的发展,混频电路已作为单元电路被集成到专用芯片当中。MC3359 是两次混频外差式收信机中用的中放和解调集成电路,集成化的中放和解调电路的通用性强,只需外接少量元件,调整简单。下面以 MC3359 为例进行说明。

MC3359 的内部电路较全,外围元件少,其内部组成框图如图 7-14 所示。

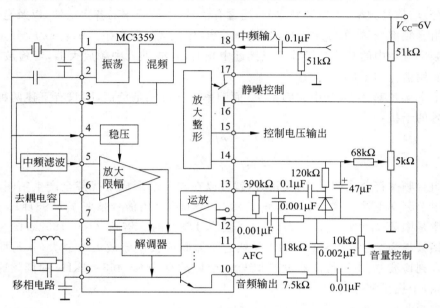

图 7-14 中放和解调集成电路 MC3359

MC3359 内含第二混频、本振、中放、限幅器、自动频率控制(AFC)、正交鉴相器、运放、静噪电路、静噪开关和扫描控制等,外接 18 条引线。它采用 6V 电源供电,工作电流的典型值为 3.6mA。工作灵敏度高,第二中频输入(引脚 5)为 $100\mu V$ 时,限幅器便能正常工作;混频增益可高达 33dB,第一中频输入不小于 $2\mu V$ 时就能正常工作。

第一中频信号由引脚 18 输入,与 IC 内部第二本振信号混频后得到第二中频。第二本振为电容三点式电路,由引脚 1、2 外接石英晶体置定振频。第二混频采用模拟乘法电路。混频输出送至引脚 3 的外接陶瓷滤波器,选出第二中频信号,再从引脚 5 进入内部第二中放和限幅器。放大限幅器采用六级差分放大器。解调器也采用乘法器,需先将调频信号通过引脚 7、8 外接的移相电路,将频率的变化转换成相位的变化。解调后的音频信号经放大后从引脚 10 输出,输出阻抗为 300Ω。在放大之前,由引脚 9 的外接电容实现去加重。

在 MC3359 内部还设有静噪控制电路,它是利用外接 RC 电路与内部的运算放大器构成有源滤波器,用以检出带外(10kHz 左右)噪声或特定的带外音,再经过外接检波送入MC3359 进行放大整形,获得一个控制电压和一个静噪控制信号,分别从引脚 15、16 输出。当 MC3359 输入的中频信号过于微弱时,可以用它将输出音频噪声对地短接,实现静噪。

7.9 变频干扰及其抑制方法

7.9.1 信号与本振的自身组合频率干扰

由于变频器使用的是非线性器件,而且工作在非线性状态,流经变频管的电流不仅含有直流分量、信号频率、本振频率成分,还含有信号、本振频率的各次谐波,以及它们的和、差频等组合频率分量,如 $3f_L$,$3f_S$,$2f_S - f_L$,$2f_L - f_S$ 等,即含有 $\pm mf_L \pm nf_S$ 分量。当这些组合频率分量中的某些分量等于或接近中频时,就能进入中频放大器,经检波器输出,产生对有用信号的干扰。

如果本振频率 f_L 大于中频频率 f_I,而频率又不可能是负值,则只有下述两种情况构成对信号的干扰:

$$\begin{cases} mf_L - nf_S \approx f_I \\ -mf_L + nf_S \approx f_I \end{cases} \tag{7-9}$$

当组合频率符合式(7-9)的关系时,就可以在输出端形成干扰甚至产生哨叫,这种干扰就叫组合频率干扰。例如本振频率 $f_L = 1396\text{kHz}$,有用信号频率 $f_S = 931\text{kHz}$,两者的差拍频率是中频 $f_I = f_L - f_S = 465\text{kHz}$。但信号频率的二倍频 $2f_S = 1862\text{kHz}$ 与本振频率的差拍频率为 $2f_S - f_L = 466\text{kHz}$,显然这个差频能被中频放大器放大,并与标准中频同时加入到检波器,由于检波器也是非线性元件,故有 $466 - 465 = 1\text{kHz}$ 的低频通过低放产生哨叫,干扰正常通信。

通常减弱组合频率干扰的方法有三种:

(1) 适当选择变频电路的工作点,尤其是 u_L 不要过大;

(2) 输入信号电压幅值不能过大,否则谐波幅值也大,使干扰增强;

(3) 选择中频时应考虑组合频率的影响,使其远离在变频过程中可能产生的组合频率。

7.9.2 外来干扰和本振频率产生的副波道干扰

副波道干扰是一种频率为 f_n 的外来干扰,如果频率为 f_n 的干扰信号作用到混频器的输入端,它与本振信号频率如满足下面关系:

$$\pm mf_L \pm nf_n \approx f_I$$

式中,m 为本振信号频率的谐波次数,n 为干扰信号频率的谐波次数。这时,干扰信号就会进入中频放大器,经解调器输出,将产生干扰和哨叫。可能产生的干扰频率可由下式确定:

$$f_n = \frac{1}{n}(mf_L \pm f_I) \tag{7-10}$$

副波道干扰是一种频率为 f_n 的外来干扰,当外来干扰信号或其 n 次谐波与本振的 m 次谐波产生差拍符合式(7-10)时,就形成中频。这种干扰好像是绕过了主波道 f_S 而通过另一条通路进入中频电路,所以叫副波道干扰。

这类干扰主要有中频干扰、镜频干扰和组合副波道干扰。

1. 中频干扰

当干扰信号频率 $f_n = f_I$ 时(即 $m=0, n=1$),如果接收机输入回路选择性不好,该信号进入变频器,并被放大,从而产生干扰。

对中频干扰的抑制方法,主要是提高变频器前面电路的选择性,增强对中频信号的抑制或设置中频陷波器。

2. 镜频干扰

当 $m=n=1$ 时,由式(7-10)可知,$f_n = f_L + f_I = f_s + 2f_I$,相应的干扰电台频率等于本振频率 f_L 与中频 f_I 之和。有用信号频率 f_s 比本振信号频率 f_L 低一个中频频率 f_I。如果将 f_L 所在的位置比作一面镜子,则 f_n 与 f_s 分别位于 f_L 的两侧,且距离相等,互为镜像,故称为镜频干扰,又称为镜像干扰。抑制镜频干扰的方法是提高变频器前面各级电路的选择性和提高中频 f_I,由于 f_I 提高,f_s 与 f_n 之间的频率间隔 $2f_I$ 加大,有利于对 f_n 的抑制。

3. 组合副波道干扰

除上述两种情况外,在式(7-10)中,当 $m \geqslant 1, n > 1$(例如,$m=n=2$,则对应 $2f_n = 2f_L \pm f_I$)时,均称为组合副波道干扰。

因为 $2f_n - 2f_L = 2f_n - 2(f_s + f_I) = \pm f_I$,所以有两种频率的信号可能产生组合副波道干扰,这两种频率为

$$\begin{cases} f_{n1} = f_s + \dfrac{1}{2}f_I \\ f_{n2} = f_s + \dfrac{3}{2}f_I \end{cases} \tag{7-11}$$

当干扰信号进入变频器时,这些干扰信号与本振信号对应的谐波频率构成和、差频,形成一系列干扰源。例如,$f_s = 660\text{kHz}$,$f_L = 1125\text{kHz}$ 时,对应的二次组合干扰频率代入式(7-11)中,可算出 $f_{n1} = 892.5\text{kHz}$,$f_{n2} = 1357.5\text{kHz}$;对应的三次组合干扰频率,因为 $m=n=3$,由式(7-10)可知 $f_{n1} = 970\text{kHz}$,$f_{n2} = 1280\text{kHz}$,…,这些频率成分都可能由变频器对应的谐波转换成中频频率。

7.9.3 交调和互调干扰

在变频电路里还有一些由变频元件的非线性所引起的干扰或失真,它的产生和本振频率无关。这类干扰产生都要有干扰电台的作用,根据干扰形成原因不同,它可分为交叉调制(简称交调)干扰和互相调制(简称互调)干扰。在接收机的高放电路中,由于晶体管转移的非线性,也会有这种干扰出现。同电子管、场效应管相比,由于晶体管的动态线性区域小,则更易呈现非线性,所以这类干扰更严重。

1. 交调干扰

交调干扰就是当接收机接收的信号和干扰信号同时作用于接收机的输入端时,由接收机中高放管或混频管转移特性的非线性而形成的干扰。

例如,当接收机接收的电台信号和干扰台的信号同时作用于接收机的输入端时,如果接收机对接收信号调谐,可清楚地听到干扰台的调制声音。若接收机对接收信号失谐,干扰台的调制声也随之减弱。在接收台停止工作时,干扰台的调制声音也就听不见了。这种现象犹如干扰电台的声音"调制"在所接收信号的载频上。接收信号失谐,交调就减弱;接收信号消失,则交调也随之消失。

交调的产生是由接收机中高放管或混频管转移特性的非线性引起的。

通过理论分析可知:首先,交调是由晶体管转移特性中的三次和更高次项产生。交调系数和干扰电压振幅的平方成正比,要减小交调干扰,就必须减小作用于高频放大级或变频级输入端的干扰电压 U_n,也就是必须提高高频放大级前输入回路或变频级前各级电路的选择性。其次,交调系数与载波幅度无关,所以不能用增大有用信号幅度 U_S 来减小交调干扰。这是因为干扰电台的调制已转移到有用信号的载波上,当有用信号的输出随 U_S 而增大时,干扰电台的调制信号也随之增加。只要干扰足够强,不论干扰频率与信号频率相距多远,都可以产生交调,所以交调是一种危害较大的干扰。

所以,抑制交调干扰的方法是必须提高高频放大级前输入回路或变频级前各级电路的选择性;其次可以通过适当选择晶体管工作点电流 I_c 的方法得到,因为晶体管转移特性存在着一个三次项最小的区域。

2. 互调干扰

互调干扰是两个或多个干扰电压加到接收机高放级或变频级的输入端,由于晶体管的非线性作用,相互混频。如果混频后产生的频率接近所接收的信号频率 ω_S(对变频级来说,即为 ω_I),就会形成干扰,这就是互调干扰。

假设两干扰电压为

$$\begin{cases} u_{n1} = U_{n1}\cos\omega_{n1}t \\ u_{n2} = U_{n2}\cos\omega_{n2}t \end{cases} \tag{7-12}$$

相互混频后产生的互调频率为

$$\pm mf_{n1} \pm nf_{n2} \tag{7-13}$$

式中,m,n 分别为干扰 U_{n1},U_{n2} 的谐波次数。

现举例说明,某城市有两个发射功率较大的广播电台。其工作频率为 $f_1 = 1.5\text{MHz}$,$f_2 = 0.9\text{MHz}$,如果接收机产生了三阶(指两个频率谐波次数之和为 3)组合频率的互调,即 $m+n=3$,则

当 $m=2,n=1$ 时,互调频率为

$$2 \times 1.5 \pm 0.9 = 3.9\,(\text{MHz}) \quad \text{或} \quad 2.1\,(\text{MHz})$$

当 $m=1,n=2$ 时,互调频率为

$$2 \times 0.9 \pm 1.5 = 3.3 (\text{MHz}) \quad \text{或} \quad 0.3 (\text{MHz})$$

当 $m=3, n=0$ 时，互调频率为

$$3 \times 0.9 = 2.7 (\text{MHz})$$

上述频率成分都是由晶体管三次非线性项产生的互调分量。如接收机高放输入端的信号是上述各频率时，就可同时收到两个电台所产生的互调干扰。互调干扰和交调干扰不同，交调干扰经检波后可以同时听到质量很差的有用信号和干扰电台的声音，互调干扰听到的是哨叫声和杂乱的干扰声而没有信号的声音，这种干扰通常叫阻塞。

产生互调的两个干扰台频率和信号频率存在一定的关系，一般是两个干扰频率距信号频率较远，或是其中之一距信号频率较近。这样只要提高输入电路的选择性就可有效地减弱互调干扰。高频放大级和变频级比较，变频级产生互调的可能性更大，原因是变频级输入电平较大，此外变频级工作在晶体管特性曲线的非线性部分，而高频级工作点常选择在线性部分。

抑制互调干扰的方法与抑制交调干扰的方法相同。

综合变频级产生的非线性失真和各种干扰，可得出如下结论：

（1）变频级产生的各种干扰都和干扰的电压大小有关，抑制它的主要方法是提高变频级前电路的选择性。

（2）变频级由于非线性而产生的组合频率干扰与输入信号大小有关，因此为使组合频率干扰减小，变频级输入端的信号电平不宜太大。若从输入信噪比考虑，则希望信号电平尽可能高，这两种要求是矛盾的，设计时必须全面考虑。

（3）变频器本身产生失真和干扰的原因是晶体管特性曲线中存在着三次和更高次非线性项。因此，适当地调整变频器的工作状态，使其工作在接近平方律区域，就能使失真大为减弱。若采用转移特性是平方律的变频器（如场效应管和模拟乘法器），将可大大减小这些失真。

例 7-1　试分析下列现象：

（1）在某地，收音机接收到 1090kHz 时，可以听到 1323kHz 信号；

（2）收音机接收到 1080kHz 时，可以听到 540kHz 信号；

（3）收音机接收到 930kHz 时，可以同时收到 690kHz 和 810kHz 信号，但不能单独收到其中的一个台（例如：另一个台停播）。

分析　在例 7-1 中列出的三种现象可能的解释为干扰哨声、副波道干扰、交调干扰和互调干扰。这些干扰的产生都是由于混频器中的非线性作用产生出接近中频的组合频率对有用信号形成的干扰。从干扰的形成（参与组合的频率）可以将这四种干扰分开：

① 干扰哨声是有用信号（f_s）与本振（f_L）自身的组合形成的干扰；

② 副波道干扰就是由干扰（f_n）与本振（f_L）的组合形成的干扰；

③ 交调干扰是有用信号（f_s）与干扰（f_n）的作用形成的干扰，它与信号并存；

④ 互调干扰是干扰（f_{n1}）与干扰（f_{n2}）组合形成的干扰，有频率关系 $f_s - f_{n1} = f_{n1} - f_{n2}$。根据各种干扰的特点，就不难分析出题中的三种现象，并分析出形成干扰的原因。

解　（1）四阶副波道干扰

接收信号 1090kHz，则 $f_s = 1090\text{kHz}$，那么收听到的 1323kHz 的信号就一定是干扰

信号,因为 $f_n = 1323\text{kHz}$,可以判断这是副波道干扰。由于 $f_s = 1090\text{kHz}$,收音机中频 $f_I = 465\text{kHz}$,则 $f_L = f_s + f_I = 1555\text{kHz}$。又由于当 $m = 2, n = 2$ 时,

$$2f_L - 2f_n = 2 \times 1555 - 2 \times 1323 = 3110 - 2646 = 454(\text{kHz}) \approx f_I$$

因此,这种副波道干扰是一种四阶干扰。

(2) 三阶副波道干扰

接收 1080kHz 信号时,听到 540kHz 信号,因此,$f_s = 1080\text{kHz}$,$f_n = 540\text{kHz}$,$f_L = f_s + f_I = 1545(\text{kHz})$,这是副波道干扰。当 $m = 1, n = 2$ 时,由于

$$f_L - 2f_n = 2 \times 1545 - 2 \times 540 = 1545 - 1080 = 465(\text{kHz}) = f_I$$

所以这是三阶副波道干扰。

(3) 三阶互调干扰

当接收 930kHz 信号时,同时收到 690kHz 和 810kHz 信号,但又不能单独收到其中的一个台,这里 930kHz 信号是有用信号的频率,即 $f_s = 930\text{kHz}$;690kHz 和 810kHz 信号应为两个干扰信号,故 $f_{n1} = 690\text{kHz}$,$f_{n2} = 810\text{kHz}$。有两个干扰信号同时存在,可能性最大的是互调干扰。考察两个干扰频率与信号频率之间的关系,很明显,互调干扰是两个或多个干扰电压加到接收机高放级或变频级的输入端,由于晶体管的非线性作用,相互混频。如果混频后产生的频率接近所接收的信号频率 ω_s(对变频级来说,即为 ω_I),就会形成干扰,这就是互调干扰。

由

$$\pm m f_{n1} \pm n f_{n2} = f_s$$

当 $m = 1, n = 2$,则

$$-1 \times f_{n1} + 2 \times f_{n2} = (-1 \times 690 + 2 \times 810)\text{kHz} = 930\text{kHz}$$

即 $f_s = 930\text{kHz}$,所以这是三阶互调干扰引起的现象。

本 章 小 结

1. 变频器是一种频率变换电路

它是把信号从一个频率变换到另外一个频率的电路。

2. 在接收机中使用变频器的原因

有利于放大、选频,使电路结构简化,接收机的性能将得到提高。

3. 变频的基本原理、组成及指标

变频的基本原理就是利用非线性电子器件的频率作用,将同时作用在它上面的两个不同信号的频率——输入信号及本振信号,在输出端变换为频谱结构、调制变化规律都不变的另一频率($f_I = f_L - f_s$)的中频信号。

变频电路由非线性器件、中频滤波器和本地振荡器组成。

晶体管变频电路可分为变频器和混频器两种电路。振荡信号可以由完成变频作用的非线性器件(如三极管)产生,也可以由单设振荡器产生。前者叫变频器(或称自激式变频器),后者叫混频器(或称为他激式变频器)。

衡量变频器性能的主要指标是：变频增益、选择性、工作稳定性、非线性失真、噪声系数等。

4. 变频的分析方法

采用幂级数近似分析法。幂级数项数选取的原则，对变频而言，近似取前三项。

如果在非线性元件上同时加上等幅的高频信号电压 $u_L(t)$ 和输入信号电压 $u_S(t)$，则就会产生具有新频率的电流成分。由于变频管工作于输入特性曲线的弯曲段，其电流可采用幂级数来表示，即

$$i = a_0 + a_1 \Delta u + a_1 (\Delta u)^2 + \cdots$$

其中，$\Delta u = u_S(t) + u_L(t) = U_{Sm}\cos\omega_S t + U_{Lm}\cos\omega_L t$。

5. 变频电路

(1) 只要电路元件的伏安特性包含有平方项，就可以实现变频；

(2) 原则上，凡是具有相乘功能的元件都可以用来实现变频。目前高质量的通信设备主要使用环形混频电路、双差分对模拟乘法器构成的混频电路，而在一般接收机中为了简化电路，仍采用简单的晶体三极管变频电路。

随着大规模线性集成电路的发展，混频电路已作为单元电路被集成到专用芯片当中。

6. 三点统调

为使统调要求能基本满足而又不使电路太复杂，在本振回路上采取措施，可以满足三点统调的要求。

7. 二次变频的应用

在实际电路中，根据需要不仅采用一次混频，有时采用二次混频。

8. 变频干扰

(1) 信号与本振的自身组合频率干扰（自身干扰）

变频器在信号电压和本振电压共同作用下产生许多组合频率分量，其中的某些成分接近中频时，中频和寄生信号都将顺利通过中频放大器进入检波器，与有用信号在检波器中产生差拍，形成低频哨叫干扰。

(2) 外来干扰和本振频率产生的副波道干扰（与外界干扰有关）

外来的干扰信号和本振信号在变频器中产生混频作用，若形成的组合频率接近中频时，就会形成干扰。包括：中频干扰、镜频干扰和组合副波道干扰。

(3) 交调和互调干扰（与外界干扰有关，与本振频率无关）

交调：当接收机接收的信号和干扰信号同时作用于接收机的输入端时，由接收机中高放管或混频管转移特性的非线性而形成的干扰。

互调：两个或多个干扰电压加到接收机高放级或变频级的输入端，由于晶体管的非线性作用，相互混频，产生的组合频率接近中频时，就会形成干扰。

9. 混频虽然与调幅、检波同属于线性频谱搬移过程，在工作原理上基本相同，但在参数和电路设计上须认真考虑混频干扰的影响，采取措施尽量避免或减小混频干扰的产生及引起的失真。

思考题与习题

7-1 为什么进行变频,变频有何作用?

7-2 变频作用如何产生?为什么要用非线性元件才能产生变频作用?变频与检波有何相同点与不同点?

7-3 混频和单边带调幅有何不同?

7-4 变频器与混频器有什么异同点,各有哪些优缺点?

7-5 对变频器有什么要求?其中哪几项是主要质量指标?

7-6 设非线性元件的伏安特性是 $i = a_0 + a_1 u + a_2 u^2$,用此非线性元件作变频器件,若外加电压为

$$u = U_0 + U_{Sm}(1 + m\cos\Omega t)\cos\omega_S t + U_{Lm}\cos\omega_L t$$

求变频后中频($\omega_I = \omega_L - \omega_S$)电流分量的振幅。

7-7 在超外差收音机中,一般本振频率 f_L 比信号频率 f_S 高 465kHz。试问,如果本振频率 f_L 比 f_S 低 465kHz,收音机能否接收,为什么?

7-8 根据什么原则选择混频电路?

7-9 为什么超外差收音机的本振回路中又串电容又并电容?

7-10 试画出超外差接收机的三点跟踪曲线和三点跟踪示意图。

7-11 晶体管混频电路如图题 7-11 所示,已知中频 $f_I = 465$kHz,输入信号 $u(t) = 5[1 + 0.5\cos(2\pi \times 10^3 t)]\cos(2\pi \times 10^6 t)$(mV)。试说明 V_1、V_2 管子的作用,$L_1 C_1$、$L_2 C_2$、$L_3 C_3$ 三谐振回路分别调谐在什么频率上。画出 F、G、H 三点对地电压波形,并指出 F、H 波形的特点。

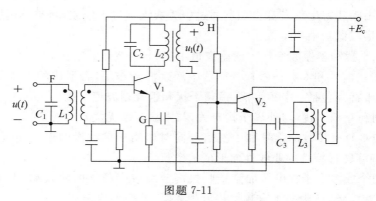

图题 7-11

7-12 若想把一个调幅收音机改成能够接收调频广播,同时又不打算作大的变动,而只是改变本振频率,你认为可以吗?并说明原因。

7-13 变频器有哪些干扰?如何抑制?

7-14 在一超外差式广播收音机中,中频频率 $f_I = f_L - f_S = 465$kHz。试分析下列现象属于何种干扰?又是如何形成的?

(1) 当收听频率 $f_S=931\text{kHz}$ 的电台播音时,伴有音调约 1kHz 的哨叫声;

(2) 当收听频率 $f_S=550\text{kHz}$ 的电台播音时,听到频率为 1480kHz 的强电台播音;

(3) 当收听频率 $f_S=1480\text{kHz}$ 的电台播音时,听到频率为 740kHz 的强电台播音。

7-15　在一个变频器中,若输入频率为 1200kHz,本振频率为 1665kHz,今在输入端混进一个 2130kHz 的干扰信号,变频器输出电路调频在中频 $f_I=465\text{kHz}$,问变频器能否把干扰信号抑制下去? 为什么?

7-16　设变频器的输入端除了有用信号 20MHz 外,还作用了两个频率分别为 19.6MHz 和 19.2MHz 的电压。已知中频为 3MHz,$f_L>f_s$,问是否会产生干扰,是哪一种性质干扰?

7-17　一超外差式广播收音机的接收频率范围为 $535\sim1605\text{kHz}$,中频频率 $f_I=f_L-f_s=465\text{kHz}$。试问当收听 $f_S=700\text{kHz}$ 的电台播音时,除了调谐在 700kHz 频率刻度上能接收到外,还可能在接收频段内的哪些频率刻度位置上收听到这个电台的播音(写出最强的两个)? 并说明它们各自是通过什么寄生通道造成的?

7-18　某超外差接收机工作频段为 $0.55\sim25\text{MHz}$,中频 $f_I=455\text{kHz}$,本振 $f_L>f_s$。试问波段内哪些频率上可能出现较大的组合干扰(6 阶以下)。

7-19　混频器中晶体三极管在静态工作点上展开的转移特性由下列幂级数表示:
$i_c=I_0+au_{be}+bu_{be}^2+cu_{be}^3+du_{be}^4$。已知混频器的本振频率为 $f_L=23\text{MHz}$,中频频率为 $f_I=f_L-f_s=3\text{MHz}$。若在混频器输入端同时作用着 $f_{M1}=19.6\text{MHz}$ 和 $f_{M2}=19.2\text{MHz}$ 的干扰信号。试问在混频器输出端是否会有中频信号输出? 它是通过转移特性的几次方项产生的?

7-20　某两个电台频率分别为 $f_1=774\text{kHz}$,$f_2=1035\text{kHz}$,问它们对短波($f_s=2\sim12\text{MHz}$)收音机的哪些接收频率将产生三阶互调干扰?

7-21　某发射机发出某一频率信号,但打开接收机在全波段寻找(设无任何其他信号),发现在接收机上有三个频率(6.5MHz,7.25MHz,7.5MHz)均能听到对方的信号,其中,以 7.5MHz 的信号最强。问接收机是如何收到的? 设接收机 $f_I=0.5\text{MHz}$,$f_L>f_s$。

7-22　在某频率综合器中,要求输出频率 f_I 在 $2\sim30\text{MHz}$,现要满足三阶组合频率干扰落在 f_I 通带之外,问混频器输入的信号频率 f_s 和本振频率 f_L 应如何选择?

提示:先分析三阶组合频率干扰的条件是 $m+n=3$,再画出频谱分布图。

第8章 锁相环路及其他反馈控制电路

在无线电技术中,为了改善电子设备的性能,广泛采用各种类型的反馈控制电路。常用的有锁相环路(phase locked loop,PLL)即自动相位控制电路,以及自动增益控制(auto gain control,AGC)电路与自动频率控制(auto frequency control,AFC)电路。

它们所起的作用不同,电路构成也不同,但它们同属于反馈控制系统,其基本工作原理和分析方法是类似的。

8.1 锁相环路(PLL)

锁相环路是一个相位误差控制系统,是将参考信号与输出信号之间的相位进行比较,产生相位误差电压来调整输出信号的相位,以达到与参考信号同频的目的。

锁相环路早期应用于电视机的同步系统,使电视图像的同步性能得到了很大的改善。20世纪50年代后期,随着空间科学的发展,锁相环在跟踪和接收来自宇宙飞行器(人造卫星、宇宙飞船)的微弱信号方面显示出了很大的优越性。普通的超外差接收机,频带做得相当宽,噪声大,同时信噪比也大大降低。而在锁相环接收机中,由于中频信号可以锁定,所以频带可以做得很窄(几十赫以下),则带宽可以下降很多,所以输出信噪比也就大大提高了。只有采用锁相环路做成的窄带锁相跟踪接收机才能把深埋在噪声中的信号提取出来。随着电子技术的发展,集成锁相环的出现,各种电子系统中锁相环路的用途极为广泛。例如,锁相接收机、微波锁相振荡源、锁相调频器、锁相鉴频器等。在锁相频率合成器中,锁相环路具有稳频作用,能够完成频率的加、减、乘、除等运算,可以作为频率的加减器、倍频器、分频器等使用。

锁相环路不仅能完成频率合成的任务,而且还具有优良的滤波性能。这种滤波性能不仅能够得到很窄的通频带,而且其中心频率又可变。这些性能是普通的滤波器所不能比拟的。目前在比较先进的模拟和数字通信系统中大都使用了锁相环路。

8.1.1　基本锁相环的构成

基本的锁相环路是由鉴相器(phase detector，PD)、环路滤波器(loop filter，LF)和压控振荡器(voltage control oscillator，VCO)三个部分组成，如图 8-1 所示。

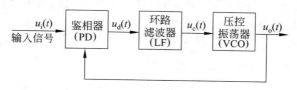

图 8-1　锁相环的基本组成

鉴相器是相位比较装置，用来比较输入信号 $u_i(t)$ 与压控振荡器输出信号 $u_o(t)$ 的相位，它的输出电压 $u_d(t)$ 是对应于这两个信号相位差的函数。

环路滤波器的作用是滤除 $u_d(t)$ 中的高频分量及噪声，以保证环路所要求的性能。

压控振荡器受环路滤波器输出电压 $u_c(t)$ 的控制，使振荡频率向输入信号的频率靠拢，直至两者的频率相同，使得 VCO 输出信号的相位和输入信号的相位保持某种特定的关系，达到相位锁定的目的。

8.1.2　锁相环的基本原理

设输入信号 $u_i(t)$ 和本振信号(压控振荡器输出信号) $u_o(t)$ 分别是正弦和余弦信号，它们在鉴相器内进行比较，鉴相器的输出是一个与两者间的相位差成比例的电压 $u_d(t)$，一般把 $u_d(t)$ 称为误差电压。环路低通滤波器滤除鉴相器中的高频分量，然后把输出电压 $u_c(t)$ 加到 VCO 的输入端，VCO 送出的本振信号频率随着输入电压的变化而变化。如果二者频率不一致，则鉴相器的输出将产生低频变化分量，并通过低通滤波器使 VCO 的频率发生变化。只要环路设计恰当，这种变化将使本振信号的频率与鉴相器输入信号的频率一致起来。最后，如果本振信号的频率和输入信号的频率完全一致，两者的相位差将保持某一恒定值，则鉴相器的输出将是一个恒定直流电压(高频分量忽略)，环路低通滤波器的输出也是一个直流电压，VCO 的频率将停止变化，这时，环路处于"锁定状态"。

8.1.3　锁相环各组成部分分析

1. 鉴相器

鉴相器是锁相环路中的关键部件，它的形式很多，我们仅介绍其中常用的正弦波鉴相器。

(1) 正弦波鉴相器的数学模型

任何一个理想的模拟乘法器都可以作为有正弦特性的鉴相器。设输入信号为

$$u_i(t) = U_{1m}\sin[\omega_i t + \theta_i(t)] \tag{8-1}$$

压控振荡器的输出信号为

$$u_o(t) = U_{2m}\cos[\omega_o t + \theta_o(t)] \qquad (8\text{-}2)$$

式(8-1)中的 U_{1m} 为输入信号的振幅，ω_i 为输入信号的角频率，$\theta_i(t)$ 是以载波相位 $\omega_i t$ 为参考相位的瞬时相位；式(8-2)中的 U_{2m} 为压控振荡器输出信号的振幅，ω_o 为压控振荡器固有的振荡角频率，$\theta_o(t)$ 是以压控振荡器输出信号的固有振荡相位 $\omega_o t$ 为参考相位的瞬时相位。在一般情况下，ω_i 不一定等于 ω_o，所以为了便于比较两者之间的相位差，现都以 $\omega_o t$ 为参考相位。这样 $u_i(t)$ 的瞬时相位为

$$\omega_i t + \theta_i(t) = \omega_o t + [(\omega_i - \omega_o)t + \theta_i(t)] = \omega_o t + \varphi_i(t) \qquad (8\text{-}3)$$

式中，$\varphi_i(t)$ 是以 $\omega_o t$ 为参考的输入信号瞬时相位：

$$\begin{aligned}\varphi_i(t) &= (\omega_i - \omega_o)t + \theta_i(t)\\ &= \Delta\omega t + \theta_i(t)\end{aligned} \qquad (8\text{-}4)$$

$\Delta\omega = \omega_i - \omega_o$，是输入信号角频率与 VCO 振荡器信号角频率之差，称为固有频差。

按上面的新定义，可将式(8-1)、式(8-2)改写为

$$u_i(t) = U_{1m}\sin[\omega_o t + \varphi_i(t)] \qquad (8\text{-}5)$$

$$u_o(t) = U_{2m}\cos[\omega_o t + \theta_o(t)] = U_{2m}\cos[\omega_o t + \varphi_o(t)] \qquad (8\text{-}6)$$

式中 $\varphi_o(t) = \theta_o(t)$，经乘法器相乘后，其输出为

$$u_i(t) \cdot u_o(t) \cdot A_m = \frac{1}{2}A_m U_{1m} U_{2m}\{\sin[2\omega_o t + \varphi_i(t) + \varphi_o(t)] + \sin[\varphi_i(t) - \varphi_o(t)]\} \qquad (8\text{-}7)$$

上式中高频分量可通过环路滤波器滤除。则鉴相器输出的有效分量为

$$u_d(t) = \frac{1}{2}A_m U_{1m} U_{2m}\sin[\varphi_i(t) - \varphi_o(t)]$$

即

$$u_d(t) = K_d\sin\varphi(t) \qquad (8\text{-}8)$$

式中

$$K_d = \frac{1}{2}A_m U_{1m} U_{2m}$$

$$\varphi(t) = \varphi_i(t) - \varphi_o(t) \qquad (8\text{-}9)$$

其中，A_m 为乘法器的增益系数，单位为 V^{-1}；$\varphi(t)$ 为 $u_i(t)$ 与 $u_o(t)$ 之间的瞬时相位差。鉴相器的作用是将它的两个输入信号的相位差 $\varphi(t)$ 转变为输出电压 $u_d(t)$。

式(8-8)为鉴相特性，其曲线如图 8-2 所示。

由于 $u_d(t)$ 随 $\varphi(t)$ 作周期性的正弦变化，因此这种鉴相器称为正弦波鉴相器。

（2）鉴相器线性化的数学模型

当 $|\varphi_i(t) - \varphi_o(t)| \leqslant \dfrac{\pi}{6}$ 时，$\sin[\varphi_i(t) - \varphi_o(t)] \approx$

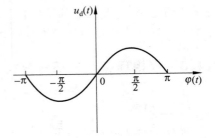

图 8-2　正弦鉴相特性曲线

$\varphi_i(t) - \varphi_o(t)$，因此可以把式(8-8)写成

$$u_d(t) \approx K_d[\varphi_i(t) - \varphi_o(t)] = K_d\varphi(t) \qquad (8\text{-}10)$$

所以，当 $\varphi(t) \leqslant \dfrac{\pi}{6}$ 时，鉴相器特性近似为直线，$u_d(t)$ 与 $\varphi(t)$ 成正比。

式(8-10)表示时域的关系,若对它进行拉氏变换,便可得到频域内的鉴相特性,可表示为

$$u_d(s) = K_d \varphi(s) \tag{8-11}$$

在时域中鉴相器数学模型如图 8-3 所示,频域中鉴相器模型如图 8-4 所示。

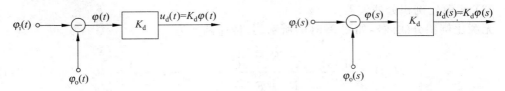

图 8-3　鉴相器线性化数学模型(时域)　　　图 8-4　鉴相器线性化数学模型(频域)

2. 环路滤波器

环路滤波器是线性电路,由线性元件电阻、电感和电容组成,有时还包括运算放大器,它是低通滤波器。在锁相环中,常用的滤波器有以下三种,如图 8-5 所示。

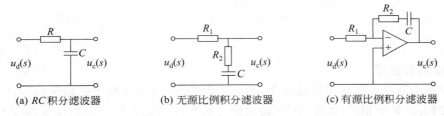

(a) RC 积分滤波器　　　　(b) 无源比例积分滤波器　　　(c) 有源比例积分滤波器

图 8-5　三种常用的环路滤波器

环路滤波器的作用是滤除 $u_d(t)$ 中的高频分量及噪声,以保证环路所要求的性能。环路滤波器是怎样处理鉴相器输出电压的呢? 如果用的是图 8-5(b)或(c)所示的比例积分器时,比例积分器把鉴相器输出的即使是非常微小的电压积累起来,形成一个相当大的 VCO 控制电压,并保持到 $\varphi_o = \varphi_i$ 时刻。只要改变环路滤波器的 R_1,R_2,C 就能改变环路滤波器的性能,也就方便地改变了锁相环的性能。

锁相环路通过环路滤波器的作用,具有窄带滤波器特性,可以将混进输入信号中的噪声和杂散干扰滤除掉。在设计较好时,这个通带能做得极窄。例如,在几十兆赫的频率范围内,实现几十赫甚至几赫的窄带滤波。这种窄带滤波特性是任何 LC,RC 石英晶体等滤波器难以达到的。

(1) RC 积分滤波器

图 8-5(a)为一阶 RC 低通滤波器,它的作用是将 u_d 中的高频分量滤掉,得到控制电压 u_c。滤波器的传递函数为输出电压与输入电压之比,即

$$H(j\omega) = \frac{u_c(j\omega)}{u_d(j\omega)} = \frac{\dfrac{1}{j\omega C}}{R + \dfrac{1}{j\omega C}} = \frac{\dfrac{1}{RC}}{j\omega + \dfrac{1}{RC}}$$

改为拉氏变换形式,用 s 代替 $j\omega$,得

$$H(s) = \cfrac{\cfrac{1}{RC}}{s + \cfrac{1}{RC}} = \cfrac{\cfrac{1}{\tau}}{s + \cfrac{1}{\tau}} = \frac{1}{s\tau + 1} \tag{8-12}$$

式中，$\tau = RC$ 为滤波器时间常数。

（2）无源比例积分滤波器

无源比例积分滤波器如图 8-5(b)所示，其传递函数为

$$H(s) = \frac{u_c(s)}{u_d(s)} = \cfrac{R_2 + \cfrac{1}{sC}}{R_1 + R_2 + \cfrac{1}{sC}} = \frac{s\tau_2 + 1}{s(\tau_1 + \tau_2) + 1} \tag{8-13}$$

式中，$\tau_1 = R_1 C$，$\tau_2 = R_2 C$。

（3）有源比例积分滤波器

有源比例积分滤波器如图 8-5(c)所示。在运算放大器的输入电阻和开环增益趋于无穷大的情况下，其传递函数为

$$H(s) = \frac{u_c(s)}{u_d(s)} = \cfrac{R_2 + \cfrac{1}{sC}}{R_1} = \frac{s\tau_2 + 1}{s\tau_1} \tag{8-14}$$

式中，$\tau_1 = R_1 C$，$\tau_2 = R_2 C$。

3. 压控振荡器

压控振荡器受环路滤波器输出电压 $u_c(t)$ 的控制，使振荡频率向输入信号的频率靠拢，直至两者的频率相同，使得 VCO 输出信号的相位和输入信号的相位保持某种关系，达到相位锁定的目的。

压控振荡器就是在振荡电路中采用压控元件作为频率控制元件。压控元件一般都是变容二极管。由环路滤波器送来的控制信号电压 $u_c(t)$ 加在压控振荡器振荡回路中的变容二极管，当 $u_c(t)$ 变化时，引起变容二极管结电容的变化，从而使振荡器的频率发生变化。因此，压控振荡器实际上就是一种电压-频率变换器，它在锁相环路中起着电压-相位变化的作用。压控振荡器的特性可用调频特性（即瞬时振荡频率 $\omega(t)$ 相对于输入控制电压 $u_c(t)$ 的关系）来表示，如图 8-6(a)所示。在一定范围内，$\omega(t)$ 与 $u_c(t)$ 是成线性关系的，可用下式表示：

$$\omega(t) = \omega_0 + K_\omega u_c(t) \tag{8-15}$$

式中，ω_0 为压控振荡器的中心频率；K_ω 是一个常数，其单位为 $1/(s \cdot V)$ 或 Hz/V，它表

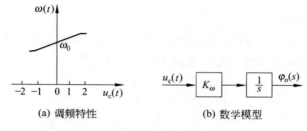

(a) 调频特性   (b) 数学模型

图 8-6　压控振荡器

示单位控制电压所引起的振荡角频率变化的大小。

但在锁相环路中,我们需要的是它的相位变化,即把由控制电压所引起的相位变化作为输出信号。由式(8-15)可求出瞬时相位为

$$\varphi_{o1}(t) = \int_0^t \omega(t)\mathrm{d}t = \omega_0 t + \int_0^t K_\omega u_c(t)\mathrm{d}t \tag{8-16}$$

所以由控制电压所引起的相位变化,即压控振荡器的输出信号为

$$\varphi_o(t) = \varphi_{o1}(t) - \omega_0 t = \int_0^t K_\omega u_c(t)\mathrm{d}t \tag{8-17}$$

由此可见,压控振荡器在环路中起了一次理想积分作用,因此压控振荡器是一个固有积分环节。

若将式(8-17)改为拉氏变换形式,则

$$\varphi_o(s) = K_\omega \frac{1}{s} u_c(s)$$

VCO 的传输函数为

$$\frac{\varphi_o(s)}{u_c(s)} = K_\omega \frac{1}{s} \tag{8-18}$$

式中 $\varphi_o(s)$ 与 $u_c(s)$ 分别为 $\varphi_o(t)$ 与 $u_c(t)$ 的象函数。因此,VCO 的数学模型可用图 8-6(b)表示。

8.1.4 锁相环的数学模型

将鉴相器、环路滤波器与压控振荡器的数学模型代换到基本锁相环中,便可得出锁相环路的数学模型,如图 8-7 所示。根据此图,即可得出锁相环路的基本方程式为

$$\varphi_o(s) = [\varphi_i(s) - \varphi_o(s)] K_d \cdot H(s) \cdot K_\omega \frac{1}{s}$$

或写成

$$F(s) = \frac{\varphi_o(s)}{\varphi_i(s)} = \frac{K_d K_\omega H(s)}{s + K_d K_\omega H(s)} \tag{8-19}$$

式中,$F(s)$ 表示整个锁相环路的闭环传输函数。它表示在闭环条件下,输入信号的相角 $\varphi_i(s)$ 与 VCO 输出信号相角 $\varphi_o(s)$ 之间的关系。

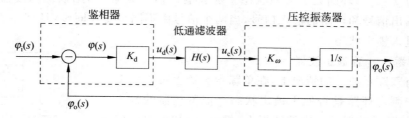

图 8-7 锁相环路的数学模型

相角 $\varphi(s) = \varphi_i(s) - \varphi_o(s)$ 表示误差,因此

$$F_e(s) = \frac{\varphi(s)}{\varphi_i(s)} = 1 - \frac{\varphi_o(s)}{\varphi_i(s)} = 1 - F(s)$$

$$= \frac{s}{s + K_d K_\omega H(s)} \tag{8-20}$$

它表示在闭环条件下,$\varphi_i(s)$与误差相角$\varphi_e(s)$之间的关系。

8.1.5 环路的锁定、捕捉和跟踪

1. 环路的锁定

当没有输入信号时,VCO以自由振荡频率ω_0振荡。如果环路有一个输入信号$u_i(t)$,那么开始时,输入频率总是不等于VCO的自由振荡频率,即$\omega_i \neq \omega_0$。这时如果ω_i和ω_0相差不大,那么在适当范围内,鉴相器输出一误差电压,经环路滤波器变换后控制VCO的频率,可使其输出频率ω_0变化到接近ω_i直到相等,而且两信号的相位误差为φ(常数),这叫环路锁定。

锁定特点:环路对输入的固定频率锁定以后,两个信号的频差为零,只有一个很小的稳态剩余相差,这是一般自动频率微调系统(AFC-)做不到的,正是由于锁相环路具有可以实现理想的频率锁定这一特性,使它在自动频率控制与频率合成技术等方面获得了广泛的应用。

2. 环路的捕捉

从信号的加入到环路锁定以前叫环路的捕捉过程。

3. 环路的跟踪

环路锁定以后,当输入相位φ_i有一变化时,鉴相器可鉴出φ_i与φ_0之差,产生一正比于这个相位差的电压,并反映相位差的极性,经过环路滤波器变换去控制VCO的频率,使φ_0改变,减少它与φ_i之差,直到保持$\omega_i = \omega_0$,相位差为φ,这一过程叫做环路跟踪过程。

4. 判断环路是否锁定的方法

(1) 在有双踪示波器的情况下

开始时$f_i < f_0$,环路处于失锁状态。加大输入信号频率f_i,用双踪示波器观察压控振荡器的输出信号和环路的输入信号,当两个信号由不同步变成同步,且$f_i = f_0$时,表示环路已经进入锁定状态。

(2) 单踪——普通示波器

在没有双踪示波器的情况下,在单踪示波器上可以用李沙育图形来判定环路是否处于锁定状态。把鉴相器的输入信号$u_i(t)$加到示波器的垂直偏转板上,把$u_0(t)$加到水平偏转板上(或者相反),并使两信号幅度相等。如果环路已锁定,且在理想情况下(即$\varphi = 0$),那么李沙育图形应是一个圆,如图8-8所示。

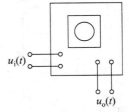

图8-8 李沙育图形

8.1.6 环路的同步带和捕捉带

设压控振荡器的自由振荡频率与输入的基准信号频率相差较远,这时环路未处于锁定

状态。随着基准频率 f_i 向压控振荡频率 f_o 靠拢(或反之使 f_o 向 f_i 靠拢),达到某一频率,例如 f_1,这时环路进入锁定状态,即系统入锁。一旦入锁后,压控频率就等于基准频率,且 f_o 随 f_i 而变化,这就称为跟踪。这时,若再继续增加 f_i,当 $f_i > f_2'$ 时,压控振荡频率 f_o 不再受 f_i 的牵引而失锁,又回到其自由振荡频率。但反之,若降低 f_i,则当 f_i 回到 f_2' 时,环路并不入锁,只有当 f_i 降低到一个更低的频率 f_2 时,环路才重新入锁。这时,如再继续降低 f_i,f_o 也有一段跟踪 f_i 的范围。直到 f_i 降到一个低于 f_1 的频率 f_1' 时,环路才失锁。而反过来又要在 f_1 处才入锁。即将系统能跟踪的最大频差 $|f_2'-f_1'|$ 称为同步带,将环路能捕捉成功的最大频差 $|f_2-f_1|$ 称为环路捕捉带,如图 8-9 所示。

图 8-9　环路的同步带和捕捉带

8.2　集成锁相环芯片

集成锁相环芯片类型较多,现介绍 CC4046,J691 以及 NE564(工作频率可达 50MHz)集成锁相环,CC4046 和 J691 均为 CMOS 单片锁相环电路,工作频率为 1MHz,其逻辑结构和引出端功能完全相同,仅电参数略有差异。

8.2.1　CC4046 集成锁相环芯片

1. CC4046 的逻辑图和引出端功能图

CC4046 的逻辑图和引出端功能图如图 8-10 所示。引出端功能说明见表 8-1。

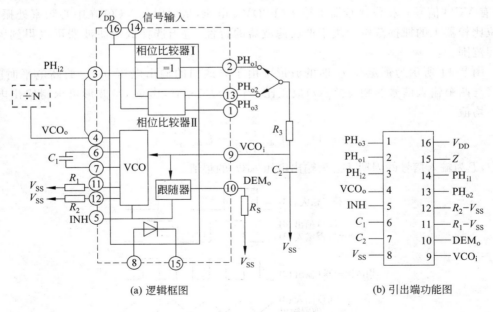

(a) 逻辑框图　　　　　　　　　(b) 引出端功能图

图 8-10　CC4046 集成锁相环

表 8-1 CC4046 管脚说明表

引脚	功　　能	引脚	功　　能
1	相位比较器 Ⅱ 输出端(PH_{o3})	9	压控振荡器输入端(VCO_i)
2	相位比较器 Ⅰ 输出端(PH_{o1})	10	解调信号输出端(DEM_o)
3	相位比较器 Ⅰ，Ⅱ 输入端(PH_{i2})	11	压控振荡器的外接电阻端(R_1)
4	压控振荡器输出端(VCO_o)	12	压控振荡器的外接电阻端(R_2)
5	禁止端(INH)	13	相位比较器 Ⅱ 输出端(PH_{o2})
6	压控振荡器的外接电容端(C_1)	14	相位比较器 Ⅰ，Ⅱ 输入端(PH_{i1})
7	压控振荡器的外接电容端(C_1)	15	内部提供稳压管负极端(Z)
8	地(V_{SS})	16	电源(V_{DD})

2. 使用说明

CC4046 包含相位比较器、压控振荡器两部分,使用时需外接低通滤波器(阻、容元件)形成完整的锁相环。此外,它们内部设有一个 6.2V 的齐纳稳压管,齐纳管在需要时作为辅助电源。

(1) 压控振荡器(VCO)

VCO 部分需要一个外接电容 C_1 和外接电阻(R_1 或 R_1 及 R_2),电阻 R_1 和电容 C_1 决定 VCO 的频率范围,电阻 R_2 可以使 VCO 的频率得到补偿。受 VCO 输入电压作用的源极跟随器在 10 端输出(解调输出)。如果使用这一端时,应从 10 端到 V_{SS} 外接一个电阻 R_S(≥10kΩ)作为负载。如果不使用这个端子,可以允许断开。VCO 输出既可以直接与相位比较器连接,也可以通过分频器连接到相位比较器的输入端。

(2) 相位比较器

相位比较器 Ⅰ 是异或门,使用时,要求输入信号的占空比为 50%,当输入端无信号时(只有 VCO 信号),相位比较器 Ⅰ 输出$(1/2)V_{DD}$电压,从而引起 VCO 在中心频率处振荡。相位比较器 Ⅰ 的捕捉范围取决于低通滤波器的特性,适当选择低通滤波器可以得到大的捕捉范围。

图 8-11 所示为锁定在 f_0 时的波形。由于异或门的输出电压 $u_d(t)$ 的高电平时间 τ 直接与两个输入信号的相位差$\varphi(t)$成正比,当 $\varphi(t) \leqslant \pi$ 时,由 $u_d(t)$ 波形可求得输出电压的平均值

$$U_d = U_{dm} \frac{\tau}{T/2} = U_{dm} \frac{2\tau}{T}$$

其中,T 为输入信号的周期,U_{dm} 为输出电压 $u_d(t)$ 的幅值。

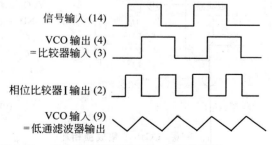

图 8-11　相位比较器 Ⅰ 锁定在 f_0 时的波形

因为 $\varphi(t) = \dfrac{2\pi}{T}\tau$，所以

$$U_\mathrm{d} = U_\mathrm{dm}\frac{\varphi(t)}{\pi}, \quad 0 \leqslant \varphi(t) \leqslant \pi$$

可见，鉴相器输出电压的平均值与两个输入信号的相位差成线性关系。由波形图还可以看出，当 $\varphi(t) > \pi$ 时，$u_\mathrm{d}(t)$ 的高电平时间 τ 反而随 $\varphi(t)$ 的增加而减少。可以证明，$\varphi(t) > \pi$ 时输出电压的平均值为

$$U_\mathrm{d} = U_\mathrm{dm}\left[2 - \frac{\varphi(t)}{\pi}\right], \quad \pi \leqslant \varphi(t) \leqslant 2\pi$$

根据以上两式可得相位比较器 I 的鉴相特性如图 8-12 所示。

相位比较器 II 为四组边沿触发器，其相位脉冲输出（1 端）表示输入信号与比较器输入信号的相位差。当它为高电平时，表示锁相环处于锁定状态。如果无输入信号，则 VCO 被调整在最低频率上，输出呈高阻抗，必须在 12 端接入电阻以维持振荡。

因为这种相位比较器只是在输入信号的上升沿起作用，所以不要求波形占空比为 50%。相位比较器 II 的捕捉范围与低通滤波器的 RC 数值无关，其锁定范围可等于捕捉范围。

相位比较器 I，II 具有公共输入端，它们的输出端是独立的（图 8-10 中的 13 端和 2 端），以便选择使用。

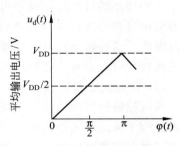

图 8-12　相位比较器 I 的鉴相特性

8.2.2　NE564 集成锁相环芯片

NE564 的工作频率可达 50MHz，VCO 采用射极耦合多谐振荡器。它是一种更适于用作调频信号和频移键控信号（FSK）解调器的通用器件，它的引出端功能图和组成方框图如图 8-13 所示。由图可知，在输入端增加了振幅限幅器，用来消除输入信号中的寄生

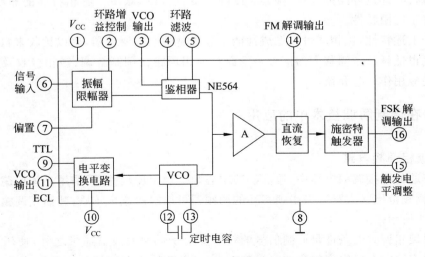

图 8-13　NE564 的引出端功能图和组成方框图

261

调幅；输出端增加了直流恢复和施密特触发电路，用来对 FSK 信号进行整形。为便于使用，VCO 的输出通过电平变换电路产生 TTL(transister-transister logic，晶体管-晶体管逻辑)和 ECL(emitter coupled logic，发射极耦合逻辑)兼容的电平。

8.3　锁相环路的应用

锁相环路之所以广泛应用于电子技术的各个领域，是由于它具有一些特殊的性能。

(1) 良好的跟踪特性

锁相环路的输出信号频率可以精确地跟踪输入参考信号频率的变化，环路锁定后输入参考信号和输出参考信号之间的稳态相位误差可以通过增加环路增益被控制在所需数值范围内。这种输出信号频率随输入参考信号频率变化的特性称为锁相环的跟踪特性。利用此特性可以做载波跟踪型锁相环及调制跟踪型锁相环。

(2) 良好的窄带滤波特性

当压控振荡器的输出频率锁定在输入参考频率上时，由于信号频率附近的干扰成分将以低频干扰的形式进入环路，绝大部分的干扰会受到环路滤波器低通特性的抑制，从而减少了对压控振荡器的干扰作用。所以，环路对干扰的抑制作用就相当于一个窄带的高频带通滤波器，其通带可以做得很窄(如在数百兆赫的中心频率上，带宽可做到几赫)。不仅如此，还可以通过改变环路滤波器的参数和环路增益来改变带宽，作为性能优良的跟踪滤波器，用以接收信噪比低、载频漂移大的空间信号。

(3) 良好的门限特性

在调频通信中，若使用普通鉴频器，由于该鉴频器是一个非线性器件，信号与噪声通过非线性相互作用，噪声会对信号产生较大的抑制，使输出信噪比急剧下降，即出现了门限效应。锁相环路用作鉴频器时也有门限效应存在。但是，在相同的调制系数的条件下，它比普通鉴相器的门限低。当锁相环路处于调制跟踪状态时，环路有反馈控制作用，跟踪相差小，这样，通过环路的作用，限制了跟踪的变化范围，减少了鉴相特性的非线性影响，所以改善了门限特性。

鉴于上述特性，锁相环可以做成性能十分优越的跟踪滤波器，用以接收来自宇宙空间的信噪比很低且载频漂移大的信号。下面对锁相环路在调制解调、锁相接收及稳频技术等方面的应用作一些介绍。

8.3.1　在调制解调技术中的应用

1. 锁相调频电路

在普通的直接调频电路中，振荡器的中心频率稳定度较差，而采用晶体振荡器的调频电路，其调频范围又太窄。采用锁相环的调频器可以解决这个矛盾，其锁相调频原理框图如图 8-14 所示。

实现锁相调频的条件是调制信号的频谱要处于低通滤波器通带之外，使压控振荡器的中心频率锁定在稳定度很高的晶振频率上，而随着输入调制信号的变化，振荡频率可以

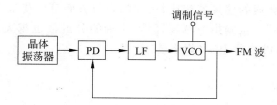

图 8-14　锁相环调频电路原理框图

发生很大偏移。这种锁相环路称载波跟踪型 PLL。

图 8-15 所示为 CC4046 用于锁相调频的实际电路。晶振接于 CC4046 的 14 端，调制信号从 9 端加入，调频波中心频率锁定在晶振频率上，在 3 与 4 的连接端得到调频信号。VCO 的频率可用 $100\text{k}\Omega$ 的电位器调节。CC4046 的最高工作频率为 1.2MHz。

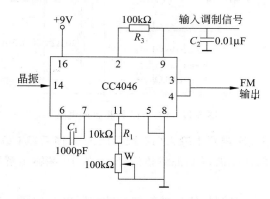

图 8-15　CC4046 锁相调频电路

2. 锁相鉴频电路

用锁相环路可实现调频信号的解调，其原理框图如图 8-16 所示。

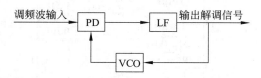

图 8-16　锁相环解调电路原理框图

如果将环路的频带设计得足够宽，则环路入锁后，压控振荡器的振荡频率跟随输入信号的频率而变。若压控振荡器的电压-频率变换特性是线性的，则加到压控振荡器的电压，即环路滤波器输出电压的变化规律必定与调制信号的规律相同。故从环路滤波器的输出端可得到解调信号。用锁相环进行已调频波解调是利用锁相环路的跟踪特性，这种电路称调制解调型环路。

为了实现不失真的解调，要求锁相环路的捕捉带必须大于调频波的最大频偏，环路带宽必须大于调频波中输入调制信号的频谱宽度。

这种解调方法与普通的鉴频器相比较,在门限值方面可以获得一些改善,但改善的程度取决于信号的调制度。调制指数越高,门限改善的分贝数也越大。一般可以改善几个分贝;调制指数高时,可改善 10dB 以上。

3. 应用电路实例

(1) 实际电路之一

我们设计的用单片锁相环 CC4046 对调频信号进行解调的实际电路如图 8-17 所示。

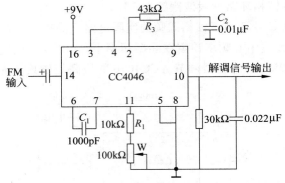

图 8-17 CC4046 锁相解调电路

调频信号 FM 从相位比较器 I 输入(14 端),PLL 入锁后,VCO 的振荡频率将跟踪调频信号的频率变化,经低通滤波器滤去载频信号后,从 10 端输出解调信号。

(2) 实际电路之二

我们设计的用 NE564 对调频信号进行解调的实际电路如图 8-18(a),(b)所示。

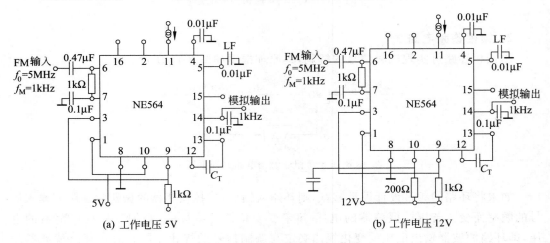

(a) 工作电压 5V   (b) 工作电压 12V

图 8-18 NE564 调相解调电路

NE564 是一种工作频率达 50MHz 的通用集成锁相环路,它可用于调制解调、FSK 解码、频率合成等用途。

图 8-18(a),(b)是用作 FM 解调器的电路图。图(a)的工作电压为 5V,图(b)的工作电

压为 12V。输入信号用交流耦合,解调器输出从 14 端输出,环路滤波器接在 4,5 端之间。14 端到地接 $0.1\mu F$ 电容,它起抑制载波泄漏的作用。

8.3.2　在空间技术中的应用

锁相接收机在接收空间信号方面得到广泛应用。由于各种原因,地面接收机接收的信号十分微弱。采用锁相接收机,利用环路的窄带跟踪特性,可以有效地接收空间信号,其原理如图 8-19 所示。图中,若中频信号与本地信号频率有偏差,鉴相器的输出电压就去调整压控振荡器的频率,使混频输出的中频信号的频率锁定在本地标准中频上。由于标准信号可以被锁定,所以中频放大器的频带可以做得很窄,因而使输出信噪比大大提高,接收微弱信号的能力加强。

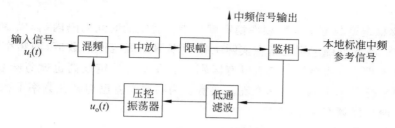

图 8-19　锁相接收机原理框图

由于锁相接收机的中频频率可以跟踪接收信号频率的漂移,且中频放大器带宽又很窄,故又称窄带跟踪滤波器。

8.3.3　在稳频技术中的应用

1. 用于振荡器的稳定与提纯

我们知道石英晶体振荡器工作于低电平时长期稳定性很好,但是噪声和相位抖动很大。而它工作于中等电平时长期稳定性差,但是短期稳定性高,输出噪声和相位抖动小。因此,如果将这二者结合起来,就可兼顾这两方面。可采用图 8-20 所示的方案。其中,两个晶振的频率都是 f_0,中电平晶振用作压控振荡器。当锁定后,VCO 的输出信号频率就等于环路输入信号的频率,这样长期稳定性即得到保证。而相位噪声通过一个通带很窄的滤波器,绝大部分被滤除,因而输出频谱变纯。

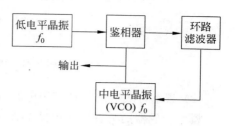

图 8-20　振荡器的稳定与提纯

2. 频率合成器

利用一个频率既准确又稳定的晶振信号产生一系列频率准确的信号的设备叫做频率合成器。其基本思想是利用综合或合成的手段,综合晶体振荡器频率稳定度、准确度高和可变频率振荡器改换频率方便的优点,克服了晶振点频工作和可变频率振荡器频率稳定度、准确度不高的缺点,而形成了频率合成技术。

在工程应用中,对频率合成器的要求主要是以下三个方面:

① 频率范围。频率范围是指频率合成器输出的最低频率 $f_{o\min}$ 和最高频率 $f_{o\max}$ 之间的变化范围,范围视用途而定。就其频段而言有短波、超短波、微波等频段。通常要求在规定的频率范围内,在任何指定的频率点(波道)上,频率合成器能正常工作且满足质量指标。

② 频率间隔。频率合成器的输出频率是不连续的。两个相邻频率之间的最小间隔就是频率间隔。不同用途频率合成器,对频率要求间隔是不同的。对短波单边带通信,现在多取频率间隔为 100Hz,有的甚至为 10Hz、1Hz;对短波通信,频率间隔多取为 50kHz 或 10kHz。

③ 频率稳定度与准确度。频率稳定度是指在规定的时间间隔内,合成器频率偏离规定值的数值。频率准确度则是指在实际工作频率偏离规定值的数值,即频率误差。这是频率合成器的两个重要指标。二者既有区别又有联系。稳定度高也就意味着准确度高,亦即只有频率稳定才谈得上频率准确。通常认为频率误差已包括在频率不稳定的偏差之内,因此,一般只提频率稳定度。

(1) 利用锁相环构成频率合成器

利用锁相环可以构成频率合成器,其原理框图如图 8-21 所示。输入信号频率 f_i 经固定分频(M 分频)后得到基准频率 f_1,把它输入到相位比较器的一端,VCO 输出信号经可预制分频器(N 分频)后输入到相位比较器的另一端,这两个信号进行比较,当 PLL 锁定后得到

$$\frac{f_i}{M} = \frac{f_2}{N}, \quad f_2 = \frac{N}{M}f_i = Nf_1$$

当 N 变化时,输出信号频率响应跟随输入信号变化。

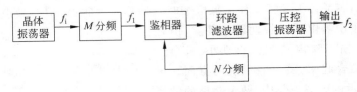

图 8-21　PLL 频率合成器原理框图

(2) 频率合成器的一种实用电路

频率合成器的一种实用电路如图 8-22 所示,这种 CMOS 锁相环适用于低频率合成器。该电路是由基准频率产生、锁相环及分频器(N 分频)三部分组成。

基准频率 f_1 经 CC4046 的第 14 脚送至相位比较器,然后从 VCO(4 端)输出 f_2。

在 VCO 的输出端 4 与相位比较器的输入端 3 之间插接一个分频器(N 分频),就能起到倍频作用,即 $f_2 = Nf_1$。如果分频器系数 N 是可变的,N 从 1 连续变化到 999,就可得到 999 个不同的 f_o 输出。若基准频率 f_1 为 1kHz,则本电路可输出间隔为 1kHz 的 999 种频率。若设 $N=375$,则 $f_2 = 375 \times 1\text{kHz} = 375\text{kHz}$。

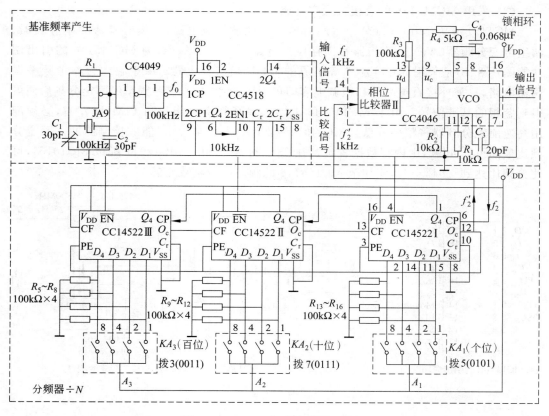

图 8-22 1～999 频率合成器原理图

锁相环的用处很多,利用频率跟踪特性,还可用以实现锁相倍频器或分频器等。

例 8-1 已知晶体振荡器的振荡频率为 1MHz,设计一个锁相环频率合成器,输出频率为 1～999kHz,频率间隔 $\Delta f = 1$kHz,画出方框图并计算分频比 N。

解 当频率合成器输出最低频率 $f_{o\min} = 1$kHz 时,分频比为 $N_{\min} = \dfrac{f_{o\min}}{f_i} = 1$

当频率合成器输出最高频率 $f_{o\max} = 999$kHz 时,分频比为 $N_{\max} = \dfrac{f_{o\max}}{f_i} = 999$

因此,可变分频器的分频比 $N = 1 \sim 999$。

原理框图如图 8-23 所示。

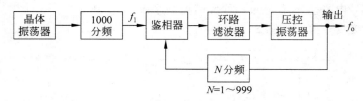

图 8-23 锁相环频率合成器输出频率为 1～999kHz 原理框图

（3）采用 MC145146 的直接式频率合成

MC145146 为 Motorola 公司生产的单片大规模集成电路,它内含参考频率分频器、两组可变分频器(A,N)、鉴相器和锁存控制电路等。图 8-24(a)为 MC145146 的引出端功能图;图(b)是采用 MC145146 等组成的 UHF 频率合成器。由于它内含参考频率振荡器电路,只需外接石英晶体和微调电容即可得到参考频率,参考频率经固定分频后便可得到鉴相的基准信号。由于 MC145146 的输入最高频率只能达到 14MHz 左右,必须配用高速前置分频器将频率降低。MC145146 带有模式控制输出,能够控制脉冲。固定分频比最高可达 4095,由内存数据置定。在图 8-24 中选用了 MC12011 配以 MC10154,可使分频比达到 ÷64/÷65,使加至 MC145146 的频率可降至数兆赫。

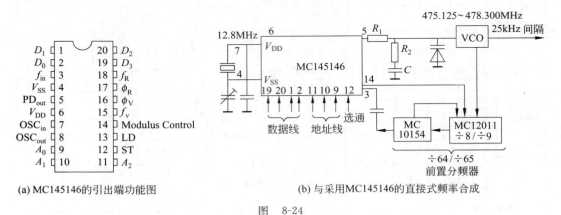

(a) MC145146的引出端功能图
(b) 与采用MC145146的直接式频率合成

图　8-24

MC145146 的鉴相器输出信号经环路滤波器后,加至压控振荡器(VCO)进行频率锁定,得到所需的工作频率。因此,采用性能完善的大规模集成电路后,使整个锁相环路的外接元件很少,结构紧凑,耗电省。

8.4　自动增益控制电路

自动增益控制(automatic gain control,AGC)电路是某些电子设备特别是接收设备的重要辅助电路之一,其主要作用是使设备的输出电平保持一定的数值,所以也叫自动电平控制(automatic level control,ALC)电路。

自动增益控制电路是一种反馈控制电路,是当输入信号电平变化时,用改变增益的方法,维持输出信号电平基本不变的一种反馈控制系统。

AGC 电路接收方框图如图 8-25 所示。

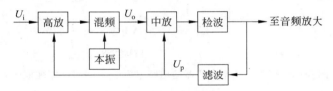

图 8-25　AGC 电路的接收方框图

它的工作过程是输入信号 U_i 经放大、变频、再放大后,到中频输出信号,然后把此输出电压经检波和滤波,产生控制电压 U_p,反馈回到中频、高频放大器,对它们的增益进行控制。所以这种增益的自动调整主要由两步来完成:①产生一个随输入信号 U_i 而变化的直流控制电压 U_p(叫 AGC 电压);②利用 AGC 电压去控制某些部件的增益,使接收机的总增益按照一定规律变化。

8.4.1 产生控制信号的 AGC 电路

1. 简单 AGC 电路

图 8-26 是简单 AGC 电路,这是一种常用的电路。V_1 是中频放大管,中频输出信号经检波后,除了得到音频信号外,还有一个平均分量(直流)U_p,它的大小和中频输出载波幅度成正比,经滤波器 $R_p C_p$,把检波后的音频分量滤掉,使控制电压 U_p 不受音频电压的影响,然后把此电压(AGC 控制电压)加到 V_1 的基极,对放大器进行增益控制。

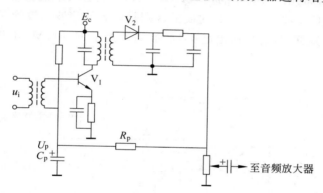

图 8-26   简单 AGC 电路

当未加上 AGC 时,在放大器的正常工作范围内(线性区域内),放大器增益 K 基本上是固定值,与输入信号 U_i 的大小无关,所以 K-U_i 特性是一条与 U_i 轴平行的直线,如图 8-27(a)曲线 1 所示。相应的振幅特性 U_o-U_i 也是一条直线,如图 8-27(a)曲线 2 所示。

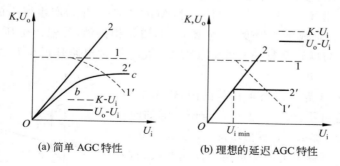

(a) 简单 AGC 特性   (b) 理想的延迟 AGC 特性

图 8-27   AGC 特性

加上 AGC 后,放大器增益 K 随 U_i 的增加而减小(曲线 $1'$),振幅特性 U_o-U_i 不再是一条直线,因而输出电压 U_o 和输入电压 U_i 不再是线性关系,而是如图 8-27(a)所示的曲线 $2'$。从曲线可知,当 U_i 较小时,控制电压 U_p 也较小,这时增益 K 虽略有减小,但变化不大,因此振幅曲线基本上仍是一段直线;当 U_i 足够大时,U_p 的控制作用较强,增益 K 显著减小,这时 U_o 基本保持不变,振幅特性如曲线 $2'$ 的 bc 段所示。通常把 U_o 基本上保持不变的部分叫做 AGC 的可控范围,可控范围越大,AGC 的特性越好。

简单 AGC 系统的优点是电路简单,产生控制电压 U_p 的检波器和有用信号的检波器可以共用一个二极管。它的缺点是可控范围较窄,输入信号不分大小,AGC 都起作用,当 U_i 较小时,放大器增益仍受控制而有所减小,使接收机灵敏度降低,这对于接收微弱信号是很不利的。

2. 延迟式 AGC 电路

图 8-28 是一种常用的最简单的延迟 AGC 电路。它有两个检波器,一个是信号检波器 S,另一个是 AGC 检波器 A。它们主要的区别是后者的检波二极管 V_2 上加有偏置电压(延迟电压)E_d。这样,只有当输出电压 U_o 的幅度大于 E_d 时,V_2 才开始检波,产生控制电压 U_p。

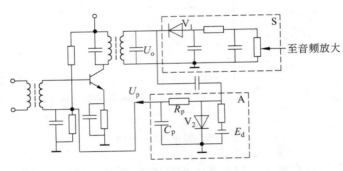

图 8-28　延迟式 AGC 电路

理想的延迟 AGC 特性如图 8-27(b)所示。当输入信号 U_i 小于某一给定值 $U_{i\,min}$ 时,AGC 电路不起作用,接收机增益 K 不变,输出电压 U_o 随 U_i 而线性增加,接收机灵敏度不受影响,如图中虚线 1。只有 $U_i > U_{i\,min}$ 时,AGC 电路才开始产生所需的控制电压 U_p,而且增益 K 随 U_p 而减小的程度,恰好和 U_i 的增长相抵消,使输出电压 U_o 保持为固定值,U_o-U_i 是一条与横轴平行的直线如实线 2。由于这种电路延迟至 $U_i > U_{i\,min}$ 之后才开始工作,故称延迟 AGC。

实际上,AGC 电路在增益可控范围内,输出电压 U_o 不可能保持绝对不变。这是因为,当 U_i 增加时,如果 U_o 保持不变,那么 U_p 不会增加,受控放大器的增益就不可能减小,输出电压必然增大。这和最初假设 U_o 固定是矛盾的,所以在可控范围内,曲线 U_o-U_i 应是一条略微倾斜的曲线,如图 8-29 所示。比值

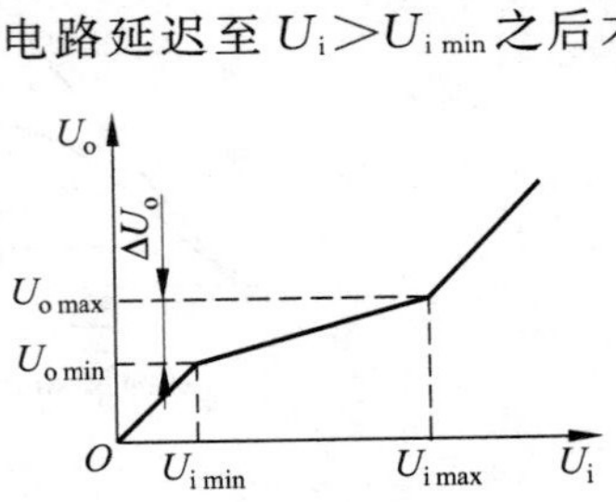

图 8-29　实际的延迟 AGC 特性

$U_{o\,max}/U_{o\,min}$代表输出电压的变化程度,是衡量 AGC 性能的一个指标。$U_{o\,max}/U_{o\,min}$越小,AGC 控制特性就越好,通常是零点几至几分贝。例如,收音机的 AGC 指标为,输入信号强度变化 26dB 时,输出电压的变化不超过 5dB。

和简单 AGC 不同,由于延迟电压的存在,信号检波器必然与 AGC 检波器分开,否则延迟电压会加到信号检波器上去,使外来信号小时不能检波,而信号大又会产生线性失真。这种延迟 AGC,由于输出电压 U_p 不够大,所以增益能力低。

为了提高其控制能力,可在 AGC 检波器的前面或后面再增加放大器,称为延迟放大式 AGC 电路,电路框图分别如图 8-30(a),(b)所示。

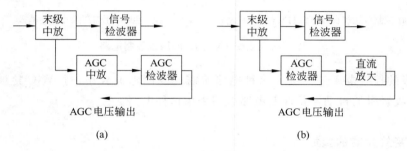

图 8-30　延迟放大式 AGC 电路方框图

8.4.2　控制放大器的增益

在接收设备中,AGC 控制电压通常是用来调整高频放大器及中频放大器的增益,实现自动控制。下面介绍两种控制增益的方法。

1. 改变晶体管的工作电流(I_e 或 I_c)

由第 2 章知,晶体管的电压放大倍数为

$$K_V = \frac{-\,n_1 n_2 y_{fe}}{n_1^2 y_{oe} + Y_L}$$

当晶体管输出电导 y_{oe} 足够小,且电路已调谐时,上式可简化为

$$K_V = \frac{-\,n_1 n_2 y_{fe}}{g_L} \tag{8-21}$$

只要设法改变晶体管正向传输导纳 y_{fe} 或负载电导 g_L,就可以改变放大器的增益。

而正向传输导纳 $|y_{fe}|$ 与晶体管的工作点有关。改变集电极电流 I_c(或发射极电流 I_e)就可以使 $|y_{fe}|$ 随之改变,从而控制放大器的增益。

图 8-31 是两种常用的增益控制电路。图 8-31(a)中,控制电压加在晶体管的发射极。当 U_p 增加时,晶体管的偏置电压 U_{be} 减小,集电极电流 I_c 随之减小,则 $|y_{fe}|$ 减小,导致放大器的增益降低。相反,如果控制电压 U_p 减小,则 U_{be} 升高,I_c 和 $|y_{fe}|$ 增大,放大器增益变大。

图 8-31(b)是控制电压加在晶体管基极的增益控制电路。AGC 电压加到基极上,通过改变基极、发射极间的电压对晶体管基极电流 I_b 进行控制。另外,控制电压是负极性,

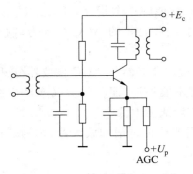
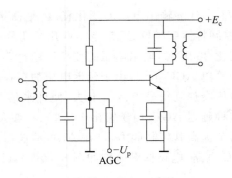

(a) 控制电压加在晶体管的发射极   (b) 控制电压加在晶体管的基极

图 8-31 改变 I_c (或 I_e) 的增益控制电路

即加到基极的控制电压是 $-U_p$。这种电路所需的控制电流较小,对 AGC 检波电路要求较低,广播收音机的自动增益控制电路大多采用这种电路。

2. 改变放大器的负载

改变放大器的负载也可达到增益控制的目的。放大器增益与负载 Y_L 有关,调节 Y_L 也可以实现放大器的增益控制。图 8-32 所示为一种阻尼二极管 AGC 电路。图中,除了采用控制基极电流 I_b 的方法实现自动增益控制外,还加上一个变阻二极管 V_3 (阻尼二极管) 和电阻 R_1,R_2 和 R_3,来改变回路 L_1C_1 的负载。其原理为:当外来信号较小时,U_p 较小,V_2 集电极电流 I_{c2} 较大,R_3 上的压降大于 R_1 上的压降,这时 B 点电位高于 A 点电位,二极管 V_3 处于反向偏置,呈现很高的阻抗,对回路 L_1C_1 没有什么影响。当外来信号增大时,U_p 加大,I_{c2} 减小,导致 B 点电位下降,二极管 V_3 的偏置逐渐变正,阻抗减小(从交流等效电路来看,二极管 V_3 和电阻 R_2 串联后,并联于 V_1 的输出回路两端),使回路 L_1C_1 的有效 Q 值下降,V_1 的增益降低。当外来信号很强时,二极管 V_3 导通,使有效 Q 值大大下降,V_1 的增益将显著下降。因此随外来信号强弱的变化,改变了前一级放大器 (V_1) 的增益,实现了增益的自动控制。

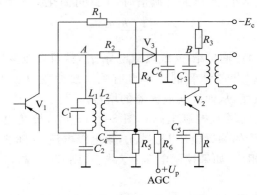

图 8-32 阻尼二极管 AGC 控制电路

8.5 自动频率控制电路

自动频率控制(automatic frequency control,AFC)电路也是一种反馈控制电路。它控制的对象是信号的频率,其主要作用是自动控制振荡器的振荡频率。例如,在调频发射机中,如果振荡频率漂移,则利用 AFC 反馈控制作用,可以适当减少频率变化,提高频率稳定度。又如在超外差接收机中,依靠 AFC 系统的反馈调整作用,可以自动控制本振频率,使其与外来信号频率之差值维持在接近中频的数值。

8.5.1 自动频率控制的原理

图 8-33 是 AFC 的原理方框图。被稳定的振荡器频率 f_o 与标准频率 f_r 在频率比较器中进行比较。当 $f_o = f_r$ 时,频率比较器无输出,控制元件不受影响;当 $f_o \neq f_r$ 时,频率比较器有误差电压输出,该电压大小与 $|f_o - f_r|$ 成正比。此时,控制元件的参数即受到控制而发生变化,从而使 f_o 发生变化,直到使频率误差 $|f_o - f_r|$ 减小到某一定值 Δf,自动频率微调过程停止,被稳定的振荡器就稳定在 $f_o = f_r \pm \Delta f$ 的频率上。

图 8-33 AFC 的原理方框图

由上可知,自动频率控制过程是利用误差信号的反馈作用来控制被稳定的振荡器的频率,而使之稳定的。

需要注意的是,在反馈环路中传递的是频率信息,误差信号正比于频率误差 $|f_o - f_r|$,控制对象是输出频率。

8.5.2 AFC 电路的应用举例

1. 调幅超外差接收机自动频率控制系统

调幅超外差接收机自动频率控制系统的方框图如图 8-34 所示。

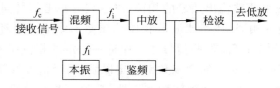

图 8-34 调幅超外差接收机自动频率控制系统方框图

鉴频器的中心频率调整在接收机中频频率,接收机的本地振荡器是一个调频振荡电路,它的频率受鉴频器输出电压的控制而变化,所以叫做压控振荡器。这种系统的稳频原理如下。

在正常情况下,接收信号载波频率为 f_c,相应的本振为 f_1,混频输出的中频频率为 $f_i = f_1 - f_c$。如果由于某种原因使本振频率发生了一个正的偏离 Δf_o,则中频频率也发生了同样的漂移,成为 $f_i + \Delta f_o$。中放输出信号加到鉴频器,当有 Δf_o 产生时,鉴频器就给出相应的电压 U_o,用这个电压控制本振的频率,使它减小 $\Delta f'_o$。也就是说本振频率虽然偏离了 Δf_o,但由于自动频率控制的反馈作用又把它拉回了 $\Delta f'_o$。即 $f'_i = (f_i + \Delta f_o) - \Delta f'_o$。这样经过反馈系统的反复循环作用以后,使本振频率平衡在偏离值小于 Δf_o 的频率上。

如果本振频率发生一个负的 Δf_o 漂移,也能起到自动频率控制的作用。

2. 调频接收机自动频率控制系统

该系统的方框图如图 8-35 所示。调频接收机本身有鉴频器,但此鉴频器的输出不仅有反馈调整电压,还包括调频解调信号,它也会控制本振频率的变化,为消除这一影响,在鉴频器之后接入了低通滤波器。因为解调信号的频率一般在几十赫以上,它们不能通过低通滤波器。相当于解调信号的反馈环断开了。而由于某种原因引起本振频率的漂移和接收信号中心频率的漂移都是慢变化,由此引起的鉴频器输出电压的改变可以通过滤波器去调整本振频率。

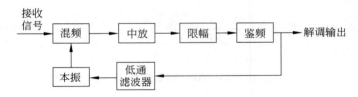

图 8-35　调频接收机自动频率控制系统方框图

本 章 小 结

1. 在通信与电子设备中,广泛采用的反馈控制电路有锁相环路(PLL)即自动相位控制电路,以及自动增益控制(AGC)电路与自动频率控制(AFC)电路。

2. 锁相环路是一个相位误差控制系统,是将参考信号与输出信号之间的相位进行比较,产生相位误差电压来调整输出信号的相位,以达到与参考信号同频的目的。

3. 锁相环路是由鉴相器、环路滤波器和压控振荡器组成。当环路锁定时,环路输出信号频率与输入信号频率相等,但两信号之间保持一恒定的相位误差。

环路锁定特点:环路对输入的固定频率锁定以后,两个信号的频差为零,只有一个很小的稳态剩余相差,这是一般自动频率微调系统(AFC-)做不到的,正是由于锁相环路具有可以实现理想的频率锁定这一特性,它在自动频率控制与频率合成技术等方面获得了广泛的应用。

判断环路是否锁定的方法:一般用双踪示波器,也可用单踪——普通示波器。

4. 锁相环的数学模型:将鉴相器、环路滤波器与压控振荡器的数学模型代换到基本锁相环中,便可得出锁相环路的数学模型。

5. 锁相环路作为一种无频差的反馈控制电路,且又易于集成,所以锁相环路广泛应用于调制与解调、滤波、频率合成等方面。目前在比较先进的模拟和数字通信系统中大都使用了锁相环路。

6. 锁相频率合成器由基准频率产生器和锁相环路两部分组成。基准频率产生器为合成器提供高稳定的参考频率,锁相环路则利用其良好的窄带跟踪特性,使输出频率保持在参考频率的稳定度上。

7. 自动增益控制电路用来稳定通信与电子设备输出电平。自动频率控制电路用于维持工作频率的稳定。自动相位控制电路又称为锁相环路。

反馈控制系统实际上是一个负反馈系统,系统的环路增益越高,控制效果就越好,即被控制参数的值越接近基准值。

思考题与习题

8-1 锁相与自动频率微调有何区别? 为什么说锁相环相当于一个窄带跟踪滤波器?

8-2 在锁相环路中,常用的滤波器有哪几种? 写出它们的传输函数。

8-3 什么是环路的跟踪状态? 它和锁定状态有什么区别? 什么是失锁?

8-4 测量锁相环路的同步带和捕捉带需要哪些仪器?

8-5 试分析锁相环路的同步带和捕捉带之间的关系。

8-6 锁定状态应满足什么条件? 锁定状态下有什么特点?

8-7 根据锁相环的锁定状态和失锁状态下的不同特性,拟定用一个示波器如何判别环路是否锁定,并加以简短的说明。

8-8 为什么我们把压控振荡器输出的瞬时相位作为输出量? 为什么说压控振荡器在锁相环中起了积分的作用?

8-9 试画出锁相环路的方框图,并回答以下问题:

(1) 环路锁定时压控振荡器的频率 ω_o 和输入信号频率 ω_i 之间是什么关系?

(2) 在鉴相器中比较的是何种参量?

8-10 写出锁相环的数学模型及锁相环路的基本方程。

8-11 已知正弦型鉴相器的最大输出电压 $U_d = 2\text{V}$,环路滤波器直流增益为 1,压控振荡器的控制灵敏度 $k_\omega = 10^4\text{Hz/V}$,振荡频率 $f_0 = 10^3\text{kHz}$。

(1) 当输入信号为固定频率 $f_i = 1010\text{kHz}$ 时,控制电压是多少? 稳态相差有多大?

(2) 缓慢增加输入信号的频率至 1020kHz 时,环路能否锁定? 控制电压 $U_c = $?

(3) 求环路的同步带 $\Delta f = $?

8-12 画出锁相环路用于调频的方框图,并分析其工作原理。

8-13 画出锁相环路用于鉴频的方框图,并分析其工作原理。

8-14 一个基本锁相环是几阶锁相环?

8-15 为什么用锁相环接收信号可以相当于一个 Q 值很高的带通滤波器?

8-16 锁相频率合成器如图题 8-16 所示。(1)试在图中空格内填上合适的名称;(2)导出 f_o 与 f_S 的关系式;(3)要求 $f_o=10\text{kHz}\sim1\text{MHz}$,频率间隔为 10kHz,求 M 值的大小以及 N 的取值范围。

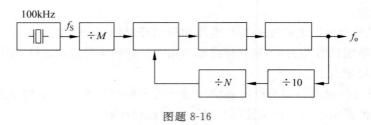

图题 8-16

8-17 锁相环的同步带与环路带宽有什么不同?

提示:分析同步带与环路带宽时,其初始条件均是锁相环处于锁定状态。

8-18 举例说明锁相环路的应用。

8-19 在图题 8-19 所示频率合成器中,晶体振荡器的频率 $f_i=100\text{kHz}$,若可变分频器的分频比 $N=760\sim860$,固定分频器的分频比 $M=10$,计算该频率合成器的信道间隔 f_{ch} 及输出频率范围。

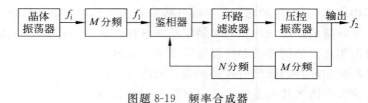

图题 8-19 频率合成器

第 9 章 电噪声及其抑制

9.1 概述

通信系统的基本任务是传送信息。理想通信系统所接收到的信息应该和原来的发送信息完全相同,但实际接收到的信息由于在传输过程中伴随一定程度的失真或混入一些干扰等原因,或多或少和发送信息有些差别。所以,在雷达、通信、电视和遥控遥测等无线电系统中,接收机或放大器的输出端除了有用信号外,还夹杂着有害的干扰。所谓干扰,一般是指叠加(混杂)在被传送的信号之中的各种有害的电振荡。干扰的种类很多,有的是从设备外部来的,常见的有工业干扰、天电干扰和宇宙干扰等;有的则是设备内部产生的噪声。

工业干扰是由各式各样的电气设备所产生的,如电力线、电车、电源开关、点火系统、高频电炉等,这类干扰来源分布很广泛,无论是城市还是农村,内地还是边疆,各地都有工业干扰存在。我们平时收听广播时,如果有人打开电灯的开关,接收机中就可以听到"喀啦"的声音,就是这种干扰。此外,像电动机以及拖拉机的点火系统所产生的电火花等,都是工业干扰的来源。工业干扰信号的频谱很宽,它从极低的频率开始,一直延伸到几十甚至几百兆赫的超高频波段中。

天电干扰是指大气中的各种电扰动所引起的干扰。雷电所产生的强大电磁波辐射是我们熟悉的天电干扰。打雷时收音机中也可听到很大的"喀啦"声。天电干扰的频谱主要在波长较长的波段,在波长短于超短波的波段,这种干扰实际上已很微弱。

宇宙干扰是指来自宇宙间各种天体的电磁辐射。太阳就是一个强大的具有很宽频谱的辐射源,它的频谱,从米波、分米波一直延伸到可见光以外的波段(例如紫外线)。

另外还有电台干扰,它是指其他无线电发射设备所产生的干扰。目前由于对无线电通信的需要日益增加,而短波段的频带又比较窄,能容纳的电台数目较少,所以短波段内电台间的相互干扰比较严重。

有的干扰则是从设备内部产生的。例如,收音机或扩音器中常常可以听到一种"沙沙"声,这种噪声在广播停顿的间隙更为明显;又如电视接收机,常可以看到"雪花"似的背景;雷达显示器的荧光屏上,可以看到一片杂乱无章的所谓"茅草",此起彼伏,有时甚至可把目标的回波信号淹没掉,如此等等。这些接收机内部产生的干扰,通常叫内部噪声。内部噪声的频谱很宽,几乎是从零频率开始一直到几万兆赫以上的极高频段都存在。

设备内部噪声对有用信号影响的大小,主要决定于有用信号的强弱。通常,有用信号比设备内部噪声大得多,这时噪声有害影响很小,可以不予考虑。但在某些情况下,有用信号可能十分微弱,相比之下,噪声强度大大超过有用信号,这时就必须考虑噪声的影响。例如在卫星通信系统中,从遥远的人造卫星发回的信号,一般都很微弱。这时接收机的内部噪声可能比有用信号大得多,如果不想办法把它减小,不但会影响通信的质量,有时甚至使通信中断,所以应降低干扰和噪声的影响。

通信系统的外部干扰,通过适当的电路设计和结构安排,理论上是可以消除的,但实际上是一个相当复杂和难解决的问题。例如,煤矿井下通信的环境干扰问题,至今没有一种妥善的办法解决。通信设备的内部噪声是设备器件如电阻、晶体管所固有的,是不可能消除的一种干扰,所以它是影响通信质量的关键因素。为了降低通信接收机的内部噪声,就必须了解它的来源和特点,以及它通过线性电路以后如何变化,还要懂得怎样对线性四端网络内部噪声进行计算和测量等。

应该指出的是,噪声问题涉及的范围很广,计算复杂,详细分析不属本课程的范围,下面仅对上述问题作一些简要介绍,供设计、分析电路使用。

9.2 电阻热噪声

9.2.1 电阻热噪声现象

电阻是具有一定阻值的导体,内部存在着大量作杂乱无章运动的自由电子。运动的强度由电阻的温度决定,温度愈高运动愈强烈,只有当温度下降到绝对零度时,运动才停止。电阻中每个电子运动的方向和速度是不规则的随机运动,这样就在导体内部形成了无规则电流,由于它随时间不断变化,忽大忽小,此起彼伏,习惯上把这种现象叫起伏现象,把它引起的噪声叫起伏噪声。因为这种噪声是由电子热运动产生,所以又叫电阻热噪声。起伏噪声电流在电阻内流动时,电阻两端就产生起伏噪声电压(对外电路而言,则是起伏噪声电动势)。由于电子质量很轻,作无规则运动的速度很高,它形成的起伏噪声电流是无数个非周期性窄脉冲叠加的结果,每个窄脉冲的宽度由自由电子在导体中的自由路程所决定,即脉冲宽度等于电子在相邻两次碰撞间所经历的时间,这个时间大体上是 $10^{-13} \sim 10^{-14}$ s 的数量级。各非周期性脉冲电流的极性、大小和出现的时间都是不确定的。因此,它们的合成电流时大、时小、时正、时负。

9.2.2 电阻热噪声的功率密度频谱

电阻热噪声是起伏噪声,它的电压(或电流)的瞬时值和平均值都无法计量。但是,人们发现它的均方值(即各瞬时值平方后再平均)是确定的,可以用功率测量出来,它表示在 1Ω 电阻上所消耗的噪声平均功率,即

$$\overline{P}_{n} = \lim_{T \to \infty} \frac{1}{T} \int_{0}^{T} P_{n}(t)\,\mathrm{d}t = \lim_{T \to \infty} \frac{1}{T} \int_{0}^{T} \frac{u_{n}^{2}(t)}{R}\,\mathrm{d}t = \left.\frac{\overline{u_{n}^{2}}}{R}\right|_{R = 1\Omega} = \overline{u_{n}^{2}} \tag{9-1}$$

式中

$$\overline{u_{n}^{2}} = \lim_{T \to \infty} \frac{1}{T} \int_{0}^{T} u_{n}^{2}(t)\,\mathrm{d}t \tag{9-2}$$

当然用均方根($\sqrt{u_{n}^{2}}$ 或 $\sqrt{i_{n}^{2}}$)即有效值也可计量,它表征了起伏噪声的起伏强度。

由于起伏噪声通过接收机或放大器才能显示出来,而接收机或放大器都有一定的频率特性,因此,必须了解起伏噪声的频谱和功率密度谱,才能研究它对接收机或放大器的影响。

前述已知,起伏噪声是由无数个非周期性窄脉冲叠加而成,每个脉冲宽度约为 $10^{-13} \sim 10^{-14}\,\mathrm{s}$,故单个脉冲的频谱可利用傅里叶变换求得。设非周期函数为 $f(t)$,则

$$F(\omega) = \int_{-\infty}^{\infty} f(t)\mathrm{e}^{-\mathrm{j}\omega t}\,\mathrm{d}t$$

式中 $F(\omega)$ 是振幅频谱密度,即单位频带的振幅大小。对于一个窄脉冲宽度为 τ、归一化幅度为 1 的非周期性函数,其函数表示式为

$$f(t) = \begin{cases} 1, & |t| \leqslant \dfrac{\tau}{2} \\ 0, & |t| > \dfrac{\tau}{2} \end{cases} \tag{9-3}$$

它的波形和频谱如图 9-1 所示。

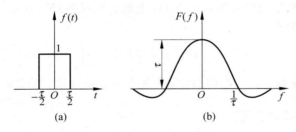

图 9-1　单个噪声脉冲的波形及其频谱

它的傅里叶变换为

$$F(\omega) = \int_{-\infty}^{\infty} f(t)\mathrm{e}^{-\mathrm{j}\omega t}\,\mathrm{d}t = \tau\,\frac{\sin\dfrac{\omega\tau}{2}}{\dfrac{\omega\tau}{2}} \tag{9-4}$$

由式(9-4)可见:

(1) $F(\omega)$ 的形状是 $\dfrac{\sin x}{x}$ 的形式;

(2) $F(\omega)$ 包络的第一个振幅为零的频率是 $f = \dfrac{1}{\tau} = 10^{13}\,\mathrm{Hz}$,它的能量 90% 集中在这个频带内;

(3) $f(t)$ 是非周期函数,周期 T 趋于无限大,$F(\omega)$ 是连续频谱;

（4）因为 $\tau = 10^{-13}\text{s}$，$\dfrac{\omega\tau}{2}$ 很小，$\dfrac{\sin\dfrac{\omega\tau}{2}}{\dfrac{\omega\tau}{2}} \approx 1$，因此

$$F(\omega) \approx \tau \tag{9-5}$$

式(9-5)表明，窄脉冲在 10^{13}Hz 的频带内，频谱是均匀分布，且等于常数 τ。

由于噪声电压是随机量，各窄脉冲之间没有确定的相位关系，即便求得了单个脉冲的频谱，也无法得到整个噪声电压的频谱。但它的功率频谱却是确定的数值。由于单个脉冲频谱是均匀分布，显然它的功率频谱也是均匀分布，由各个窄脉冲的功率频谱叠加而得到的整个电压的功率频谱也是均匀分布。即它的功率密度频谱 $S(f)$（在单位频带内，1Ω 上所消耗的平均功率）是个常数，但实际上噪声谱密度不可能持续到 $f \to \infty$，在达到某一非常高的频率 $\dfrac{1}{\tau} = 10^{13}\text{Hz}$ 时，噪声谱密度将开始下降，如图 9-2 所示。

在实际无线电设备中，只有位于设备通频带内（假设设备的频响曲线是理想矩形，通常如图 9-2 中 B_n 所示）的那一部分噪声功率才能通过。

这样的频谱与太阳光的光谱相似，因为太阳光是白色的，因此通常把具有均匀连续频谱的噪声叫做白噪声。

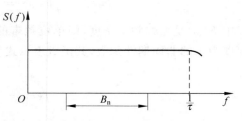

图 9-2　起伏噪声的功率密度频谱

前述已知，噪声电压的均方值 $\overline{u_\text{n}^2}$ 是在 1Ω 电阻上消耗的噪声功率。因此，$\overline{u_\text{n}^2}$ 与噪声功率密度频谱 $S(f)$ 的关系如下：

$$\overline{u_\text{n}^2} = \int_0^\infty S(f)\,\text{d}f = 4kTR \lim \frac{1}{T}\int_0^T u_\text{n}^2(t)\,\text{d}t \tag{9-6}$$

式中，k 是玻耳兹曼常数。T 为电阻温度，以绝对温度 K 计量，$T\,(\text{K}) = 273 + T\,(\text{℃})$。

9.2.3　电阻热噪声的计算

理论和实践都证明，阻值为 R 的电阻产生的噪声电压的功率密度谱 S_v 和噪声电流的功率密度谱 S_i 分别为

$$S_v = 4kTR \tag{9-7}$$

$$S_i = 4kT\,\frac{1}{R} \tag{9-8}$$

这样，在 B 频带产生的噪声电压均方值与噪声电流均方值分别为

$$\overline{u_\text{n}^2} = S_v B = 4kTRB \tag{9-9}$$

$$\overline{i_\text{n}^2} = S_i B = 4kT\,\frac{1}{R}B \quad\text{或}\quad \overline{i_\text{n}^2} = 4kTGB \tag{9-10}$$

电阻噪声可以用电阻的噪声等效电路表示。即把一个实际电阻等效为一个噪声电压源 $\overline{u_\text{n}^2}$ 和一个无噪声电阻 R 的串联；或者等效为一个噪声电流源 $\overline{i_\text{n}^2}$ 和一个无噪声电导 $G(=1/R)$ 并联，如图 9-3 所示。

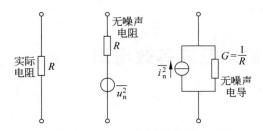

图 9-3　电阻噪声等效电路

实际上,这两种等效电路是一样的。当计算多个串联电阻的热噪声时,用串联等效电路比较方便;而并联等效电路用于计算多个并联电阻的热噪声。

如果电阻网络是由串联和并联混合组成的,则可按两种方法计算它的内部热噪声。一种方法是将每个电阻都画出各自的等效电路,然后按噪声均方值(功率)相加的原则来计算总的热噪声;另一种方法是先求出该网络的总电阻 R_Σ,然后画出等效电路,并计算热噪声。

例如,图 9-4(a)是由 R_1,R_2 和 R_3 组成的混合电阻网络。采用第一种计算方法可画出等效电路如图 9-4(b) 所示。采用第二种计算方法,可画出如图 9-4(c)所示的等效电路。

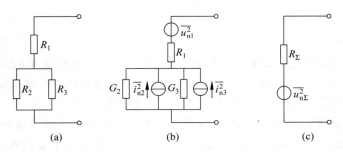

图 9-4　混合电阻网络的噪声等效电路

图 9-4(b)中,$G_2 = 1/R_2$,$G_3 = 1/R_3$,$\overline{i_{n2}^2} = 4kTG_2B$,$\overline{i_{n3}^2} = 4kTG_3B$。将两个噪声源合并后可得 $\overline{i_{n2}^2} + \overline{i_{n3}^2} = 4k(G_2 + G_3)TB$。然后再和噪声电压均方值 $\overline{u_{n1}^2} = 4kTR_1B$ 串联,得到总内部噪声功率为

$$4kTR_1B + 4kT\left(\frac{1}{G_2 + G_3}\right)B = 4kTB\left(\frac{R_1R_2 + R_2R_3 + R_1R_3}{R_2 + R_3}\right)$$

另外,也可以先求出总的等效电阻,即

$$R_\Sigma = R_1 + \frac{1}{\frac{1}{R_2} + \frac{1}{R_3}} = \left(\frac{R_1R_2 + R_2R_3 + R_1R_3}{R_2 + R_3}\right)$$

它产生的噪声电压均方值为

$$4kTR_\Sigma B = 4kTB\left(\frac{R_1R_2 + R_2R_3 + R_1R_3}{R_2 + R_3}\right)$$

两种计算方法的结果完全相同。

9.3　晶体管的噪声及其等效电路

9.3.1　晶体管噪声

除电阻噪声以外,电子器件的噪声也是电子设备内部噪声的一个重要来源。一般在接收机或放大器中,晶体管噪声往往比电阻热噪声强得多。晶体管噪声产生的机理比较复杂,主要有四种,即电阻热噪声、散弹噪声、分配噪声、闪烁噪声($1/f$ 噪声)。

1. 电阻热噪声

它是由晶体管内的损耗电阻产生的。理论和实践证明:在晶体二极管中,热噪声是由晶体管的等效电阻 r_e 决定的,其噪声电压的均方值为

$$\overline{u_n^2} = 4kTr_eB \tag{9-11}$$

在晶体三极管中,电子不规则的热运动同样会产生热噪声。由于发射极和集电极产生的热噪声一般很小,可以忽略,热噪声主要由基极电阻 $r_{bb'}$ 产生,其噪声电压的均方值为

$$\overline{u_n^2} = 4kTr_{bb'}B \tag{9-12}$$

2. 散弹噪声

在晶体管中,电流是由无数载流子的迁移形成的。由于各载流子的速度不尽相同,使得单位时间内通过 PN 结的载流子数目有起伏,因而引起通过 PN 结的电流在某一平均值上作不规则的起伏变化。人们把这种现象叫散弹噪声。

理论与实验证明:晶体三极管中,发射结和集电结都会产生散弹噪声,因为发射结是正向偏置,集电结是反向偏置。前者的散弹噪声电流主要决定于发射极电流 I_e;后者则决定于集电结反向饱和电流 I_{co},由于 I_e 远大于 I_{co},所以晶体三极管发射结产生的散弹噪声起主要作用,其噪声电流的均方值为

$$\overline{i_{en}^2} = 2qI_eB \tag{9-13}$$

式中,$q=1.6\times10^{-19}$C,为每个载流子所载的电荷量。

由该式可见,晶体管的散弹噪声也是白噪声。应该指出的是,散弹噪声的强度与直流电流成正比,而电阻热噪声则与流过电阻的电流无关,这是两者的区别。

3. 分配噪声

这种噪声只存在于三极管中,它是由于基区载流子的复合率有起伏,使得集电极电流和基极电流的分配有起伏,从而使集电极电流有起伏,这种噪声叫分配噪声。

理论和实践表明,分配噪声可用集电极电流的均方值 $\overline{i_{cn}^2}$ 表示:

$$\overline{i_{cn}^2} = 2qI_{cQ}\left(1 - \frac{|\alpha|^2}{\alpha_0}\right)B \tag{9-14}$$

式中，I_{cQ} 是三极管集电极静态电流；α_0 是低频时共基极电流放大系数；α 是高频时共基极电流放大系数，其值为

$$\alpha = \frac{\alpha_0}{1 + \mathrm{j}\dfrac{f}{f_\alpha}}$$

$$|\alpha|^2 = \frac{\alpha_0^2}{1 + \left(\dfrac{f}{f_\alpha}\right)^2}$$

式中，f_α 为共基极晶体管截止频率；f 为晶体管工作频率。

式（9-14）表明，晶体管的分配噪声不是白噪声，它的功率密度谱随频率而变化，频率越高噪声就越大。

4. 闪烁噪声（$1/f$ 噪声）

这种噪声是低频噪声。它的功率密度谱与工作频率成反比，因此也不是白噪声。关于这种噪声的产生机理说法不一，一般认为是由于三极管加工过程中表面清洁处理不好，存在缺陷造成的，而它的强度还与半导体材料的性质和外加电压大小有关。

9.3.2　晶体管噪声等效电路

前面分析已知，晶体管噪声的主要来源有：热噪声、散弹噪声、分配噪声和闪烁噪声。闪烁噪声在高频时可以忽略。当晶体管工作在高频，且接成共发射极电路时，它的噪声等效电路如图 9-5 所示。图中 $\overline{u_{bn}^2}$ 是基极电阻 $r_{bb'}$ 产生的热噪声，$\overline{i_{en}^2}$ 是发射极散弹噪声，$\overline{i_{cn}^2}$ 是集电极电流分配噪声。应该注意的是，晶体管接法不同，其噪声等效电路也不同。

在晶体管放大器的噪声计算中，常把噪声源都折算到输入端，晶体管看作理想的无噪声器件，如图 9-6 所示。图中恒压等效噪声源 $\overline{u_n^2}$ 主要是基区体电阻的热噪声和管子的分配噪声；恒流等效噪声源 $\overline{i_n^2}$ 主要是发射极的散弹噪声和部分管子的分配噪声。实际上任何线性噪声网络（或放大器）都可用无噪声网络和两个噪声源来表示。因为当输入端短路或开路时输出端都会存在噪声，所以必须用两个噪声源来等效。

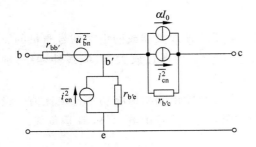

图 9-5　晶体管共发射极噪声等效电路

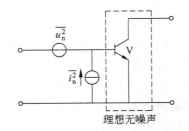

图 9-6　噪声折算到输入端的晶体管电路

有了晶体管的噪声等效电路，就可以定量地分析和计算晶体管的噪声。通常晶体管内部噪声影响的大小用噪声系数 N_F 表示（关于噪声系数的定义见 9.4 节）。理论和实验

已证明：

$$N_F = 1 + \frac{r_{bb'}}{R_S} + \frac{r_e}{2R_S} + \frac{R_S + r_{bb'} + r_e}{2\alpha_0 R_S r_e}\left(\frac{1}{\beta_0} + \frac{f^2}{f_\alpha^2}\right) \tag{9-15}$$

式中，R_S 是信号源内阻，f_α 是晶体管的 α 截止频率，β_0 是低频时的电流放大系数，式(9-15)是计算晶体管放大器噪声系数的重要公式。

9.4 噪声度量

9.4.1 信噪比

噪声的有害影响一般是相对于有用信号而言的，脱离了信号的大小只讲噪声的大小是没有意义的。例如，有一台收音机，输出噪声功率是 8mW，而有用声音信号的输出功率为 1W，显然能很好地收听到有用信号，因为这时信号的输出功率比噪声功率大得多。若噪声功率和有用信号输出功率相比甚至比有用信号输出功率还大，则这时信号将被淹没在噪声之中，以至无法收听。为此常用信号和噪声的功率比来衡量一个信号的质量优劣。即信噪比(SNR)是在指定频带内，同一端口信号功率 P_s 和噪声功率 P_n 的比值：

$$\text{SNR} = \frac{P_s}{P_n} \tag{9-16}$$

当用分贝表示信噪比时，有

$$\text{SNR} = 10\lg\frac{P_s}{P_n} \text{ (dB)} \tag{9-17}$$

信噪比越大，信号质量越好。信噪比的最小允许值，取决于具体应用设备的要求。例如，调幅收音机检波器输入端为 10dB，调频接收机鉴频器输入端为 12dB，电视接收机检波器输入端为 40dB。信号通过多级级联放大器时，由于每级都要附加噪声，使信噪比逐级减小。因此，输出端的信噪比总是小于输入端。

9.4.2 噪声系数

信噪比虽能反映信号质量的好坏，但是，它不能反映该放大器或网络对信号质量的影响，也不能表示放大器本身噪声性能的好坏，因此，人们常用通过放大器(或线性网络)前后信噪比的比值也即噪声系数来表示放大器的噪声性能。

噪声系数是指线性四端网络输入端的信噪功率比与输出端的信噪功率比之比值。设线性四端网络如图 9-7 所示。图中 R_S 是信号源内阻，U_S 是信号源电动势，R_L 是负载。

根据噪声系数的定义，可得

$$N_F = \frac{P_{si}/P_{ni}}{P_{so}/P_{no}} = \frac{\text{输入信噪比}}{\text{输出信噪比}} \tag{9-18}$$

式中，P_{si}，P_{so} 分别为网络输入端和输出端信号功率。

图 9-7　线性四端网络的噪声系数

P_{ni}为网络输入端的噪声功率,它是由信号源内阻产生的,并规定内阻的温度为 290K(即 17℃),此温度称作标准噪声温度。

P_{no}为网络输出端总噪声功率,包括通过网络的输入噪声功率和网络的内部噪声功率。

式(9-18)作适当变换,可得 N_F 的另一种表达形式:

$$N_F = \frac{P_{no}}{\dfrac{P_{so}}{P_{si}}P_{ni}} = \frac{P_{no}}{A_P P_{ni}} \tag{9-19}$$

式中,$A_P = \dfrac{P_{so}}{P_{si}}$ 是线性网络的功率增益。

如果网络内部不产生噪声,网络输入、输出信噪比不变,即 $N_F=1$,$P_{no}=A_P P_{ni}$。这表明网络输出噪声功率等于输入噪声功率被放大了 A_P 倍。实际网络一定有噪声,输出噪声功率 P_{no} 中,除 $A_P P_{ni}$ 项外,还有网络内部产生的噪声。为了更清楚地了解网络产生的噪声对信号信噪比的影响,把输入到网络并被放大的噪声功率 $A_P P_{ni}$ 称作外部噪声,用 P_{nAo} 表示;把网络内部产生的噪声称为内部噪声,用 P_{nBo} 表示。这样网络输出总的噪声功率为

$$P_{no} = P_{nAo} + P_{nBo} = A_P P_{ni} + P_{nBo}$$

噪声系数可表示为

$$N_F = \frac{P_{no}}{P_{nAo}} = \frac{P_{nAo} + P_{nBo}}{P_{nAo}} = 1 + \frac{P_{nBo}}{P_{nAo}} = 1 + \frac{P_{nBo}}{A_P P_{ni}} \tag{9-20}$$

由式(9-20)可见,P_{nAo}表示外部噪声通过一个理想线性网络在输出端上的噪声;P_{nBo}表示实际线性网络输出端上的噪声。两者之比表示了理想与实际网络的差别,当网络为理想网络时,$P_{nBo}=0$,$N_F=1$,而实际网络 $P_{nBo}\neq0$,$N_F>1$,N_F 愈大说明网络产生的噪声愈多,性能越差。

为了便于计算,通常计算噪声系数时都是利用电压比或电流比代替前述的功率比。下面结合图 9-8,讨论噪声功率的计算。

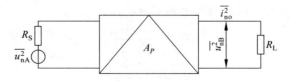

图 9-8　噪声功率的计算

图 9-8 中:

$$P_{\mathrm{nAo}} = \overline{u_{\mathrm{nAo}}^2}/R_{\mathrm{L}} = \overline{i_{\mathrm{nAo}}^2}R_{\mathrm{L}}$$

$$P_{\mathrm{nBo}} = \overline{u_{\mathrm{nBo}}^2}/R_{\mathrm{L}} = \overline{i_{\mathrm{nBo}}^2}R_{\mathrm{L}}$$

式中,$\overline{u_{\mathrm{nAo}}^2}$,$\overline{i_{\mathrm{nAo}}^2}$ 为外部噪声在输出端产生的噪声电压和噪声电流均方值;$\overline{u_{\mathrm{nBo}}^2}$,$\overline{i_{\mathrm{nBo}}^2}$ 为内部噪声在输出端产生的噪声电压和噪声电流均方值。

代入式(9-20)得

$$\begin{cases} N_{\mathrm{F}} = 1 + \dfrac{\overline{u_{\mathrm{nBo}}^2}}{\overline{u_{\mathrm{nAo}}^2}} \\[4mm] N_{\mathrm{F}} = 1 + \dfrac{\overline{i_{\mathrm{nBo}}^2}}{\overline{i_{\mathrm{nAo}}^2}} \end{cases} \tag{9-21}$$

在通信技术中,要求电路阻抗匹配,研究电路在匹配情况下的噪声性能更有实际意义。当网络的输入端匹配时,信号源给出的功率最大,同样信号源内阻给出的噪声功率也最大。若电路如图 9-9 所示时,它的输出噪声功率为

$$P_{\mathrm{n}}' = \frac{\overline{u_{\mathrm{n}}^2}}{4R} = \frac{1}{4}\,\overline{i_{\mathrm{n}}^2}R \tag{9-22}$$

式中,$\overline{u_{\mathrm{n}}^2} = 4kTRB$,$\overline{i_{\mathrm{n}}^2} = 4kT\dfrac{1}{R}B$,代入式(9-22),得

$$P_{\mathrm{n}}' = kTB \tag{9-23}$$

P_{n}' 叫做噪声源的额定功率,有时也叫资用功率。换句话说,P_{n}' 是噪声源可能提供的最大功率。当电路匹配时,它能给出这个功率;当电路不匹配时,它给出的功率小于额定功率。

P_{n}' 的计算式表明,任何一个二端网络的噪声额定功率只与其温度 T 及通频带 B 有关,而与其负载阻抗以及网络本身的阻抗都无关,这是它的重要特征。

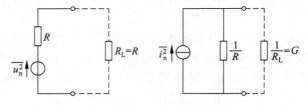

图 9-9 电路匹配时的噪声功率

用额定功率和额定功率增益来定义噪声系数,将给它的计算和测量带来很大方便。类比式(9-18)、式(9-20)可以分别写出如下表示式:

$$N_{\mathrm{F}} = \frac{P_{\mathrm{si}}'/P_{\mathrm{ni}}'}{P_{\mathrm{so}}'/P_{\mathrm{no}}'} \tag{9-24}$$

$$N_{\mathrm{F}} = 1 + \frac{P_{\mathrm{nBo}}'}{P_{\mathrm{nAo}}'} \tag{9-25}$$

$$N_{\mathrm{F}} = 1 + \frac{P_{\mathrm{nBo}}'}{A_P P_{\mathrm{ni}}'} \tag{9-26}$$

应该指出的是,噪声系数只适用于线性电路。这是因为在运算中(如电阻噪声的运算)运用了均方值叠加原理。对于接收机而言,只适于接收的线性部分(即检波器以前,包括高频放大、变频和中频放大)。至于混频器,虽然它是一个非线性电路,信号和噪声通过混频器时会产生非线性变换,但由于输入的信号和噪声都比本振电压小得多,输入信号和噪声的非线性作用可以忽略,混频器只是把频谱相对地从高频搬移到中频。因此,混频器可以看作线性电路,一般称它为准线性电路。

9.4.3　级联网络的噪声系数

我们已经讨论了各单元电路噪声系数的计算方法。但是,通信设备大都是由若干线性(或准线性)四端网络级联而成的。下面研究各单元电路的噪声系数和多级级联电路总噪声系数的关系。

假如,有两个四端网络级联,如图 9-10 所示,它们的噪声系数、额定功率增益、噪声带宽分别为 N_{F1}、N_{F2},A_{P1}、A_{P2},B_{n1}、B_{n2},并且 $B_{n1}=B_{n2}=B$。

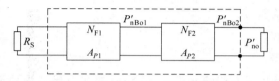

图 9-10　两级级联网络的噪声系数

根据定义,级联网络的总噪声系数 N_F 为

$$N_{F1 \cdot 2} = \frac{P'_{no}}{A_{P1 \cdot 2} P'_{ni}} = \frac{P'_{no}}{A_{P1 \cdot 2} k T_0 B} \tag{9-27}$$

式中,P'_{no} 是级联四端网络总输出的额定噪声功率。$A_{P1 \cdot 2}=A_{P1}A_{P2}$ 是级联网络总的额定功率增益。P'_{no} 由三部分组成:

(1) 信号源内阻 R_S 产生的噪声经过两级放大后在输出端的噪声额定功率 $A_{P1}A_{P2}kT_0B$;

(2) 第一级网络内部噪声经第二级放大后在输出端的噪声额定功率 $A_{P2}P'_{nBo1}$;

(3) 第二级网络的内部噪声输出端的噪声额定功率 P'_{nBo2}。

故 P'_{no} 可表示为

$$P'_{no} = A_{P1}A_{P2}kT_0B + A_{P2}P'_{nBo1} + P'_{nBo2} \tag{9-28}$$

由式(9-26)可求得第一级、第二级网络的内部噪声 P'_{nBo1} 和 P'_{nBo2} 分别为

$$P'_{nBo1} = (N_{F1} - 1)A_{P1}kT_0B \tag{9-29}$$

$$P'_{nBo2} = (N_{F2} - 1)A_{P2}kT_0B \tag{9-30}$$

将式(9-28)、式(9-29)、式(9-30)代入式(9-27),得

$$N_{F1 \cdot 2} = N_{F1} + \frac{N_{F2} - 1}{A_{P1}} \tag{9-31}$$

对于三级电路组成的级联网络,可将前两级看作第一级,后面一级看作第二级,则可得 $N_{F1 \cdot 2 \cdot 3}$ 为

$$N_{\mathrm{F}1\cdot2\cdot3} = N_{\mathrm{F}1\cdot2} + \frac{N_{\mathrm{F}3}-1}{A_{P1\cdot2}} = N_{\mathrm{F}1} + \frac{N_{\mathrm{F}2}-1}{A_{P1}} + \frac{N_{\mathrm{F}3}-1}{A_{P1}A_{P2}} \qquad (9\text{-}32)$$

对 n 级电路组成的网络,总的噪声系数为

$$N_{\mathrm{F}\Sigma} = N_{\mathrm{F}1} + \frac{N_{\mathrm{F}2}-1}{A_{P1}} + \frac{N_{\mathrm{F}3}-1}{A_{P1}A_{P2}} + \cdots + \frac{N_{\mathrm{F}n}-1}{A_{P1}A_{P2}\cdots A_{P(n-1)}} \qquad (9\text{-}33)$$

由以上公式可得出如下结论:

若各级的噪声系数小而额定功率增益大,级联电路的总噪声系数 N_{F} 小。但是各级噪声对 N_{F} 的影响是不同的,越是靠近前面几级的噪声系数和额定功率增益,对总的噪声系数影响越大。因此级联电路中最主要的是前面的第一、二级,最关键的是由第一级放大器的噪声系数 $N_{\mathrm{F}1}$ 和功率增益 A_{P1} 所决定。$N_{\mathrm{F}1}$ 小,则总的噪声系数小;A_{P1} 大,则使后级的噪声系数在总的噪声系数中所起的作用减小。因此,在多级放大器中,最关键的是第一级,不仅要求它的噪声系数低,而且要求它的额定功率增益大。

另外,在推导式(9-33)时,假定各级电路的通带相同,但实际上是不同的。由于总噪声系数主要是由前几级决定,一般在这几级之后还有多级,可以近似认为前几级的噪声通带相同,且等于网络总通带。

9.4.4 噪声温度

在有些情况下,特别是在噪声很低的场合,例如在卫星通信地面接收机中,用噪声温度来表示放大器或网络的噪声性能,往往更清楚、更方便。它与噪声系数的概念相似,是表示放大器噪声性能的另一种方法。

因为电阻热噪声与电阻的温度 T 成正比,所以在分析线性四端网络的噪声性能时,可以用所谓等效噪声温度来表示它的噪声性能。

噪声温度的概念是,把网络的内部噪声看成是由于信号源内阻 R_{S} 在温度 T_{e} 时产生的噪声,即所谓等效输入噪声。这样一来,原来信号源内阻 R_{S} 在标准温度 T_0 产生的噪声功率为 kT_0B。现在又把网络内部噪声折算到 R_{S} 上,显然噪声温度要升高,设升高了 T_{e},则内部噪声折算到 R_{S} 上的额定噪声功率为 $kT_{\mathrm{e}}B$。由于把内部噪声折算到输入端后,网络变成理想网络了,它的额定功率增益为 A_P,外部噪声在网络输出端的噪声额定功率为 A_PkT_0B,内部噪声在网络输出端的额定功率为 $A_PkT_{\mathrm{e}}B$,网络的噪声系数 N_{F} 可表示为

$$N_{\mathrm{F}} = 1 + \frac{P'_{\mathrm{nBo}}}{P'_{\mathrm{nAo}}} = 1 + \frac{A_PkT_{\mathrm{e}}B}{A_PkT_0B} = 1 + \frac{T_{\mathrm{e}}}{T_0} \qquad (9\text{-}34)$$

则

$$T_{\mathrm{e}} = (N_{\mathrm{F}} - 1)T_0 \qquad (9\text{-}35)$$

式中,T_0 是标准温度,在一般情况下,可以认为 $T_0 = 290\mathrm{K}$。

当 $T_{\mathrm{e}} = 0$ 时(网络内部无噪声),$N_{\mathrm{F}} = 1$,$N_{\mathrm{F}}(\mathrm{dB}) = 0\mathrm{dB}$;当 $T_{\mathrm{e}} = 290\mathrm{K}$(内部噪声等于外部噪声)时,$N_{\mathrm{F}} = 2$,$N_{\mathrm{F}}(\mathrm{dB}) = 3\mathrm{dB}$。

等效输入噪声温度 T_{e} 与噪声系数一样,都是表征线性网络的噪声性能的指标,但噪声温度相当于把噪声系数的量度尺寸放大了。例如,当 N_{F} 分别为 1.05 和 1.1 时,可能使

人误解为两者噪声性能相差不多,但用噪声温度 T_e 表示时就会发现,两者的噪声性能分别为 14.5K 和 29K,刚好相差 1 倍。

9.4.5 等效噪声带宽

白噪声具有均匀的功率密度谱,通过线性四端网络时,输出的噪声功率密度分布由网络的传输特性决定。

图 9-11 表示白噪声功率密度谱 $S_{vi}(f)$ 是常数,通过电压增益频率特性 $A_v(f)$ 是矩形网络,输出噪声功率密度谱为

$$S_{vo}(f) = A_v^2(f) S_{vi}(f) \tag{9-36}$$

因为 $A_v(f)$ 是矩形,$A_v^2(f)$ 也一定是矩形,所以 $S_{vo}(f)$ 也是矩形分布。

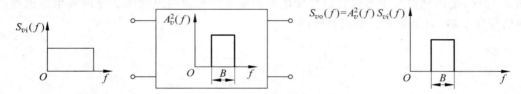

图 9-11 白噪声通过线性网络

当线性网络电压增益频率特性如图 9-12 所示时,白噪声输出的噪声功率密度谱仍为

$$S_{vo}(f) = A_v^2(f) S_{vi}(f)$$

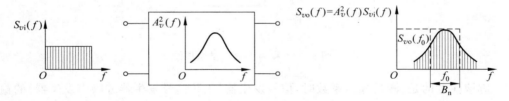

图 9-12 白噪声通过具有频率选择性的线性网络

根据功率等效原则,在图 9-12 中,使带宽为 B_n,高度为 $S_{vo}(f_0)$ 的矩形面积与曲线 $S_{vo}(f)$ 的面积相等,即功率相等。由图可知,它们的等效方程为

$$\int_0^\infty S_{vo}(f)\mathrm{d}f \xrightarrow{\text{等效为}} S_{vo}(f_0)B_n$$

则

$$B_n = \frac{\int_0^\infty S_{vo}(f)\mathrm{d}f}{S_{vo}(f_0)} = \frac{\int_0^\infty S_{vi}(f)A_v^2(f)\mathrm{d}f}{S_{vi}(f)A_v^2(f_0)} = \frac{\int_0^\infty A_v^2(f)\mathrm{d}f}{A_v^2(f_0)} \tag{9-37}$$

B_n 称为等效噪声带宽,它与通频带(即半功率点带宽)B 一样,是由电路本身决定的参数。可以证明,对于单调谐高频放大器的 B_n 与 B 有如下关系:

$$B_n = \frac{\pi}{2}B \tag{9-38}$$

显然,电路的频率响应曲线愈接近矩形,B_n 与 B 愈接近。但应该明确两者是完全不同的物理量。

9.5　噪声系数的测量原理

如前所述,额定功率定义噪声系数时为

$$N_F = \frac{P'_{si}/P'_{ni}}{P'_{so}/P'_{no}} = \frac{P'_{si}/kT_0 B}{P'_{so}/P'_{no}}$$

由该式可见,只要在被测网络输入端接上信号发生器,测出信号功率 P'_{si},而在它的输出端接上功率计,测出 P'_{so}/P'_{no} 的比值,就能确定噪声系数。测量原理如图 9-13 所示。图 9-13(b)是用噪声发生器代替信号发生器测量噪声系数的原理图。噪声发生器也是一种信号发生器,只是信号的形式是噪声。

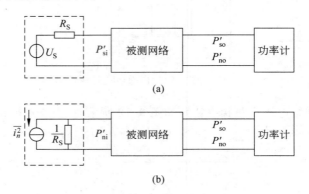

图 9-13　噪声系数测量原理图

应该注意的是,测量噪声系数时,信号发生器(正弦信号发生器或噪声发生器)的输出电阻 R_S 必须等于被测网络的输入电阻 R_i,即发生器输出端与被测网络输入端完全匹配。当不满足条件时,应设置阻抗变换电路,以达到要求。这时测试的 N_F 和真实值 N'_F 有所不同,需修正,方法如下:

① 当 $R_S < R_i$ 时,需串联附加电阻 R_C,如图 9-14 所示,此时有

$$N'_F = N_F \frac{R_S}{R_S + R_C} \tag{9-39}$$

② 当 $R_S > R_i$ 时,需并联附加电阻 R_C,如图 9-15 所示,此时有

$$N'_F = N_F \frac{R_C}{R_S + R_C} \tag{9-40}$$

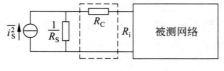

图 9-14　$R_S < R_i$ 时的附加网络

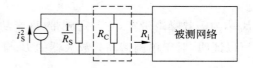

图 9-15　$R_S > R_i$ 时的附加网络

在测试中,功率计无法区别信号功率和噪声功率,直接测出 P_{so}/P_{no} 需用功率计测试两次,计算它们的相对值 Y。具体测法是,信号发生器(或噪声发生器)有信号输出时,被测网络输出端的功率为 $P_{so}+P_{no}$;信号发生器(或噪声发生器)没有信号输出时,被测网络输出端只有噪声功率 P_{no},两次测量的相对值为

$$Y = \frac{P_{so}+P_{no}}{P_{no}} \tag{9-41}$$

由于阻抗匹配,额定功率比与实测功率比相等,故

$$Y = \frac{P_{so}+P_{no}}{P_{no}} = \frac{P'_{so}+P'_{no}}{P'_{no}}$$

$$\frac{P'_{so}}{P'_{no}} = \frac{P_{so}}{P_{no}} = Y - 1$$

可得噪声系数为

$$N_F = \frac{P'_{si}/kT_0 B}{Y-1} = \frac{ENR}{Y-1} \tag{9-42}$$

式中,ENR 表示信号发生器输出信号功率超过其内阻热噪声功率的倍数,称为超噪比。各噪声发生器的生产厂家均给出 ENR 值。

用分贝表示时,测量噪声系数常用的公式为

$$N_F(dB) = ENR(dB) - 10\lg(Y-1) \tag{9-43}$$

这种测量方法,通常称为 Y 系数法。为计算方便,常使 $Y=2$,所以又称功率倍增法。

实际测量中大都用噪声发生器作信号源。它主要有以下优点:

(1) 正弦信号发生器的信号一般比测量所需值大 100dB,如有微弱信号泄漏,就将引起大的测量误差。噪声发生器给出的信号与所需信号电平相当,能免除泄漏误差,不需要完善屏蔽。

(2) 噪声发生器的信号与被测设备的内部噪声反应相同,可以方便地使用任意形式的指示仪表。而正弦信号发生器,要反应相同,则必须使用均方值仪表(即功率表)指示。

(3) 用噪声发生器测量时,不必测量通频带。

(4) 计算噪声功率简单方便,不必用仪器较正。

9.6　接收天线噪声、干扰及其抑制

9.6.1　接收天线噪声

根据天线理论知道,接收天线的一个特殊参数是它的噪声温度。在卫星通信、射电天文等技术中,天线所接收到的无线电信号非常弱。增大天线及接收机的增益可以在一定程度上弥补信号强度的不足。但是,当接收信号的强度与接收系统的噪声相当甚至更弱时,提高系统的增益并无济于事。因为在增大信号的同时也增大了噪声,并不能提高直接有关接收质量的信号噪声比。此时,有必要研究如何抑制接收系统前端(包括天线)的噪声。

接收天线端口呈现的噪声有两个来源：第一个是欧姆体电阻产生的热噪声(天线导体的欧姆电阻和辐射电阻相比,通常是可以忽略的);第二个是接收外来的噪声能量。外来的噪声其一是接收周围介质辐射的噪声,因为任何温度大于绝对零度的物体都要辐射噪声能量。显然天线端口的噪声大小与周围介质的温度有关,而天线周围的介质密度和温度是不均匀的,高空介质密度小,温度低;低空介质密度大,温度高。因此,天线端口的噪声随天线指向而有所不同。其二是天线接收的宇宙干扰,而宇宙干扰在空间的分布也是不均匀的,并且还和频率有关。在米波以上波段,特别是在厘米波波段,宇宙空间中各种星体、银河、河外星系,以及地球大气和地面辐射等,是噪声的主要来源。为了工程计算方便,这种噪声的影响作用,统一规定用天线的辐射电阻在温度 T_A 时产生的热噪声来表示天线的噪声性能,将 T_A 称为天线噪声温度,它可通过测量得到。

例如,有一根辐射电阻为 200Ω 的天线,用频带宽度为 10^4 Hz 的仪表测量,测得端口噪声电压有效值为 $0.1\mu V$,计算可得

$$T_A = \frac{\overline{u_n^2}}{4kR_S B} = \frac{10^{-14}}{4 \times 1.38 \times 10^{-23} \times 200 \times 10^4} \approx 90.6 \text{（K）}$$

式中, $k = 1.38 \times 10^{-23}$（J/K）,为玻耳兹曼常数。

因此,天线噪声是等效为 200Ω 电阻在温度 90.6K 时产生的噪声。如果后面接收机其他部分的噪声性能也用噪声温度表示,将简化接收机输出信噪比的计算。

9.6.2 接收天线干扰及其抑制

实际接收天线处于有很多不同来源的无线电波的空间之中。由于实际接收到的信号场强一般都比较弱,所以,接收天线不但要能良好地接收需要方向的来波,同时必须能很好地抑制所有其他不需要的来波。因为,除了需要的来波是信号之外,其他所有的来波都将形成干扰。接收的质量不取决于信号场强的绝对值,而取决于信号场强与干扰电平的比值。

一般来说,无线电接收机干扰可分为内部干扰和外部干扰两类。内部干扰是指接收机内部固有的噪声。与天线及馈线设备有关的外部干扰可分为下列三种：

（1）波长相近的无线电台信号的干扰;

（2）各种电气设备造成的工业干扰;

（3）大气放电产生的天电干扰及宇宙空间射电源产生的宇宙噪声。

为了抑制这些外部干扰,可采用以下措施。

（1）在无线电技术上有两种不同的方法：

① 频率选择性,是依靠接收机内的选频电路分辨选择出所需频带的信号的能力;

② 方向选择性,是依靠接收天线的方向来分辨选择出一定方向的来波的能力。

（2）对接收天线馈线的要求,是它不能直接接收电磁波,即要求馈线没有天线效应。否则,由馈线本身接收的附加电势将会引起天线方向图的畸变,失去定向天线的优越性,降低接收信号的信噪比。

为了防止和减弱馈线的天线效应,中、短波接收天线常用四线式馈线,超高频或更高频率天线的馈线,常采用具有良好屏蔽作用的同轴电缆或波导管。

9.7　减小电子电路内部噪声影响、提高输出信噪比的方法

噪声对电子电路所造成不良影响的大小,视噪声与信号的相对大小而定,通常用信噪比来衡量。信噪比越大,信号质量越好。提高信噪比可以从两方面入手,一是提高信号强度;二是降低噪声。现简要介绍减小电子电路内部噪声影响、提高输出信噪比的方法。

1. 选用低噪声器件

选用低噪声器件可以降低器件本身的噪声,以求获得最小噪声系数。通常晶体管内部噪声影响的大小用噪声系数 N_F 表示。由式(9-15)可知

$$N_F = 1 + \frac{r_{bb'}}{R_S} + \frac{r_e}{2R_S} + \frac{R_S + r_{bb'} + r_e}{2\alpha_0 R_S r_e}\left(\frac{1}{\beta_0} + \frac{f^2}{f_\alpha^2}\right)$$

由此式可以得出以下三点结论:

(1) 噪声系数 N_F 与频率有关

N_F 与频率的关系表示于图 9-16 中。由图可知,它大体上可以分成三个区域:

① 在 $f_1 < f < f_2$ 的频率范围内,主要是热噪声和散弹噪声起作用,噪声系数是与频率无关的常数。

② 在 $f < f_1$ 的频域内,噪声系数随频率下降以接近 $1/f$ 的规律增大,这时主要是闪烁噪声起作用。

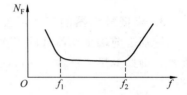

图 9-16　晶体管噪声的频率特性

③ 在 $f > f_2$ 的频域内,噪声系数随频率升高以接近 6dB/倍频程的变化规律增大,这时分配噪声起主要作用。

为了获得低噪声性能,一般应使晶体管工作在 $f_1 \sim f_2$ 的频域内,这时晶体管的噪声系数最小。

(2) 噪声系数与工作点电流有关

N_F 是 r_e 和 $r_{bb'}$,β_0,f_α 等晶体管参数的函数。而参数 r_e,β_0,f_α 和 I_e 有关。

一般而言,I_e 太大和太小时,噪声系数都比较大,仅在某一合适的值时,放大器噪声系数才最小。因此,对 N_F 与 I_e 的关系来说,I_e 也存在一个使噪声系数 N_F 最小的最佳值 $I_{e\,opt}$,如图 9-17 所示。

(3) 噪声系数与信号源内阻的大小有关

信号源内阻 R_S 存在一个使噪声系数最小的最佳值,当 R_S 较小时,N_F 大体上和 R_S 成反比,随着 R_S 的增大而减小,如图 9-18 所示。

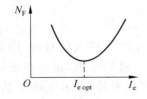

图 9-17　N_F 随 I_e 变化的关系

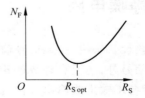

图 9-18　N_F 随 R_S 变化的关系

最佳信号源内阻 $R_{S\,opt}$ 与所用晶体管以及工作电流有关。通常在高频时,其值为几十欧到三四百欧;在较低的频率时,在 $500\Omega\sim 2\text{k}\Omega$ 之间。

要指出的是这并不意味着当放大器中器件一定时,选用最小的信号源内阻,噪声系数最小,就可获得最高的信噪比。这是因为当信号源内阻改变时,输入噪声不能保持为常数。还要综合考虑选择合适的电路组态等因素,以求获得最小噪声系数。

通过以上分析可知,N_F 不仅决定于所用管子,还与工作频率、信号源内阻及工作状态有关。为了使 N_F 小,使用晶体管时,应该使工作频率选在白噪声区,采用最佳信号源内阻及选用低噪声的工作状态、电路等。

2. 合理确定设备的通频带

要从信号和噪声两个方面来考虑,既要减小噪声(通频带尽量窄),又要不致使信号失真太大。

3. 降低放大器的工作温度

特别是前端主要器件的工作温度应尽量低。这一点尤其是对灵敏度要求高的设备更重要。例如卫星通信地面站接收机中的高放,在有的设备中,它要被制冷至 $20\sim 80\text{K}$。

4. 选用场效应管

在设计低噪声放大器时,对于信号源内阻高的场合,选用场效应管,往往效果比较好,因为此时场效应管放大器的噪声系数相对比较小。对于信号源内阻低的场合,由于在这种情况下,晶体管放大器的噪声系数比场效应管放大器低,显然,采用低噪声晶体管为好。

5. 选用合适的放大电路

前面的分析中曾指出,共发射极放大器的 N_F 基本上与共基极的相同,均可以用式(9-15)表示。具体选择时,应该由其他因素确定。例如共射组态有较大的增益,可以减小后级噪声的影响;共集组态有较高的输入阻抗;共集和共基组态有较好的频率响应。

为了兼顾低噪声、高增益和工作稳定性方面的要求,低噪声放大设备的前两级通常采用共射-共基极级联放大电路。因为这种级联放大器具有低噪声、高增益和工作稳定等优点。所以共射-共基极级联放大电路在雷达通信接收机的中频放大器和电视机的高频放大器中得到了广泛应用。

9.8 静噪电路

对接收设备来说,在无信号输入时,设备有输出噪声;在有输入信号时,设备除了输出被放大信号外,还混有外界噪声及本机噪声。为减少本机的噪声,希望在无信号输入时,接收设备不输出或输出甚微的噪声,以保持工作环境的安静,减少工作人员的疲劳。为此,多在接收设备设置静噪电路。它的作用是当接收机无有用信号输入时,使噪声电压不被放大,因而避免了扬声器因有噪声电压而发生的噪声。

静噪电路接入方式有很多种,以频率调制接收设备为例,常见有两种形式,如图 9-19 所示。图 9-19(a)表示静噪电路接于鉴频器输入端,图 9-19(b)表示静噪电路接于鉴相器输出端。

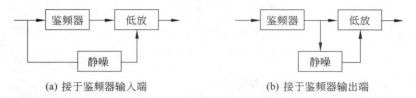

(a) 接于鉴频器输入端　　　　　　　　　(b) 接于鉴频器输出端

图 9-19　静噪电路的两种接入方式

现以后者为例说明 XC—76 型井筒电话静噪电路的工作原理,其电路如图 9-20 所示。它由 $V_{14} \sim V_{16}$ 三级噪声放大器组成,第一级 V_{14} 放大器与第二级 V_{15} 放大器之间有高通滤波器,它由电容 C_{44},$C_{46} \sim C_{50}$ 和电感 L_6,L_7 组成,要求第一级放大器输出阻抗(约为 R_{55} 的阻值)与高通滤波器输入阻抗相匹配,高通滤波器输出阻抗与第二级输入阻抗相匹配。在三级噪声放大器之后是倍压整流电路,它由二极管 V_{33},V_{34} 和电容 C_{53},C_{55} 组成。

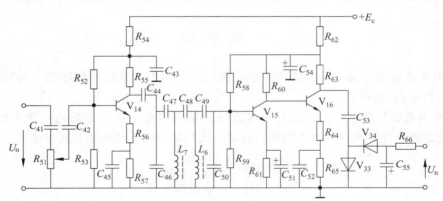

图 9-20　静噪电路举例

静噪电路与低频放大器配合才能实现静噪目的,图 9-21 画出了这种关系。其中 V_9 是射极跟随器,它一方面提高输入阻抗,减少对前级鉴频器解调灵敏度的影响,另一方面为静噪电路与低频放大器提供信号。V_{10} 为低频放大器的第一级——前置放大,其工作电流为 1mA。静噪电路的输入信号来自射极输出器,而其输出接至 V_{10} 的基极,用以控制 V_{10} 的偏压。当接收机无信号输入时,其鉴频器输出为噪声,它通过 V_9 经 C_{41} 耦合到 V_{14} 的基极进行放大。由于噪声含有丰富的高频成分,它可以通过高通滤波器而加到噪声放大器件 V_{15},V_{16} 的输入端,放大后经 V_{33},V_{34} 倍压整流,在电容 C_{55} 上形成一个直流电压 U_n,此电压通过 R_{66} 引到 V_{10} 的基极,相对二极管 V_{31} 而言是正偏,V_{31} 导通,V_{10} 处于截止状态,无噪声输出,这样虽然 V_{10} 有噪声输入,但却无噪声输出,从而起到扬声器不发声的静噪作用。当接收机收到正常的调频信号时,鉴频器的输出主要是话音信号,高频噪声大大减

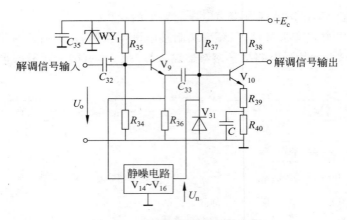

图 9-21　静噪电路与低频放大器

少。由于话音信号不能通过高通滤波器,噪声放大器的输入输出电压均大大降低。相应地,整流后在 C_{55} 上建立的直流电压甚小,并不影响 V_{10} 的正常放大作用。

图 9-20 中电位器 R_{51} 用来调节 V_{14} 的输入,从而可以调整静噪电路的灵敏度。

本 章 小 结

1. 电子系统的内部噪声对信号的接收和处理会产生严重的干扰作用。内部噪声主要有电阻热噪声、晶体管噪声。

2. 噪声系数是衡量放大器以及所有线性四端网络噪声性能好坏的一个重要指标。噪声系数是指线性四端网络输入端的信噪功率比与输出端的信噪功率比之比值。

$$N_F = \frac{\dfrac{P_{si}}{P_{ni}}}{\dfrac{P_{so}}{P_{no}}} = \frac{\text{输入信噪比}}{\text{输出信噪比}}$$

3. 级联网络的噪声系数

对 n 级电路组成的网络,总的噪声系数为

$$N_{F\Sigma} = N_{F1} + \frac{N_{F2}-1}{A_{p1}} + \frac{N_{F3}-1}{A_{p1}A_{p2}} + \cdots + \frac{N_{Fn}-1}{A_{p1}A_{p2}\cdots A_{p(n-1)}}$$

在多级放大器中,各级噪声系数对总噪声系数的影响是不同的。降低前级放大器(尤其是第一级)的噪声系数,提高前级放大器(尤其是第一级)的额定功率增益是减小多级放大器总噪声系数的重要措施。

4. 晶体管放大器的噪声系数不仅取决于所用管子,还与工作频率、工作点电流、信源内阻的大小有关。为了使 N_F 小,应该使工作频率选在“白噪声区”,采用最佳信号源内阻 $R_{S(opt)}$ 及选用低噪声的工作状态、电路(例如:低噪声放大设备的前两级通常采用共射-共基极级联放大电路)等。

5. 噪声系数的测量

测量噪声系数时,信号发生器(正弦信号发生器或噪声发生器)的输出电阻 R_S 必须等于被测网络的输入电阻 R_i,即发生器输出端与被测网络输入端完全匹配。实际测量中大都用噪声发生器作信号源。

6. 在接收设备中设置静噪电路。它的作用是当接收机无有用信号输入时,使噪声电压不被放大,因而避免了扬声器因有噪声电压而发生的噪声。

思考题与习题

9-1　为什么说电阻热噪声是起伏噪声?起伏噪声有什么特点?

9-2　电阻热噪声、散弹噪声产生的物理原因是什么?其谱密度各有什么特点?

9-3　晶体管主要产生哪几种噪声,各有什么特点?

9-4　一个 100Ω 的电阻,在室温条件下用通频带为 $4\mathrm{MHz}$ 的测试设备来测试其噪声电压,其值有多大?

9-5　一个 1000Ω 的电阻在温度 $290\mathrm{K}$ 和 $10\mathrm{MHz}$ 频带内工作,试计算它两端产生的噪声电压的均方根值和电流的均方根值。就热噪声的效应来说,证明这个有噪声的电阻能看成一个无噪声的电阻与一个电流为 $12.66\mathrm{nA}$ 的噪声电流源相并联。

9-6　三个电阻,其阻值分别为 R_1,R_2 和 R_3,且温度保持在 T_1,T_2 和 T_3。如果电阻先串联连接,并看成等效于温度 T 的单个电阻 R,求 R 和 T 的表示式。如果电阻改为并联连接,求 R 和 T 的表示式。

9-7　某晶体管的 $r_{bb'}=70\Omega$,$I_e=1\mathrm{mA}$,$\alpha_0=0.95$,$f_a=500\mathrm{MHz}$。求在室温 $19\mathrm{℃}$,通频带 $200\mathrm{kHz}$ 时,此晶体管在频率为 $10\mathrm{MHz}$ 时的各噪声源数值。

9-8　什么是噪声系数?为什么要用它来衡量放大器的噪声性能?

9-9　噪声系数可以说明什么问题?应用时受到什么限制?

9-10　怎样计算级联网络的噪声系数?

9-11　设某放大器的功率增益 $10\lg A_P=20\mathrm{dB}$,其固有噪声功率 $P_{nBo}=10\mu\mathrm{W}$。分别计算 $P_{ni}=1\mu\mathrm{W}$ 和 $P_{ni}=10\mu\mathrm{W}$ 时的噪声系数 N_F 之值。

9-12　在有高放和无高放的接收机中,混频器的噪声问题何者更重要些?为什么?

9-13　求图题 9-13 所示四端网络的额定功率增益。

9-14　求图题 9-14 所示的网络输出至负载电阻 R_L 上的噪声功率和额定噪声功率。

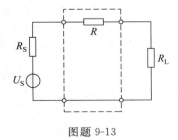

图题 9-13

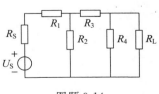

图题 9-14

9-15　信噪比的定义是什么？有什么用途？

9-16　如何消除来自市电网的高频干扰？

9-17　如何测量放大器的噪声系数？测量时应注意什么问题？采用噪声发生器的优点是什么？

9-18　某卫星通信接收机的线性部分如图题 9-18 所示,为满足输出端信噪比为 20dB的要求,高放 A 输入端的信噪比应为多少？已知：

高放 A：$\begin{aligned} T_{e1} &= 20\text{K} \\ A_{P1} &= 25\text{dB} \end{aligned}$；高放 B：$\begin{aligned} N_{F2} &= 6\text{dB} \\ A_{P2} &= 20\text{dB} \end{aligned}$；变频和中放：$\begin{aligned} N_{F3} &= 12\text{dB} \\ A_{P3} &= 40\text{dB}\text{。} \\ B &= 5\text{MHz} \end{aligned}$

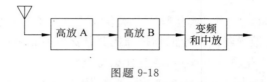

图题 9-18

9-19　已知接收机的输入阻抗为 50Ω,噪声系数为 6dB。用一个 10m 长,衰减量为0.3dB/m 的 50Ω 电缆将接收机连至天线,试问总的噪声系数为多少？

9-20　某接收机的噪声系数为 5dB,带宽为 10MHz,输入阻抗为 50Ω,若要求输出信噪比为 10dB,问接收机的灵敏度为多少？

9-21　在接收设备中静噪电路的作用。

第 10 章　通信电子电路应用举例

10.1　基于 FPGA 的 PLL 频率合成器

在现代电子技术中,为了得到高精度的振荡频率,通常采用石英晶体振荡器。但石英晶体振荡器的频率变化范围很小,很难满足通信、雷达、遥控遥测等电子系统的需求,在这些领域,往往需要在一个频率范围内,能提供一系列高稳定度和高准确度的频率源,而频率合成技术能满足这一要求。利用锁相环、倍频、分频等频率合成技术,可以获得多频率、高稳定的振荡信号输出。

频率合成技术是现代通信的重要组成部分,它是将一个高稳定度和高准确度的基准频率经过四则运算,产生一系列具有同样稳定度和准确度的频率。频率合成器是影响电子系统性能的关键因素之一。现结合 FPGA 技术、锁相环技术、频率合成技术,介绍编者设计的一个整数/半整数频率合成器,本合成器具有一定数量的 I/O 口,可以方便其进一步升级扩展。它不仅能够方便地应用于锁相环教学中,还可以用做频率源、频率计等。

频率合成器主要有直接式、锁相式、直接数字式和混合式 4 种类型。目前,锁相式和数字式容易实现系列化、小型化、模块化和工程化,性能也越来越好,已逐步成为典型和广泛应用的频率合成器。现介绍我们研制的 PLL 频率合成器。

10.1.1　PLL 频率合成器的基本原理

PLL 频率合成器主要采用集成锁相环芯片 CD4046,运用 FPGA 实现的。在第 8 章中已讲述了利用锁相环可以构成频率合成器,一个典型的锁相频率合成器的原理框图如图 10-1 所示。

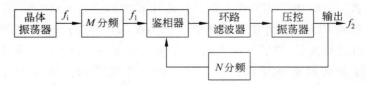

图 10-1　锁相频率合成器的原理框图

以下分析输出频率与输入频率的关系。

输入信号频率 f_i，经固定分频(M 分频)后得到基准频率 f_1，把它输入到相位比较器(鉴相器)的一端，VCO 输出信号经可预制分频器(N 分频)后输入到相位比较器的另一端，这两个信号进行比较，当 PLL 锁定后得到

$$\frac{f_i}{M} = \frac{f_2}{N}, \quad f_2 = \frac{N}{M}f_i = Nf_1$$

当 N 变化时，输出信号频率响应跟随输入信号变化。

10.1.2 基于 FPGA 的 PLL 频率合成器系统软硬件设计

本文将 FPGA 技术与 PLL 技术结合起来，进行基于 FPGA 的 PLL 频率合成器的设计，采用 Quartus 7.2 和 Modelsim 对 VHDL 程序进行设计和仿真，能够完成从 1kHz 到 999.5kHz 的可变频率的输出，并且可以通过键盘手动输入及液晶相应地显示，实现不同频率(1~999.5kHz)的输出。

1. 系统硬件结构框图

整个系统的功能主要以锁相环集成芯片 CD4046 为核心由 FPGA 芯片 EPF10K10LC84-4 控制相关硬件实现。基于 FPGA 的 PLL 频率合成器系统硬件结构框如图 10-2 所示。

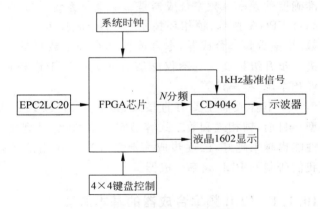

图 10-2　系统硬件结构框图

该系统硬件主要由 7 大部分组成：外部系统时钟，4×4 键盘控制电路，FPGA 处理芯片，EPC2LC20 型 EPROM 芯片，PLL 芯片 CD4046 及其外围电路，液晶 1602 显示模块，示波器。设计使用 FPGA 专用配置芯片 EPC2，通过下载电缆 ByteBlaster MV，把程序多次下载到 FPGA 芯片中。系统使用 FPGA 芯片作为控制中心，按键扫描输入控制信息，液晶屏进行显示，能够方便直观地演示 PLL 芯片 CD4046 在频率合成技术中的应用，且达到了预期的指标要求。本设计中的主要硬件的具体型号是：液晶 TC1602A-01T，FPGA 芯片 EPF10K10LC84-4，40.000MHz 有源晶振 HO-12B。

2. 系统的原理框图及功能框图

基于 FPGA 的 PLL 频率合成器系统的原理框图如图 10-3 所示。系统原理的功能框图如图 10-4 所示。整个系统的功能主要由 FPGA 芯片 EPF10K10LC84-4 控制相关硬件实现。该系统包括以下几个功能模块：键盘扫描模块，液晶显示模块，分频系数获取模块（整数/半整数），功能键模块，进制转换模块，选择模块组成。

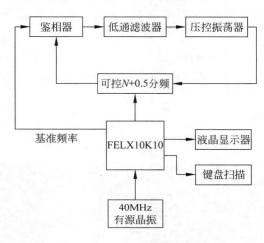

图 10-3　系统原理框图

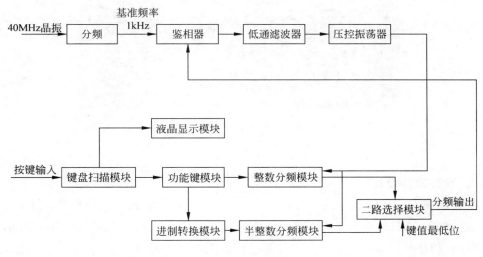

图 10-4　系统原理的功能框图

从图 10-3、图 10-4 可以看出，一方面，40MHz 有源晶振通过 FPGA 的控制进行分频，得到 1kHz 的频率信号，作为 CD4046 的输入基准分频，CD4046 的 VCO 的输出信号直接输入到整数分频模块和半整数分频模块；另一方面，键盘扫描模块（该模块负责扫描按键，输出键值）输出键值，键值送往功能键模块。功能键模块指示"确定"，那么键值作为分频系数,送到整数分频和半整数分频模块,分别对 VCO 输入的信号进行分频;功能键模块指示"清除",那么分频系数清零。键值的最后一位直接控制二路选择模块:如果键值的最后一位是"0",则控制二路选择模块输出整数模块结果;如果键值的最后一位是"5",则控制二路选择模块输出半整数模块结果。将分频输出的结果与锁相环的基准频率在鉴相器中进行比较,产生一个对应于这两个信号相位差的 U_d 电压信号,再经过环路滤波器滤除 U_d 中的高频分量与噪声,输出 U_c,U_c 再输入到 VCO,使得压控振荡器的振荡频率不断向输入信号的频率靠拢,最后使得环路达到锁定,VCO 输出稳定频率。

工作过程中,FPGA 控制可预置的 $N/N+0.5$ 的变化,当 $N/N+0.5$ 变化时,输出信号频率响应跟着输入信号变化。同时 FPGA 也实现了键盘扫描与液晶显示的功能。

3. 硬件测试电路板

所制作的硬件测试电路板如图 10-5 所示。

图 10-5　硬件测试电路板

4. 系统软件设计

本设计在 Quartus Ⅱ 开发软件平台上,主要利用 VHDL 语言进行系统设计。

通过编写 VHDL 程序实现整数/半整数分频,并应用 Quartus Ⅱ 和 Modelsim,完成了 VHDL 程序的设计及仿真。系统软件功能框图如图 10-6 所示。

系统的具体工作过程如下。

键盘扫描模块负责扫描按键,输出键值,键值输入到 1602 液晶模块中进行显示。同时,通过功能键模块去控制键值输入到 FPGA 中的分频模块中,功能模块为"确定"时,键值输入到 FPGA 分频模块中,分频系数 N 就等于输入的键值。功能模块为"清除"时,FPGA 分频模块中,分频系数 N 就会被清零。

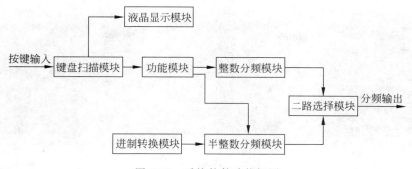

图 10-6　系统软件功能框图

本设计中,分频模块有两部分,一部分是半整数分频,另一部分是整数分频,这里用输入的最低位是 0 还是 5,来进行两路选择:如果输入的最低位判断为 101,那么就选择半整数分频模块进行分频;如果输入的最低位判断为 000,那么就选择整数分频模块进行分频。

10.1.3　系统测试及结果

测试仪器:INSTEK GOS-620(20MHz 模拟示波器)。
测试温度:室温。

1. 检测系统是否入锁

键盘输入从 1~999.5 时,所测 CD4046 的 1 号管脚波形如图 10-7 所示,指示 PLL 处于入锁状态。

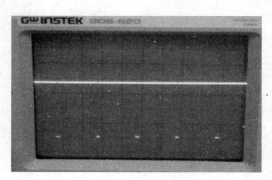

图 10-7　CD4046 的 1 号管脚入锁时的波形图

2. 检测较低频率的整数/半整数分频

(1)检测较低频率的整数分频

当 $N=3$、9、13 时,CD4046 的输入输出波形分别如图 10-8(a)、(b)、(c)所示,输入为 1kHz 的频率。从图中可以很明显地读到,输出分别为 3kHz、9kHz、13kHz。这与理论上

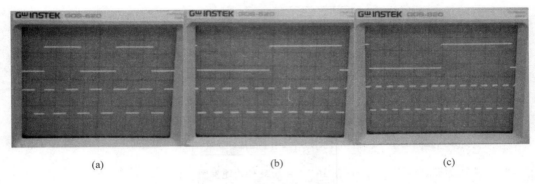

(a)　　　　　　　　　　(b)　　　　　　　　　　(c)

图 10-8　整数分频检测图

预见的结果是一致的。

　　(2) 检测较低频率的半整数分频

　　当 $N=1.5$、5.5、9.5 时,CD4046 的输入输出波形分别如图 10-9(a)、(b)、(c)所示,输入为 1kHz 的频率。从图中可见,输出分别为 1.5kHz、5.5kHz、9.5kHz。这与理论上预见的结果是一致的。

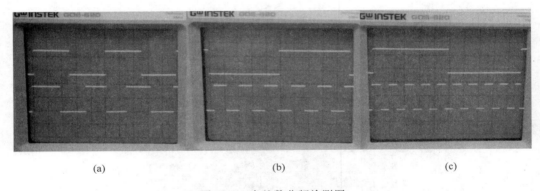

(a)　　　　　　　　　　(b)　　　　　　　　　　(c)

图 10-9　半整数分频检测图

3. 检测较高频率的整数/半整数分频

　　当 N 为更高的数值时,通过比较 CD4046 的输入输出波形,很难直接看出来。输入还是采用 1kHz 的频率值,这时直接看输出的频率值。$N=100,500,999,999.5$ 时的波形分别如图 10-10(a)~(d)所示。

　　由图 10-10(a)中可见,所测频率为 $1/(10\times10^{-6})\mathrm{Hz}=100\mathrm{kHz}$。

　　由图 10-10(b)中可见,所测频率为 $2/(10\times10^{-6})\mathrm{Hz}=500\mathrm{kHz}$。

　　由图 10-10(c)中可见,所测频率约为 $1/(10\times10^{-6})\mathrm{Hz}=1\mathrm{MHz}$。

　　由图 10-10(d)中可见,所测频率约为 $1/(10\times10^{-6})\mathrm{Hz}=1\mathrm{MHz}$。

可见,这时实测值与理论上预见的结果也是一致的。

　　在测试完成之后,又用数字示波器来专门检测 CD4046 的输出频率,结果与理论计算

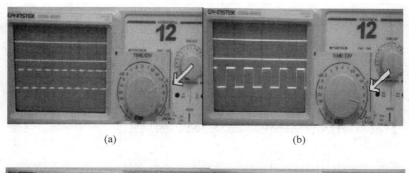

(a)　　　　　　　　　　　　　　　　(b)

(c)　　　　　　　　　　　　　　　　(d)

图 10-10　较高频的整数/半整数分频检测图

几乎吻合。

　　本系统结合 FPGA 技术、锁相环技术、频率合成技术,设计出了一个整数/半整数频率合成器,输出频率为 1～999.5kHz,步进频率可达到 0.5kHz;与以前的实验装置相比,系统在性能指标、直观性等方面都有所提高,它不仅可以用于教学实验,还可以用作频率源、频率计。

　　值得注意的是集成锁相环使用的是在低频频段性价比很高的 CD4046,但是 CD4046的频率范围仅仅限制在低频(小于 1.2MHz),如果要拓宽频率范围,可以考虑使用锁相环MC145146 芯片。

附: 总体电路设计原理图

　　图 10-11 中包含以下 8 部分电路:

　　(1) TC1602A-01T 及其外围电路;

　　(2) 有源晶振;

　　(3) EPC2LC20 及其外围电路;

　　(4) 发光二极管指示电路;

　　(5) EPF10K10LC84-4;

　　(6) 键盘扫描电路;

　　(7) 引脚;

　　(8) CD4046 及其外围电路。

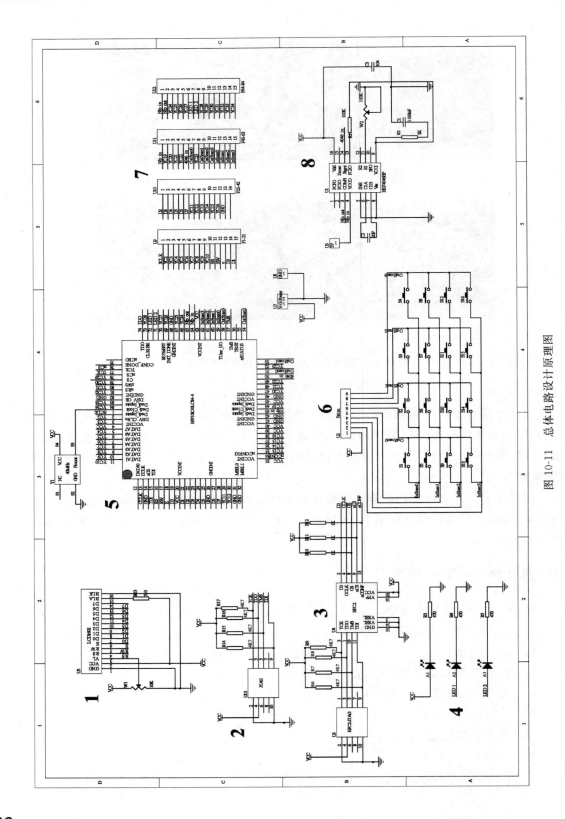

图 10-11 总体电路设计原理图

10.2　移动通信收、发信机

移动通信系统包括两部分设备,即固定台(站)和移动台。但不管是固定台还是移动台,它们都含发信机和收信机。

10.2.1　发信机的主要性能指标

1. 载波额定功率

它是指无调制时馈送给负载(天线或等效电阻)的平均功率。载波功率是决定通信距离与通信质量的重要因素之一。对于调频(或调相)方式,其载波功率不因有无调制而变化。我国规定移动通信设备的功率等级为:$0.5W,2W,3.5W,10W,15W,25W$ 和 $50W$。

2. 载波频率容限

它是指实测发射载波频率与其标称值之最大允许差值,它决定了对频率稳定度的要求。

表 10-1 列出了不同工作频段和不同信道间隔的移动通信中,对载频波频率的容限要求。

表 10-1　载波频率的容限

频段/MHz	频道间隔/kHz	频率容限	
		绝对值/kHz	相对值/10^{-6}
50～100	20,25,30	±1.35	±20
	12.5	±1.0	±12
100～300	20,25,30	±1.60	±10
	12.5	±1.3	±8
300～500	20,25,30	±2.25	±5
	12.5	±1.55	±3
900	20,25,30	±2.7	±3
	12.5	—	—

由于一般晶体振荡器的相对稳定度为 2×10^{-6} 量级,只能满足低频段的要求。对于频率较高的 450MHz 频段,需采用温度补偿晶体振荡器才能达到 2×10^{-6} 量级的频率稳定度。对于更高的工作频段,需采用恒温晶振。

3. 调制频偏

调制频偏是指已调信号瞬时频率与载频的差值,它是表征发信机调制性能的指标,包括:

(1) 最大允许频偏

它是根据信道间隔规定的,不同信道间隔的最大允许频偏不同,如表 10-2 所示。

表 10-2 最大允许频偏

信道间隔/kHz	25	20	12.5
最大允许频偏/kHz	±5	±4	±2.5

（2）调制灵敏度

它是指发信机输出获得额定频偏时，其音频输入端所需音频调制信号电压（一般指 1kHz）的大小。所谓额定频偏通常规定为最大允许频偏的 60%。如表 10-2 中，信道间隔为 25kHz 时的最大频偏为 ±5kHz，则额定频偏为 ±(5×60%)kHz＝±3kHz。

（3）高音频调制特性

它是指当音频调制频率超过 3kHz 时，调频信号频偏下降的情况。通常用相对于 1kHz 时额定频偏的相对值表示。此外，还有剩余频偏、呼叫音频偏等指标要求。

（4）音频响应

发信机音频响应是指调制音频在 300～3000Hz 范围内变化时，射频频偏与预加重特性的要求（通常认为每倍频程 6dB 提升）之间的一致程度。实际电路的偏差值，要求基地台在 −3～+1dB 之间，移动台在 ±3dB 之内。

（5）音频非线性失真系数

它是指音频输入端加入标准测试音（1kHz）调制时，发信机输出调频信号经解调后测得的音频各谐波成分的总有效值对整个信号的有效值之比。通常要求基地台的非线性失真系数不大于 7%，移动台不大于 ±10%。

（6）寄生调幅

它是指调频发信机已调频信号呈现的寄生调幅。通常用输出调频信号幅度变化对载波幅度的百分数表示，一般不大于 3%。

（7）邻道辐射功率

它是指发信机在额定调制状态下，总输出功率中落在邻道频率接收带宽内的那部分功率。邻道辐射功率对邻道接收机会形成干扰，它应比载波功率低 70dB 以上。

此外，还有杂散辐射、启动时间、互调衰减等指标。

表 10-3 列出了频道间隔为 25kHz 的发信机的主要电气性能指标。

表 10-3 发信机主要电气性能指标（频道间隔为 25kHz）

电气性能名称		技 术 要 求
载波功率/W		基站：10～50 车（船）台：5～25
载频容差		$100～300\text{MHz}：±10×10^{-6}$ $300～500\text{MHz}：±5×10^{-6}$
调制特性	调制灵敏度	由产品技术条件规定
	最大允许频偏	±5kHz
	高音频调制特性	6kHz 时，频偏比额定频率偏低 6dB；6～20kHz 时，以 14dB/oct 递减
	剩余频偏	＜−35dB(54Hz)
	呼叫音频偏	±3.5～5kHz
寄生调幅		≤3%

电气性能名称	技术要求
音频响应	相对于 6dB/oct 的加重特性的偏离 基站：$-1\sim+3$dB；车（船）台：$\leqslant\pm3$dB
音频非线性失真	基站：$\leqslant7\%$；车（船）台：$\leqslant10\%$
收信机辐射带宽 （30～470MHz）	在允许带宽的 $50\%\sim100\%$ 内，各离散成分 $\leqslant-25$dB 在允许带宽的 100% 以外，各离散成分 $\leqslant-35$dB
邻道辐射功率	比载频功率低 70dB 以上
发信机杂散辐射	当载波功率$>$25W 时，任一离散频率的杂散辐射功率应低于载波功率 70dB； 当载波功率$\leqslant$25W 时，任一离散频率的杂散辐射功率应不超过 2.5μW
互调衰耗/dB	$>$60
发信机启动时间/ms	$\leqslant$100

不同的业务系统，如无线传呼系统、无线电话系统、调度系统、自动电话系统等，它们对收、发信设备的要求有所不同，但都要求传输可靠性高、通信容量大、覆盖区域大、抗干扰性好、体积小、节电等。对于固定台和移动台（包括手持机、车载台等），因其工作环境、使用条件等的不同，对其性能和要求也有所不同。移动台的工作环境远比固定台恶劣，如环境温度可能从$-30\sim+70$℃，相对湿度可高达 95%，还要考虑抗冲击、振动、电源供给和节电等，这就给移动台的设计提出了更严格的要求。

10.2.2　发信机的组成及电路

1. 发信设备的组成

发信设备的功能是对要传送的基带信号经调制、混频或倍频将频谱搬移到发信频率，再经功率放大器放大后通过天线对空发射出去。它的组成如图 10-12 所示。

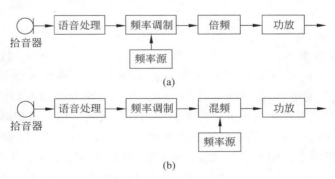

图 10-12　发信设备组成框图

语音信号是最简单的基带信号，在移动通信中规定语音信号的频率范围为 300～3000Hz。在与公用电话网相连接时，也有将上限频率扩展至 3400Hz 的。

目前，移动通信系统大多采用频分制或调相制（又称间接调频）。按照频谱搬移方式的不同，发信机的组成可分为放大-倍频（图 10-12(a)）方案和混频-放大（图 10-12(b)）方案。

(1) 放大-倍频方案

这种方案的特点是：调制是在较低的频率上进行，调制频偏(或相偏)小，调制线性易保证，使用压控振荡器易解决调制频偏与载波频率稳定度间的矛盾。已调信号经倍频后，其载波频率和调制频偏便可达到所要求的值。倍频时虽然会使振荡器频率不稳引起的频差成倍地加大，但其相对频率稳定度并未变化。如某移动通信发信机的工作频率为481MHz，最大频偏为 ±5kHz，若使用 36 次倍频，则晶振调制器的载频只需 13.36MHz左右，其频偏只需约 139Hz 即可。在这样低的频率上进行调制可保证较高的调制线性，其非线性失真可低于 2%，相对频率稳定度则高达 2×10^{-8}，绝对频差不到 1kHz。因此，放大-倍频方案是以放大倍频链来保证发信机的各项性能的。

(2) 混频-放大方案

这种方案的调制性能由工作在较低频率的调频振荡器来保证，而它的载波频率及稳定度由晶体振荡器或频率合成器来保证，两者互不影响。改变工作频率只需调整频率合成器的输出频率，对调制性能不会产生影响。调制器的工作频率低，其频率稳定度对发射载频的影响甚微。

2. 发信电路

(1) 语音信号处理电路

不同调制方式对语音信号的处理和要求不同。对于窄带调频制，语音信号处理通常包括预加重、放大、限幅和滤波等电路。

由于调频信号解调后的噪声功率呈抛物线分布，在语音信号的频带高端噪声大。为了改善信噪比，在发信端预先将信号的高频分量加强(每倍频程 6dB)，这就是所谓预加重。在收信端，为恢复原基带信号，还需将语音信号按每倍频程压低 6dB，这就是去加重。

最简单的预加重电路是由 R,C 组成的微分电路，如图 10-13 所示。它的时间常数应满足

$$RC \ll \frac{1}{f_{max}} \tag{10-1}$$

式中，f_{max} 是语音频带的上限，当 $f_{max} = 3000Hz$ 时，$RC \ll 0.3ms$。这样，可在 $300 \sim 3000Hz$ 的语音频带内得到每倍频程 6dB 的预加重特性。若放大级的输入阻抗 R 为 $10k\Omega$，选取 $1000pF$ 的电容，则时间常数 $RC \approx 0.01ms$，可满足式(10-1)的要求。

语音处理的另一个作用是限制瞬时频偏不超过最大允许值。窄带调频制规定最大频偏 $\Delta f_m = 5kHz$。由于调频时其频偏值正比于音频信号电压，因此，须事先对音频信号的幅度加以限制。最简单的限幅器是二极管限幅器，如图 10-14 所示。平时，由于恒流源 I_c 的偏置作用，两个二极管处于导通状态，对小信号通过无影响；而对于加进的大信号，D_b、D_a 可使其正、负半周的大信号波形削平，从而对音频信号的幅值加以限制，使瞬时频偏不超过规定值。

限幅会导致高次谐波出现，使调频信号的频带加宽，造成对邻道的干扰。因此，限幅器后常加装 $LC-\mathrm{II}$ 型低通滤波器，以抑制 3000Hz(3400Hz)以上的谐波分量。

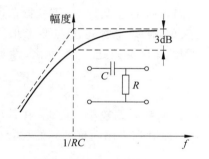

图10-13　微分电路及其预加重特性

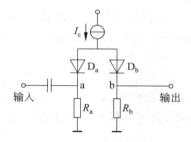

图 10-14　二极管限幅器

通过语音处理电路后再将语音送入调制器,就会使得载频得到足够的频偏而又不超过允许的最大频偏值,因此,这部分电路通常称为瞬时频偏控制(IDC)电路。

（2）频率信号源

我国规定窄带调频移动通信系统的频率允许容差,VHF 为 10×10^{-6}；UHF 450MHz 段为 5×10^{-6},900MHz 频段为 3×10^{-6}。要达到这样高的要求,通常需使用晶体振荡器作信号源,并采取稳频措施。采用 MC145146 等组成的 UHF 频率合成器已在第 8 章中分析过。

MC145146 的鉴相器输出信号经环路滤波器后,加至压控振荡器 VCO 进行频率锁定,得到所需的工作频率。因此,采用性能完善的大规模集成电路后,使整个锁相环路的外接元件很少,结构紧凑,耗电少,可为各种通信设备提供足够的点频源。

（3）调制器

在频分制移动通信中,频率调制可分为直接调频法和间接调频法。

直接调频法是用音频信号去直接改变载波频率,常将受调制信号控制的可变电抗元件接入载波振荡回路,直接改变载波频率,实现线性调频。最常用的电抗元件是变容二极管。

间接调频法是用音频信号改变载波的相位,常用的调相电路有可变调谐回路移相器和桥式移相器。由于通过移相获得的调频信号的频偏很小,间接调频常在较低的频率上进行,然后再通过倍频使频偏随着载波频率的倍乘得到足够的频偏。

因直接调频法是直接改变载波的频率,故存在频偏和频率稳定度之间的矛盾。在调频电路中加进有晶体振荡器作为参考频率源的锁相环路,能较好地解决这一矛盾,它的组成框图如图 10-15 所示。

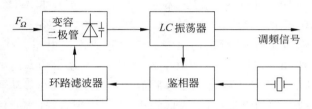

图 10-15　锁相环调频电路的组成框图

在图 10-15 中,只要锁相环路的通频带远低于调制音频的最低频率,压控振荡器的控制电压中就可以加入调制信号,从而得到足够的频偏,而频率稳定度与参考信号源(晶振)保持一致。单片集成锁相环的相继问世,可使调频电路进一步简化,性能也更好。

（4）倍频器

前面已提到,调频一般是在较低的频率上进行的,且调频频偏较小。因此,在移动通信设备中,常通过倍频使频偏随着载波频率的倍乘增加,尤其在采用间接调频的场合更是如此。

当使用晶体振荡器作为频率源时,一般的基频大都在 25MHz 以下,对 160MHz 频段需要 6~9 次倍频;若用于 UHF 频段,则需要的倍频次数会更高。为了抑制倍频器中不需要的谐波分量,每级倍频器的次数不宜过高,一般为 2~3 次倍频即可。倍频器工作在丙类放大状态。倍频器的倍频次数、导通角和谐波系数的关系可通过查关系曲线获得。导通角取决于半导体管的直流工作点和输入激励电平,高次倍频的最佳导通角约为 $120°/n$（n 为倍频次数）。图 10-16 所示为一典型的倍频电路（9 次倍频器）,分为二级,每级三倍频。

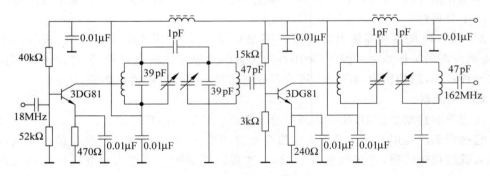

图 10-16　9 次倍频器

（5）功放电路和功率控制

功率放大器的作用是将倍频器产生的射频信号放大到额定功率。倍频器的输出一般较小,不足以推动功率放大器,为此,常在功放前加几级预放,以得到足够的激励信号电平。基站的功率放大器要求输出功率较大,通常采用效率高的丙类放大器。

目前,功率放大器用的高频大功率半导体管已系列化,如国产 FA532,FA533,FA642系列和 3DA194,3DA195,3DA197 系列,都可工作在 470MHz 频率,输出功率达 10W,增益可达 24dB。图 10-17 所示为工作在 470MHz 频段的功放电路。

功放输出电路为加大功率,可采用两管并联电路或推挽电路。图 10-18 是采用两管并联的 160MHz 末级功放电路,在电源电压为 26V 时,其输出功率约 100W。

近年来,一种新的功率放大器件——厚膜混合集成功放块在移动通信中被广泛采用。它是一种有源和无源器件的组合体,具有体积小、工作频带宽、外接元件少、可靠性高等特点,装调、测试很方便。

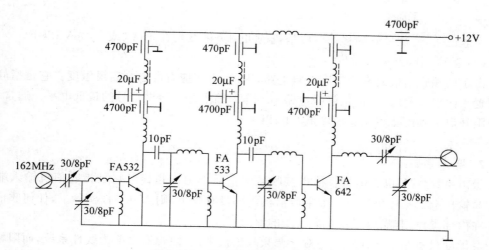

图 10-17　470MHz 频段的功放电路

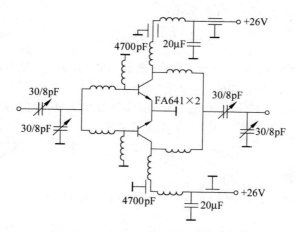

图 10-18　160MHz 并联输出功放电路

10.2.3　收信机的主要性能指标

1. 灵敏度

前面已介绍过,灵敏度是衡量接收机对微弱信号接收能力的指标。在调频接收系统中,按照定义和测试方法的不同,灵敏度可分为可用灵敏度和静噪门限开启灵敏度。

（1）可用灵敏度

它是指用标准测试音（1000Hz）调制时,在接收机输出端得到规定的信纳比或信噪比且输出功率不小于音频额定功率的 50% 的情况下,接收机输入端所需要的最小信号电平。通常用 μV 或 $\mathrm{dB}\mu$V（相对于 1μV 的 dB 数）表示。

所谓信纳比是指 $(S+N+D)/(N+D)$,式中的 N 和 D 分别是噪声和信号失真 D 的分量。调频收信机的输出端的信纳比通常规定为 12dB,输入端最小信号电平通常以电动势标称。

一般说来,性能良好的移动台收信机的可用灵敏度均在 $1\mu V$(或 $0dB\mu V$)以下。

（2）静噪门限开启灵敏度

由于调频收信机通常均接有静噪电路,因而,它相应有静噪开启灵敏度。它是指静噪控制置于门限位置时、收信机静噪电路不工作时输入标准测试信号的最低电平。通常,静噪门限开启灵敏度比可用灵敏度低 6dB 以上。

2. 噪声系数

噪声系数（N_F）也是衡量收信机接收微弱信号能力的指标。它是指收信机输入端信噪比与输出端信噪比的比值。如果收信机内部没有噪声,则 $N_F=1$。实际上,任何收信机都存在内部噪声,其噪声系数是大于 1 的。

灵敏度只适用于线性系统。对于调频收信机来说,限幅器之前为线性系统,而限幅解调是非线性的。若设限幅器输入端的载噪比为 C/N,则以收信机输入电动势表示的灵敏度 e 与噪声系数 N_F 间存在如下互换关系:

$$e = \sqrt{4kTBN_F \frac{C}{N}R} \qquad (10\text{-}2)$$

式中,B 为收信机的等效噪声带宽;k 为玻耳兹曼常数($1.37 \times 10^{23} J/K$);T 为信号源的热力学温度(K),对于常温收信机,$T=290K$。

若取 $C/N=10dB$(实际上典型值为 12dB),等效带宽 B 近似等于收信机中频带宽 16kHz,在室温 $T=290K$ 条件下,由式(10-2)可求得

$$e = \sqrt{4 \times 1.37 \times 10^{-23} \times 290 \times 16 \times 10^3 \times 10 \times 5 \times N_F \times 10^6}$$

$$= 0.356 \sqrt{N_F} \quad (\mu V)$$

当 $N_F=3dB$ 时,$e=0.50\mu V$;当 $N_F=10dB$ 时,$e=1.12\mu V$。

3. 大信号信噪比

它是当收信机射频输入信号足够强时,在收信机输出端测得的信噪比值。

随着输入射频信号的增强,接收机输出信噪比是逐渐改善的,典型曲线如图 10-19 所示。通常,在射频输入达 26～30dBμV 时,输出信噪比可达 40～50dB。

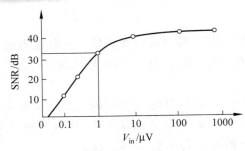

图 10-19　收信机输出信噪比与输入信号电平的关系

4. 音频输出功率和谐波失真

音频输出功率是指收信机输入端加入标准测试音调制的射频信号时,在其输出端能提供的最大不失真(或失真符合指标规定)音频功率;谐波失真是指输出音频功率为额定值时,各次音频谐波分量总和的有效值与总输出信号有效值之比。

按技术要求,收信机的额定音频输出功率由产品技术规范规定,一般大于等于0.5W;固定站的谐波失真应不大于 7%;移动台的谐波失真应不大于 10%。

5. 音频响应

它是指输入信号的频偏保持不变,调制音频在 300~3000Hz 内变化时,收音机音频输出电平的频率特性与 −6dB/倍频程的去加重特性之间的重合程度。

按技术要求,对于固定站,其差值应在 −1~+3dB 之内;对于移动台,其差值应在 ±3dB 内。

6. 调制接收带宽

当收信机接收一个输入电平比实测可用灵敏度高 6dB、加大信号频偏使输出信纳比降回到 12dB 时,这个频偏的 2 倍就称调制接收带宽。

调制接收带宽直接反映了收信机工作时的动态带宽,它不仅与中频滤波器的带宽有关,且与解调失真、本振频率及中频滤波器中心频率的准确度有关。

对于信道间隔为 25kHz 的收信机,调制接收带宽不应小于 ±6.5kHz。

7. 限幅特性

它是指收信机的输入射频信号电平在一个规定范围内变化时,输出音频电平的稳幅特性。如射频电平变化范围为 94dB 时,音频输出电平的变化应不大于 3dB。

8. 邻道选择性

它是指在相邻频道上存在已调无用信号时,收信机接收已调有用信号的能力,它用无用信号与可用灵敏度的相对电平(dB 数)来表示。当输入有用信号的电平比可用灵敏度高 3dB 时,该无用信号的存在使收信机的输出信噪比降回到 12dB,或使音频输出功率下降 3dB。

按技术要求,对于固定台或移动台,25kHz 频道间隔的邻道选择性应大于 70dB。

9. 阻塞

它是指在有用信号频率附近的一定范围(如 ±(1~10)MHz)内,存在一个为调制的干扰信号,导致收信机的输出信纳比降低,或使音频输出功率减小。

阻塞用干扰信号与灵敏度的相对电平(dB 数)表示。按技术要求,在规定的频率范围内,任何频率成分的阻塞指标应不低于 90dB。

除上述指标外,还有杂散辐射、杂散响应抑制、抗互调干扰、同频道抑制等指标要求。

10.2.4 收信机的组成及电路

1. 收信设备的组成及电平配置

在窄带调频通信设备中,为了获得良好的频道选择性能,大都采用两次混频的超外差接收方案。通常,第一中频采用 10.7(或 21.4)MHz,第二中频为 455(或 465)kHz。图 10-20(a)是一典型收信设备的组成框图,图 10-20(b)是收信设备的电平配置图。

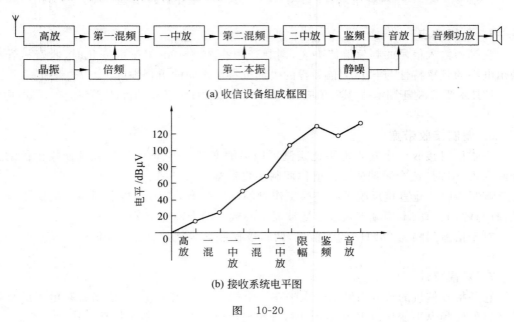

(a) 收信设备组成框图

(b) 接收系统电平图

图　10-20

2. 高频放大器

接收系统的灵敏度主要取决于高频放大器的噪声性能和增益。一般要求高放的增益在 10dB 左右。常用的高放电路为共发射极电路和共发射极-共基极串接放大器,它们既有较高的增益,也具有良好的稳定性。常使用的器件是低噪声双极型晶体管和场效应管。场效应管具有动态范围大、线性好、噪声低(低至 2～3dB)等优点,近年来被大量采用。

3. 混频器

二次混频式接收机的第一混频器,对收信灵敏度和非线性指标影响较大,应选用混频噪声低、非线性失真小、动态范围大、有一定混频增益的器件和电路。

采用双栅场效应管的混频电路是比较理想的电路。也有采用两只晶体管做成交叉耦合式混频电路的,其优点是可以抵消本振信号和非线性的奇次项,减小其组合频率干扰。

半导体二极管混频器动态范围大,而环形平衡混频器能抵消奇次组合频率,但二极管混频器要求输入的本振信号大,且变频为负增益。

4. 集成化中放解调电路

采用 MC3359 的中放、解调集成电路。MC3359 的主要电气性能如表 10-4 所列。

表 10-4　MC3359 的主要电气性能

电 气 性 能		最小值	典型值	最大值	单　位
4,8 脚的输入电流	静噪关断		3.6	6.0	mA
	静噪接入		5.4		
静噪 20dB 输入			8.0	7.0	μV(rms)
限幅曲线－3dB(拐点)			2		μV(rms)
混频电压增益(18 脚到 3 脚)			48(33dB)		倍
混频输入电阻			3.6		kΩ
混频输入电容			2.2		pF
音频输出(10 脚,输入信号(rms)为 1mV)		450	700		mV(rms)
鉴相灵敏度(10 脚)			0.3		V/kHz
AFC 中心斜率(11 脚,不加负载)			12		V/kHz
有源滤波器增益(12-13 脚间接 1MΩ)		40	51		dB
静噪门限(经 10kΩ 到 11 脚)			0.62		V
扫描控制电流(15 脚)	14 脚高	2.0	0.01		μA
	14 脚低	2.0	2.4		mA
静噪开关阻抗(16 脚到地)	14 脚高		5.0		MΩ
	14 脚低		1.5		Ω

还有一种常见的集成化中放解调电路是 NJM2202,它的解调电路使用了锁相环。由于它是利用压控振荡器(VCO)产生的调频信号与输入信号之间的相位差检出调制信号,并将误差信号反馈至 VCO,因此,压控振荡器的瞬时频率能够很好地跟踪输入信号的频率变化。它能在低信噪比条件下解调宽频偏信号,或在大动态范围条件下高线性地解调多路信号。这些性能比普通鉴频电路优越得多,很有利于移动通信。

5. 静噪电路

当调频收信机收到的信号电平在鉴频门限以下时,它的输出信噪比便会急剧下降,解调出的信号中会出现大量噪声。为防止上述情况的发生,需将收信机的音频输出及时切断。这种附加电路即为静噪电路。常见的静噪方式有以下三种。

(1) 噪声控制方式

它是根据语音频带以外的噪声作为判别依据,并对静噪电路进行控制。MC3359 即采用此种方式,它是用有源滤波器取出 10kHz 左右的噪声进行判别,这种控制方式是目前应用最为广泛的一种方式。

(2) 载频控制方式

以载频的强弱为依据,并进行控制,即当接收信号的载频下降到一定电平时,将音频输出切断。载频信号从中放、检波后取得。这种方式的控制效果较差,应用不多。

（3）带外音控制方式

它是在发信端语言频带外专门发一单音参考信号,接收端解调后用滤波器滤出该单音信号,以它的强弱作为判别和控制的依据。这种方式由于附加电路多,应用也不多。

10.3　脉宽调制全集成化载波多路遥讯装置

本装置采用时分制,可以用一个载波从集中发送点向调度室传送多路信号,以达到节省载频、增加信号数目的目的。

10.3.1　主要性能特点

信号用脉冲宽度区别,窄脉冲代表开机,宽脉冲代表停机,传送一路信号(检测一台设备)所需时间(包括间歇时间)为 0.8s,一个循环所需时间为 12.8s。载波发射机、载波接收机采用 CMOS 电路,抗干扰能力强、耗电量小。系统由选煤楼控制台集中点发射机、调度室集中点接收机组成,可采用电话线或专用载波传输线。

集中点发射机将选煤楼 9 部设备(还能扩展为更多的设备)的状态(开、停)信号,依次用一个载波将一串宽窄脉冲送到调度室接收机。

集中点接收机将收到的载频脉冲信号进行解调,恢复原来的一串宽窄脉冲,然后再对宽窄脉冲加以鉴别、记忆,用红绿灯显示。红灯表示设备正常运行,绿灯表示设备停止运行。

10.3.2　主要技术指标

（1）脉冲宽度调制:窄脉冲 0.1ms;宽脉冲 0.4ms。

（2）检测信号速度:一个循环需要 12.8ms。

（3）载波发射机中心频率:150kHz。

（4）载波发射机输出电压:10V。

（5）遥测 9 路开关信号。

10.3.3　工作原理

本装置由集中点发射机和接收机两部分组成,中间连接传输线。如图 10-21 所示。

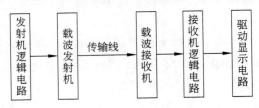

图 10-21　多路遥控机框图

1. 集中点发射机

它由多谐振荡器、除 2 电路、时间分配器、控制门电路、脉冲组合电路及载波发射机等环节组成,如图 10-22 所示。

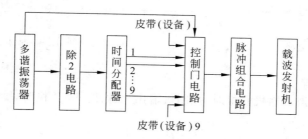

图 10-22　集中点发射机框图

（1）多谐振荡器

它是由两个与非门,电阻 R_1,R_2,R_3,二极管 V_1,V_2,电位器 R_w 及电容器组成,其电路如图 10-23 所示。调整 R_w,可改变占空比,它能产生占空比为 1/4 的矩形脉冲,脉冲宽度为 0.1ms,周期为 0.4ms,它是反映开机状态的窄脉冲源,也是开机的脉冲源,其波形如图 10-24(a) 所示。

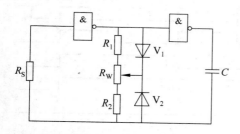

图 10-23　多谐振荡器电路图

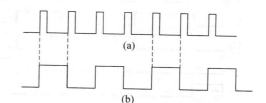

图 10-24　多谐振荡器及除 2 电路的波形图

（2）除 2 电路

它由 D 触发器组成,把 D 触发器的 $\overline{Q}$ 端输出反馈到 D 输入端,如图 10-25 所示。把多谐振荡器产生的波形作为除 2 电路的时钟脉冲,这样在 Q 端就能产生占空比为 1/2 的方波。它是反映停机状态的宽脉冲源,也是时间分配器的时钟信号。其波形如图 10-24(b) 所示。

（3）时间分配器

它由 CC4520 的 1/2 四位二进制同步加法计数器及 CC4514(四输入/十六输出译码器)组成。它把一个循环的时间(12.8ms)分成 16 等份,即 16 步,每步 0.8ms。其中前 9 步分别以高电平输出到相应皮带机控制的电路;后 7 步间隙,作为一个循环的结束,让接收机置零同步,其原理电路见图 10-26。

如果用 CC4017 和 CC4013 组成时间分配器,则可扩展成 18 路信号。它的一个循环时间为 16ms,把它划分为 20 等份,即 20 步,每步 0.8ms,其中前 18 步分别以高电平输出到相应皮带机控制的门电路,后 2 步间隙,用于与接收机同步。

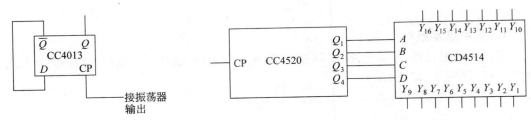

图 10-25　除 2 电路

图 10-26　时间分配器原理电路图

（4）控制门电路

它共有 9 路。当运输机开机时，控制机输出窄脉冲。若关机时，输出为时间分配器的输出信号，即 0.8ms 的脉冲。

（5）脉冲组合电路

它把各路控制门的输出信号，按时间分配器分给的先后次序，排成串行的序列最后 7 拍（即 10～16 拍）为空，用于同步，然后再与除 2 电路输出的信号相与，形成反映各运输机工作状态的宽、窄脉冲（开机脉冲为 0.1ms，停机脉冲为 0.4ms）。其波形如图 10-27 所示。

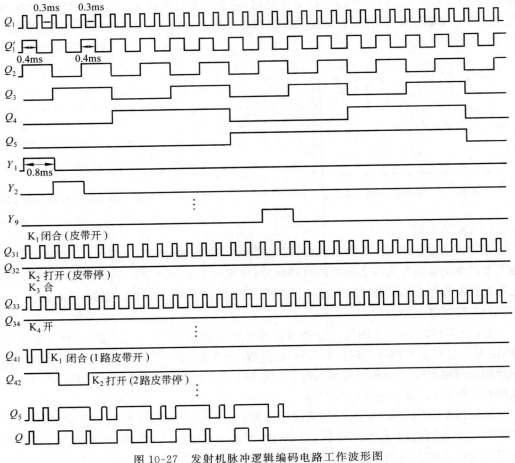

图 10-27　发射机脉冲逻辑编码电路工作波形图

（6）载波发射机

它由 COMS 门电路及 RC 元件组成。宽、窄脉冲序列调制载波幅值（键控调幅），得到宽、窄调幅波。载波振荡中心频率是 150kHz。载波发射机逻辑电路如图 10-28 所示。

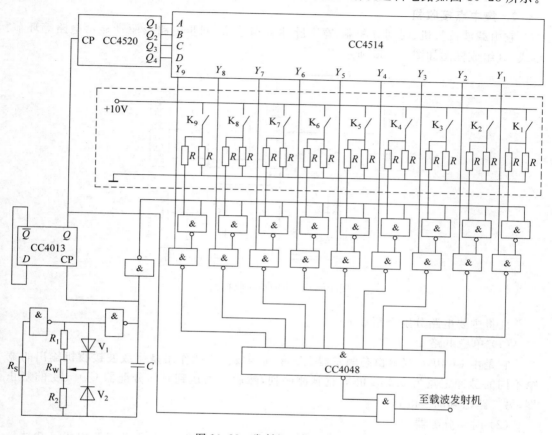

图 10-28 发射机逻辑电路图

下面结合发射机框图、波形及逻辑电路，以三路工作为例，简要介绍发射机的工作状态。为了分析方便，设第一路、第三路为皮带机启动运转，第二路为停机。

由于皮带机运转，启动器辅助接点 K_1、K_3 闭合，有 10V 的高电平输入控制门，经和脉冲源非信号与非，再和时间分配器与非输出信号，波形如图 10-29③所示，由图可知输出为脉宽 0.1ms 的负双脉冲，后经组合门和除 2 电路输出相与，得到单个正脉冲（0.1ms），它反映了皮带机开机的情况。第二路皮带机因处于停机状态，控制门 1 输入为低电平，经和脉冲源非信号与非，再和时间分配器与非输出信号为 0.8ms 的宽负脉冲，如图 10-29③所示。后经组合门和除 2 电路输出相与为 0.4ms 的宽脉

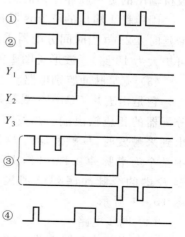

图 10-29 发射机部分波形图

冲,它反映了皮带机停机的情况。逻辑电路输出的是一串宽窄脉冲,再经载波发射机,得到键控调幅波形,送到传送线。其波形如图 10-29④所示。

2. 集中点接收机

它由载波接收机、时间分配器、宽窄脉冲鉴别电路、同步电路及驱动显示电路等环节组成,其组成框图如图 10-30 所示。

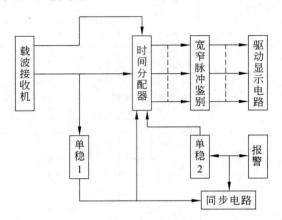

图 10-30　集中点接收机框图

现将主要电路分别介绍如下。

（1）单稳电路 1

它是由 CC4098 双单稳态触发器 1/2 单元构成。它的作用是将载波接收机输出的宽窄不同的脉冲定宽为 0.2ms 的等宽脉冲序列,然后一路送到时间分配器 CD4514 的禁止端,另一路送到同步电路。

（2）时间分配器

它是由 1/2CC4520 四位二进制计数器和 CD4514 四线/十六线译码器组成。载波接收机输出的宽窄脉冲序列的上升沿触发计数器,四线/十六线译码器依次输出节拍脉冲。

因单稳 1 输出的 0.2ms 脉冲加在它的禁止端,所以它的脉冲都比输入的宽窄脉冲前沿延时 0.2ms(当时间分配器采用和集中发射机同样的 CC4017 集成器件和 CC4013 时,可扩大为 18 路)。波形见图 10-34③。

（3）宽窄脉冲鉴别电路

它是由五块 CC4013 双触发器构成。触发器的 D 端接宽窄脉冲序列,CP 端接时间分配器的相应输出端。当宽窄脉冲序列中某个为宽脉冲 0.4ms,其相应的时间分配输出到来触发时,D 触发器的 D 端仍为高电平,D 触发器的 Q 端为高电平;当脉冲序列中某个为窄脉冲 0.1ms 时,由于时间分配器延时 0.2ms 触发 D 触发器,加到 D 触发器 D 端的窄脉冲序列已消失,故 D 触发器输出 $\bar{Q}$ 为高电平。其波形的时间关系如图 10-31 所示。

（4）同步电路

它是由阻容延时电路、施密特触发器和单稳 2 构成,电路如图 10-32 所示。

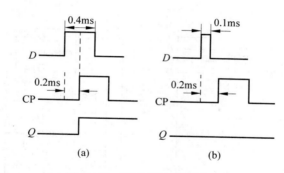

图 10-31　宽窄脉冲鉴别波形图

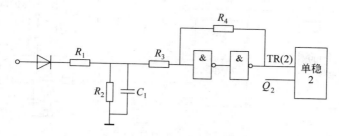

图 10-32　同步电路电路图

　　当单稳 1 输出的等宽窄脉冲连续到来时，经过 R_1，R_2，C_1 快充慢放的充放电环节，使施密特触发器输入端和输出端为高电平。当一个循环结束，要空 7 拍时间无脉冲到来，电容放电，电压降到低于施密特电路的翻转电平，施密特电路翻转输出低电平，下跳触发单稳 2，单稳输出高电平，使时间分配器的计数器置零，为下一循环做准备。

　　（5）其他电路

　　报警电路是一个延时电路，当较长时间无信号时，电路发出灯光信号，表示电路有故障。

　　驱动显示电路。由于宽窄脉冲鉴别电路带负载能力较小，不能直接驱动信号灯，故驱动电路采用集成度高、驱动能力大的 MC1413。接收机逻辑电路如图 10-33 所示。

　　下面结合框图、电路图和波形图简要说明接收机的工作过程。当接收机收到反映运输机工作状态的脉冲后，经解调整形电路输出，波形如图 10-34①所示。脉冲序列作为计数器 1/2CC4520 的时钟脉冲，上升沿触发计数、时间分配器 CD4514 译码输出，波形如图 10-34 所示。时间分配器输出加到 D 触发器 CP 端，整形后的脉冲序列加到 D 触发器的 D 端，进行宽窄脉冲鉴别，由图知第一路为窄脉冲，D 触发器 Q 为高电平，绿灯亮，表示第一路运输机正在运行。第二路为宽脉冲，D 触发器 Q 为低电平，红灯亮，表示第二路运输机处于停机状态，其他路情况相同。在正常情况下，接收机序列上升沿触发单稳 1/2 CC4098，Q_1 输出等宽脉冲，波形如图 10-34②所示，脉宽 0.2ms，它的输出分两路，一路加到 CC4514 的禁止端，使其输出延迟 0.2ms，为鉴别脉宽作准备；另一路给 RC 充放电环节，断续充电，使其电平能保持施密特电路输出高电平，当输出一组 9 路信号后，空 7 拍时间内，由于 RC 放电，其电平降低，施密特触发器翻转为低电平加到单稳 1/2 CC4098，单稳 Q_2 输出正脉冲，加到计数器 R 端，使计数器清零，为下一循环计数

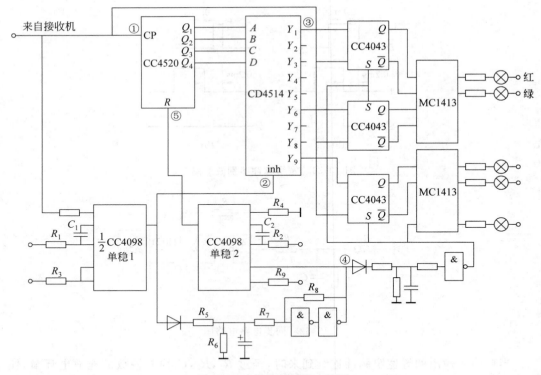

图 10-33　接收机逻辑电路图

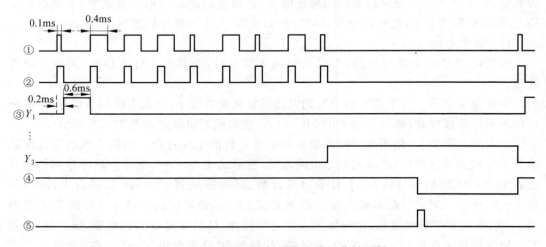

图 10-34　接收机逻辑编码电路工作波形图

器做好准备。在这种情况下,由于报警电路还要经过一个 RC 电路环节,放电时间长,故报警电路不工作。

3. 电源部分

(1) 集中点发射机所用电源:$+12\text{V},0\sim1\text{A}$,用 $220\text{V},50\text{Hz}$ 交流,经变压器变压、整

流桥(QL50V3A)整流,大电容量的 $C(1000\mu F)$ 滤波,再经三端集成稳压器(SW7812)稳压,输出+12V,供集中发射机用,电路如图 10-35 所示。

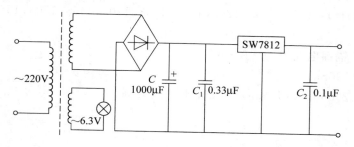

图 10-35　集中点发射机用稳压电源电路

(2) 集中点接收机所用电源:+12V,2A,用 220V,50Hz 交流,经变压器变压、整流桥(QL5A)整流、大电容滤波,三端集成稳压块(SW7812)稳压,但由于其最大电流为 1.5A,所以还需经过扩流装置(加大功率三极管及电阻 R)。电路如图 10-36 所示。

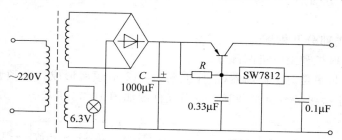

图 10-36　集中点接收机用稳压电源电路

10.4　YDK—IP 型遥控机

10.4.1　概述

　　YDK—IP 型遥控机是一种甚高频无线电调频控制设备,既可控制地面机械,也可供矿井采区综合机械化工作面双滚筒采煤机组司机作随机操作用,可以分别控制:主机停止、向左牵引、向右牵引、牵引加速、牵引减速、左滚筒调高、左滚筒调低、右滚筒调高、右滚筒调低、信号、运输机停止和断总电源等 12 个动作。其中主机停止、信号、运输机停止和断总电源等 4 个动作的完成,必须借助于动力载波或控制电缆才能实现。本机在采煤工作面,其有效控制距离为 15m。如控制地面机械,在平坦开阔地带,有效控制距离可达 2～3km。

10.4.2　主要技术指标

发射机
载波频率:151MHz

输出功率：1W

调制方式：调频，最大频偏 12kHz

调制频率（Hz）：1153，1203，1253，1303，1353，1403，1453，1503，1553，1603，1653，1703，1753

电源：15V 镉镍电池组，0.8A·h

消耗电流：190mA

外形尺寸：200mm×150mm×66mm（长×宽×高）

重量：2kg

接收机

灵敏度：不大于 2μV（信噪比为 20dB 以上）

电源：交流 36V

外形尺寸：370mm×220mm×135mm（长×宽×高）

10.4.3 电路原理

1. 主要组成部分及框图

本设备由发射机和接收机两部分组成。

发射机载波频率是对主振荡器(晶体振荡)经 12 倍频后形成。音频调制信号由音叉振荡器产生，对主振级进行直接调频。发射机框图如图 10-37 所示。

图 10-37　YDK—IP 型遥控机发射机框图

接收机采用了两次混频电路。晶体本地振荡器与信号频率差拍成两个中频：

第一中频频率 = 载波频率 − 12 倍本振频率（MHz）

第二中频频率 = 1.5MHz

接收机框图如图 10-38 所示。

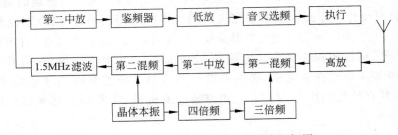

图 10-38　YDK—IP 型遥控机接收机框图

2. 发射机原理

发射机电路如图 10-39 所示。

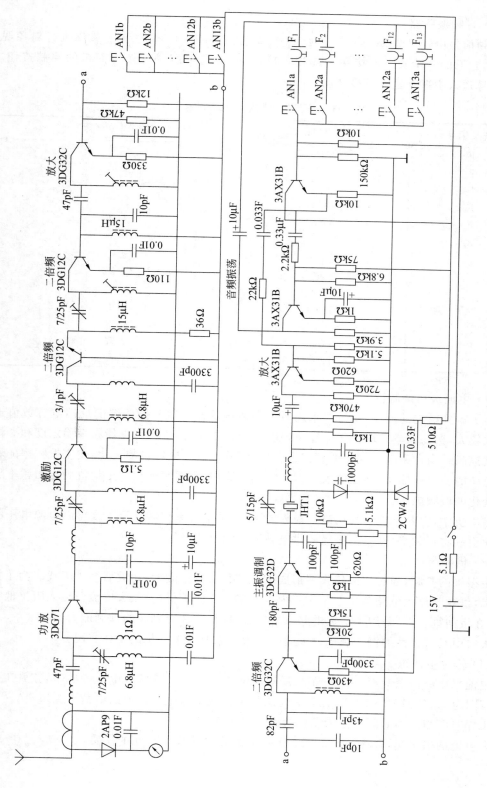

图 10-39　YDK—IP 型遥控机发射机电路图

(1) 音频振荡器

音频信号由音叉振荡器产生,共 13 个音叉($F_1 \sim F_{13}$),各代表频率及执行对象见表 10-5。它们的一端共同连接在一起接入反馈端,而另一端分别接入面板的控制按钮。音频信号送入主振级进行直接调制。

表 10-5 音叉代表频率及执行对象名称

音叉编号	频率/Hz	执行对象名称
F_1	1150	信号
F_2	1250	右低
F_3	1350	向后
F_4	1450	减速
F_5	1550	左低
F_6	—	—
F_7	1200	运停
F_8	1300	主停
F_9	1400	断电
F_{10}	1500	向前
F_{11}	1600	加速
F_{12}	1700	左高
F_{13}	1750	右高

(2) 主振级与调制器

为了得到稳定的振荡,主振级采用石英晶体振荡器。由于振荡器的反馈电容数值选用的比较大,振荡频率只取决于晶体及串联的变容二极管,这样可以使频率稳定度和振幅稳定度提高。当音频电压加至变容二极管后,随着二极管电容量的变化,使主振频率随着音频电压的变化而摇摆,摇摆的大小即为频偏。这样,主振级输出一个幅值固定而频率随音频变化的调频电压。

在本机中,变容二极管采用硅三极管的 b—c 结电容来代替。为了改善因电源电压的变化而引起主振频率偏移,主振级的供电采用了稳压二极管。

(3) 倍频与功放

主振级的基频,通过三级倍频器形成 12 倍频,然后经激励、功放后馈入天线。为了提高效率,倍频与放大电路基本上工作于丙类。鉴于高频管低电压、大电流及输入阻抗低等特点,在级间耦合上,采用了谐振电路,以提高功率增益和对副波的抑制能力。

天线由具有弹性的钢带制成。天线电流表用来监视发射机的工作状况。

(4) 镉镍电池组

电池采用镉镍电池组,由 12 节 1.25V 电池串联而成。其标称电压为 15V,正常工作电压范围为 13.5~16.5V,低于 13.5V 时需将电池取下充电。电池的电荷量为 0.8A·h。如按工作时间与间隙时间之比为 1∶2 计算,可工作 8h。

在电池的引出端,串有一只 5.1Ω 限流电阻,以适应安全火花的需要。

3. 接收机原理

接收机选频原理和执行电路图如图 10-40 所示。

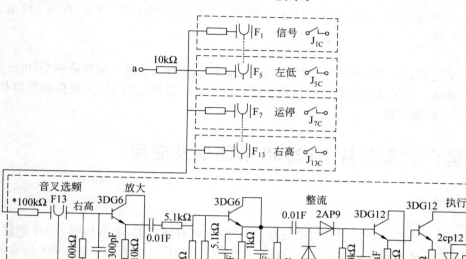

图 10-40　YDK—IP 型遥控机接收机选频原理和执行电路图

（1）天线和高放级

接收机天线长度为 $0.5\mathrm{m}\left(\dfrac{1}{4}\lambda\right)$，用粗钢丝与电机轴向平行横架在空间，两端用绝缘柱拉紧，经喇叭口和 50Ω 高频同轴电缆自机外引到机内。

高频放大器由输入回路和共发共基级联放大器构成。

（2）本振、混频和第一中放级

本地振荡器采用晶体振荡，并具有良好的抑制石英晶体可能产生的其他副波振荡的能力。振荡器槽路是电容性的，本振输出分为两路：第一路经 12 倍频（4 倍与 3 倍频）后，注入第一混频级的发射极进行混频，第一混频的输出经第一中放引到第二混频级；本振的另一路输出直接注入第二混频的基极进行混频，第二混频的输出（1.5MHz）供给第二中放级。

（3）第二中放、低放级

此部分由 1.5MHz 陶瓷滤波器、二中放级、限幅放大、鉴频和低放等环节组成。陶瓷滤波器的频带宽度为 $\pm15\mathrm{kHz}$ 左右，插入损耗约 6dB，为了减轻二中放对滤波器的影响，在电路中安插了一级射极跟随器，然后由三级 RC 放大器集中放大。为了消除外部干扰和提高信噪比，放大了的二中频信号，在进行限幅后再送入鉴频器。鉴频器采用密封，并加有温度补偿。鉴频输出经三级低放送至选频执行环节。

（4）选频和执行环节

由 13 路并联的选频和执行组件构成。选频元件采用音叉,其频率分别与发射机的调制频率相对应。选频后的音频信号,通过低放、整流和直流放大后,推动执行继电器动作。

F_1 至 F_5 分别为信号、右低、向后、减速、左低,F_7 至 F_{13} 分别为运停、主停、断电、向前、加速、左高、右高。

（5）电源

交流 36V 电源,经变压、整流、滤波和稳压后,得到 15V 直流电源。稳压范围为$(0.8\sim 1.1)\times$额定电压。该电源还具有过载保护作用。电源变压器副边的 5V 交流供执行组件的动作指示用,以便维修。

10.5 蓝牙收发芯片 RF2968 的原理及应用

10.5.1 概述

RF2968 是一个单片蓝牙收发集成电路,芯片内含有射频发射、射频接收、FSK 调制/解调等电路,能够接收和发送数字信号,符合蓝牙无线电规范 1.1 要求。RF2968 是为低成本的蓝牙应用而设计的单片收发集成电路,RF 频率范围 2400～2500MHz,RF 信道 79 个,步长 1MHz,数据速率 1MHz,频偏 140～175kHz,输出功率 4dBm,接收灵敏度-85dBm,电源电压 3V,发射电流消耗 59mA,接收电流消耗 49mA,休眠模式电流消耗 $250\mu A$。芯片提供给全功能的 FSK 收发功能,中频和解调部分不需要滤波器或鉴频器,具有镜像抑制前端、集成振荡器、可高度编程的合成等电路。自动校准的接收和发射 IF 电路能优化连接的性能,并消除人为的变化。RF2968 可应用在蓝牙 GSM/GPRS/EDGE 蜂窝电话、无绳电话、蓝牙无线局域网、电池供电的便携设备等系统中。

10.5.2 引脚功能

集成电路采用 32 脚的塑料 LCC(Leadless Chip Carrier,无引线芯片承载)形式封装,RF2968 的引脚功能图和内部框图如图 10-41 所示。各引脚功能说明如下:

（1）VCC1：给 VCO(压控振荡器)倍频和 LO(本机振荡器)放大器电路提供电压。

（2）VCC2：给 RX(接收)混频器、TXPA(发射功率放大器)和 LNA(低噪声放大器)偏置电路提供电压。

（3）TXOUT：发射机输出。当发射机工作时,TXOUT 输出阻抗是 50Ω;当发射机不工作时,TXOUT 为高阻态。因为这个引脚是直流偏置,所以需外接 1 个耦合电容器。

（4）RXIN：接收机输入。当接收机工作时,RXIN 输入阻抗是低阻态;接收机不工作时,RXIN 为高阻态。芯片内用 1 个内部串联电感器来调节输入阻抗。

（5）VCC3：给 RX 输入级提供电压。

（6）VCC4：给 TX 混频器、LO 放大器、LNA 和 RX 混频器的偏置电路提供电压。

（7）LPO：低功耗模式的低频时钟输出。在休眠模式中,这个引脚能给基带提供一个 3.2kHz 或 32kHz、占空比为 50% 的时钟。在其他工作方式没有输出。

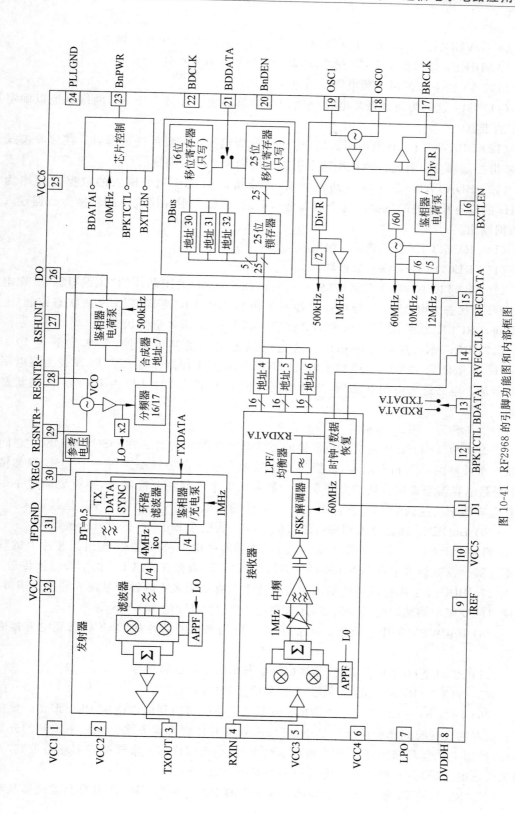

图 10-41　RF2968 的引脚功能图和内部框图

（8）DVDDH：给 RXIFVGA（接收中频电压增益放大器）电路提供电压。

（9）IREF：外部接 1 个精密电阻器以产生恒定的基准电流。

（10）VCC5：给模拟中频电路提供电压。

（11）D1：这是为时钟恢复电路提供的电荷泵输出。外接 1 个 RC 网络到地以确定 PLL 的带宽。

（12）BPKTCTL：在发射模式时，这个脚作为启动 PA 级的选通脉冲；在接收模式时，基带控制器可以有选择地使用这个引脚来给同步字的检测发信号。

（13）BDATA1：输入信号到发射机/接收机的数据输出。输入的数据是速率为 1MHz 的没有被滤波的数据。这个引脚是双向的，根据发射和接收模式转换为数据输入或数据输出。

（14）RVECCLK：恢复时钟输出。

（15）RECDATA：恢复数据输出。

（16）BXTLEN：功率控制电路的一部分，用来接通/关闭芯片的"休眠"模式。在电路从 OFF 状态上电之后，当低功耗时钟不工作时，BRCLK 被 BXTLEN 的状态控制（上电期间，BRCLK 先写 BXTLEN 激活且被设为高电平，以进入空闲状态）。

（17）BRCLK：基准时钟输出。这是由晶振决定的基准时钟，频率范围为 10～40MHz，典型值为 13MHz。电路上电时，BRCLK 在基带控制器将 BXTLEN 设为高电平之前激活。电路进入空闲状态后，当低功耗时钟不工作时，BRCLK 由 BXTLEN 的状态控制。

（18）OSC0：与 19 脚相同。

（19）OSC1：OSC 脚可通过负反馈的方式来产生基准时钟。在 OSC1 到 OSC0 之间连接 1 个并联的晶振和电阻器，以提供反馈通道和确定谐振频率。每一个 OSC 脚都接 1 个旁路电容器来提供合适的晶振负载。如果用 1 个外部的基准频率，那就要通过 1 个隔直电容器来连接到 OSC1，并且用 1 个 $470\text{k}\Omega$ 的电阻器将 OSC0 和 OSC1 连接起来。

（20）BnDEN：锁存输入到串行端口的数据。数据在 BnDEN 的上升沿被锁存。

（21）BDDATA：串行数据通道。读/写数据通过这个引脚送入/输出到芯片上的移位寄存器。读取的数据在 BDCLK 的上升沿被传送，写数据在 BDCLK 的下降沿被传送。

（22）BDCLK：串行端口的输入时钟。这个引脚被用来将时钟信号输入到串行端口。要使得跳变频率的编程时间最短时，建议使用 10～20MHz 的 BDCLK 频率。

（23）BnPWR：芯片电源控制电路的一部分，用来控制芯片从 OFF 状态到电源接通状态。

（24）PLLGND：RF 合成器、晶体振荡器和串行端口的接地端。

（25）VCC6：RF 合成器、晶体振荡器和串行端口的电源端。

（26）DO：RF PLL 的充电泵输出。外接 1 个 RC 网络到地以确定 PLL 带宽。要使得合成器的设置时间和相位噪声最小，可采用双重的环路带宽方案。在频率检测的开始时期，使用 1 个宽环路带宽。在检测频率结束时，用 RSHUNT 来转换到窄环路带宽，并提供改进的 VCO 相位噪声。带宽转换的时间由 PLL Del 位设置。

（27）RSHUNT：通过将 2 个外部串联电阻的中点分路到 VREG，使环路滤波器从窄带转换到宽带。

（28）RESNTR－：用来给 VCO 提供直流电压以及调节 VCO 的中心频率。在 RESNTR－和 RESNTR＋之间需 2 个电感器来跟内部电容形成谐振。在设计印制电路板时，应该考虑从 RESNTR 脚到电感器的感抗。可以在 RESNTR 脚之间接 1 个小电容器来确定 VCO 的频率范围。

（29）RESNTR＋：见引脚 28。

（30）VREG：电压调节输出(2.2V)。需 1 个旁路电容器连接到地。通过与 28 脚和 29 脚相连的回路给 VCO 提供偏置。

（31）IFDGND：数字中频电路接地端。

（32）VCC7：数字中频电路电源电压。

10.5.3　内部结构

RF2968 是专为蓝牙的应用而设计的工作在 2.4GHz 频段的收发机，符合蓝牙无线电规范 1.1 版本功率等级二(＋4dBm)或等级三(0dBm)要求。对功率等级 1(＋20 dBm) 的应用，RF2968 可以和功率放大器搭配使用，如 RF2172。RF2968 的内部框图如图 10-41 所示。芯片内包含有发射器、接收器、VCO、时钟、数据总线、芯片控制逻辑等电路。

由于芯片内集成了中频滤波器，RF2968 只需最少的外部器件，避免外部如中频 SAW 滤波器和对称-不对称变换器等器件。接收机输入和发射输出的高阻状态可省去外部接收机/发射机转换开关。RF2968 和天线、RF 带通滤波器、基带控制器连接，可以实现完整的蓝牙解决方案。除 RF 信号处理外，RF2968 同样能完成数据调制的基带控制、直流补偿、数据和时钟恢复功能。

RF2968 发射机输出在内部匹配到 50Ω，需要 1 个 AC 耦合电容器。接收机的低噪声放大器输入在内部匹配 50Ω 阻抗到前端滤波器。接收机和发射机在 TXOUT 和 RXIN 间连接 1 个耦合电容器，共用 1 个前端滤波器。此外，发射通道可以通过外部的放大器放大到＋20dBm，接通 RF2968 的发射增益控制和接收信号强度指示，可使蓝牙工作在功率等级 1。RSSI 数据经串联端口输入，超过－20～＋80dBm 的功率范围时提供 1dB 的分辨率。发射增益控制在 4dB 步阶内调制，可经串联端口设置。

基带数据经 BDATA1 脚送到发射机。BDATA1 脚是双向传输引脚，发射模式作为输入端，接收模式作为输出端。RF2968 实现基带数据的高斯滤波、FSK 调制中频电流控制的晶体振荡器(ICO)和中频 IF 上变频到 RF 信道频率。

片内压控振荡器(VCO)产生的频率为本振(LO)频率的一半，再通过倍频到精确的本振频率。在 RESNTR＋和 RESNTR－间的两个外部回路电感设置 VCO 的调节范围，电压从片内调节器输给 VCO，调节器通过 1 个滤波网络连接在两个回路电感的中间。由于蓝牙快速跳频的需要，环路滤波器(连接到 DO 和 RSHUNT)特别重要，它们决定 VCO 的跳变和设置时间。所以，极力推荐使用电路图中提供的元件值。

RF2968 可以使用 10,11,12,13 或 20MHz 的基准时钟频率，并能支持这些频率的 2 倍基准时钟。时钟可由外部基准时钟通过隔直电容直接送到 OSC1 脚。如果没有外部基准时钟,可以用晶振和两个电容组成基准振荡电路。无论是外部或内部产生的基准频率,使用 1 个连接在 OSC1 和 OSC0 之间的电阻器来提供合适的偏置。基准频率的频率公差需为 20×10^{-6} 或更好,以保证最大允许的系统频率偏差保持在 RF2968 的解调带宽之内。LPO 脚用 3.2kHz 或 32kHz 的低功率方式时钟给休眠模式下的基带设备提供低频时钟。考虑到最小的休眠模式功率消耗,并灵活选择基准时钟频率,可选用 12MHz 的基准时钟。

接收机用低中频结构,使得外部元件最少。RF 信号向下变频到 1MHz,使中频滤波器可以植入到芯片中。解调数据在 BDATA1 脚输出,进一步的数据处理用基带 PLL 数据和时钟恢复电容完成。D1 是基带 PLL 环路滤波器的连接脚。同步数据和时钟在 RECDATA 和 RECCLK 脚输出。如果基带设备用 RF2968 作时钟恢复,D1 环路滤波器可以略去不用。

10.5.4 应用

RF2968 射频收发机作为蓝牙系统的物理层(PHY),支持在物理层和基带设备之间的 Blue RF(蓝牙射频)接口。

RF2968 和基带间有两个接口,串行接口提供控制数据交换的通道,双向接口提供调制解调、定时和芯片功率控制信号的通道。基带控制器与 RF2968 的接口如图 10-42 所示。

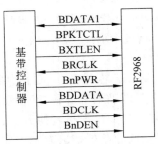

图 10-42　基带控制器与 RF2968 接口

控制数据通过 DBUS 串行接口协议的方式在 RF2968 和基带控制器之间交换。BDCLK,BDDATA 和 BnDEN 都是符合串行接口的信号。基带控制器是主控设备,它启动所有到 RF2968 寄存器的存取操作,RF2968 数据寄存器可被编程,或者根据具体命令格式和地址被检索。数据包首先传送 MSB。串行数据包的格式如表 10-6 所列。

表 10-6　串行数据包格式

域	位　数	注　释
设备地址	3[A7：A5]	物理层为 101
读/写	1[R/W]	1 为读,0 为写
寄存器地址	5[A4：A0]	32 个寄存器的最大值
数据	16[D15：D0]	RF2968 在写模式编程,在读模式返回寄存器的内容

"写"周期,基带控制器在 BDCLK 下降沿驱动数据包的每一位,RF2968 在数据寄存器设为高状态后,在 BDCLK 第 1 个下降沿到来时被移位寄存器的内容更新,如图 10-43 所示。

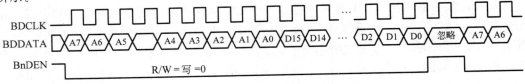

图 10-43　DBUS 写编程图

在"读"操作中,基带控制器发出设备地址、READ 位(R/W＝1)和寄存器地址给 RF2968,再跟 1 个持续半个时钟周期的翻转位。这个翻转位允许 RF2968 在 BDCLK 的上升沿通过 BDDATA 驱动它的请求信号。数据位传输后,基带控制器驱动 BnDEN 为高电平,在第 1 个 BDCLK 脉冲的下降沿到来时重新控制 BDDATA,如图 10-44 所示。

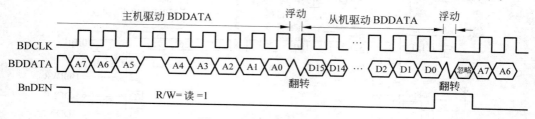

图 10-44 DBUS 读编程图

寄存器地址域可寻址 32 个寄存器,RF2968 仅提供 3～7 和 30,31 的寄存器地址。通过设置寄存器的数据可实现不同的功能。

双向接口完成数据交换、定时和状态机控制。所有双向同步(定时)来自 BRCLK,BRCLK 由 RF2968 产生。RF2968 使用 BRCLK 的下降沿。图 10-45 给出当数据从 RF2968 传给基带控制器时的通用定时。

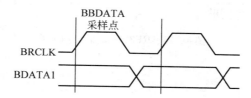

图 10-45 RF2968 写入到基带控制器时的通用定时

RF2968 的芯片控制电路控制芯片内其他电路的掉电和复位状态,把设备设置为所需要的发射、接收或功率节省模式。芯片的控制输入经双向接口从基带控制器(BnPWR,BXTLEN,BPKTCTL,BDATA1)输入,也可从 DBUS 提供(RXEN,TXEN)输出端的寄存器输入。基带控制器和 RF2968 内的状态机维持在控制双向数据线方向的状态。基带控制器控制 RF2968 内的状态机,并保证数据争用不会在复位和正常工作期间发生。RF2968 常用的状态有:

OFF 状态——所有电路掉电且复位,设置数据丢失。

IDLE 状态——待机模式。数据被读入到控制寄存器中,振荡器保持工作,所有其他电路掉电。

SLEEP 状态——芯片通常从 IDLE 模式进入这种模式。此时,所有电路掉电,但不复位,因此数据得以保留。电路同样可从其他模式进入 SLEEP 模式,但 TXEN 和 RXEN 状态不变,以便 TX 和 RX 电路保持导通。

TX DATA 状态——数据在这种模式发射(合成器稳定,数据信道同步)。

RX DATA 状态——接收的数据经 BDATA1(不同步)和 RECDATA(和 RECCLK 同步)发送到基带电路。

RF2968 的一个典型的应用电路(GSM 电话)如图 10-46 所示。

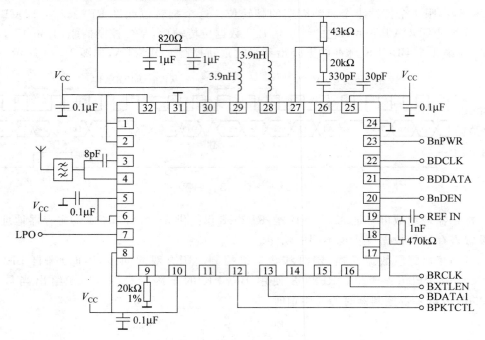

图 10-46　RF2968 电话应用电路

习题参考答案

第 1 章

1-5

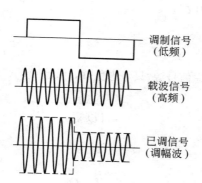

调制信号
（低频）

载波信号
（高频）

已调信号
（调幅波）

1-7

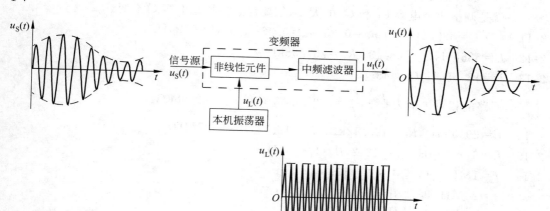

图题 1-7　混频器输入输出波形图

1-8　中波广播波段的频宽为 1078kHz；107 个电台同时广播。

第 2 章

2-1　$I_0 = 0.2\text{mA}, U_{L0} = 212\text{mV}, U_{C0} = 212\text{mV}$。

2-2　$L \approx 253\mu\text{H}, Q_0 = 100, Z_x = 15.9 - \text{j}796\ (\Omega)$。

2-3　(1) $Q_0 \approx 200, B = 3.2\text{kHz}$；(2) $\alpha(\text{dB}) = -42.2\text{dB}$

2-4　$L \approx 20.3\mu\text{H}, Q_0 = 33.3, \alpha(\text{dB}) \approx -16.57\text{dB}$,应在回路两端并一个 21.2kΩ 的电阻。

2-5　证明略。$R_L = 1.75\text{k}\Omega$

2-6　$f_0 = 39.8\text{MHz}$ 或 $\omega_0 = 250 \times 10^6 \text{rad/s}, R_0 = 20\text{k}\Omega, Q_L = 25, B = 1.59\text{MHz}$

2-7　$N_1/N_2 = 0.25$

2-8　$L = 586\mu\text{H}, B = 26.57\text{kHz}$

2-9　(1) $L = 1.27\mu\text{H}, B = 2.14\text{MHz}$;

　　(2) 匝比 n_1, n_2 应加大,C 可以减小。这样改不如接入 R_1 更合适。

2-10　(1) $f_0 = \dfrac{1}{2\pi\sqrt{LC}}$,其中 $C = \dfrac{C_1 C_2}{C_1 + C_2}$。

回路空载时,$B = \dfrac{f_0}{Q_0}$。

回路有载时,这里不考虑信号源,只考虑负载,并设负载 R_L 对回路的接入系数为 n_2,则

$$Q_L = \frac{Q_0 R_L}{n_2^2 \left(Q_0 \omega_0 L + \dfrac{R_L}{n_2^2}\right)}$$

因此

$$B = \frac{f_0}{Q_L}$$

(2) 假设信号源对回路的接入系数为 n_1,调整 n_1 就是调整电感抽头位置,调整 n_2 就是调整两个电容 C_1 和 C_2 的大小,但要注意保持总电容 C 不变。

2-11　(1) $L = 586\mu\text{H}$; (2) $n_1 = 0.28, n_2 = 0.06$; (3) $M = 8.9\mu\text{H}$

2-12　$L = 586\mu\text{H}, Q_L = 58.13$; $R_x = 237.58\text{k}\Omega$

2-13　$L = 12.77\mu\text{H}, Q_0 = 43.33$

　　回路的相对失谐为 $\dfrac{f}{f_0} - \dfrac{f_0}{f} = -0.16$,应并联 $R_x = 22.58\text{k}\Omega$。

2-14　$L = 29.53\mu\text{H}, R_0 = 198.42\text{k}\Omega, Q_L = 12.32, B = 0.87\text{MHz}$

2-15　$L = 612.39\mu\text{H}, Q_L = 42.2, B = 10.78\text{kHz}$

2-19　$f = 1\text{MHz}$ 时,$|\beta| = \beta_0 = 50$;

　　　$f = 20\text{MHz}$ 时,$|\beta| \approx 12.5$;

　　　$f = 50\text{MHz}$ 时,$|\beta| \approx 5$。

2-20　$f_\beta < f_T < f_\alpha, f_T = \beta_0 f_\beta = \gamma\alpha_0 f_\alpha$

2-22　$K_{0总} = 400$,或者 $K_{0总}(\text{dB}) = 52\text{dB}$, $2\Delta f_{0.7(总)} = 3.86\text{kHz}$。若总通频带保持为 6kHz,则每级放大器的通频带应变宽,为 $2\Delta f_{0.7(单)} = 9.32\text{kHz}$,即改动后单级 $|K_{V0}| = 12.87$,总放大倍数为 44.38dB。

2-23　$|K_{V0}| = 39.7, B = 2.26\text{MHz}$

2-24　$2\Delta f_{0.7(总)} = 5.93\text{kHz}, Q_L = 23.72$

2-25　$L = 3.86\mu\text{H}, C \approx 65\text{pF}$,外接电阻 $R = 8.5\text{k}\Omega$

2-26　(1) $|K_{V0}| \approx 30$; (2) $B = 15.98\text{kHz}$; (3) $C = 201\text{pF}$; (4) $\eta(\text{dB}) = -2.9\text{dB}$

2-27　(1) $n_1 = 0.262, n_2 = 0.108$; (2) $\eta(\text{dB}) = -1.24\text{dB}$; (3) $|K_{V0}| = 19.71$。

2-28　(1) $C=335\mathrm{pF}$;(2) 匝数之比 $n=0.237$;(3) $|K_{V0}|(\mathrm{dB})=53.64\mathrm{dB}$。

2-30　每级的 3dB 带宽为 $B\approx14\mathrm{kHz}$;下降了 4.9dB。

第　3　章

3-10　I_{c0},I_{c1m} 减小;P_o 减小。

3-11　输出功率 P_o 均约为原来一半。

3-14　$P_C=1\mathrm{W}$,$R_c=57.6\Omega$,$\eta_c=83.2\%$,$I_{c1m}=416\mathrm{mA}$。

3-15　(1) 当 $\eta_c=60\%$ 时,$P_C=3.33\mathrm{W}$,$I_{c0}=0.34\mathrm{A}$;

　　　(2) 若 P_o 保持不变,将 η_c 提高到 80%,P_C 减少 2.08W。

3-16　P_o 为 10.19W,P_S 为 13.36W,η_c 为 0.76,R_{cp} 为 22.16Ω。

3-17　根据 $BV_{ceo}\geqslant 2E_c=24\mathrm{V}$,$P_{CM}>P_C=0.044\mathrm{W}$,$I_{CM}>I_{c\,max}=115\mathrm{mA}$ 以及 $f_T>10\mathrm{MHz}$ 选择晶体管。

3-22　(1) $P_S=19.4\mathrm{W}$,$P_C=4.4\mathrm{W}$;$\eta_c=77.3\%$,$R_{cp}=15.89\Omega$;

　　　(2) 若输入信号振幅增加一倍,将工作在过电压状态,输出功率不变。

3-23　效率 η_c 提高了 20%,相应的集电极电流脉冲幅值变化了 33%。

3-24　(2) $\theta=72°$,$P_o=6.66\mathrm{W}$,$P_C=2.664\mathrm{W}$,$R_{cp}=16.89\Omega$。

3-28　$\theta_n=120°/n$,二倍频器和三倍频器的最佳导通角分别为 60° 和 40°。

3-30　功率、效率之比均为 1.68。

第　4　章

4-8　$f_1=2.6\mathrm{MHz}$,$K_{min}=3$。

4-9　(a)中的 X_{cb} 必须是容性,有可能振荡;(b)不可能振荡;(c)不可能振荡;(d)不可能振荡;(e)中的 X_{cb} 必须是感性,有可能振荡;(f) 当 $L_2C_2<L_3C_3$ 时,有可能振荡;(g)计振荡器输入电容时,有可能振荡;(h)是场效应管振荡器,对于场效应管振荡器,将发射极对应场效应管的源极即可。图中的 X_{GD} 必须是感性。

4-10　(1),(2),(4)电路可能振荡;(3),(5),(6) 电路不可能振荡。

4-11　可能产生振荡。相位满足平衡条件的判断准则——射同基(或集)反,有可能振荡;X_{cb} 必须是容性。

4-15　(2) $C_1=C_2\approx100\mathrm{pF}$。

4-16　$f_0=\dfrac{1}{2\pi\sqrt{(L_1+L_2)\dfrac{C_1C_2}{C_1+C_2}}}$,$F=\dfrac{\omega_0 L_2}{\omega_0 L_1-\dfrac{1}{\omega_0 C_1}}$。

4-17　(1) $L=245\mu\mathrm{H}$;

　　　(2) 若把 F 降低一半,解得 $C_1=462\mathrm{pF}$,$C_2=3986\mathrm{pF}$。

4-20　(2) $R_2<160\mathrm{k}\Omega$。

第 5 章

5-3 包含频率为：10^6 Hz，幅度为 25；1005kHz，幅度为 8.75；995kHz，幅度为 8.75；1010kHz，幅度为 3.75；990kHz，幅度为 3.75。

5-5 $m_a = 1$ 时，上、下边频功率均为 250W，总功率 1500W；
$m_a = 0.7$ 时，上、下边频功率均为 122.5W，总功率 1245W。

5-6 (1) 边频功率为 1.225W；(2) 电路为集电极调幅时，直流电源供给被调级的功率 P_{S1} 为 10W；(3) 电路为基极调幅时，直流电源供给被调级的功率 P_{S2} 为 12.45W。

5-7 $P_调 = P_c + P_边 = 54$W，频带宽度 $B_1 = 2F = 2$kHz。

5-12 (1) 调幅波占据的频带宽度 $B = 2F_{max} = 8$kHz。
(2) 调幅波的调幅指数平均值为 $m_a = 0.3$ 的平均功率 $P = 500 + 22.5 = 522.5$(kW)；
调幅波的调幅指数平均值为 $m_a = 1$ 的平均功率 $P = 500 + 250 = 750$(kW)。

5-13 $u_1(t)$ 是一个普通调幅波。$P_边 = 0.01$W，$P_调 = P_c + P_边 = 2.01$W，$B_1 = 10$Hz。
$u_2(t)$ 是一个抑制载波双边带调幅波。总功率 $= P_边 = 0.01$W，$B_2 = 10$Hz。

5-16 电极平均输出功率 $(P_o)_{av}$ 为 56.25W，平均损耗功率 $(P_C)_{av}$ 为 56.25W，$P_{CM} \geqslant 56.25$W。

5-17 (1) $m_a = 1$，当 $R_L \downarrow$，工作在欠压状态，输出调幅波形幅值减小；
(2) $m_a = 1$，当 $R_L \uparrow$，工作在过压状态，输出调幅波形波幅变平。

5-25 (1) 215pF $\ll C < 0.15\mu$F，$R_{in} \geqslant 5$kΩ；
(2) 3.3pF $\ll C < 169$pF，$R_{in} \geqslant 5$kΩ。

5-26 (1) 输出电压 $U_o = 1.08$；　(2) 检波器输入电阻 $R_{in} \approx 10.94$kΩ。

5-28 $m_a \leqslant 0.8$

5-30 (1) $R_L = 11.9$kΩ；　(2) $R_i \geqslant 47.6$kΩ。

5-31 $C < 0.85\mu$F。

第 6 章

6-4 $u = 5\cos(2\pi \times 10^8 t + m_{f1}\sin\Omega_1 t + m_{f2}\sin\Omega_2 t)$
$= 5\cos(2\pi \times 10^8 t + 20\sin2\pi \times 10^3 t + 40\sin2\pi \times 10t)$

6-5 (1) 调频波的数学表达式：$u = 4\cos(2\pi \times 25 \times 10^6 t + 25\sin400 \times 2\pi t)$
调相波的数学表达式：$u = 4\cos(2\pi \times 25 \times 10^6 t + 25\cos400 \times 2\pi t)$；
(2) 调频波的数学表达式：$u = 4\cos(2\pi \times 25 \times 10^6 t + 5\sin2 \times 10^3 \times 2\pi t)$
调相波的数学表达式：$u = 4\cos(2\pi \times 25 \times 10^6 t + 25\cos2 \times 10^3 \times 2\pi t)$。

6-6 (1) $B_{FM} = 2$kHz，$B_{AM} = 2$kHz；　(2) $B_{FM} = 42$kHz，$B_{AM} = 2$kHz。

6-8 (1) $m_f = 250$，$B_f = 150.6$kHz；
(2) $m_f = 25$，$B_f = 156$kHz；
(3) $m_f = 5$，$B_f = 180$kHz。

6-9 （1）调频指数 $m_{f2}=128$；（2）调相指数 $m_{p2}=80$。

6-10 （1）最大频偏为 $\Delta f_m=m_f F=10\times1000=10\text{kHz}$；（2）$P=2\text{W}$。

6-11 （1）$P_{载}=15.21\text{W}$；（2）$P_{边总}=84.79\text{W}$；（3）$P_{2边}=25.92\text{W}$。

6-13 （3）$f_c=18.14\text{MHz}$，$\Delta f=3.35\text{MHz}$。

6-14 （1）场效应管和 R、C 移相网络。

6-19 $u_o=U_m\left(\sin\dfrac{\pi}{2}\times10^{-5}\Delta f\right)(\text{V})$

6-20 （1）$g_d=-0.01\text{V/kHz}$；

（2）$u_{FM}(t)=U_m\cos(2\pi f_c t-50\sin4\pi\times10^3 t)(\text{V})$；$u_\Omega=-U_{\Omega m}\cos4\pi\times10t(\text{V})$。

6-24 （1）$f_c=79.57\text{MHz}$，$\Delta f=0.23\text{MHz}$；

（2）$u_{FM}(t)=\cos[2\pi\times79.57\times10^6 t+23\sin(2\pi\times10^4 t)]\text{V}$；

（3）$u_o(t)=23\cos(2\pi\times10^4 t)\text{V}$。

第 7 章

7-6 $a_2 U_{sm}U_{Lm}$。

7-11 V_1 构成混频电路，V_2 构成本振电路；1000kHz，465kHz，1465kHz。

7-16 三阶互调干扰。

7-17 （1）在 $m=n=1$ 时，$f_{n1}=1630\text{kHz}$，这是镜频干扰；

（2）在 $m=1$，$n=2$ 时，$f_{n2}=\dfrac{1}{n}(mf_L+f_I)=815\text{kHz}$

在 $m=1$，$n=2$ 时，$f_{n2}=\dfrac{1}{n}(mf_L-f_I)=700\text{kHz}$

这是三阶副波道干扰。

7-18 分析思路：由题中可以看出，除有用信号以外，无其他的干扰信号存在，故这里的组合干扰应是由信号（f_s）和本振（f_L）组合产生的干扰哨声。

如果本振频率 f_L 大于中频频率 f_I，而频率又不可能是负值，则只有下述两种情况构成对信号的干扰：

或
$$\begin{cases}mf_L-nf_s\approx f_I\\ -mf_L+nf_s\approx f_I\end{cases}$$

可以推出
$$\frac{f_s}{f_I}\approx\frac{m\pm1}{n-m}$$

当组合频率符合上式关系时，就可以在输出端形成干扰甚至产生哨叫，这种干扰就叫组合频率干扰。

本题中，比较严重的频率点是 0.910MHz（3 阶），1.365MHz（5 阶）和 0.6825MHz（6 阶）。

7-19 在混频器输出端有中频信号输出，这是三阶互调干扰，它是通过转移特性的三次方项和四次方项产生的。

7-20　当 $m=2, n=1$ 时, $2f_{n1} - f_{n2} = 2.583\text{MHz} = f_S$;

　　　当 $m=1, n=2$ 时, $f_{n1} - 2f_{n2} = 2.844\text{MHz} = f_S$。

7-22　$f_S > 60\text{MHz}, f_L > 62 \sim 90\text{MHz}$。

第 8 章

8-4　稳压电源、双踪示波器、信号发生器、频率计。

8-5　一阶锁相环路的同步带等于捕捉带,二阶及二阶以上锁相环路的同步带大于捕捉带。

8-11　(1) $1\text{V}, \pi/6$;(2) 能, $\pi/2$;(3) $980 \sim 1020\text{kHz}$。

8-14　一个基本锁相环是二阶锁相环。

8-16　(1) 鉴相器、环路滤波器、压控振荡器;(2) 略;(3) $M=100, N=1 \sim 100$。

8-19　$f_{ch} = 10^5\text{Hz}$;输出频率范围为 $(76 \sim 86)\text{MHz}$。

第 9 章

9-4　噪声电压的均方值 $\overline{u_n^2} = 4kTRB = 6.4 \times 10^{-12}\text{V}^2$

　　用均方根值 $\sqrt{\overline{u_n^2}}$ 即有效值也可计量,它表征了起伏噪声的起伏强度。

9-5　噪声电压的均方根值: $\sqrt{\overline{u_n^2}} = 1.26 \times 10^{-5}\text{V}$

　　噪声电流的均方根值: $\sqrt{\overline{i_n^2}} = 12.66 \times 10^{-9}\text{A}$

9-6　三个电阻串联后, $R = R_1 + R_2 + R_3$, $T = \dfrac{T_1R_1 + T_2R_2 + T_3R_3}{R_1 + R_2 + R_3}$

　　三个电阻并联后, 则 $T = \dfrac{T_1G_1 + T_2G_2 + T_3G_3}{G_1 + G_2 + G_3} = \dfrac{T_1R_2R_3 + T_2R_3R_1 + T_3R_1R_2}{R_1R_2 + R_2R_3 + R_3R_1}$

$$R = \frac{R_1R_2R_3}{R_1R_2 + R_2R_3 + R_3R_1}$$

9-7　电阻热噪声的均方值: $\overline{u_{bn}^2} = 2.25 \times 10^{-13}\text{V}^2$

　　散弹噪声的电流均方值: $\overline{i_{en}^2} = 6.36 \times 10^{-17}\text{A}^2$

　　分配噪声的电流均方值: $\overline{i_{cn}^2} = 4.36 \times 10^{-12}\text{A}^2$

9-11　当 $P_{ni} = 1\mu\text{W}$ 时, $N_F = 1.1$;

　　　当 $P_{ni} = 10\mu\text{W}$ 时, $N_F = 1.01$。

9-13　网络的额定功率增益定义为

$$A_p' = \frac{\text{信号经传输后在网络输出端的额定功率}}{\text{信号在网络输入端的额定功率}} = \frac{P_{so}'}{P_{si}'}$$

　　所以

$$A_p' = \frac{P_{so}'}{P_{si}'} = \frac{R_S}{R_S + R}$$

9-14 当 $R = R_L$（匹配）时，N 达到最大值 N_{max}，即

$$N_{max} = kTB$$

9-18 高放 A 输入端的信噪比 P_{si}/P_{ni}（dB）＝20.3dB

9-19 总的噪声系数为 8

9-20 （1）用功率表示接收机灵敏度时，$P_{si} \approx 1.26 \times 10^{-12}$ W；

（2）用输入最小信号电压表示灵敏度时，$U_{i\,min} \approx 15.9 \mu$V。

附录 A 调幅和调频信号的 MATLAB 仿真

　　MATLAB 是由美国 Math Works 公司推出的软件产品。它是一种功能强大的科学计算和工程仿真软件，它的交互式集成界面能够帮助用户快速完成数值分析、数字信号处理、仿真建模、系统控制等功能。MATLAB 语言采用与数学表达相同的形式，不需要传统的程序设计语言，易于掌握，而且使用 MATLAB 语言要比使用 BASIC，FORTRAN 和 C 等语言提高效率许多倍。许多人赞誉它为万能的数学"演算纸"。早在十几年前，在欧美的大学和研究机构中，MATLAB 就是一种非常流行的计算机语言，许多重要的学术刊物上发表的论文均是用 MATLAB 来分析计算和绘制各种图形。它还是一种有力的教学工具，它在大学的线性代数、自动控制理论、数理统计、数字信号处理、动态系统仿真、通信原理等课程的教学中，已成为标准的教学工具。Simulink 是 MATLAB 软件中对动态系统进行建模、仿真和分析的一个软件包，是 MATLAB 中的一种可视化仿真工具，广泛应用于通信仿真、数字信号处理、模糊逻辑、神经网络等领域。

　　"振幅调制与解调"与"角度调制与解调"是《通信电子电路》中的重要内容，其中的概念在实际的通信系统中占有非常重要的地位。本书利用 MATLAB 语言和 MATLAB/Simulink 仿真工具对书中的调幅和调频的概念和基本方法进行了仿真，供读者参考。一方面是为了增加读者对内容的理解，另一方面可以使读者从中体会到 MATLAB 工具的优越性和实用性。

1. 振幅调制与解调的 MATLAB 仿真

　　由第 5 章可知，根据调幅信号所含频谱及其相对大小不同，可以分为普通调幅（AM）、抑制载波双边带调幅（DSB/SC—AM）和抑制载波单边带调幅（SSB/SC—AM）三种方式。其中，普通调幅信号是基本的，其他调幅信号都是由它演变而来的。

　　在以下的 MATLAB 仿真中，为方便起见，均采用单音调制。

　　（1）普通调幅波 AM

　　设调制信号

$$u_\Omega(t) = U_{\Omega m}\cos\Omega t = U_{\Omega m}\cos 2\pi F t$$

载波信号

$$u_c(t) = U_{cm}\cos\omega_c t = U_{cm}\cos 2\pi f_c t$$

则普通调幅波信号

$$u_{AM}(t) = U_{cm}(1 + m_a\cos\Omega t)\cos\omega_c t$$

根据调幅波的数学表达形式,利用 MATLAB/Simulink 进行建模仿真。仿真框图如图 A1 所示,图中 $u(t)$ 为调制信号,频率为 30Hz,$c(t)$ 为载波信号,频率为 200Hz,解调部分采用的是同步检波。仿真波形如图 A2 所示。

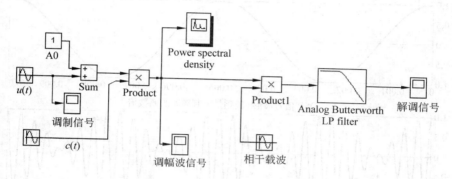

图 A1　普通调幅波系统的 Simulink 仿真模块图

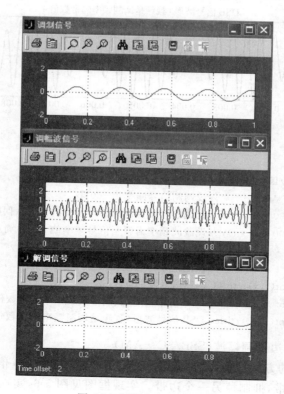

图 A2　调幅与解调波形

（2）抑制载波双边带调幅波（DSB/SC—AM）

$$u_{DSB} = Au_{\Omega}u_{c} = AU_{\Omega m}\cos\Omega t U_{cm}\cos\omega_{c}t$$
$$= \frac{1}{2}AU_{\Omega m}U_{cm}[\cos(\omega_{c} + \Omega)t + \cos(\omega_{c} - \Omega)t]$$

根据上述 DSB 信号产生的数学表达式，采用 MATLAB 编程来观察 DSB 波形，如图 A3 所示。特别值得注意的是，当载波频率分别为调制信号频率的偶数倍和奇数倍时，相位突变点处的波形是不同的，请读者思考一下，为什么？

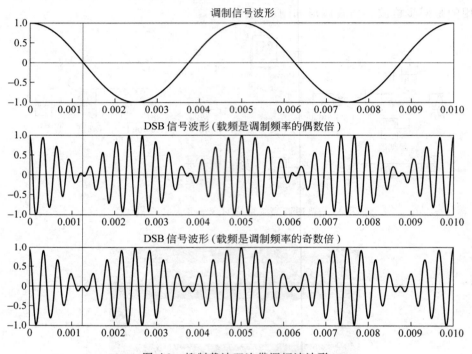

图 A3 抑制载波双边带调幅波波形

MATLAB 程序：

```
fs＝80000；t＝0：1/fs：0.01；
x＝cos(2 * pi * 200 * t)；          %设调制信号频率为 200Hz
yc1＝cos(2 * pi * 200 * 16 * t)；%设载波频率为调制信号频率的 16 倍(偶数倍)
yc2＝cos(2 * pi * 200 * 15 * t)；%设载波频率为调制信号频率的 15 倍(奇数倍)
y1＝x. * yc1；                     %调制信号与载波相乘
y2＝x. * yc2；                     %调制信号与载波相乘
subplot(3,1,1)；plot(t,x)；title('调制信号波形')；
subplot(3,1,2)；plot(t,y1)；title('DSB 信号波形(载频是调制频率的偶数倍)')；
subplot(3,1,3)；plot(t,y2)；title('DSB 信号波形(载频是调制频率的奇数倍)')；
```

（3）抑制载波单边带调幅波（SSB/SC—AM）

实现 SSB 信号的方法很多，其中最简单的方法是在产生 DSB 信号后，通过一个边带滤波器，取出一个边带，抑制掉另一个边带。实现框图见图 5-6，实现过程如图 A4 所示。

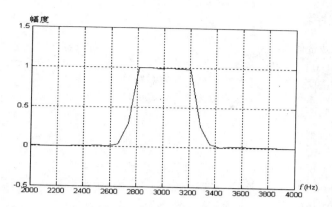

(a) 设计的边带滤波器的幅频响应

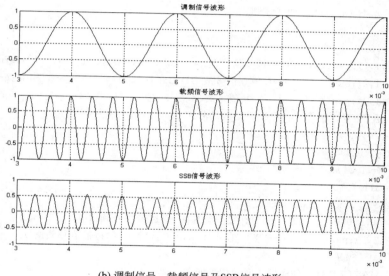

(b) 调制信号、载频信号及SSB信号波形

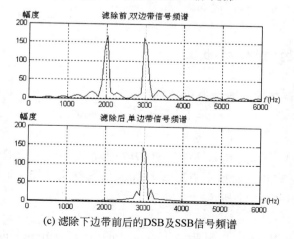

(c) 滤除下边带前后的DSB及SSB信号频谱

图 A4　实现单边带调幅信号的过程

MATLAB 程序:

```
% 首先产生双边带信号
fs=80000;t=0:1/fs:0.01;
x=cos(2 * pi * 500 * t);          %设调制信号频率为 500Hz
yc=cos(2 * pi * 2500 * t);        %设载波频率为 2500Hz
y=x. * yc;
% 设计边带滤波器
figure;
[b,a] = ellip(4,0.1,40,[2800  3200] * 2/fs); %上边带滤波器
%[b,a] = ellip(4,0.1,40,[1800  2200] * 2/fs); %下边带滤波器
[H,w] = freqz(b,a,512);
plot(w * fs/(2 * pi),abs(H));axis([2000  4000  -0.5  1.5]);grid;
% 滤除下边带或上边带,产生单边带信号
figure;
yf = filter(b,a,y);
subplot(3,1,1);plot(t,x);title('调制信号波形');axis([0.003  0.01  -1  1]);grid;
subplot(3,1,2);plot(t,yc);title('载频信号波形');axis([0.003  0.01  -1  1]);grid;
subplot(3,1,3);plot(t,yf);title('SSB 信号波形');axis([0.003  0.01  -1  1]);grid;
% 滤除前后,即双边带信号和单边带信号的频谱
figure;
YS = fft(y,1024);
SF = fft(yf,1024);
w = (0:511)/512 * (fs/2);
subplot(2,1,1);plot(w,abs([YS(1:512)']));
grid;axis([0  6000  -0.5  200]);title('滤除前,双边带信号频谱')
subplot(2,1,2);plot(w,abs([SF(1:512)']));title('滤除后,单边带信号频谱')
grid;axis([0  6000  -0.5  200]);
```

或直接用 MATLAB 软件的通信工具箱中的函数 amod 来实现

```
yssb=amod(x,2500,fs,'amssb');plot(yssb)
```

2. 调频与解调的 MATLAB 仿真

(1) 调制

对于单音调制,调频波的数学表达式为

$$u(t) = U_m \cos(\omega_c t + m_f \sin \Omega t)$$

进一步展开得到

$$u(t) = U_m[\cos \omega_c t \cos(m_f \sin \Omega t) - \sin \omega_c t \sin(m_f \sin \Omega t)]$$

根据该数学表达式建立的频率调制 Simulink 仿真模型如图 A5 所示(左半部分),调制及调频波形如图 A6、图 A7 所示。

(2) 解调

对于窄带调频,由于 $m_f \ll 1$,因此有 $\cos(m_f \sin \Omega t) \approx 1$,$\sin(m_f \sin \Omega t) \approx m_f \sin \Omega t$,将上面调频波的表达式乘以 $\sin \omega_c t$,得

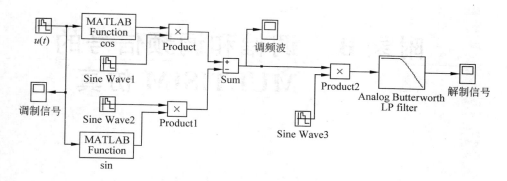

图 A5　频率调制与解调 Simulink 仿真模块图

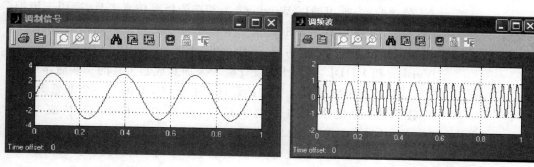

图 A6　调制信号波形　　　　　　　　　图 A7　调频信号波形

$$u'(t) = U_{\mathrm{m}}\left[\cos\omega_{\mathrm{c}}t\cos(m_{\mathrm{f}}\sin\Omega t) - \sin\omega_{\mathrm{c}}t\sin(m_{\mathrm{f}}\sin\Omega t)\right]\sin\omega_{\mathrm{c}}t$$

$$\approx -\frac{U_{\mathrm{m}}}{2}m_{\mathrm{f}}\sin\Omega t + \frac{U_{\mathrm{m}}}{2}(\sin2\omega_{\mathrm{c}}t + m_{\mathrm{f}}\sin\Omega t\cos2\omega_{\mathrm{c}}t)$$

可见将上式第二项表示的高频分量通过低通滤波器滤除,即可得到解调信号。根据该原理建立的频率解调 Simulink 仿真模型如图 A5 所示(右半部分),解调波形如图 A8 所示。

对于宽带调频的解调,因涉及内容较多,在此就不介绍了。

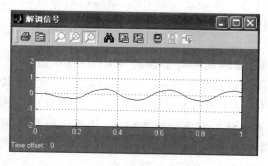

图 A8　解调信号波形

值得说明的是,在目前的 MATLAB 软件中,都有现成的调幅和调频语句,或在 Simulink 中有简单直接的调幅和调频模块。编者在以上的仿真中却采用的是分步进行的分解方法,主要是为了加强调幅和调频基本概念和基本原理的理解。

附录 B　调幅和调频信号的 MULTISIM 仿真

　　MULTISIM 是由加拿大 Electronics Workbench 公司（后被美国 NI 公司收购）推出的以 Windows 为基础的板级仿真工具，适用于模拟/数字线路板的设计。该工具在一个程序包中汇总了框图输入、Spice 仿真、HDL 设计输入和仿真及其他设计能力，可以协同仿真 Spice、Verilog 和 VHDL，并把 RF 设计模块添加到成套工具的一些版本中。

　　MULTISIM 是一个完整的设计工具系统，提供了一个非常大的零件数据库，并提供原理图输入接口、全部的数模 Spice 仿真功能、VHDL/Verilog 设计接口与仿真功能、FPGA/CPLD 综合、RF 设计能力和后处理能力，可以进行从原理图到 PCB 布线工具包的无缝隙数据传输。它提供的单一易用的图形输入接口可以满足设计需求。

　　MULTISIM 最突出的特点之一是用户界面友好，尤其是多种可放置到设计电路中的虚拟仪表很有特色。这些虚拟仪表主要包括示波器、万用表、瓦特表、函数发生器、波特图示仪、失真度分析仪、频谱分析仪、逻辑分析仪和网络分析仪等，从而使电路仿真分析操作更符合电子工程技术人员的实验工作习惯。与目前流行的某些 EDA 工具中的电路仿真模块相比，可以说 MULTISIM 模块设计得更完美，更具人性化设计特色。本部分对书中的"振幅调制与解调"与"角度调制与解调"进行了仿真，供读者参考。

1. 振幅调制与解调的 MULTISIM 仿真

　　用调制信号去控制高频振荡波的幅度，使其幅值随调制信号成正比变化，这一过程称为振幅调制。根据频谱结构的不同，可分为 AM、DSB 和 SSB。对于普通调幅波，其产生电路既可采用低电平调制电路（模拟乘法器），也可采用高电平调制电路（大信号基极调幅或集电极调幅）。解调时，由于普通调幅波中已含有载波，常采用二极管包络检波器。下面对普通调幅波的两种高电平调制电路和二极管包络检波电路给出仿真电路。

　　（1）基极调幅电路

　　基极调幅电路如图 B1(a) 所示，调制信号和载波均加在基极回路，

L_1、R_2、C_1 组成并联谐振回路,调谐于载波频率。

观察输出电压波形,计算调幅指数 m_a。通过改变信号 V_1 和 V_2 的幅度比例,改变调幅指数 m_a,用示波器观察不同的 m_a 值所对应的输出波形,以及波谷失真和波腹失真现象,验证理论分析结果。图 B1(b)为 $m_a<1$ 的实验波形。

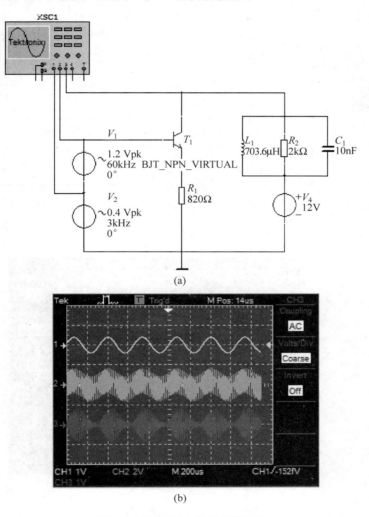

(a)

(b)

图 B1　基极调幅电路及实验波形

（2）集电极调幅电路

集电极调幅电路及输出波形如图 B2 所示。低频调制信号 V_3 与丙类功率放大器的直流电源 V_2 相串联,因此放大器的有效集电极电源电压 E_{cc} 等于两个电压之和,它随调制信号变化而变化。因为高频功率放大器在过压状态,集电极电源的基波分量 I_{c1m} 随集电极电源电压成正比变化。所以,集电极输出高频电压振幅随调制信号的波形而变化,在 CE 端得到调幅波输出。

电容器 C_3 是高频旁路电容,它的作用是避免高频信号通过低频信号源以及 V_2 电

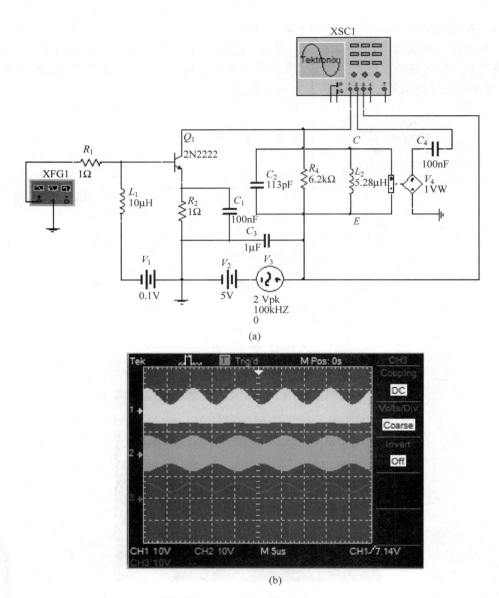

图 B2　集电极调幅电路及实验波形

源。因此它对高频呈现很低的阻抗,但必须对调制信号频率呈现很大的阻抗,以免将调制信号旁路。

观察集电极调幅电路的输出波形和调制信号的关系,加深对电路工作原理的理解。

（3）大信号峰值包络检波电路

大信号峰值包络检波电路如图 B3 所示。乘法器产生一个普通调幅信号,检波电路由二极管和 R_1、C_1、R_2、C_2 低通滤波电路组成。改变滤波器的参数,观察包络检波器的"对角线失真"和"割底失真"现象,输出波形如图 B4 所示。

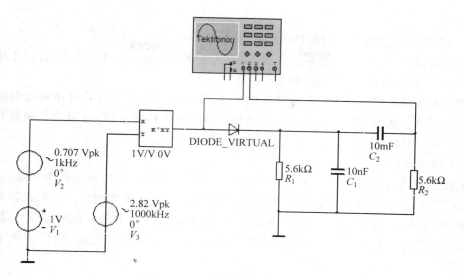

图 B3　二极管包络检波仿真电路

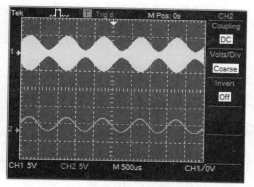

(a) R_1=5.6kΩ, R_2=5.6kΩ

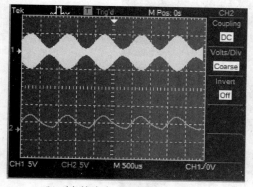

(b) 对角线失真, R_1=56kΩ, R_2=56kΩ

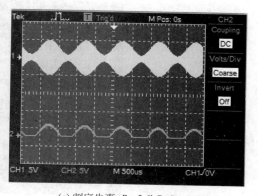

(c) 割底失真, R_1=5.6kΩ, R_2=560kΩ

图 B4　滤波器参数对输出波形的影响

353

2. 调频与解调的 MULTISIM 仿真

频率调制是无线电通信的重要调制方式,其主要优点是抗干扰能力强,常用于超短波及频率较高的频段,如 FM 广播、电视伴音等。

实现调频方法有直接调频和间接调频两种,常用的是变容二极管直接调频电路和锁相环调频电路。从调频信号中还原出原调制信号的过程称为鉴频,常用的鉴频器有斜率鉴频器和相位鉴频器等。

(1)锁相环调频

锁相环调频电路如图 B5(a)。图中,设置压控振荡器 V_4 在控制电压为 0 时,输出频率为 0;控制电压为 5V 时,输出频率为 50kHz。这样,实际上就选定了压控振荡器的中心频率为 25kHz。设定直流电压 V_3 为 2.5V。VCO 输出波形和输入调制电压 V_2 的关系如图 B5(b)所示。由图可见,输出信号频率随着输入信号的变化而变化,实现了调频功能。

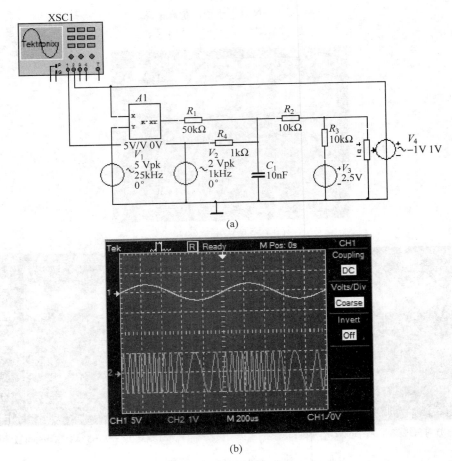

(a)

(b)

图 B5 锁相环调频及实验波形

（2）斜率鉴频器

斜率鉴频器仿真电路如图 B6(a) 所示。图中，V_1 为幅值为 3V，中心频率 1.1kHz，调制频率 100Hz 的调频信号源；L_1、C_1 组成幅频变换电路；V_2、C_2、R_3、R_4 和 C_3 构成包络检波电路。按图所示设置元器件参数，打开仿真开关，用示波器观察输入波形、电感 L_1 两端波形、输出波形。实验波形如图 B6(b) 所示。

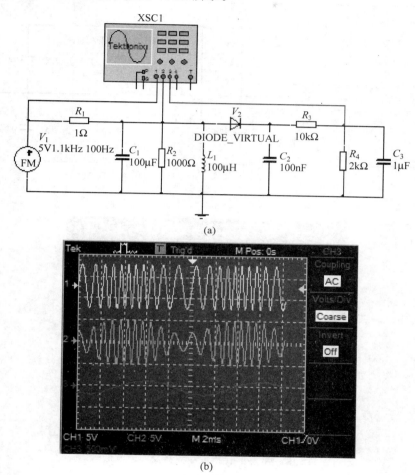

(a)

(b)

图 B6　斜率鉴频器及实验波形

（3）电感耦合相位鉴频器

电感耦合相位鉴频电路如图 B7(a) 所示，整个电路可以分成两个部分：调频调幅变换电路，由互感耦合调谐回路和 C_1、L_1 组成；包络检波电路，由 V_2、R_3、C_3 和 V_3、R_4、C_4 组成。图中 V_1 为调频指数 $m_f = 30$ 的调频信号源。观察各点波形，理解电路工作原理。相关波形间关系如图 B7(b) 所示，图中由上至下分别为调频波信号（输入信号）、频幅转换信号和鉴频器输出信号。

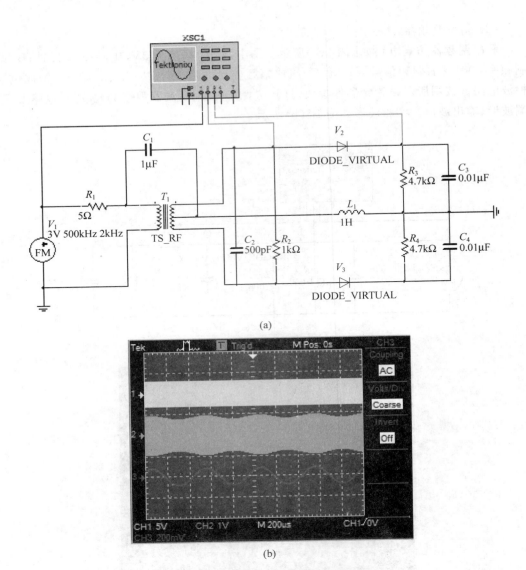

(a)

(b)

图 B7 电感耦合相位鉴频器及实验波形

参 考 文 献

[1]   于洪珍. 通信电子电路[M]. 北京：清华大学出版社，2005.
[2]   于洪珍. 通信电子电路教学参考书[M]. 北京：清华大学出版社，2006.
[3]   于洪珍. 通信电子电路名师大课堂[M]. 北京：科学出版社，2007.
[4]   于洪珍. 通信电子电路[M]. 北京：电子工业出版社，2002.
[5]   张肃文. 高频电子线路[M]. 北京：高等教育出版社，1993.
[6]   Senturia S D, Wedlock B D. Electronic Circuits and Applications[M]. New York：John Wiley & Sons，Inc.，1975.
[7]   谢嘉奎. 电子线路(非线性部分)[M]. 4版. 北京：高等教育出版社，2000.
[8]   朱建铭. 矿用载波技术[M]. 北京：煤炭工业出版社，1981.
[9]   清华大学通信教研组. 高频电路(上、下册)[M]. 北京：人民邮电出版社，1980.
[10]   高吉祥，高频电子线路[M]. 北京：电子工业出版社，2003.
[11]   陈永甫，谭秀华. 通信系统与信息网[M]. 北京：电子工业出版社，1996.
[12]   沈伟慈. 高频电路[M]. 西安：西安电子科技大学出版社，2000.
[13]   黄智伟，等. 单片机与嵌入式系统应用[EB/OL]，http://zlic.com/news/n1373c69.aspx，2004.
[14]   伯晓晨，李涛，等. MATLAB工具箱应用指南[M]. 北京：电子工业出版社，2000.
[15]   陈鸿茂，于洪珍. 常用电子元器件简明手册[M]. 徐州：中国矿业大学出版社，1991.
[16]   于洪珍，武增. 高频电路及其在矿山上的应用[M]. 徐州：中国矿业大学出版社，1993.
[17]   胡见堂，谭博文. 固态高频电路[M]. 北京：国防科技大学出版社，1986.
[18]   钱聪，陈英梅. 通信电子电路[M]. 北京：人民邮电出版社，2004.
[19]   聂典，丁伟. MULTISIM 10计算机仿真在电子电路设计中的应用[M]. 北京：电子工业出版社，2009.
[20]   王康年，高频电子线路[M]. 西安：西安电子科技大学出版社，2009.

平台功能介绍

➡ **如果您是教师，您可以**

- 管理课程
- 建立课程
- 管理题库
- 发布试卷
- 布置作业
- 管理问答与话题

➡ **如果您是学生，您可以**

- 发表话题
- 提出问题
- 加入课程
- 下载课程资料
- 使用优惠码和激活序列号
- 编辑笔记

➡ **如何加入课程**

1 找到教材封底"数字课程入口"

2 刮开涂层获取二维码，扫码进入课程

范例

数字课程入口
刮开涂层
获取二维码

刮开涂层

范例

获取帮助

扫一扫直接进入平台使用指南

获取更多详尽平台使用指导可输入网址
http://www.wqketang.com/course/550

如有疑问，可联系微信客服：DESTUP

文泉课堂
WWW.WQKETANG.COM

清华大学出版社
出品的在线学习平台